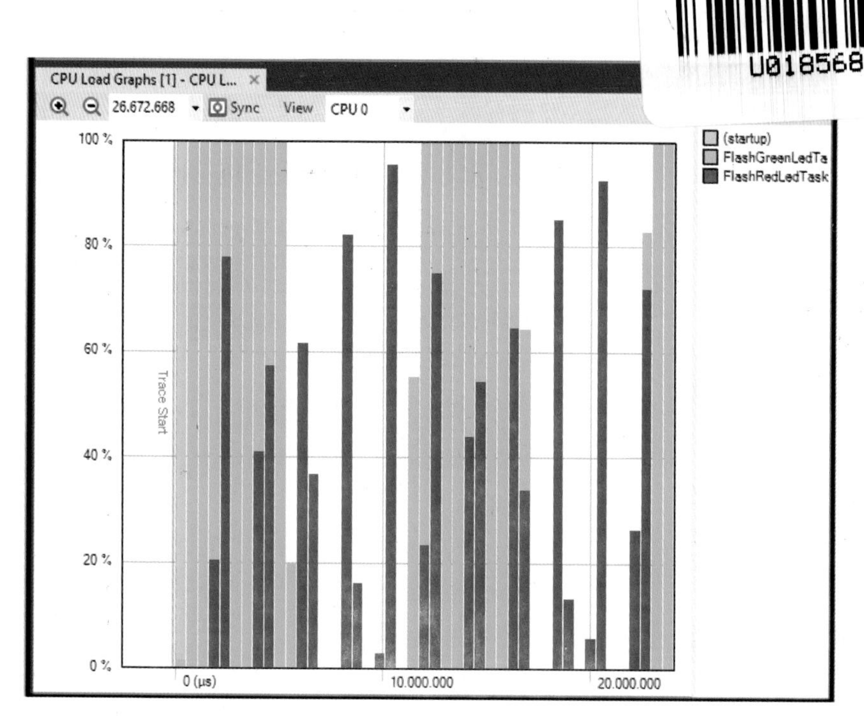

图 6.25　CPU 负载图

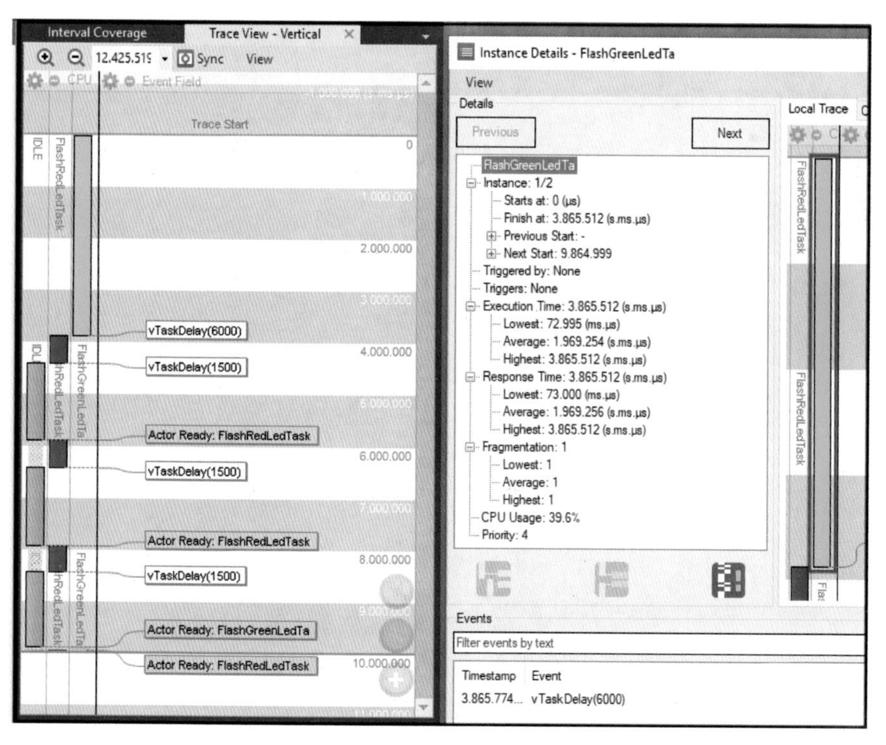

图 6.27　垂直跟踪视图 1

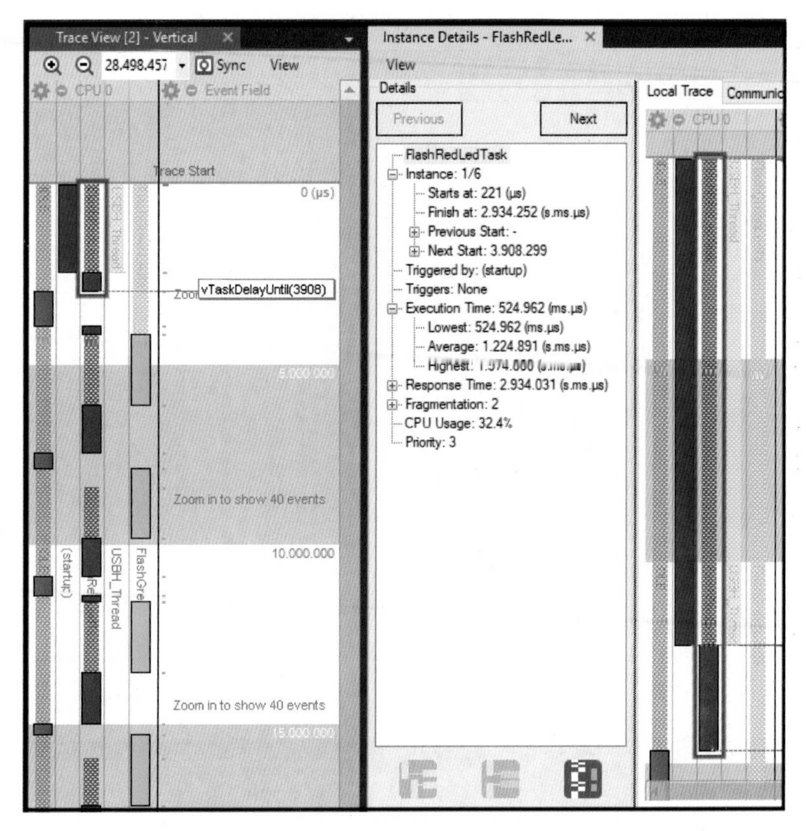

图 6.30　运行时行为——两个任务均处于活动状态

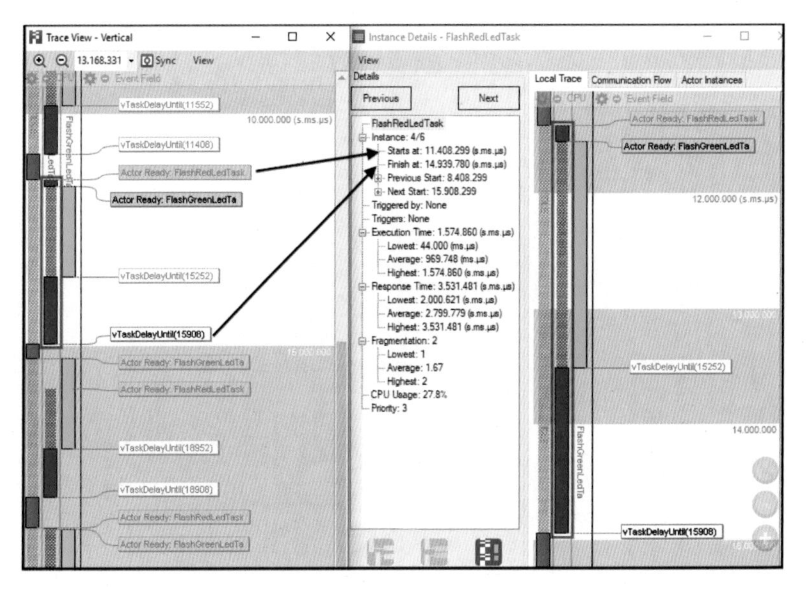

图 6.31　运行时行为——红色任务实例 4

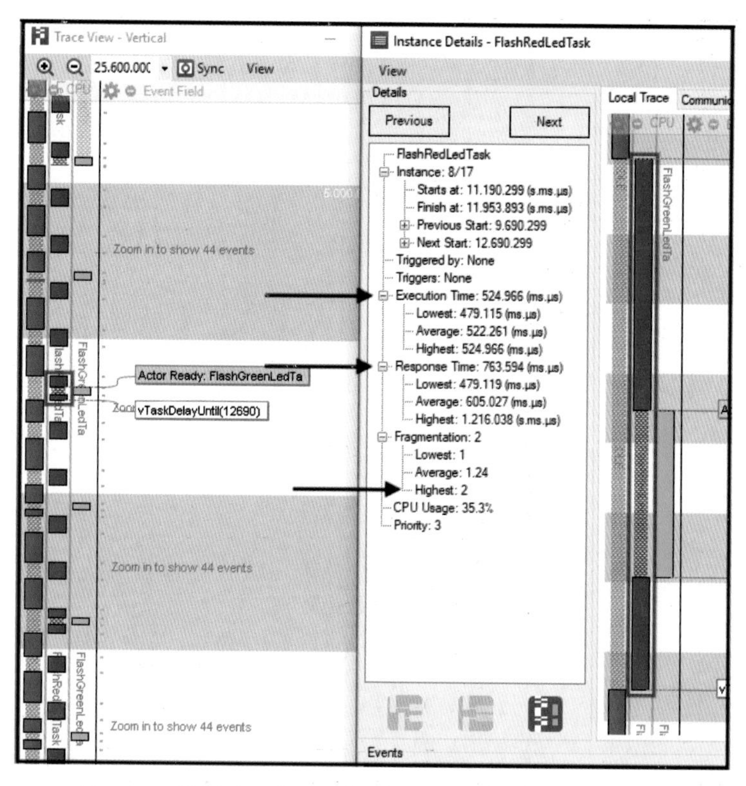

图 6.35　运行时行为——修改了两个任务同时运行的时间

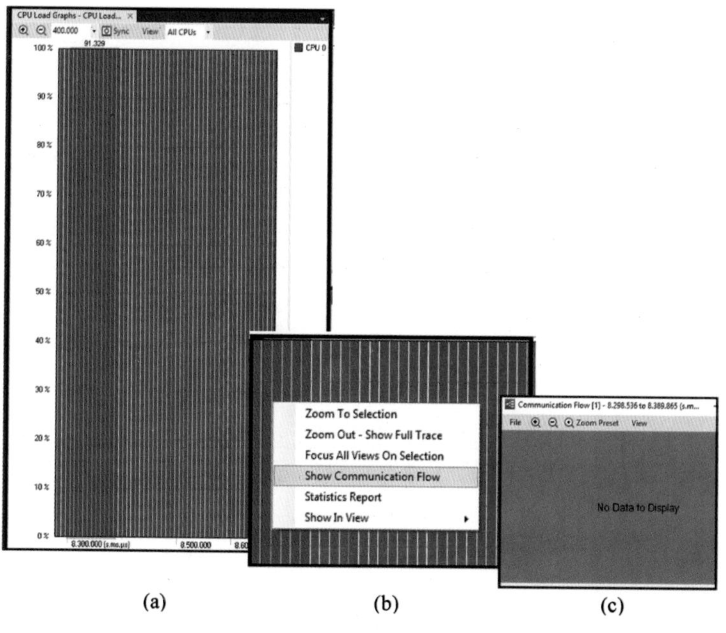

图 8.5　跟踪记录 1

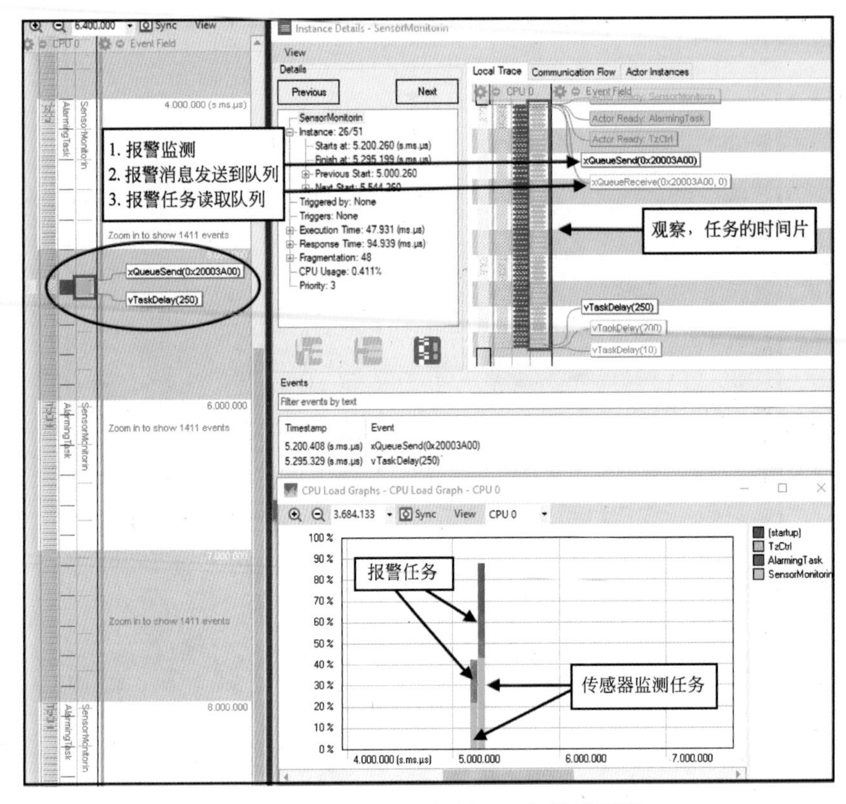

图 8.17　Tracealyzer 记录——监测到报警

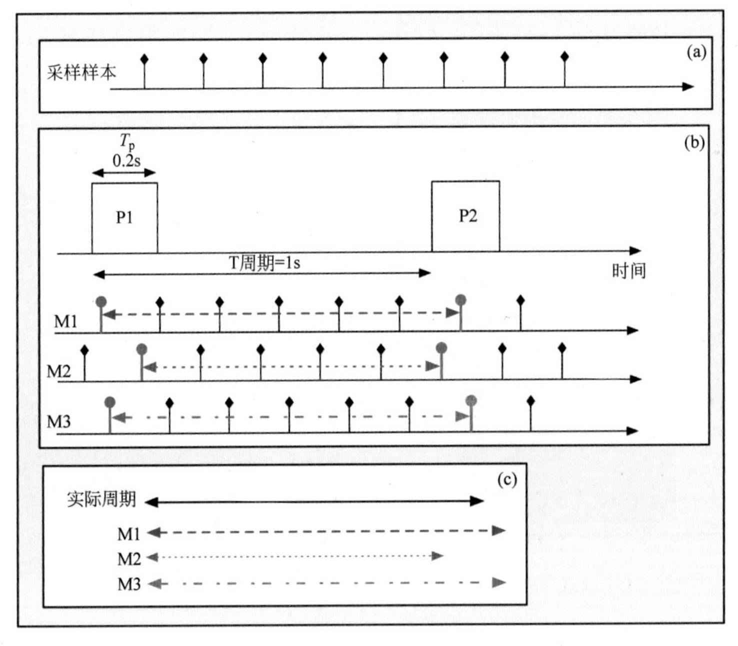

图 10.34　测量的不确定性和量化误差

清华开发者书库

Real-time Operating Systems
Book 2 — The Practice，2nd Edition

嵌入式实时操作系统

基于STM32Cube、FreeRTOS和Tracealyzer的应用开发

（原书第2版）

[英] 吉姆·考林（Jim Cooling） 著

何小庆 张爱华 付元斌 译

清華大學出版社

北 京

内 容 简 介

本书从实战角度出发，依托 STM32F4 Discovery 开发套件丰富的软硬件开发资源，基于嵌入式实时多任务操作系统 FreeRTOS，通过一系列的实验，深入分析了 RTOS 的工作原理和实现机制。本书第一篇介绍了嵌入式系统应用开发流程及软硬件开发工具。第二篇内核基础实验将 RTOS 理论付诸实践，演示了任务创建，优先级调度策略，多任务应用面临的共享资源的争用、性能降低及优先级反转等问题。实验实现了各种任务交互的机制，帮助读者直观地了解 RTOS 的工作机理。第三篇针对多任务 RTOS 应用的运行时行为，采用 Tracealyzer 工具，可视化 FreeRTOS 的运行行为，展示了运行时分析工具的价值，通过具体的应用分析，帮助读者理解和控制软件的运行时行为。第四篇介绍了 STM32F4 硬件定时器机制，为 RTOS 任务故障检测奠定硬件基础。第五篇和第六篇介绍了如何提高代码的重用性及自学 RTOS 的在线资料。

本书的读者可以是有一定嵌入式系统与 MCU 开发知识、希望学习 STM32 和 FreeRTOS 的初学者，也可以是有一定 RTOS 开发经验、希望进一步深入学习 RTOS 的工程师、高校教师和学生。本书既可以作为嵌入式系统相关课程辅助教材，也可以作为工程技术人员项目开发的参考资料。

北京市版权局著作权合同登记号　图字：01-2021-1902

图书在版编目(CIP)数据

嵌入式实时操作系统：基于 STM32Cube、FreeRTOS 和 Tracealyzer 的应用开发：原书第 2 版/(英)吉姆·考林(Jim Cooling)著；何小庆，张爱华，付元斌译. —北京：清华大学出版社，2021.5 (2022.7 重印)
(清华开发者书库)
书名原文：Real-time Operating Systems Book 2—The Practice, 2nd Edition：Using STM Cube, FreeRTOS and the STM32 Discovery Board
ISBN 978-7-302-57924-3

Ⅰ. ①嵌…　Ⅱ. ①吉…　②何…　③张…　④付…　Ⅲ. ①微控制器—系统开发　Ⅳ. ①TP332.3

中国版本图书馆 CIP 数据核字(2021)第 061986 号

责任编辑：刘　星
封面设计：刘　键
责任校对：李建庄
责任印制：丛怀宇

出版发行：清华大学出版社
　网　　址：http://www.tup.com.cn，http://www.wqbook.com
　地　　址：北京清华大学学研大厦 A 座　　**邮　　编**：100084
　社 总 机：010-83470000　　**邮　　购**：010-62786544
　投稿与读者服务：010-62776969，c-service@tup.tsinghua.edu.cn
　质量反馈：010-62772015，zhiliang@tup.tsinghua.edu.cn
　课件下载：http://www.tup.com.cn，010-83470236
印 装 者：三河市龙大印装有限公司
经　　销：全国新华书店
开　　本：186mm×240mm　**印　张**：21.25　**彩　插**：2　**字　数**：480 千字
版　　次：2021 年 5 月第 1 版　**印　次**：2022 年 7 月第3 次印刷
印　　数：3001～4000
定　　价：99.00 元

产品编号：086701-01

推荐序1

PREFACE

实时操作系统(RTOS)已经存在了几十年了,但只是在近十年RTOS才在微控制器(MCU)中变得常见起来。这一变化的原因之一是,MCU为了处理高效多线程应用而一直在增强其计算能力。多线程是RTOS的主要功能之一,互相分开的多个线程让同时处理多个任务变得简单,如响应网络请求或者向闪存中写入数据。多线程还简化了第三方软件的整合,如通信协议和文件系统,整合过程中RTOS的通信功能(如消息队列)可以作为整合接口。简单来讲,RTOS提供了新的便于复杂嵌入式系统开发的一个抽象层。

虽然使用RTOS并不总是最佳的解决方法,但越来越多的系统开发者还是舍弃了传统的"超级循环"设计。过去几年中,多个处理器供应商开始在软件开发工具包(SDK)中包括RTOS,至少两个业界领先的云计算供应商各自收购了有名的RTOS用于简化物联网(IoT)上针对自家云产品的开发过程。IoT设备通过RTOS可以很容易地运行通信栈。

不过,RTOS并不是没有复杂性,更高的抽象程度总是意味着更少的控制权。尽管RTOS支持确定性多线程,但大多数RTOS只允许间接控制线程的执行。基本上所有流行的RTOS都使用基于优先级的抢占调度,内核调度算法只接受几个调度用的"参数"(如优先级),而不允许针对单个任务的执行进行控制,本书作者在*Real-Time Operating Systems Book 1—The Theory*一书对于这一部分有更详细的解释。正确设置RTOS参数对于正确、高效和可靠的软件行为而言至关重要,RTOS将这一重任完全交给了应用开发者。

RTOS带来的复杂度让源代码和运行时行为的关联变得不那么明显,只是阅读代码,你很难理解一个多线程RTOS应用的运行时行为。在RTOS上进行开发时,需要额外的工具和方法验证你的软件行为,还需要遵循RTOS应用设计的"最佳方法"验证你的软件,否则你的软件可能会变得不可靠、低效和难以调试。本书关注RTOS应用开发的"最佳方法",指导你规避常见的误区,教会你理解和控制软件的运行时行为,从而帮助你将新的创意用高效和可靠的方式转化为优秀的产品。

Johan Kraft 博士

Percepio 公司 CEO 和 CTO

2020 年 8 月于韦斯特罗斯(瑞典)

推荐序2

PREFACE

随着物联网和智能系统的快速发展，嵌入式已成为当前热门且有发展前景的 IT 应用领域之一。作为全球 32 位 MCU 引领者，意法半导体致力于长期服务于中国市场、为中国的电子信息产业发展提供新技术产品，推动生态系统的建设，为用户提供从芯片到方案的支持。

积极拓展生态系统，是意法半导体一贯推行的市场策略。通过一整套不断扩展的生态系统，让客户更好、更快地使用 STM32，为嵌入式工程师的开发全过程赋能。意法半导体从芯片种类、应用分类、通用工具（STM32Cube 工具系列）、本地化资料、中国技术支持团队、合作伙伴等多维度来构建生态系统。

同时，人才培养也是这个生态系统中的重要组成部分，意法半导体有责任协助中国高校嵌入式人才的培养，向产业界提供技术人才。我们从数年前就开始系统性地和高校开展人才培养计划。

- 推动精品课程建设：协助高校课程改革，将前沿的技术和产品带入教学和实验中，让学生接触体验到新技术，为以后就业打好基础。
- 实施老师培训老师项目：邀请有开课经验的老师开展培训，帮助打算开课的老师提升信心，分享教育经验和体会。
- 开展大学生智能互联创新大赛：让学生通过大赛进一步夯实所学的知识，在一个公平的环境中模拟企业项目，提升自身能力和信心。
- 推广大学生 DIY 开源项目：为学生提供新的 STM32 产品和软件平台，激发学生创造力，设计具有创新力的作品。

在过去数年的探索中，我们惊喜地发现已经有众多的老师在人才培养方面取得了优异的成果，并且积极分享和持续优化，全方位推动高校课程改革和人才培养。

何小庆老师有 30 余年嵌入式系统开发和市场经验，有多本嵌入式操作系统领域的著作，是国内嵌入式操作系统领域的前辈。从 2015 年开始，何小庆老师使用 STM32 和 FreeRTOS 开发“可穿戴系统设计与实现”课程，并于 2018 年被意法半导体邀请，开展全国师资培训，把市场主流技术带入课堂，得到了参训老师的广泛好评。

嵌入式操作系统是嵌入式系统的核心组件，是 32 位 MCU 物联网开发的基础软件，也是高校嵌入式和单片机课程不可缺少的知识点和实验环节。STM32Cube 工具为包括 FreeRTOS 在内的多款嵌入式操作系统提供基础支撑环境，是高校教学和开发者学习嵌入式操作系统便捷的途径之一。

国内关于 FreeRTOS 的公共出版物非常少，喜闻何小庆老师的译作《嵌入式实时操作系统——基于 STM32Cube、FreeRTOS 和 Tracealyzer 的应用开发》(原书第 2 版)完成。该译作凝结了何小庆老师多年来对嵌入式操作系统的深入理解和实践心得，希望为国内的高校师生、工程师、开发者提供优质的参考资源。

丁晓磊
意法半导体(中国)投资有限公司
中国区大学计划经理
2020 年 12 月

译者序

PREFACE

本书缘起

2017 年年底，我在亚马逊网站买到了 Jim Cooling(后简称其为 Jim)博士的书 *Real-time Operating Systems Book 2—The Practice*，当时是第 1 版。阅读之后，我非常喜欢，还推荐给了我们嵌入式实时操作系统培训课程团队的伙伴。这本书的实验环境与我们课程安排非常一致：STM32F4 开发板、FreeRTOS 和 Tracealyzer，我非常认同作者的思想——理解理论最好的方法是将其付诸实践，我们的课程也是这样设计的：边学边练。

2019 年 2 月，我到德国纽伦堡参加 Embedded World 展览和会议，有机会结识了 Johan Kraft 博士，他是 Percepio 公司的 CEO，Tracealyzer 软件是他主持开发的产品。春节之后，Johan 帮助我建立了与 Jim 的联系。我与 Jim 的第一次交流是通过 Facetime 的视频，交谈得很愉快，我们对于 RTOS 技术的理解十分一致。我告诉 Jim，我们在阅读他的图书，学习其中的思想，用在我们的课程之中。Jim 随后浏览我的个人网页(www.hexiaoqing.net)，对我撰写的嵌入式图书和课程饶有兴趣。我告诉 Jim，一旦有了合适的资源，我愿意将 *Real-time Operating Systems Book 2—The Practice* 介绍给中国读者。

2019 年夏天，我们团队对于 FreeRTOS 和 Tracealyzer 有了进一步深入的理解，我们也越发体会到这本书的价值。考虑到全书核心内容只有 8 章，涉及 Tracealyzer 技术的 4 章我们基本掌握了，所以全书翻译工作量不大，经过多方协商，最后确定《嵌入式实时操作系统——基于 STM32Cube、FreeRTOS 和 Tracealyzer 的应用开发》(原书第 2 版)由清华大学出版社引进版权。清华大学出版社每年组织全国高校自动化类专业教学论坛，其中涉及嵌入式系统教学研讨，我有机会参加并与教师们交流。

2020 年春节前夕一场突如其来的新冠肺炎疫情，将人们生活和工作完全打乱，4 月以后中国逐渐平稳，欧洲却进入严重阶段，这个时候 Jim 博士正在紧张地进行第 2 版的写作工作，国外防疫控制不力，当时我们很是担心。所幸，原书第 2 版顺利交稿，我们也找到外援完成新增章节的翻译工作，一切顺利！本书第 1～4 章和实验指南由张爱华翻译，第 5～8 章由付元斌翻译，第 9～14 章和前言由何小庆翻译，全书统稿和审阅由张爱华完成。

本书特色

在纷繁众多的嵌入式系统图书之中，本书有何特色？

物联网时代，32 位 MCU 性能大幅提高，价格逐渐走低，成为智能产品开发和设计的第一选择。RTOS 也成了 32 位 MCU 物联网应用的基础软件，它帮助支撑起越来越多的应用需求。2007 年问世的 STM32 是物联网时代使用最广泛的 32 位 MCU，本书基于其中一款通用高性能 MCU——STM32F4、STM32Cube 软件工具，以及集成在 Cube 软件中的 FreeRTOS 嵌入式实时多任务操作系统进行撰写，部分章节使用了 Tracealyzer RTOS 分析软件，这套组合是目前物联网和嵌入式开发的主流平台，无论对于有实际项目需求的开发者还是在高校学习并准备参加电子大赛的学生都具备实际应用价值，国内包含类似内容的嵌入式图书并不多。

嵌入式 RTOS 的教育在高校和培训机构并不很普及，一部分高校嵌入式系统开发课程中包含了 μC/OS 内容，这主要是因为 2003 年清华大学邵贝贝老师翻译的《嵌入式实时操作系统 μC/OS-Ⅱ》(第 2 版)一书的广泛影响力。但因为课时原因，μC/OS 讲授并不全面和翔实。国内出版的 FreeRTOS 的图书很少，内容多为内核详述以及面向产品和外设应用的开发指南，很少有课程和图书详细讲解 μC/OS 和 FreeRTOS 内核机制并分析内核行为，作者更是进一步将数十年实时系统设计经验，落地在实战性的 STM32F4、SMT32Cube 和 FreeRTOS 软件上，这是本书的最大亮点。

原书第 2 版增加了 STM32F4 通用定时器和看门狗定时器，看到原版稿件时候我还有点不理解，但看完后面一章“多任务设计中的通用任务故障检测技术”后我理解了作者的安排，将通用 MCU 硬件定时器机制应用到 RTOS 任务故障检测中，软硬件结合与巧妙的应用是嵌入式系统的特色。

本书的第 1、2、4、5、6、7、9、10 和 11 章适合有一定嵌入式与 MCU 开发知识、希望学习 STM32 和 FreeRTOS 的初学者，其他章节适合有一定 RTOS 开发经验的工程师、教师和学生。本书的目标虽不是直接作为教材，但其内容非常适合参与嵌入式和物联网课程的老师和学生们参考。

致谢

感谢 STM32 教育联盟为我们翻译团队提供了 STM32F4 Discovery 套件，这让我们可以学习并验证书中的实验。ST 中国团队长期以来致力于推进国内嵌入式与物联网教育发展，我们团队的嵌入式操作系统课程也获得了他们的许多支持。

本书部分实验代码将会在 2.1.1 节和 5.1 节告诉读者如何获得，这样读者可以一边学习一边做实验，实验中使用的 STM32F4 Discovery 很容易在 STM32 天猫旗舰店中购买到。读者如果感兴趣参加翻译团队围绕图书内容和实验构建的线下和线上培训课程，欢迎通过 xiaoqinghe@live.com 或者添加“麦克泰技术”微信公众号与我们联系交流。

何小庆和翻译团队

2020 年 12 月于北京和上海

前言

PREFACE

欢迎中国读者

尊敬的读者，我感到非常高兴能够为中国读者提供我撰写的 *Real-Time Operating Systems Book 2—The Practice* 中文版本，我希望你会同意它是易于阅读、内容翔实和非常有趣的！如果不是因为 Allan He(何小庆)的努力，这绝不会发生。Allan 负责启动这个项目，在过去的数月中，他和他的团队承担翻译工作，也为负责撰写、翻译和出版工作的许多人提供了坚定的支持。此外，他在寻找愿意出版这本书的中国出版公司一事上发挥了重要作用，Allan，谢谢你所做的一切。

我与中国的接触始于 1980 年，那时中国看到了快速发展的关键在于提高其技术水平和专业知识储备。通过派遣高素质的工程师，在西方学习长达两年的时间可以做到这一点。当时我是大学讲师，专门研究实时嵌入式系统。有一天我的部门主管要求让来访的一位中国学者加入我的研究小组，并由我监督他的工作一年。事实证明，这是一段非常有趣的经历，让我对中国及其人民有了了解。我的学生实际上是一位优秀的雷达工程师，后来成为中国电子科技大学学者和教授。在过去的 40 年中，我们一直保持着联系，因此，我看到了中国电子行业取得了长足的进步。中国现在在许多技术领域占主导地位，尤其是在通信领域。我非常希望我能以某种方式帮助促进中国软件的技术发展。

为什么要写这本书

当你想成为某个技术领域的专家时，你需要了解其理论知识(几乎没有什么可走的捷径，但确实如此)，我称其为"头衔"的赞赏。但是，如果你想变得真正精通，那还远远不够——你还需要具有其"核心"的理解。我的意思是对这个领域有一种真实的感觉，我认为做到这一点的最佳方法是将理论付诸实践，边做边学。

环顾四周就会发现很多人属于这两种类别中的一种。基于"头衔"的专家是大学的计算机科学领域的理论家。与之形成鲜明对比的是，典型的"核心"专家是自学成才的程序员，他们对专业基础知识缺乏很深入的了解。本书试图缩小这种差距，本书的第一篇涉及"头衔"方面；第二篇是通俗易懂实用的知识。使用本书作为资料，可以将理论变成实践，从而帮助你成为真正的专家。

这在理论上似乎是个好主意，但实践却更具挑战性。首先，你需要一个方便实用的工具来完成工作。其次，对于许多自学者来说，成本是一个问题，工具一定不能很贵。最后，它们一定不难获得,但使用和维护很方便。因此,这里我们为你提供用于 RTOS 实验的低成本工具、软件和开发板的方法。

实用工具

用于此工作的工具和软件包括:

(1) 用于配置 MCU(STM32F 某个特定版本)的图形工具——STM32CubeMX 软件应用程序。

(2) 用于生成机器代码的集成开发环境(译者注,如 STM32CubeIDE、IAR 和 Keil)。

(3) 带有内置编程器和调试器的低成本 MCU 开发板。

所有软件都是免费的,或者提供可以免费使用的版本,可以在 Windows、Mac OSX 或 Linux 平台上运行,从许多电子供应商处都可以轻松获得 STM32F4 Discovery 套件,我们在这项工作中使用的 RTOS 是 FreeRTOS,它与 CubeMX 工具集成在一起。此处给出的所有练习都是在 STM32F4 Discovery 套件上执行的,https://www.st.com/en/evaluation-tools/32f411ediscovery.html(网站上也称为 STM32F411E-DISCO 板)。个别的实例是在老版本的 STM32F4 Discovery 套件上测试的。https://www.st.com/content/st_com/en/products/evaluation-tools/product-evaluation-tools/mcu-mpu-eval-tools/stm32-mcu-mpu-eval-tools/stm32-discovery-kits/stm32f4discovery.html。

如果你愿意,可以使用更便宜的 STM32L100C Discovery 套件,网址为 http://www.st.com/en/evaluation-tools/32l100cdiscovery.html。

这本书的哲学

本书的基本哲学是“理解理论的最佳方法是将其付诸实践”。太好了!我认为我们都可以同意这一点了。但是有一个非常重要的问题出现了,我们到底该怎么做?这是一个更基本的问题,我们到底想实现什么?例如,假设你有强烈的愿望根据图 0.1 所示的椅子制作自己的木椅。

不幸的是,你没有任何木工知识和经验,所以你开始学习木工理论,并以此为基础启动你的项目。好吧,你可能不会成功结束这个项目,造成了灾难性的结果,如图 0.2 所示,最后做了一件不太专业的事情。

图 0.1 你希望制作的椅子

图 0.2 你实际完成的项目

在你投入项目之前，除了期望(或者说祈祷)一切顺利外，你还应该做些什么？现在令人眼花缭乱的事情很多，在开始任何实际项目之前，首先需要学习市场上有什么工具以及如何使用它们。因此作为新手木匠，我们将从图 0.3 所示的传统的木工工具开始。

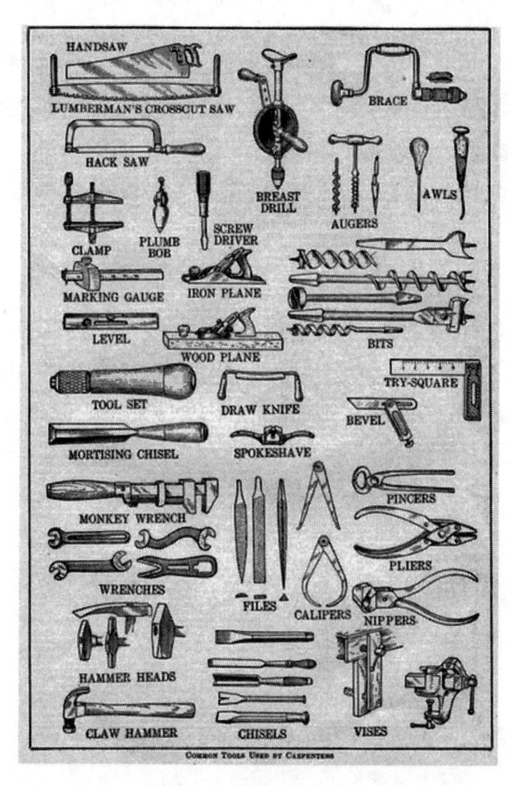

图 0.3 传统木工工具

在这个阶段，你实际上不需要了解工具的工作原理，重要的是了解它们的作用是什么，以及如何使用它们。掌握了这些工具之后，你就可以在实际项目中放心地使用它们了，这就是本书所涉及的实践工作的基础。

因此，不要指望学习如何设计和编写一个操作系统。本书也没有教你如何设计一个使用 RTOS 的嵌入式系统。但是，你将实实在在学到的是：

(1) 有哪些可用的工具。

(2) 每种工具的工作方式。

(3) 为什么以及如何使用这些工具。

(4) 使用各种工具的不利之处。

实验的目的是为你提供一条学习真正的商业工具的途径，实际工作从最简单的问题开始，然后逐步推进到更复杂的层面。如果你不熟悉即将开展的工作，请按照我们的顺序进行。在你成功地完成序列中的每一项之前，不要跳过任何实验。如果在实践结束时，你认为还是没有学会这些基本工具，那或许就是我的问题了。

最后是我的建议：如果您想了解嵌入式实时操作系统的基础知识，那么本书并不适合您。为此，您需要阅读我的另外一本著作 *Real-time Operating Systems Book 1—The Theory*（或同类图书）中的内容。本书读者需要熟悉相关理论知识并具有一定的技能水平。

致谢

本书的更新版本包含使用可视化工具 Tracealyzer 的材料。我要对 Percepio 公司提供的所有帮助表示极大的感谢，还要感谢 Percepio 公司提供的技术支持，特别是 Johan Kraft 博士（公司首席执行官）和 Niclas Lindblom（资深 FAE）所提供的技术支持。要说这些是无价也不为过。

吉姆·考林(Jim Cooling)

2020 年 12 月于马克菲尔德（英国）

实验指南

EXPERIMENT GUIDE

本指南将帮助你了解全书的整体结构和实验内容，还可以作为本书的条目索引。

第一篇　应用代码开发

本篇主要介绍软硬件开发工具及其使用，无具体实验。

第二篇　内核基础实验

第2章　多任务设计与实现基础

准备工作：阅读 *Real-Time Operating Systems Book 1—The Theory* 一书的第1章和第2章。

译者注：*Real-Time Operating Systems Book 1—The Theory* 是作者的一本专著，亚马逊有售，为本书的姐妹篇，介绍了RTOS理论基础，读者也可参考RTOS相关中文书籍，了解实时内核工作原理。

预备实验　简单I/O交互

实验目的：学习如何驱动LED，如何处理STM32F4 Discovery开发板的按键信号。

实验1　创建并运行连续执行的单个任务

实验目的：学习如何开发多任务系统中的一个基本函数——连续执行的单个任务。

实验2　周期任务实现

实验目的：创建并运行一个具有准确周期时间的周期任务。

实验3　创建并运行多个独立的周期任务

实验目的：创建并运行多个相互独立的周期任务。

实验4　优先级抢占调度策略分析

实验目的：充分理解使用优先级抢占式调度策略时的任务行为。

第3章　共享资源使用

准备工作：阅读 *Real-Time Operating Systems Book 1—The Theory* 一书的第3章。

实验5　访问竞争问题分析

实验目的：展示在多任务系统中，使用共享资源时面临的访问竞争问题。

实验6　通过挂起调度器消除资源竞争

实验目的：演示消除资源争用的一种简单方法——挂起调度器。

实验 7　演示系统性能的降低

实验目的：演示在多任务设计中，共享资源的使用会导致系统性能下降。

实验 8　使用信号量保护临界代码

实验目的：演示如何使用信号量机制来保护临界段代码，消除资源冲突。

实验 9　使用互斥信号量保护临界代码

实验目的：演示使用互斥信号量保护临界代码段，消除资源竞争。

实验 10　使用封装机制提升系统安全

实验目的：演示通过信号量封装对象可以提升软件的功能安全和信息安全。

准备工作：阅读 *Real-Time Operating Systems Book 1—The Theory* 一书的第 4 章。

实验 11　优先级反转影响演示

实验目的：演示多任务设计中，优先级反转问题对系统的影响。

实验 12　使用优先级继承机制消除优先级反转

实验目的：展示使用优先级继承技术消除任务的优先级反转问题。

第 4 章　任务交互实现

准备工作：阅读 *Real-Time Operating Systems Book 1—The Theory* 一书的第 5 章。

实验 13　使用标志协调任务活动

实验目的：展示如何使用标志机制来协调任务之间的交互。

实验 14　使用事件标志实现单向同步

实验目的：展示使用事件标志实现任务间的单向同步。

实验 15　使用信号量实现单向同步

实验目的：展示如何使用信号量作为事件标志实现单向同步。

实验 16　使用信号量实现双向同步

实验目的：展示如何利用信号量实现任务间的双向同步。

实验 17　使用信号量实现多个任务同步

实验目的：展示如何使用信号量实现多个任务间的同步——“会合阻塞”。

实验 18　使用内存池提供数据共享机制

实验目的：展示如何使用内存池来实现无同步操作的任务间的数据传输。

实验 19　使用队列传输数据

实验目的：展示在没有同步操作的情况下，如何使用队列来实现任务间的数据传输。

实验 20　使用邮箱传输数据

实验目的：展示如何使用邮箱在任务指定的同步点实现数据传输。

实验 21　按键中断服务实现

实验目的：学习如何实现按键中断服务程序(ISR)。

实验 22　演示为何需要快速实现中断处理

实验目的：演示在多任务设计中，冗长的中断驱动的非周期任务会严重影响系统的时间行为。

实验23　使用可延期服务器减少ISR影响

实验目的：展示如何使用可延期服务器机制，尽量减少ISR对中断驱动的非周期性任务的影响。

第三篇　使用Tracealyzer可视化软件行为

第5章　Tracealyzer集成和配置指南

Tracealyzer实验1　Tracealyzer介绍

实验目的：展示如何在运行FreeRTOS的STM32F4微控制器上实现Tracealyzer工具的安装、集成和配置，提供项目正常运行所需的基本知识。

第6章　Tracealyzer的基本特点和使用

Tracealyzer实验2　Tracealyzer基础知识

实验目的：帮助读者了解Tracealyzer工具的功能。实验通过Tracealyzer工具实现一个周期任务的记录和分析。

Tracealyzer实验3　分析跟踪记录

实验目的：增进读者对跟踪记录的理解。在本实验中，我们将对比实验2更复杂的单个周期任务执行记录和分析。

Tracealyzer实验4　一个双任务设计的运行时分析

实验目的：使用Tracealyzer分析一个简单的双任务设计系统（类似于内核基础实验3中的任务设计）的运行时行为。

Tracealyzer实验5　研究优先级抢占调度

实验目的：使用Tracealyzer观察使用优先抢占式调度策略时，双任务设计系统的运行时行为。

Tracealyzer实验6　分析FreeRTOS的延迟函数

实验目的：查看分别使用osDelayUntil函数及osDelay函数时任务的行为，并比较这两个函数引起的行为区别。

第7章　流模式操作介绍

Tracealyzer实验7　使用流模式进行跟踪记录

实验目的：介绍流操作模式。如果读者希望获取比快照操作模式更多的跟踪记录，则需要使用流跟踪模式。

第8章　分析资源共享和任务间通信

Tracealyzer实验8　互斥：使用受保护的共享资源

实验目的：使用Tracealyzer观察访问受保护共享资源的任务运行行为。

Tracealyzer实验9　研究任务之间的非同步数据传输

实验目的：研究使用队列来实现没有同步动作任务之间的数据传输。

Tracealyzer实验10　研究任务之间的同步数据传输

实验目的：展示同步任务间的数据传输。

Tracealyzer 实验 11　评估可延期服务器的使用

实验目的：展示使用 Tracealyzer 观察使用中断驱动的可延期服务器任务的活动。

第四篇　扩展你的设计知识、超越 RTOS 范围

前面实验的目标是帮读者了解 RTOS 的基础知识(如调度机制、互斥、任务间通信方法等)。本篇的重点则有所不同，其目的是介绍基于 RTOS 的嵌入式系统应用开发的要点。

第 10 章　STM32F4 通用定时器

附加实验 1　使用定时器定时产生 ISR 调用

实验目的：实现一个被芯片内置定时器定时调用的 ISR。

附加实验 2　控制定时器产生的 ISR

实验目的：运用附加实验 1 中的知识启动和停止定时器产生的 ISR。

附加实验 3　产生波形：脉冲宽度调制

实验目的：在 STM32F4 Discovery 开发板上产生 PWM 输出信号。

附加实验 4　使用 PWM 控制 LED 灯亮度

实验目的：展示 PWM 的实际运行效果。

附加实验 5　产生波形：脉冲计数

实验目的：统计从外部信号源(外部触发—ETR 模式)收到的脉冲信号。

附加实验 6　测量脉冲间隔

实验目的：测量脉冲的时间间隔。

附加实验 7　测量脉冲频率

实验目的：测量在指定时间区间内到达的脉冲。与附加实验 5 不同的是，本实验计算脉冲频率，而不是统计脉冲数目。

第 11 章　使用 STM32F4 看门狗定时器

附加实验 8　看门狗定时器基础

实验目的：利用 STM32F4 上的独立看门狗定时器(WDT)演示基础运行和操作，本实验中看门狗允许超时。STM 参考手册 RM0090 中有关于看门狗的更多细节。

附加实验 9　正确使用看门狗定时器

实验目的：演示正确地避免 WDT 超时(踢看门狗)的方法。

附加实验 10　使用 CubeMX 激活 IWDG

实验目的：学习如何在允许看门狗超时的前提下用 CubeMX 配置、初始化和使用 IWDG。

附加实验 11　使用 CubeMX 针对应用设置 WDT

实验目的：使用 CubeMX 配置、初始化和以正常模式使用 IWDG。

附加实验 12　看门狗的窗口化运行

实验目的：使用 STM32F4 的窗口看门狗(WWDG)进行窗口化的 WDT 操作。本实验中我们有意让 WWDG 超时。

附加实验 13　正确使用 WWDG

实验目的：演示正确地避免 WWDG 超时(踢看门狗)的方法。

附加实验 14　过早地踢 WWDG

实验目的：演示过早地踢 WWDG(在闭窗期内)会引发系统重置。

附加实验 15　使用 CubeMX 正确激活 WWDG

实验目的：正确地用 CubeMX 配置、初始化和使用 WWDG。

附加实验 16　早期唤醒中断(EWI)

实验目的：展示如何用受控恢复行为避免看门狗产生的硬重置。

附加实验 17　WWDG ISR 的简化实现

实验目的：通过移除不断踢看门狗的代码来简化 WWDG 的 ISR。

附加实验 18　检测失败的单定期任务

实验目的：演示监督任务可以检查定期任务是否健康和任务是否失败。

第 12 章　多任务设计中的通用任务故障检测技术

附加实验 19　单定期任务的看门狗保护机制

实验目的：本实验基于附加实验 18，演示如何检测监督任务或应用任务(单一定期任务)的错误。

附加实验 20　两个定期任务的故障检测

实验目的：演示在多任务设计(只针对定期任务)中如何检测应用任务故障。

附加实验 21　单一非定期任务的故障检测

实验目的：演示在多任务设计中如何检测单一非周期任务的故障。

附加实验 22　混合定期与非定期任务的故障检测

实验目的：演示如何使用软件定时器同时检测定期与非定期任务的故障。

目录

CONTENTS

第一篇　应用代码开发

第二篇　内核基础实验

第三篇 使用 Tracealyzer 可视化软件行为

第四篇 扩展你的知识、超越 RTOS 范围

第五篇 结束语：展望未来

第六篇 帮助你自学的在线资料

第一篇　应用代码开发

只有将理论付诸实践，才能真正、充分并深刻地理解某一个主题，而这正是本书的主要目的。简单来说，读者的目标就是将设计变成可以在硬件上运行的代码。此外，笔者认为，设计到代码的转换过程应该尽可能简单、直接，并且价格便宜。正如法国人所说，不能自讨苦吃。而且，转换过程应该基于专业的工具。如果你愿意，后续可以在日常工作中继续使用这些工具。

为此，我们整合了一组用于此工作的工具和软件，包括：

(1) 用于配置 MCU(STM32F 某个特定版本)的图形工具——STM32CubeMX 软件应用程序。

(2) 集成在 CubeMX 工具中的 FreeRTOS 实时操作系统。

(3) 带有内置编程器和调试器的低成本 MCU 开发板——STM32F4 Discovery。

(4) 用于项目开发的桌面集成开发环境——STM32F4CubeIDE。

上述所有软件都是免费的，可以在 Windows、Mac OSX 或 Linux 平台上运行。从许多电子供应商处都可以轻松获得 STM32F4 Discovery 开发板套件。

当我们选定了工具后，还需要知道如何使用它们，而这正是本书第一篇的主要内容。

第1章 开发流程及软硬件开发工具

1.1 从设计到编程的实践方法

1.1.1 概述

本节介绍一种将软件设计转换为机器代码的方法。该方法包括两个主要步骤，如图1.1所示。

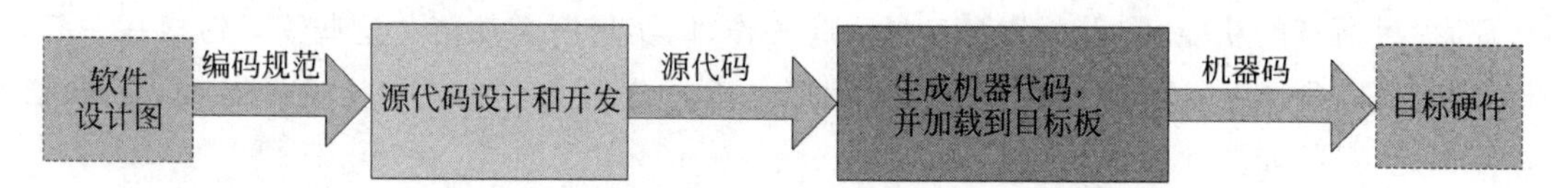

图1.1 从设计到机器代码生成的主要步骤

(1) 第一步生成设计的源代码，我们称为源代码生成阶段。

(2) 第二步将源代码转换为机器代码，并将其安装到目标处理器中。我们将此阶段称为目标代码生成阶段。此过程依赖于集成开发环境(IDE)，其使用将在后面详述。

1.1.2 源代码生成

先简单了解一下源代码生成阶段。源代码可以划分为三个主要部分：应用级代码、初始化代码和平台相关代码，见图1.2。

初始化代码被划分为一组独立的单元，这可能会让一些读者感到惊讶，但这样做很有必要。如果熟悉现代微控制器结构，就会知道它们通常是非常复杂的设备，可用的功能非常丰富。而且许多功能通常需要详细的编程来设置，特别是处理MCU与外部世界的交互时，需要更复杂的编程。许多情况下，芯片IC封装上没有足够的引脚来引出芯片所有的内部功能，因此需要配置微控制器，精确地定义指定引脚的功能。

设备制造商通常会提供相应的工具来简化引脚功能的配置过程，最佳实现是采用图形化配置工具，后续我们将详细介绍。

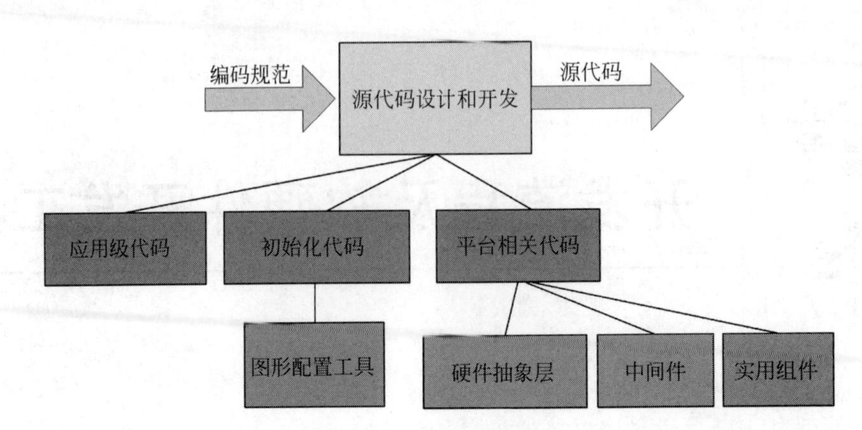

图 1.2　源代码组成

平台相关代码通常可以分为三类：硬件抽象层(HAL)、中间件以及实用组件。我们可获得的具体内容取决于各个芯片供应商。

1.1.3　目标代码生成

生成目标代码需要相应的软件工具。目前，单个工具不能为目标系统的软件开发(机器代码)提供所有的功能，它需要许多工具一起工作，以实现所需功能。这些工具链接在一起，形成工具链，生成微控制器可执行的应用程序。工具链的基本组成包括编译器、汇编器、链接器和定位器，如图 1.3 所示。

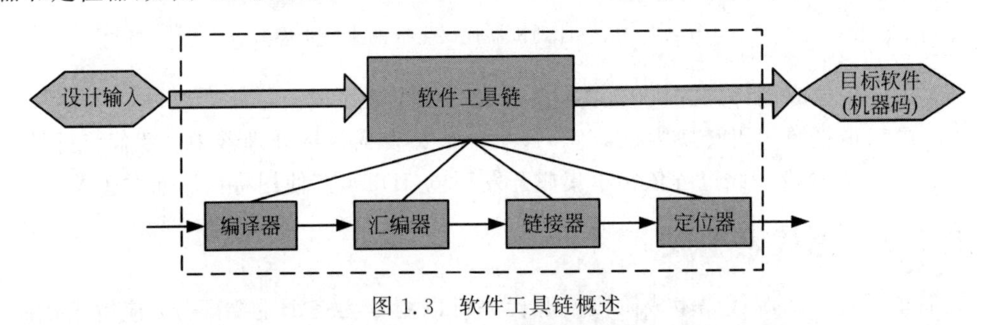

图 1.3　软件工具链概述

图 1.4 所示的是基于具体项目的开发过程。图中的工具链主要包含两个软件项：STM32Cube 工具和集成开发环境(包含或扩展了 JTAG 软件)。

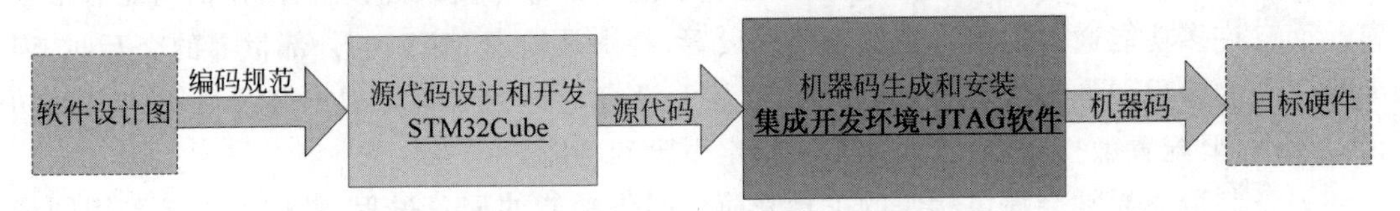

图 1.4　具体项目的设计到代码实现过程

STMicroelectronics 公司的软件工具 STM32Cube 将根据编码规范生成源代码。该工具基于用户提供的输入信息，自动输出所有初始化代码及硬件相关代码，但它不能生成应用程序代码。应用相关代码需由程序员实现(具体操作请参阅后续实验)。

集成开发环境及 JTAG 软件实现了图 1.3 所示的软件工具链的所有功能(甚至更多)，其输出为可运行的机器码。图 1.4 的示例中，使用 JTAG 设备将机器码下载到目标系统。请注意，某些 IDE 可以将 STM32Cube 工具以扩展工具集的形成导入其中。

后续实验中，我们将描述这些工具的使用，帮助用户了解工具的原理及其使用方法。但要实际使用这些工具，还需查阅详细的用户手册和应用文档。我们首先介绍 STM32Cube 工具。

1.2　STM32Cube 软件工具介绍

1.2.1　工具概述

图 1.5 所示为 STM32Cube 工具的结构。

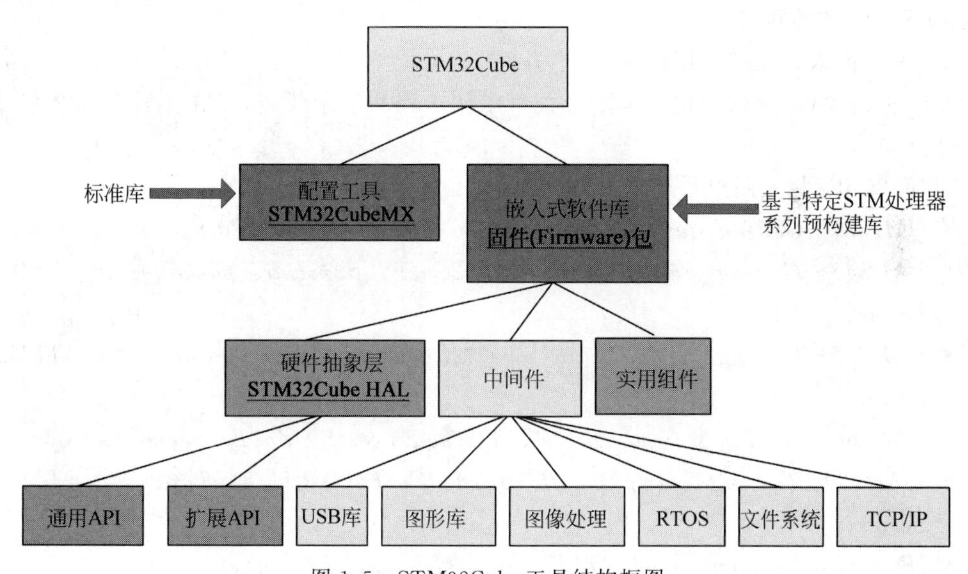

图 1.5　STM32Cube 工具结构框图

STM32Cube 工具中包含 STM32CubeMX 图形配置工具及 STM32Cube 嵌入式软件库——固件包，这两个组件可以组合使用，也可以单独使用。它们都可以从 ST 官网免费获取，下载链接：http://www.st.com/web/catalog/tools/FM147/CL1794/SC961/SS1533/PF259242?sc=stm32cube#。

1.2.2 STM32CubeMX 特性

STM32CubeMX 的功能包括：

(1) 通过图形向导配置引脚复用、时钟树、外设和中间件，并生成相应的 C 代码。

(2) 生成指定集成开发环境对应的完整的项目源代码。

(3) 基于用户定义的应用顺序计算功耗。

(4) 可以直接从 ST 官网导入 STM32Cube 嵌入式软件库。

(5) 集成软件更新程序，使 STM32CubeMX 版本保持最新。

STM32CubeMX 相关用户手册为 *UM1718—STM32CubeMX for STM32 configuration and initialization C code generation*。

1.2.3 STM32Cube 嵌入式软件库及文档

STM32Cube 嵌入式软件库包含：

(1) HAL 硬件抽象层，通过标准 API 调用实现在不同 STM32 设备之间的可移植性。

(2) 中间件集合，包含 RTOS、USB 库、文件系统、TCP/IP 协议栈、触屏驱动库或图形库(取决于 MCU 系列)。

(3) 所有嵌入式软件实用组件。

所有 STM32Cube 软件包中都附带大量示例工程和演示代码，可在多种开发环境中直接使用。

STM32Cube 相关用户手册如下：

- *UM1779—Getting started with STM32CueF0 for STM32F0 Series*；
- *UM1847—Getting started with STM32CueF1 firmware package for STM32F1 Series*；
- *UM1739—Getting started with STM32CueF2 firmware package for STM32F2 Series*；
- *UM1766—Getting started with STM32CueF3 for STM32F3 Series*；
- *UM1730—Getting started with STM32CueF4 MCU Package for STM32F4 Series*；
- *UM1785—Description of STM32F0xx HAL and low-layer drivers*；
- *UM1850—Description of STM32F1 HAL and low-layer drivers*；
- *UM1940—Description of STM32F2 HAL and low-layer drivers*；
- *UM1786—Description of STM32F3 HAL and low-layer drivers*；
- *UM1725—Description of STM32F4 HAL and LL drivers*。

如果想快速了解 Cube 的特性，可以访问 www.st.com/stm32cube-pr11，观看相关视频 Getting started with STM32CubeMX v5.0。

1.3 实用工具

1.3.1 集成开发环境

软件工具链是多个工具的集合。这些工具必须在指定的软件开发环境中运行。为了生成目标系统机器码，我们至少需要图1.3所示的工具链。工具链的功能还可以通过添加工具的方式扩展，以产生一个更强大、可用的和适应性更强的工具。通常可扩展的功能包括：

(1) 用于源代码生成的代码感知文本编辑器。

(2) GUI构建工具。

(3) 开发板和设备仿真器。

(4) 分析器（运行时行为、内存使用率、CPU使用率分析等）。

(5) 分析工具（静态分析和动态分析）。

这些工具需要集成到IDE环境中才能发挥作用。IDE是构建在某些指定操作系统上运行的应用程序，它是一个完整的软件包。

众所周知的IDE包括微软的Visual Studio、苹果的Xcode和Java的Netbeans。通常IDE都是商业产品，包括专为嵌入式应用设计的IDE（如IAR EWARM和Keil(ARM) MDK）。这些软件也提供了免费试用版本，它们通常是完整工具的子集，限制了软件开发的使用范围。例如，Keil μVision免费版本限制代码尺寸为32KB。目前Cube工具可以生成多个IDE的工程源代码，包括：

- IAR EWARM；
- Keil MDK-ARM；
- STM32CubeIDE；
- System Workbench for STM32-SW4STM32；
- 可以解析GPDSC格式文件的工具链。

注意：与其他IDE有所不同的是，STM32CubeIDE是一个基于Eclipse的IDE，集成了STM32CubeMX源代码设计工具。STM32CubeIDE完全免费，关于该IDE的使用细节，将在后续章节中描述。

1.3.2 STM32F4 Discovery Kit硬件

仅使用STM32F4 Discovery Kit（个别的实例继续运行在老版本STM32407 Discovery Kit上）即可运行本书中的所有实验。选择此开发板的原因如下：

(1) STM对该开发板有丰富的支持资源。

(2) Cube工具生成的代码，使用相应的IDE构建后，可以在开发板上直接运行。

(3) 它是满足本书实验所需资源最便宜的开发板之一。

(4) 无须执行任何额外的软件移植或配置操作（“即插即用”）。

(5) 如果实验代码未能正确运行,那几乎可以确认是软件错误,而不是硬件故障。

(6) 它也可以作为实现更多练习的一个极好的平台。

开发板的功能总结如下(来源于 ST 的宣传资料):

STM32F4 Discovery Kit 开发套件(32F411EDISCOVERY)可以帮助你了解 STM32F4 系列处理器的各项功能,并开发你的应用程序。开发板采用了 STM32F411VET6 微控制器,板载 ST-LINK/V2 调试器,集成了 ST MEMS 陀螺仪、加速度计+磁力计、数字麦克风,包含集成了 D 类扬声器驱动的音频 DAC、LED 灯、用户按键和 USB OTG micro-AB 连接器。

图 1.6 所示为开发板图片。

图 1.6　STM32F4 Discovery 开发板

在开始实验之前，准备工作如下：

(1) 下载 ST 用户手册 *UM1862—Getting started with STM32F411E Discovery software Development Tools*。更多使用信息可查阅手册 *UM1467—Getting started with software and firmware environments for the STM32F4DISCOVERY Kit*。

(2) 按照 ST 用户手册 UM1467 中 2.2 节(*Running the built-in demonstration*)所述，运行开发板内置示例程序，检查开发板能否正常工作。此外，为了后续学习，请下载 ST 用户手册 *UM1842—Discovery Kit with STM32F411VE MCU*。

(3) 如果还没有使用过前面列出的 IDE，请选择一个最适合的 IDE 评估并使用。在使用 IDE 之前，确保熟悉其使用方法。

(4) 访问 https://www.st.com/en/development-tools/stm32cubemx.html，下载 CubeMX 工具。

(5) 参考 ST 用户手册 *UM1718—STM32CubeMX for STM32 configuration and initialization C code generation*，安装 CubeMX 工具。

准备工作完成后，就可以开始了解工具链的主要功能了。

1.4 STM32Cube 图形工具

1.4.1 STM32CubeMX 概述

对于初学者，可以访问 https://www.youtube.com/watch?v=NED_E_z4CwM，观看 STM 提供的 CubeMX 介绍视频，对了解工具的使用会有很大帮助。

使用 STM32CubeMX 工具生成初始化代码，需要执行以下步骤：

(1) 启动 STM32CubeMX 应用程序，创建一个新项目。

(2) 选择使用的微控制器(或开发板)。

(3) 按照设计要求配置引脚功能。

(4) 配置外设和中间件相关的参数。

(5) 根据需要配置时钟系统。

(6) 根据需要检查预估的功耗。

(7) 生成初始化代码。

步骤(3)和(4)可以迭代执行，直到设计完成。

上述步骤只是 STM32CubeMX 工具生成初始化代码操作的概述，其目的是帮助你更好地了解整个流程，稍后将对此过程的详细操作步骤进行更多解析。在实际操作过程中，可以参考 ST 相关指南，反复练习，直到能熟练地使用该工具。

当 STM32CubeMX 应用程序启动后，将显示如图 1.7 所示的主界面。

下一步是创建项目，可以选择使用微控制器(MCU)或开发板来创建项目。在本例中，我们选择从 MCU 开始创建项目。

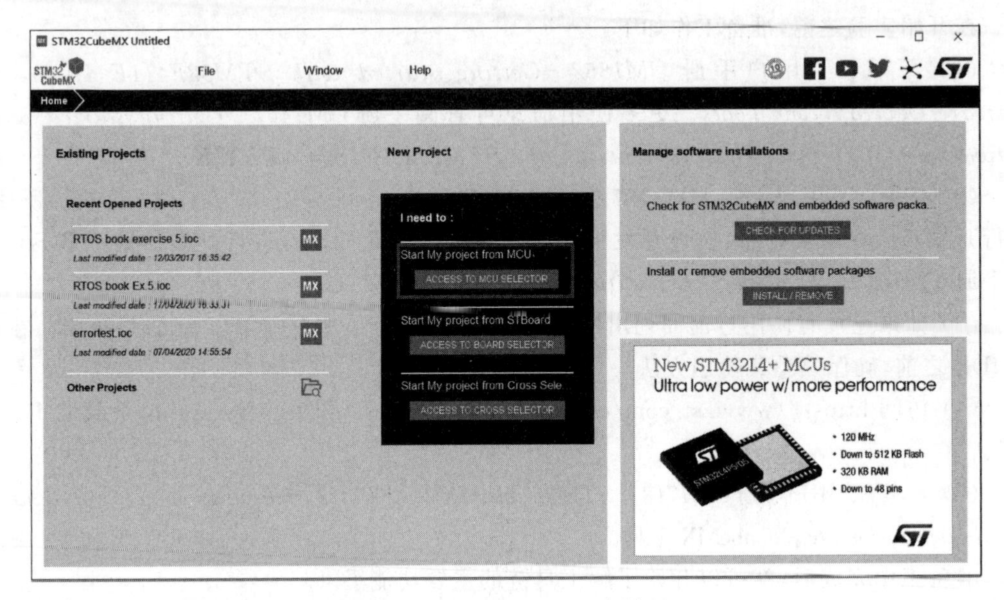

图 1.7　STM32CubeMX 主界面

1.4.2　选择微控制器

在 STM32CubeMX 应用主界面中，选择 ACCESS to the MCU selector 标签后，将弹出如图 1.8 所示的 New Project from a MCU/MPU 窗口，从窗口中可以看到可用的 STM32 MCU 列表。如果你已经决定了使用的微控制器，只需在 Part Number Search 搜索框中输入微控制器名称。本例中，在搜索框中输入 STM32F411VE，然后从 MCU 列表中选中 STM32F411VETx。

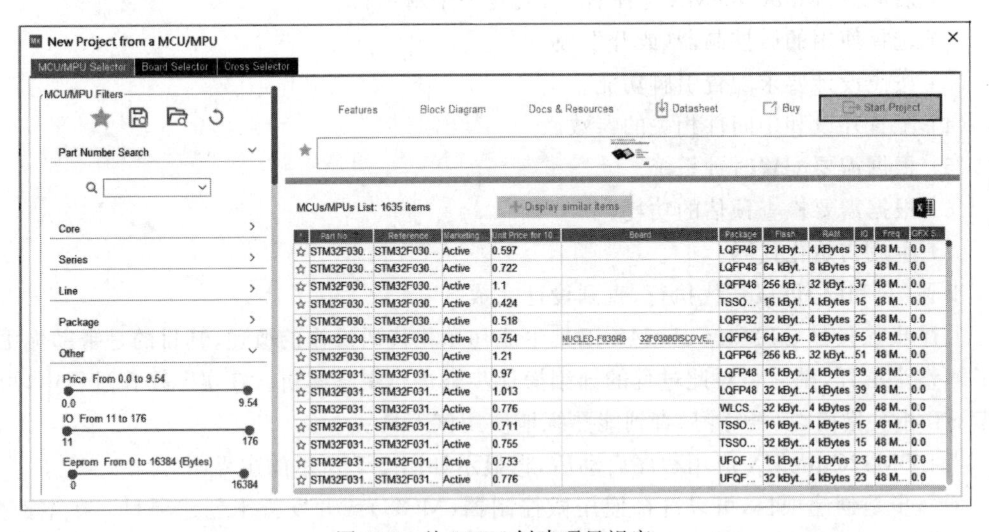

图 1.8　从 MCU 创建项目视窗

上述操作完成后，Start Project 标签将处于可操作状态。单击此标签，STM32CubeMX 主视窗中将显示如图 1.9 所示的 Pinout 视图。

许多引脚的功能是预定义好的(如电源连接)，其余引脚功能是可配置的。注意，图 1.9 所示的主视窗中有四个标签：Pinout&Configuration、Clock Configuration、Project Manager 和 Tools。目前，图中的 Pinout&Configuration 标签被选中，因此，引脚配置向导处于活动状态。

图 1.9　Pinout 视图

将主视窗显示从 Pinout 视图切换到 System 视图，如图 1.10 所示。

System 视图中显示了外设和中间件的默认配置。从图 1.10 中可以看到，默认情况下，我们可以配置 DMA 控制器、嵌套向量中断控制器(NVIC)及复位与时钟控制器(RCC)。

1.4.3　使用向导设置引脚功能

为了设置指定的引脚功能，我们需要先选中该引脚。在本例中选中 PA0，如图 1.11 所示。从弹出的列表中选择所需的功能。

将 PA0 设置为 GPIO_Output，图中引脚颜色会发生改变，并在 Pinout 视图上显示其功能，见图 1.12。

切换到 System 视图，将看到 GPIO 功能已添加到可用的系统功能配置中了，见图 1.13。

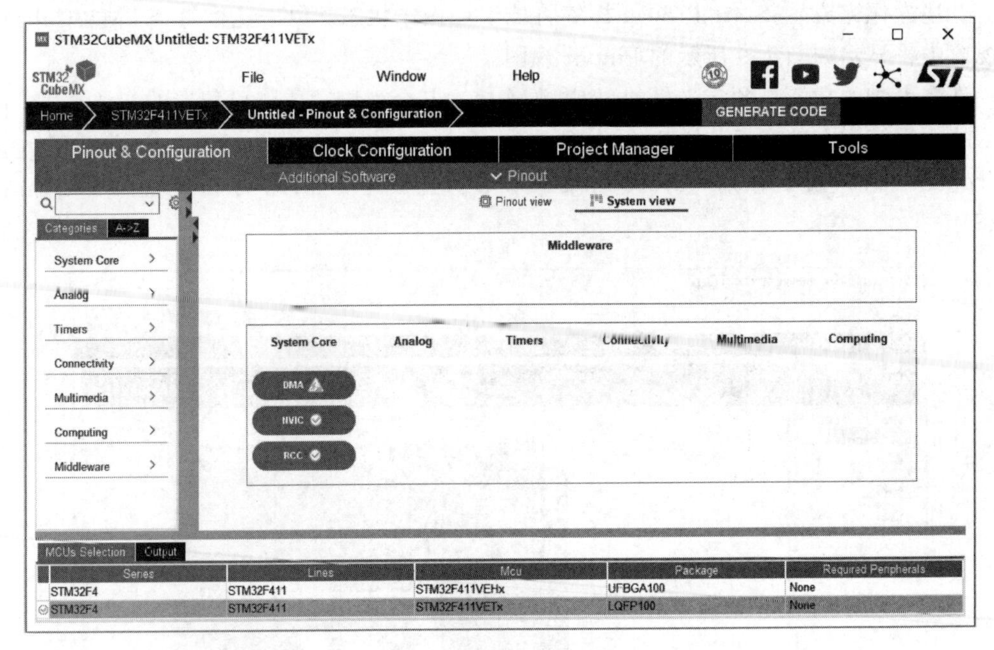

图 1.10　System 视图

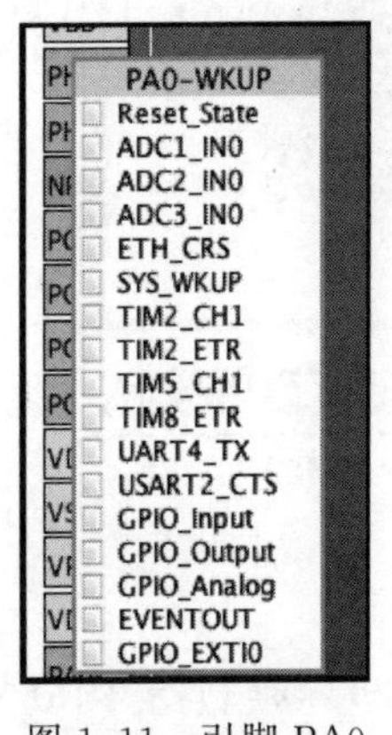

图 1.11　引脚 PA0 的可用功能

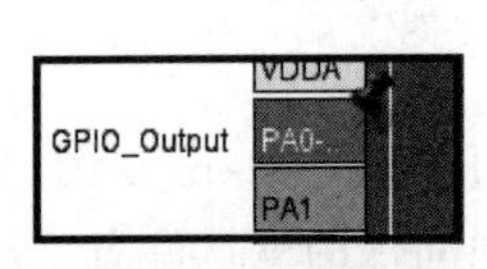

图 1.12　设置引脚功能后的 Pinout 视图

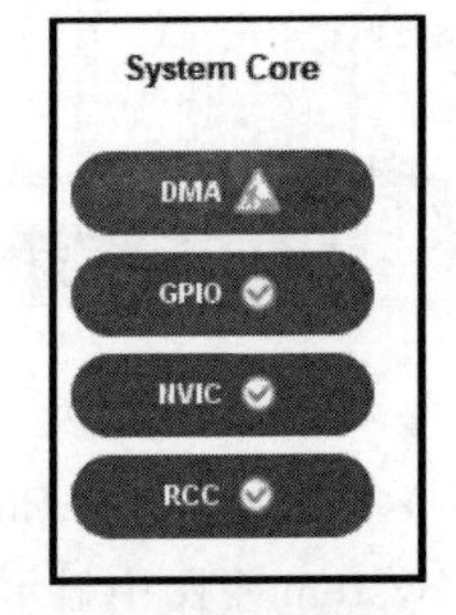

图 1.13　引脚配置后的 System 视图

选择 GPIO 后，将打开如图 1.14 所示的视窗。

在引脚视图中右键单击引脚可以给引脚命名。该操作将弹出如图 1.15 所示的视窗，我们可以用引脚对应的信号信息命名。

在文本框中输入 LED 1 driver 后，Pinout 视图显示如图 1.16 所示。

返回到 GPIO 引脚配置视图，如图 1.17 所示，将显示更新后的引脚配置信息。

上述工作完成后，我们可以开始生成代码。

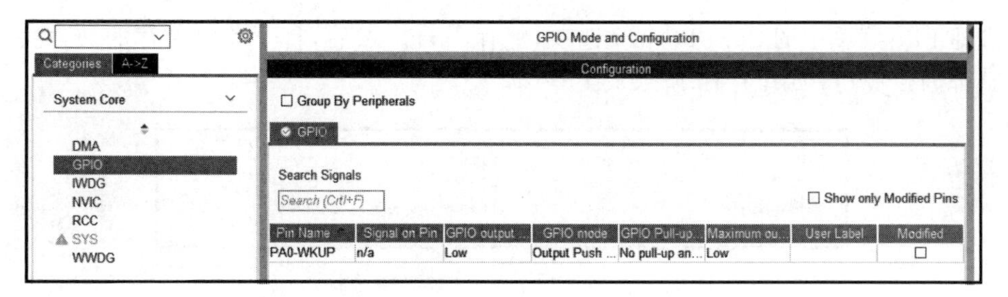

图 1.14 GPIO 模式和配置信息

图 1.15 引脚命名

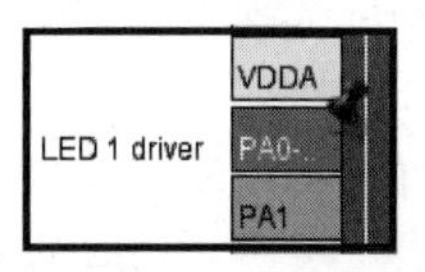

图 1.16 引脚命名后的 Pinout 视图

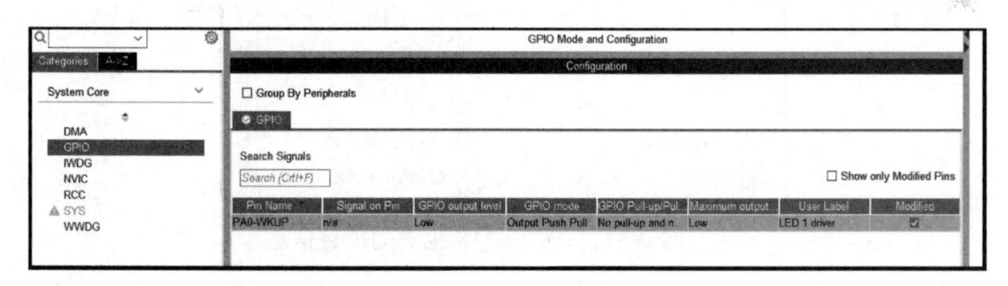

图 1.17 更新后的引脚配置信息

1.4.4 代码生成

在 STM32CubeMX 主视窗中选择 Project Manager 标签，然后选择 Project 标签，打开 Project Settings 视窗，如图 1.18 所示。在相应的文本框中输入项目的名称，定义项目保存路径，并指定项目使用的 IDE(如 EWARM、Keil MDK 等)。

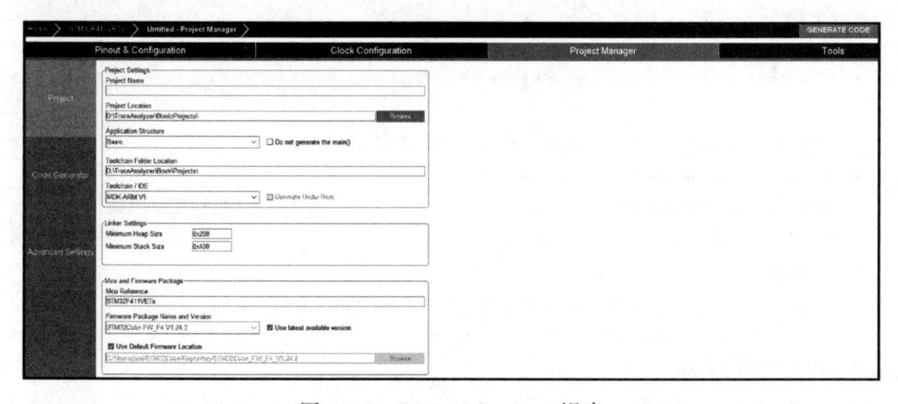

图 1.18 Project Settings 视窗

选择 File 菜单中的 Save Project 选项,保存项目。然后,打开项目保存的文件夹,检查项目是否创建成功,如图 1.19 所示。

图 1.19 项目目录及其内容(初始状态)

目前项目文件目录中只有一个 *.ioc 文件。现在可以在 Project Settings 窗口选择 Generate Code 选项卡,开始生成代码。

代码生成操作完成后,打开项目所在文件夹,检查目录中是否生成了如图 1.20 所示的文件夹及文件。

名称	类型
Drivers	文件夹
Inc	文件夹
MDK-ARM	文件夹
Src	文件夹
.mxproject	MXPROJECT 文件
Demo	STM32CubeMX

图 1.20 STM32CubeMX 生成的项目信息

在本例中,生成的代码使用 μVision IDE MDK-ARM V5 编译。请注意,所有软件驱动程序都已自动添加到项目中。目前,我们感兴趣的是 main.c 中的代码,如下所示。先浏览 main.c 的代码,了解其内容和结构。之后通过阅读 1.4.5 节,了解自动生成的代码信息后,再返回本节,仔细验证整个代码单元的工作方式。

```
/* 用户代码开始 Header */
/**************************************************************************
  * @文件          : main.c
  * @简介          : Main 程序体
  *************************************************************************
  * @attention
  * <h2><center>&copy; Copyright (c) 2020 STMicroelectronics.
  * All rights reserved.</center></h2>
  * This software component is licensed by ST under BSD 3 - Clause license,
  * the "License"; You may not use this file except in compliance with the
  * License. You may obtain a copy of the License at:
  *                       opensource.org/licenses/BSD - 3 - Clause
  *************************************************************************/
/* 用户代码结束 Header */
```

```
/* Includes ---------------------------------------------------------------*/
#include "main.h"
/* 私有 includes ---------------------------------------------------------*/
/* 用户代码开始 Includes */
/* 用户代码结束 Includes */

/* 私有 typedef ----------------------------------------------------------*/
/* 用户代码开始 PTD */
/* 用户代码结束 PTD */

/* 私有 define -----------------------------------------------------------*/
/* 用户代码开始 PD */
/* 用户代码结束 PD */

/* 私有 macro ------------------------------------------------------------*/
/* 用户代码开始 PM */
/* 用户代码结束 PM */

/* 私有变量 ----------------------------------------------------------*/
/* 用户代码开始 PV */
/* 用户代码结束 PV */
/* 私有函数原型 ------------------------------------------------------*/
void SystemClock_Config(void);
static void MX_GPIO_Init(void);
/* 用户代码开始 PFP */
/* 用户代码结束 PFP */
/* 用户代码 ---------------------------------------------------------*/
/* 用户代码开始 0 */
/* 用户代码结束 0 */
/**
  * @简介   应用入口
  * @返回值 int
  */
int main(void)
{
  /* 用户代码开始 1 */
  /* 用户代码结束 1 */
  /* MCU 配置-------------------------------------------------------*/
  /* 重置外设，初始化 Flash 接口及 Systick */
  HAL_Init();
  /* 用户代码开始 Init */
  /* 用户代码结束 Init */
  /* 配置系统时钟 */
  SystemClock_Config();
```

```
  /* 用户代码开始 SysInit */
  /* 用户代码结束 SysInit */

  /* 初始化配置的外设 */
  MX_GPIO_Init();

  /* 用户代码开始 2 */
  /* 用户代码结束 2 */

  /* 无限循环 */
  /* 用户代码开始 WHILE */
  while (1)
  {
    /* 用户代码结束 WHILE */
    /* 用户代码开始 3 */
  }
  /* 用户代码结束 3 */
}
/**
  * @简介  系统时钟配置
  * @返回值  无
  */
void SystemClock_Config(void)
{
  RCC_OscInitTypeDef RCC_OscInitStruct = {0};
  RCC_ClkInitTypeDef RCC_ClkInitStruct = {0};
  /** Configure the main internal regulator output voltage */
  __HAL_RCC_PWR_CLK_ENABLE();
  __HAL_PWR_VOLTAGESCALING_CONFIG(PWR_REGULATOR_VOLTAGE_SCALE1);
  /** 初始化 CPU, AHB 和 APB 总线时钟源 */
  RCC_OscInitStruct.OscillatorType = RCC_OSCILLATORTYPE_HSI;
  RCC_OscInitStruct.HSIState = RCC_HSI_ON;
  RCC_OscInitStruct.HSICalibrationValue = RCC_HSICALIBRATION_DEFAULT;
  RCC_OscInitStruct.PLL.PLLState = RCC_PLL_NONE;
  if (HAL_RCC_OscConfig(&RCC_OscInitStruct) != HAL_OK)
  {
    Error_Handler();
  }
  /** 初始化 CPU, AHB 和 APB 总线时钟源 */
  RCC_ClkInitStruct.ClockType = RCC_CLOCKTYPE_HCLK|RCC_CLOCKTYPE_SYSCLK
                              |RCC_CLOCKTYPE_PCLK1|RCC_CLOCKTYPE_PCLK2;
  RCC_ClkInitStruct.SYSCLKSource = RCC_SYSCLKSOURCE_HSI;
  RCC_ClkInitStruct.AHBCLKDivider = RCC_SYSCLK_DIV1;
  RCC_ClkInitStruct.APB1CLKDivider = RCC_HCLK_DIV1;
  RCC_ClkInitStruct.APB2CLKDivider = RCC_HCLK_DIV1;
```

```
    if (HAL_RCC_ClockConfig(&RCC_ClkInitStruct, FLASH_LATENCY_0) != HAL_OK)
    {
      Error_Handler();
    }
}
/**
  * @简介   GPIO 初始化函数
  * @参数   无
  * @返回值   无
  */
static void MX_GPIO_Init(void)
{
  GPIO_InitTypeDef GPIO_InitStruct = {0};
  /* GPIO 端口时钟使能 */
  __HAL_RCC_GPIOA_CLK_ENABLE();
  /* 配置 GPIO 引脚输出 */
  HAL_GPIO_WritePin(LED_1_driver_GPIO_Port, LED_1_driver_Pin, GPIO_PIN_RESET);
  /* Configure GPIO pin : LED_1_driver_Pin */
  GPIO_InitStruct.Pin = LED_1_driver_Pin;
  GPIO_InitStruct.Mode = GPIO_MODE_OUTPUT_PP;
  GPIO_InitStruct.Pull = GPIO_NOPULL;
  GPIO_InitStruct.Speed = GPIO_SPEED_FREQ_LOW;
  HAL_GPIO_Init(LED_1_driver_GPIO_Port, &GPIO_InitStruct);
}
/* 用户代码开始 4 */
/* 用户代码结束 4 */
/**
  * @简介   该函数实现错误处理
  * @返回值   无
  */
void Error_Handler(void)
{
  /* 用户代码开始 Error_Handler_Debug */
  /* User can add his own implementation to report the HAL error return state */
  /* 用户代码结束 Error_Handler_Debug */
}
#ifdef USE_FULL_ASSERT
/**
  * @简介   报告 assert_param 参数对应的错误发送的文件和代码行
  * @参数   file: 执行源文件
  * @参数   line: assert_param 错误代码行
  * @返回值   无
  */
void assert_failed(uint8_t *file, uint32_t line)
{
```

```
  /* 用户代码开始 6 */
  /* User can add his own implementation to report the file name and line number,
     tex: printf("Wrong parameters value: file %s on line %d\r\n", file, line) */
  /* 用户代码结束 6 */
}
#endif /* USE_FULL_ASSERT */
/************************ (C) COPYRIGHT STMicroelectronics *****END OF FILE****/
```

1.4.5 自动生成的代码

下面列出了自动生成代码的主要内容(不包含初始化函数)。

(1) 自动包含文件。

```
/* Includes ------------------------------------------------------------------*/
#include "main.h"
```

(2) 用于初始化宏的函数原型。

```
/* 私有函数原型 -----------------------------------------------------------*/
void SystemClock_Config(void);
static void MX_GPIO_Init(void);
```

(3) main 中的实际初始化代码函数调用。

```
/* MCU 配置 ------------------------------------------------------------------*/
/* 重置所有外设，初始化 Flash 接口和 Systick */
HAL_Init();
/* 配置系统时钟 */
SystemClock_Config();
/* 初始化配置的外设 */
MX_GPIO_Init();
```

注意：STM32CubeMX 默认会生成 HAL_Init()和 SystemClock_Config()函数，其他函数是否生成取决于引脚配置。

(4) 用户包含代码段。

从代码中可以看到，有许多与以下内容类似的代码段。

```
/*用户代码开始 1 */
/*用户代码结束 1 */
```

在这两个标识之间插入的任何代码，在重新执行代码生成时将被保留。

现在返回 1.4.4 节继续阅读并研究 main.c 的代码细节，确保完全了解该文件的所有内容。

1.5 STM32Cube HAL 库

HAL 驱动库由一系列驱动程序模块组成，每个模块都链接到一个独立的外设。每个驱动程序由一组函数组成，HAL 库涵盖常用的外设。HAL 库的主要特性如下。

(1) 支持轮询、中断和 DMA 三种 API 编程模型。

(2) 所有 API 均符合 RTOS 规范：

- 可重入 API；
- 轮询模式下全部使用超时参数。

(3) 提供回调函数处理：

- 外设中断事件；
- 错误事件。

(4) 所有阻塞过程均使用超时机制。

(5) 对象可以通过访问控制机制锁定。

图 1.21 是一组自动生成的 HAL 包含文件的示例。

图 1.21 HAL 头文件示例

在 STM32CubeMX 中生成项目代码时，会针对特定项目生成相应的头文件。注意，实际生成的 HAL 文件取决于项目中所使用的微控制器。这些文件在相应的 STM32F 处理器系列用户手册中定义，为了方便查阅，手册列表如下：

- *UM1785—Description of STM32F0xx HAL and low-layer drivers*；
- *UM1850—Description of STM32F1 HAL and low-layer drivers*；
- *UM1940—Description of STM32F2 HAL and low-layer drivers*；
- *UM1786—Description of STM32F3 HAL and low-layer drivers*；
- *UM1725—Description of STM32F4 HAL and LL drivers*。

这些用户手册中提供了 HAL 驱动程序首字母缩写词和定义的完整列表。

HAL 库是一个涉及面很广的主题，不在本书中展开。如果需要了解 HAL 库相关信息，请下载相关手册并了解其内容。

1.6 Cube 工程中的 FreeRTOS 配置

在 STM32CubeMX 工具提供的中间件中包含了实时操作系统 FreeRTOS。它是一个经过了充分验证并且简单易用的 RTOS，强烈推荐用户使用。将 FreeRTOS 集成到 Cube 自动生成的多任务设计的过程比较简单，但集成过程必须按指定的方式进行。在后面的工作中，我们将更详细地介绍集成步骤。

FreeRTOS 不会自动包含到 Cube 生成的项目中，需要用户自行配置添加。为此，我们需要对现有项目进行细微的更改。选择 PA0,设置它为复位模式,以防止信号冲突。在 STM32CubeMX 主视窗中选择中间件 Middleware 标签,如图 1.22 所示。单击 FREERTOS 选项,在打开的 FREERTOS Mode and Configuration 面板中使能相应接口,如图 1.23 所示,此处选择了 CMSIS_V1。

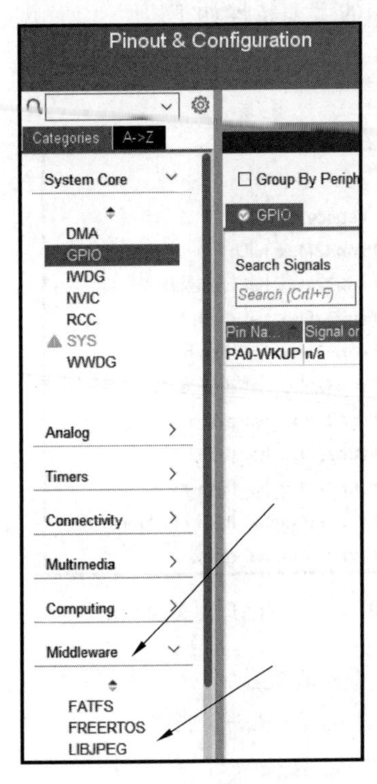

图 1.22 中间件选择

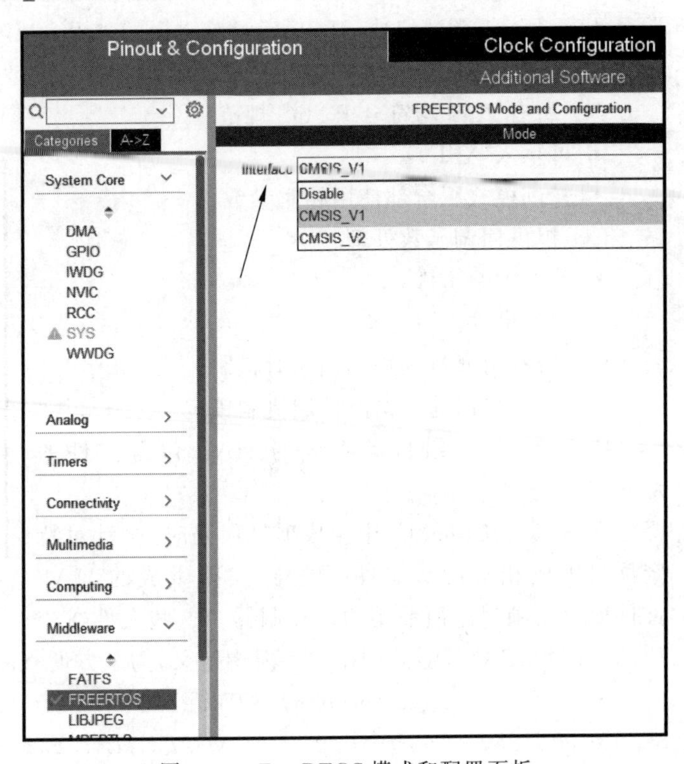

图 1.23 FreeRTOS 模式和配置面板

在重新生成代码之前,需要为 FreeRTOS 配置合适的时基源。在主视窗中,选择 System Core 标签,然后选择 SYS 选项,将显示如图 1.24 所示的界面。

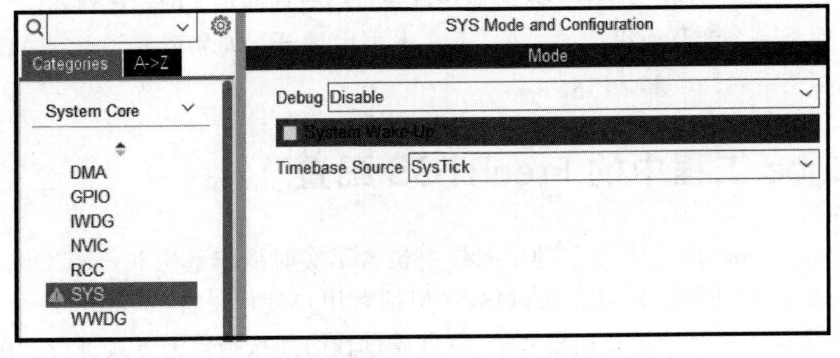

图 1.24 模式和配置信息

时基源默认为 SysTick，为避免与 HAL 库中的时钟冲突，请将时基源更改为如图 1.25 所列的备选方案。我们选择 TIM1，该时钟可以满足本书所有实验的需求。

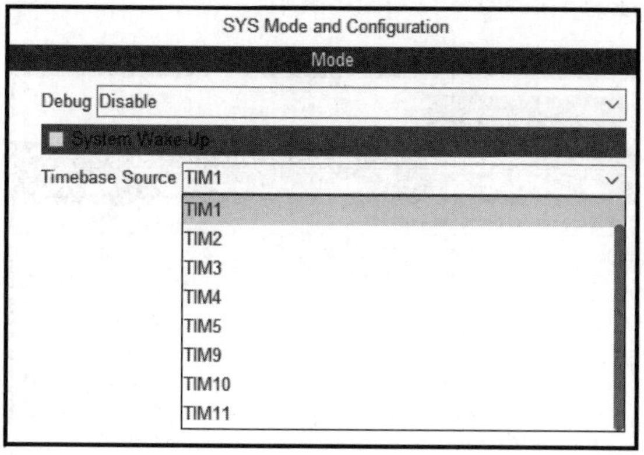

图 1.25　时基源设置

同时，在 FreeRTOS 模式和配置面板中，还显示了一组项目配置参数，如图 1.26 所示（在 FreeRTOS 组件使能后，该视窗即会显示）。它显示了项目配置中与 FreeRTOS 相关的所有信息。图 1.26 显示的参数值是默认配置，我们可以根据项目需求随心所欲地修改这些配置。例如，将 USE_PREEMPTION 修改为 Disabled。

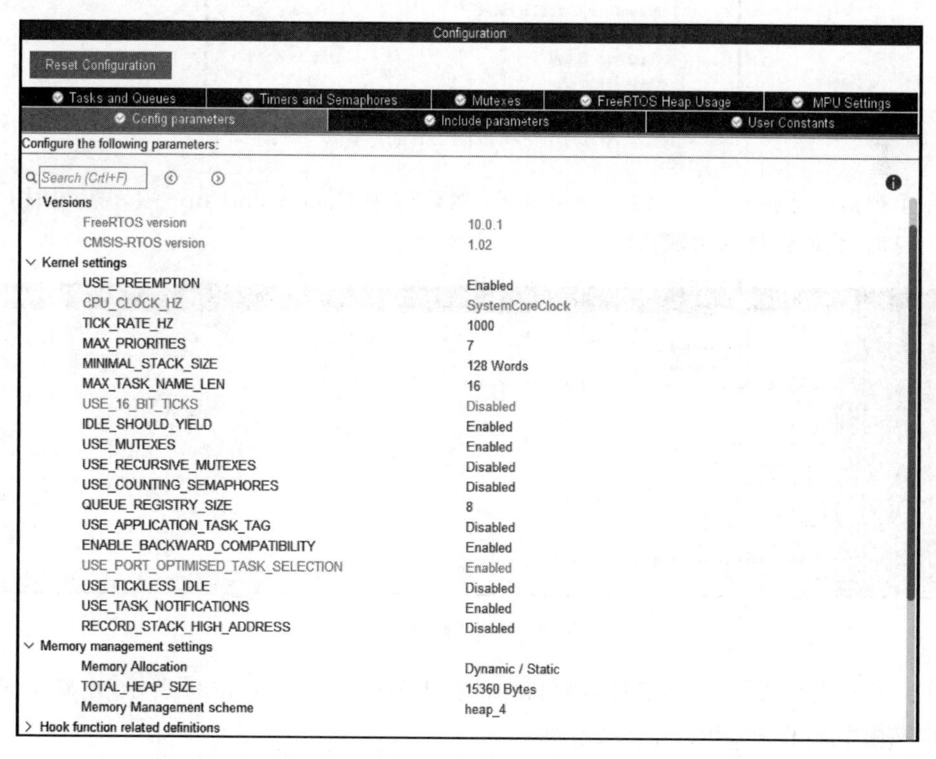

图 1.26　FreeRTOS 配置参数

图 1.27 所示为 FreeRTOS 配置中的 Include parameters 参数。在该界面中，我们可以启用或禁用 FreeRTOS 原生函数。在生成代码之前，请务必检查 Include 相关配置，以确认哪些功能被禁用，尤其注意 vTaskDelayUntil 函数。

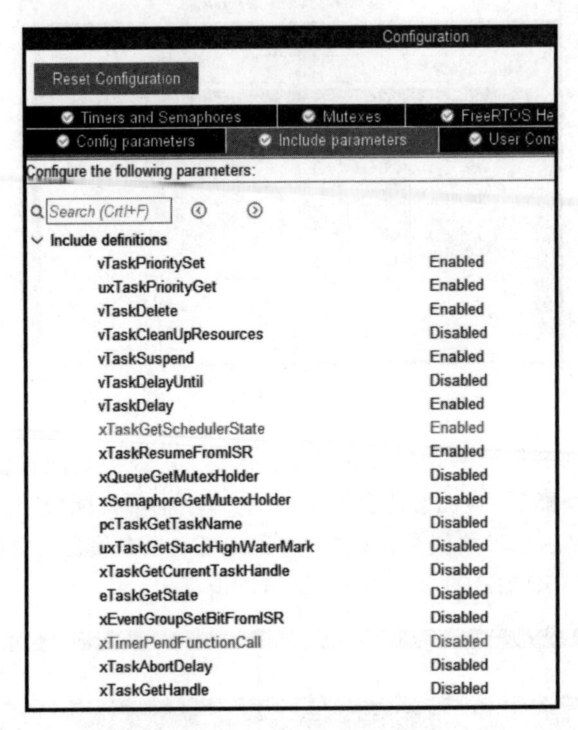

图 1.27　项目的 Include 参数

在主视窗中选择 Project Manager 标签，然后选中 Code Generator 项，显示如图 1.28 所示。目前，我们建议使用默认配置。

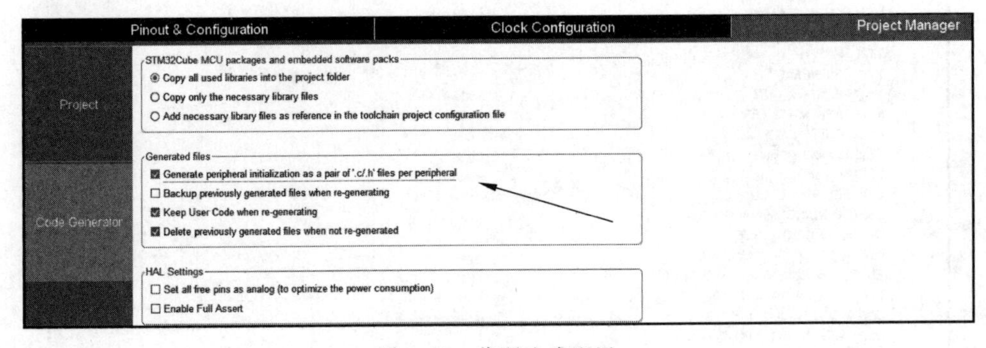

图 1.28　代码生成配置

下一步重新生成代码，然后检查项目文件夹中的内容。如图 1.29 所示，重新生成的项目文件夹中添加了 Middlewares 文件夹。

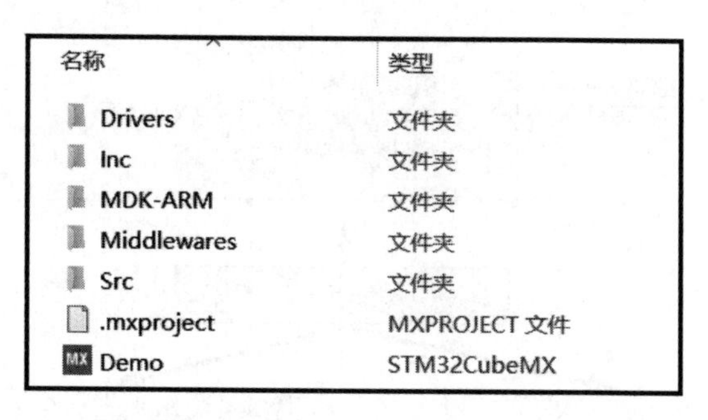

图 1.29　更新后的 Cube 生成项目文件

在代码重新生成的过程中，系统还会自动创建一个用户任务，在配置面板中选择 Task and Queue，任务相关信息如图 1.30 所示。

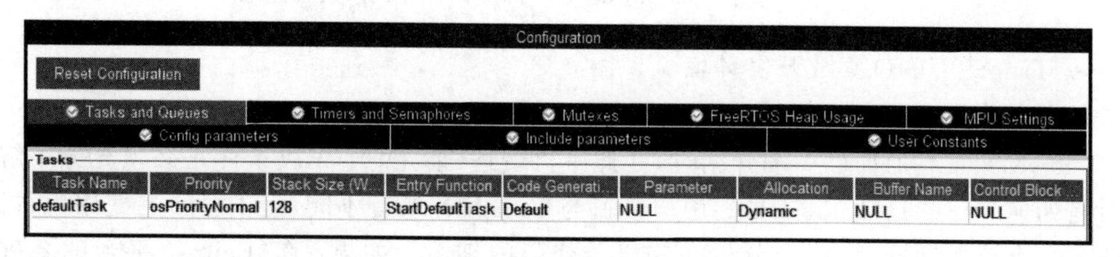

图 1.30　配置中的任务和队列设置

从图 1.30 中可以看到，一个名为 defaultTask 的任务已自动包含在项目中。因此，基于 FreeRTOS 的项目至少有一个用户任务。

1.7　STM32CubeIDE 开发平台

1.7.1　STM32CubeIDE 开发环境概述

STM 提供了一个新的软件开发工具——STM32CubeIDE。它是一个完整的桌面开发环境，支持两个关键操作(见图 1.31)：

(1) 源代码设计和开发；

(2) 机器代码的生产、安装、分析和调试。

从某种意义上说，它可以被视为传统 IDE 的某种“超级”版本。

这个桌面开发环境称为工作台(Workbench)，此环境基于 Eclipse 工作台(关于 Eclipse 的更多信息，可以访问 https://www.eclipse.org/)。STM32CubeIDE 是一个相当复杂的软件工具，本节仅涵盖工具的部分信息，涉及如何将基于 STM32F4 Discovery 开发板的设计转换为运行代码采取的步骤。

从图 1.31 中可以了解到，STM32CubeIDE 包含两个主要组件：

- STM32CubeMX 源代码生成器；

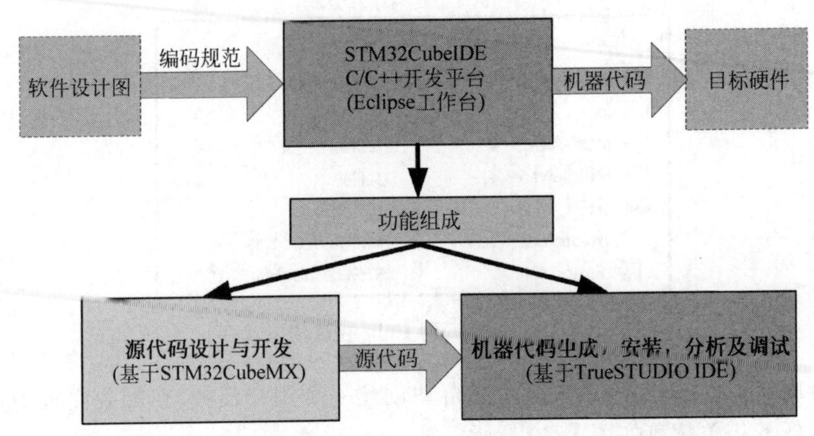

图 1.31 基于 STM32CubeIDE 的从设计到代码实现过程

- TrueSTUDIO 集成开发环境。

STM32CubeIDE 被定义为一个桌面开发环境(DDE),简称 CubeIDE。

CubeMX 工具前面已详细介绍过,在此不再赘述(请注意:先决条件是必须充分了解该工具是如何工作的)。CubeIDE 的用户接口与 CubeMX 略有不同,但不会影响使用,而机器代码是一个新的领域,我们将分析一些机器代码的细节。如果了解 Eclipse 平台的基础知识,将会更容易掌握这部分内容。

1.7.2 Eclipse 平台介绍

Eclipse 平台的官方定义:Eclipse 平台是一个不依赖于特定编程语言的通用集成开发平台。

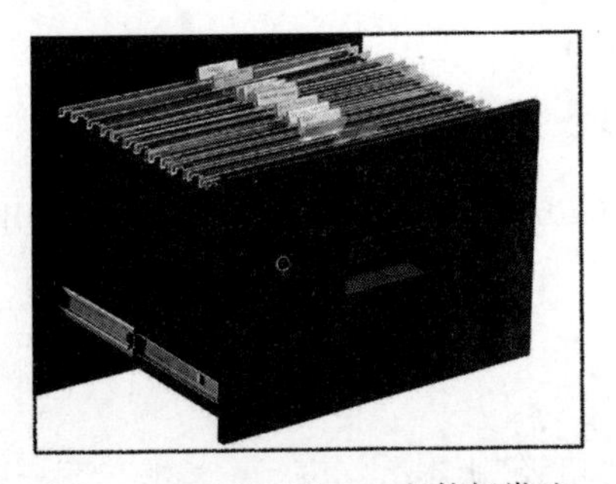

图 1.32 CubeIDE——文件柜类比

Eclipse 开发者的目的是提供一个通用的工具框架,然后添加特定的软件组件(插件)实现诸如 Java、Python 或 C/C++编程语言开发的工作。

我们不需要了解插件的实现细节,STM 已经完成了适配 Eclipse 平台的所有工作,生成了 CubeIDE 桌面开发环境。此桌面开发环境称为工作台或工作台窗口。做一个简单的类比,可以将工作台窗口比作一个文件柜,用于保存所有的工作信息,如图 1.32 所示。

文件柜中仅包含一组文件夹,文件夹中存放各种文档信息,如笔记、备忘录、照片、素描等。事实上,CubeIDE 是一个预定义好的文件柜,由一组特定的文件夹填充(在 Eclipse 术语中,此类文件夹称为透视图)。透视图的内容,即我们的工作文档,被称为可视化组件,用于处理窗口内的所有操作。组件有两种形式:视图和编辑器(后面会详细介绍)。图 1.33 展示了所有组件之间的关系。

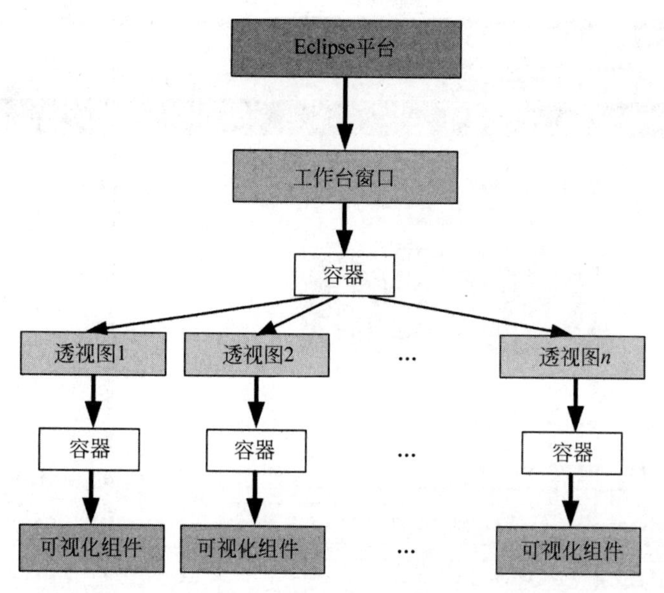

图 1.33 工作台窗口、透视图及可视化组件之间的关系

文件柜的类比有助于更好地了解 Eclipse 工具，特别是透视图。在真正的文件柜中，我们使用文件夹通过合理、易用的方式来组织材料。所以可以用一个文件夹保存保险单，另一个文件夹保存水电费账单，还有一个文件夹存放财务数据等。这种安排简化了大量个人数据的处理工作，特别是可以轻松地在全局信息仓库中查找和使用特定的文件内容。透视图，就像文件夹，将桌面开发环境的整体功能拆分为易于管理的子功能。我们可以将处理的信息，以及处理此类信息所需的工具存放到不同的视图中。

后续我们将详细介绍这些特性。目前，我们只需了解工作台窗口的结构和组件构成。如果希望获得 Eclipse 的更多信息，请参阅 Eclipse 的帮助：https://help.eclipse.org/mars/index.jsp。

1.7.3 CubeIDE 使用介绍

下载并安装 CubeIDE。启动 CubeIDE 后，将显示如图 1.34 所示的信息中心，其内容一目了然。当选择 Start new STM32 project 时，视窗中将显示开发板/MCU 选择界面，其内容与 CubeMX 中类似。在 Target selection 界面中选择 STM32F411EDISCOVERY，界面中将显示如图 1.35 所示的目标板相关信息。

采用与 CubeMX 中相同的方式创建项目。界面中首先会显示项目设置界面，如图 1.36 所示。给项目命名，并检查项目选项的配置是否符合应用需求。配置完成后，单击 Finish 按钮，完成项目创建工作，同时 CubeIDE 中将弹出 Open Associated Perspective 选择窗口，如图 1.37 所示。

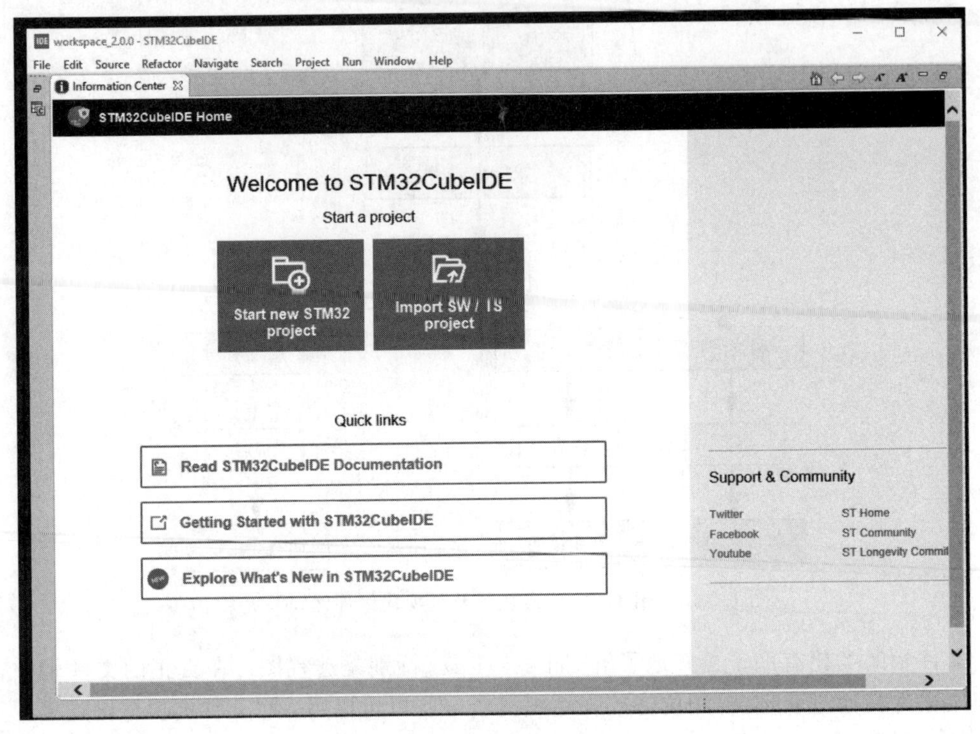

图 1.34　CubeIDE 信息中心

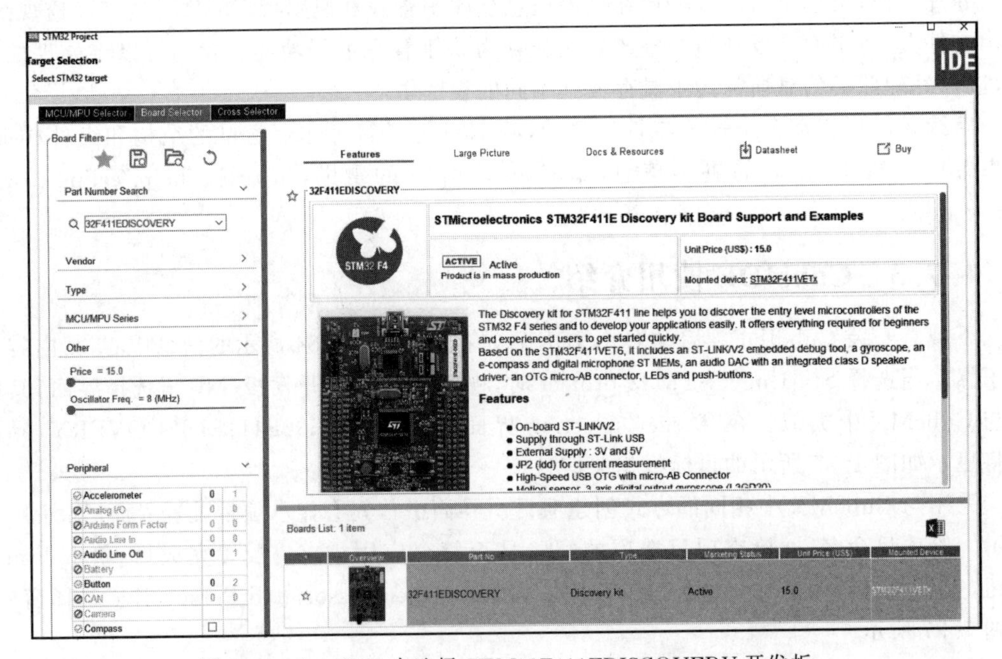

图 1.35　CubeIDE 中选择 STM32F411EDISCOVERY 开发板

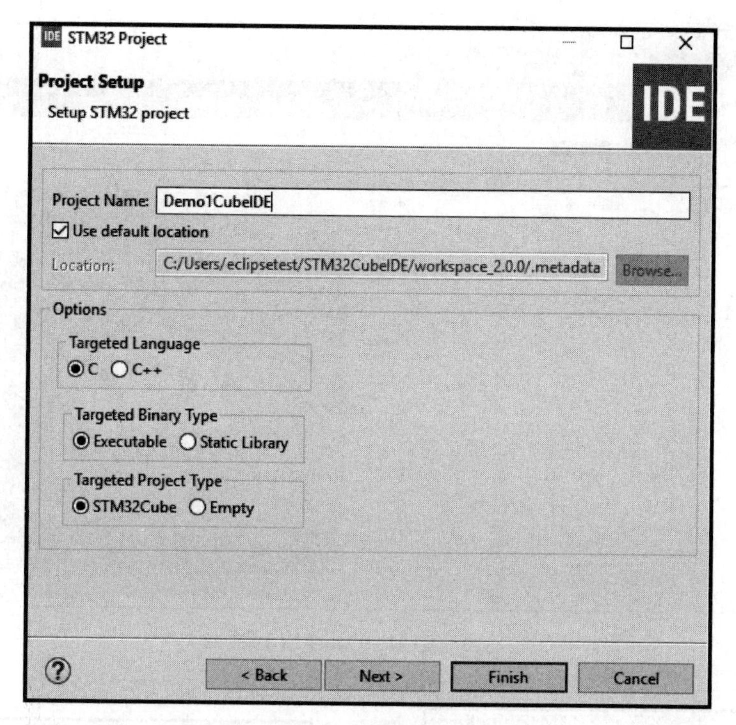

图 1.36　项目设置 1

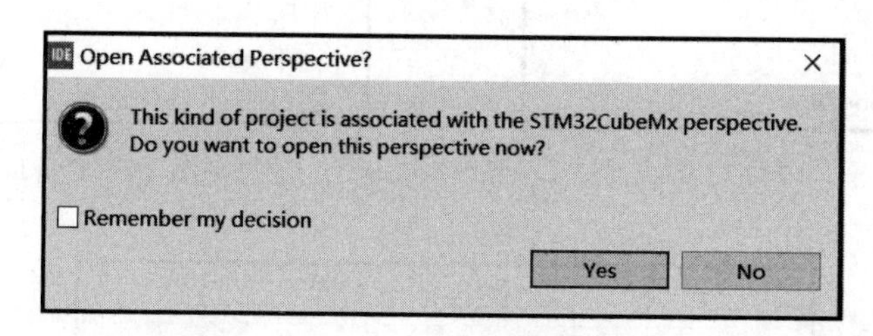

图 1.37　项目设置 2

默认情况下，选择 Yes，打开 STM32CubeMX 透视图，如图 1.38 所示，继续设置项目属性，以满足应用需要。

从图 1.38 中可以看到，CubeIDE 中呈现的内容与前述的 CubeMX 完全一致，因此无须重新学习工具的使用。如果需要还可以创建项目工作区和项目目录，其内容如图 1.39 和图 1.40 所示。严格来讲，图 1.38 是工作台窗口，目前该窗口中打开了 CubeMX 视图。

此时，我们可以选择生成项目源代码，生成的项目文件内容如图 1.41 所示，其中还包含 TrueSTUDIO IDE 的项目文件。

在构建目标系统、生成和分析机器代码之前，我们先来了解透视图的相关内容。

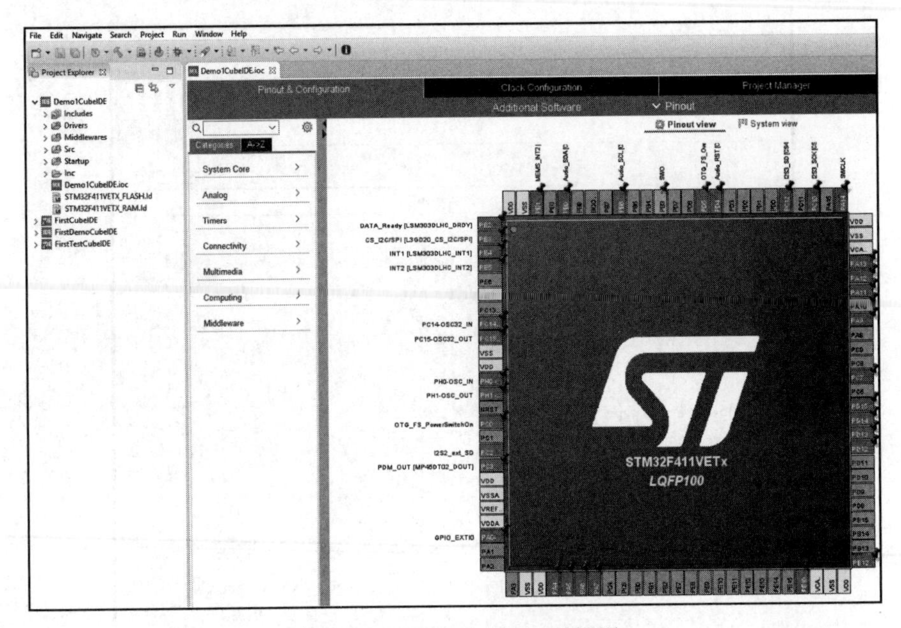

图 1.38　STM32CubeMX 透视图

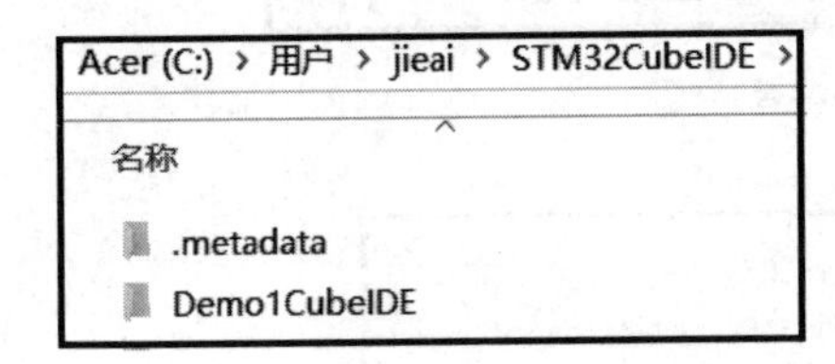

图 1.39　项目工作区

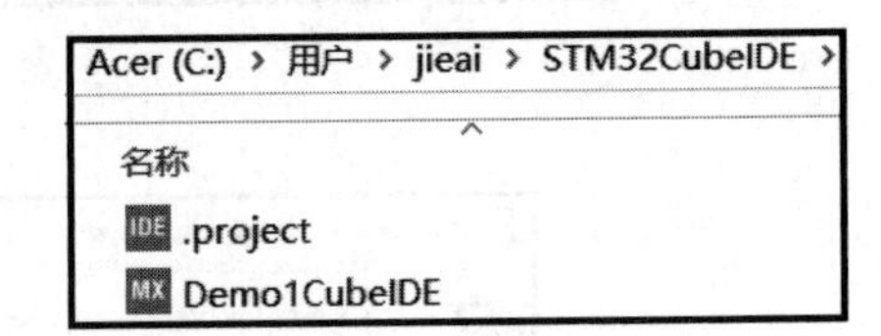

图 1.40　项目目录

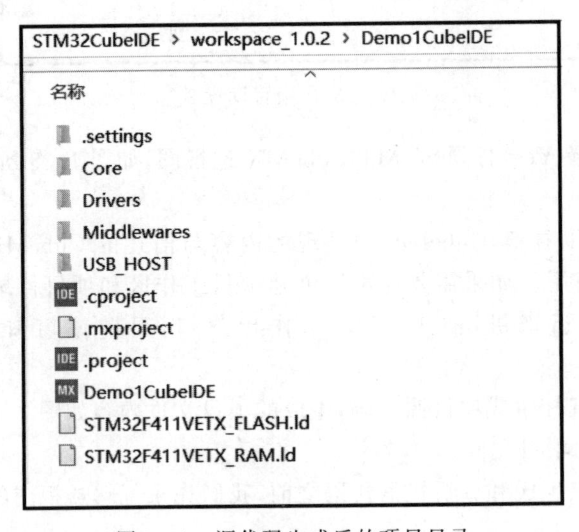

图 1.41　源代码生成后的项目目录

1.7.4 CubeIDE 的透视图、视图及编辑器

CubeIDE 工作台窗口提供了三种透视图：C/C++、Device Configuration Tool 和 Debug 视图，如图 1.42 所示。

简而言之，透视图的作用如下：

(1) 在 Device Configuration Tool 透视图中完成项目的创建和配置。

(2) 在 C/C++透视图中编辑、构建项目。

(3) 在 Debug 透视图中将机器代码下载到目标板。

项目信息对所有透视图可见，但同一时间只有一个透视图处于活动状态。目前，处于活动状态的透视图是 Device Configuration Tool（设备配置工具）。可以通过一个简单的操作实现透视图之间的切换，如图 1.43 所示。

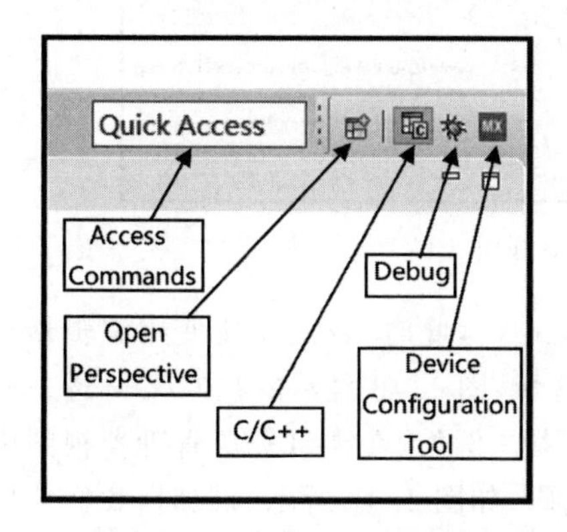

图 1.42 当前可用透视图

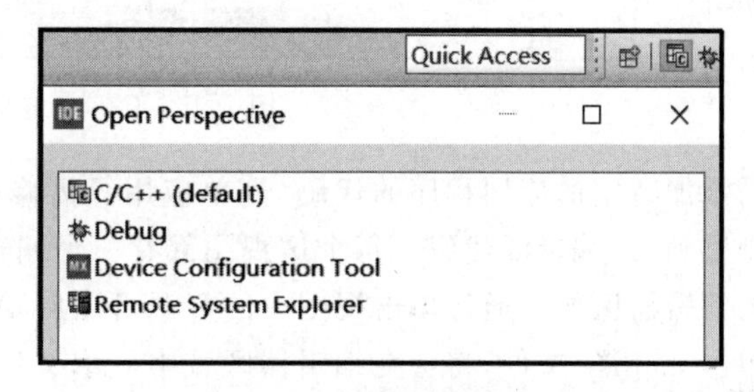

图 1.43 透视图选择

透视图中包含两种类型的可视化组件：视图和编辑器。一个视图的示例是 CubeMX 透视图中的项目资源管理器，如图 1.44 所示。

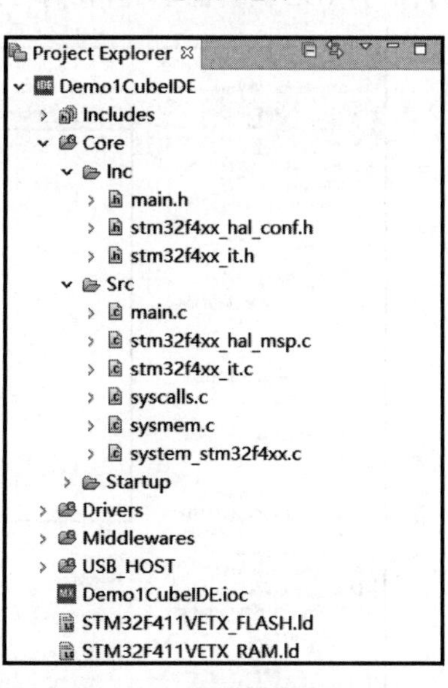

图 1.44 项目资源管理器视图

将透视图更换为 C/C++透视图，窗口中将显示如图 1.45 所示的界面。在图例中，活动视图为：

- Project Explorer（项目资源管理器）；
- Outline（大纲）；
- Problems（错误）；
- Build Analyzer（构建分析器）。

如图 1.45 所示，C/C++透视图中还包含许多其他视图。Eclipse 非常复杂，关于这些内容我们后续再展开。

CubeMX 工具生成了项目源代码后，用户还

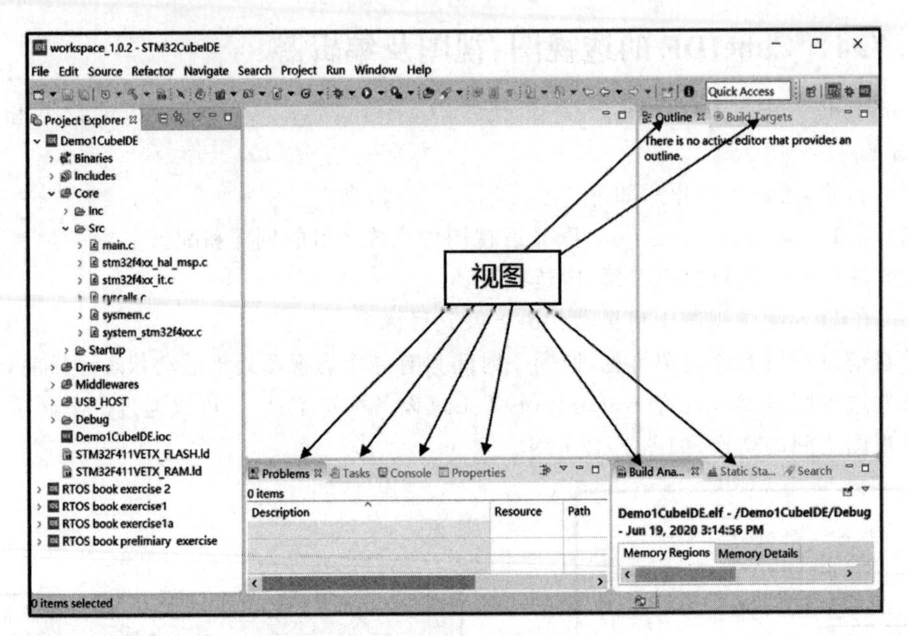

图 1.45　C/C++透视图及其视图

需添加特定的应用程序的代码(简单应用只需修改 main.c),此时,我们需要使用编辑器来浏览和/或编辑源代码。每个透视图都有一个编辑器区域,图 1.46 显示的是 C/C++透视图的编辑器区域。通过单击视图中的资源可以启动编辑器。例如,在项目资源管理器视图中单击 main.c 文件,将会在编辑器区域中显示文件源代码,如图 1.47 所示。此时,我们使用的编辑器为 IDE 内置的工具,我们可以使用它查看并修改 main.c 中的代码。

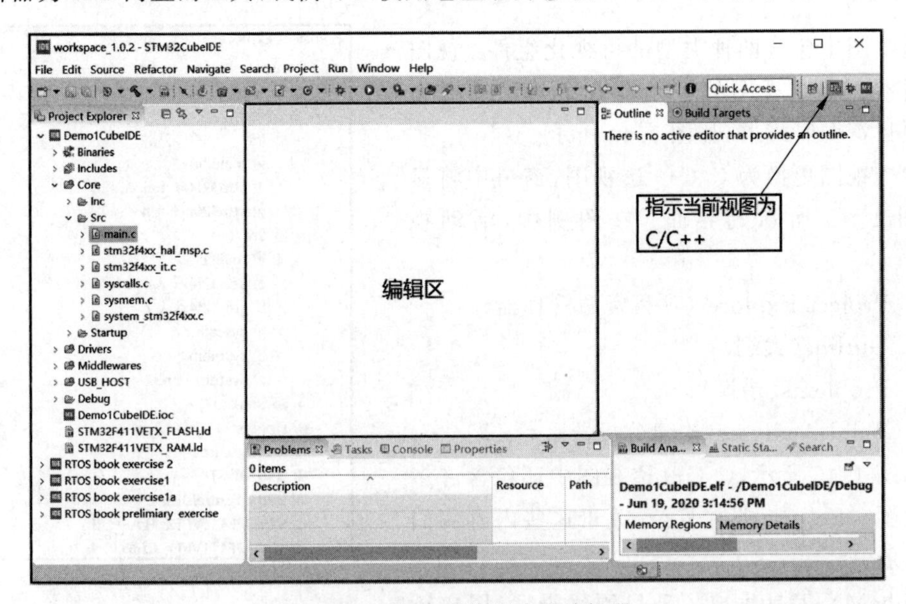

图 1.46　C/C++透视图中的编辑器

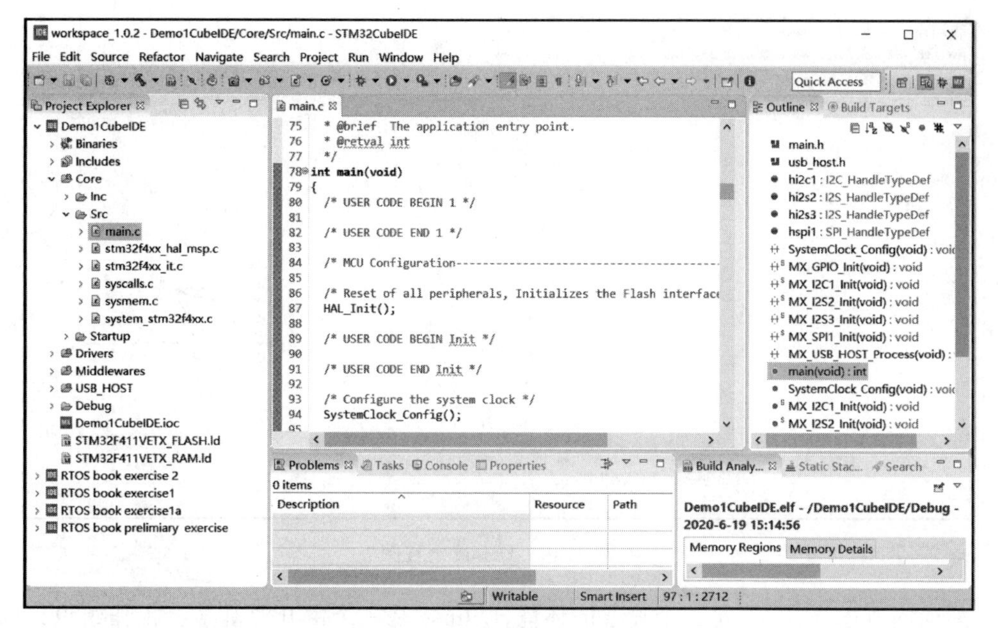

图 1.47　编辑器中的源代码

注意：在编辑器中所做的修改遵循打开—保存—关闭模式，即代码修改后必须主动保存。但在视图中，更改将自动保存到工作台。

从图 1.47 中可以看到，编辑器中当前打开的文件是 main. c。同时，其元素列表将显示在大纲视图中，如图 1.48 所示。大纲视图显示的内容和工具栏项取决于当时使用的编辑器。其他视图的详细信息，将在执行 CubeIDE 相关操作时介绍。

另一个常用透视图是如图 1.49 所示的 Debug 透视图。请注意，在调试透视图中，其中一个视图也叫 Debug！查看 Debug 透视图以识别以下视图：Debug、Project Explorer、Console、Problems、Executables、Variables、Breakpoints、Expressions、Live Expressions、SFR（特殊功能寄存器）。

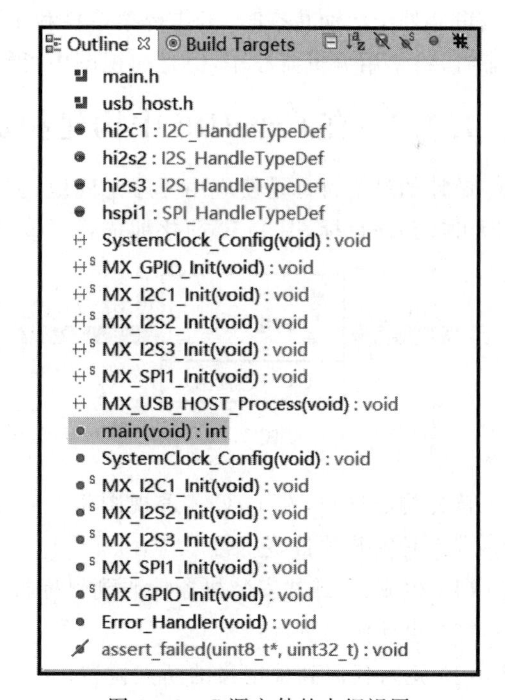

图 1.48　C 源文件的大纲视图

打开 CubeIDE 工作台窗口提供的透视图，了解不同透视图界面中显示的菜单项和工具栏，熟悉工具的使用。

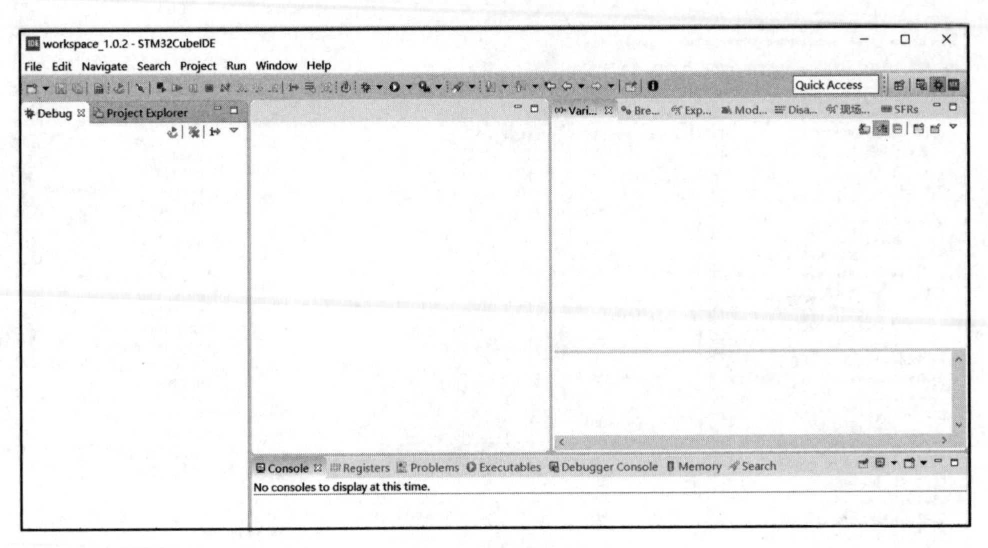

图 1.49　Debug 透视图

如前面所述，Eclipse 是一个复杂的环境，Eclipse 是一个由开源基金会工作组设计的结构。如果刚开始使用 Eclipse 环境，进展可能会比较缓慢。Eclipse 实现全部功能的方法：当编辑器处于活动状态时，工作台菜单栏和工具栏包含适用的编辑操作。当视图变为活动状态时，将禁用编辑器操作，但是在视图中可能适合的某些操作，将保持活动状态。

1.7.5　在 CubeIDE 中构建和安装项目

设计的最终目标是使应用程序正确地运行在目标系统中。通过 CubeIDE，使用两步操作即可达到该目标，图 1.50 简化地描述了该过程。

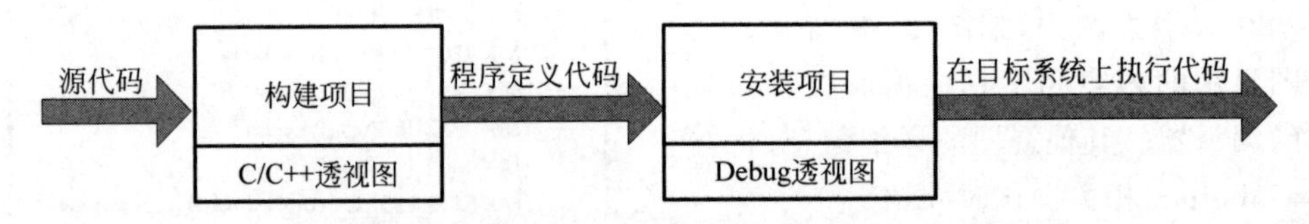

图 1.50　使用 CubeIDE 完成源代码到代码执行的过程

首先构建项目，在 C/C++ 透视图将 CubeMX 工具生成的源代码构建生成程序定义代码。其次是安装项目，包括：

(1) 生成、下载并安装机器代码到目标板；

(2) 启动代码执行；

(3) 运行代码到预定义的断点位置。

然后，可以使用 Debug 透视图中特定的命令(后续介绍)执行程序。

按照图 1.50 中所述操作，首先构建项目，编译过程将生成程序定义代码。其次，通过程序定义代码生成项目机器代码。然后，将机器代码下载到目标系统。最后运行程序。但是，由于项目中不包含任何应用代码，该练习目前毫无实际意义。即便如此，如果计划使用 CubeIDE 作为桌面开发环境，本节介绍的内容还是值得练习的，你将从这次练习中学到很多东西。

1. 构建项目

打开 C/C++透视图，参考图 1.47，单击项目浏览器视图中的 main.c，打开该文件。现在，工具栏中将包含一系列项目构建相关的工具，如图 1.51 所示。查看这些工具的功能，知道其用途。

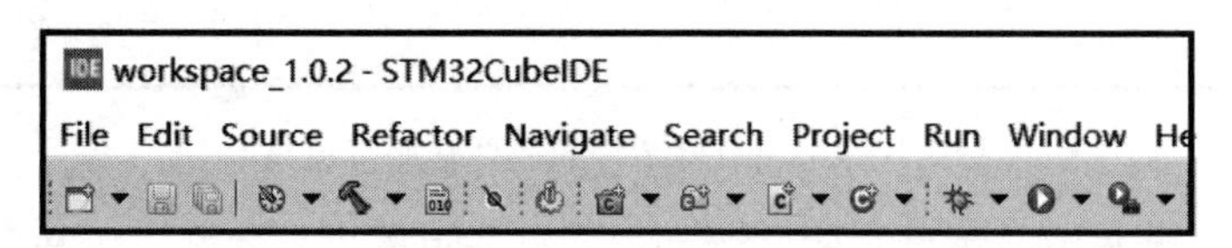

图 1.51 项目构建工具

构建项目，即生成机器代码，这是一个非常简单的过程。首先，在工具栏中选择项目，然后从下拉菜单中选择 Build Project，如图 1.52 所示。

启动后，该过程将自动执行，并将在项目构建成功后结束，如果发现错误就放弃构建。如果对自动生成的源码没有做任何修改，则项目一定会成功构建。构建过程的最终结果将显示在控制台视图中，如图 1.53 所示。

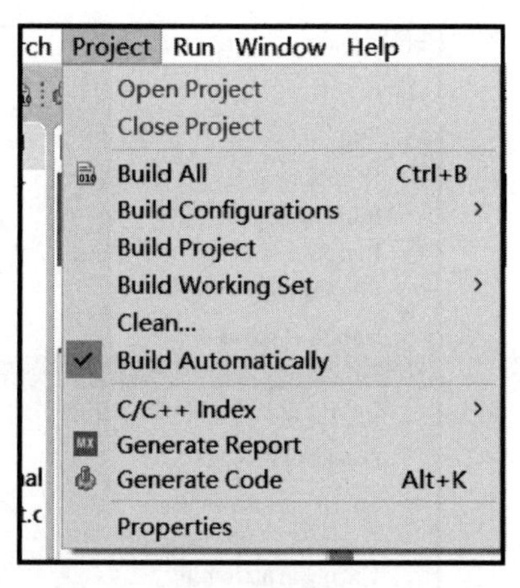

图 1.52 构建项目

构建过程将生成程序定义代码，这部分代码包含在.elf 格式文件中。在本次练习中，生成的.elf 文件是 Demo1CubeIDE.elf，此文件包含对目标板正确编程需要的所有信息。

控制台信息还提供了程序 Flash 及 RAM 的存储空间占用信息，如下所述。

(1) text：指定加载到 Flash 中的程序代码及常量的空间占用。

(2) data：指定放置到 Flash 中的初始化数据的大小。

(3) bss：指定程序未初始化数据 RAM 的空间占用(术语 bss 来自编译器技术的早期工作)。

(4) dec：dec 表示十进制数字，指示 text、data 及 bss 段占用的总存储空间。

(5) hex：与 dec 等效的十六进制数。

注意：要确认 KB 单位的存储需求，需将十进制值除以 1024。

2. 安装项目，下载并运行代码

在 CubeIDE 中将代码下载到目标板并编程到 Flash 中；然后运行代码，这两步之间没有清晰的区分。

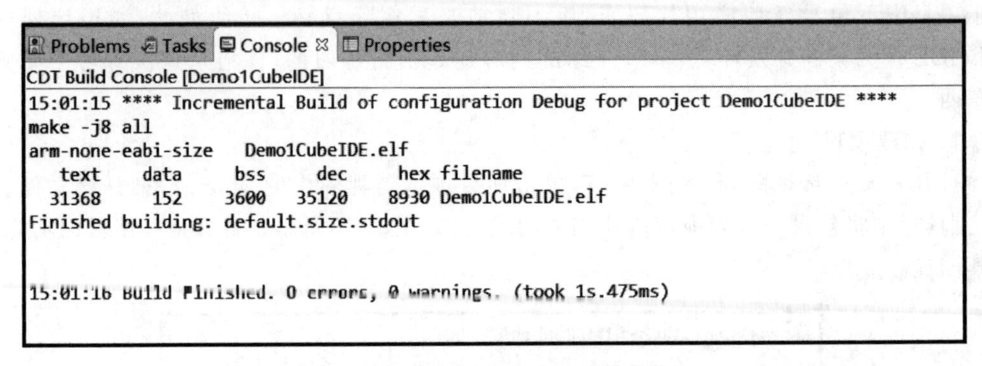

图 1.53 项目成功构建后的控制台信息

安装过程中，首先下载代码并编程到 Flash，启动程序运行至预定义的位置，然后，可以使用调试控件控制代码执行。

要启动安装过程，首先需切换到 Debug 透视图(见图 1.49)，选择 Run 菜单，视图中将弹出如图 1.54 所示的下拉菜单。

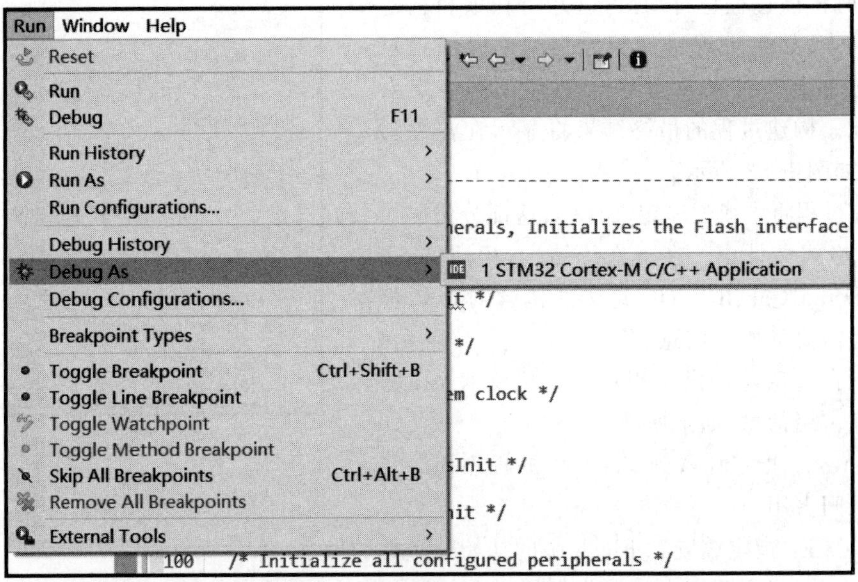

图 1.54 下载并启动应用执行

选择 Debug As 中的 1 STM32 Cortex-M C/C++ Application 项。代码成功下载到目标板后，程序将自动开始执行，直到运行至预定义的断点(工具自动插入)处。断点即程序中执行挂起的点。在本例中，断点位于 int main(void)代码处，如图 1.55 所示。

关于调试操作的更多详细信息，请参阅 https://help.eclipse.org/kepler/index.jsp?nav=%2F1 中的 Tasks-> Debugging in 内容。

```
main.c
76    * @retval int
77    */
78 int main(void)
79 {
80   /* USER CODE BEGIN 1 */
81
82   /* USER CODE END 1 */
83
84   /* MCU Configuration--------------------------------------------------------*/
85
86   /* Reset of all peripherals, Initializes the Flash interface and the Systick. */
87   HAL_Init();
88
89   /* USER CODE BEGIN Init */
90
91   /* USER CODE END Init */
92
93   /* Configure the system clock */
94   SystemClock_Config();
95
```

图 1.55　程序停在 main()断点

我们必须使用 Debug 透视图下载代码到目标板。在 Debug 透视图中，提供了一组特定的图标来控制调试操作，如图 1.56 所示。

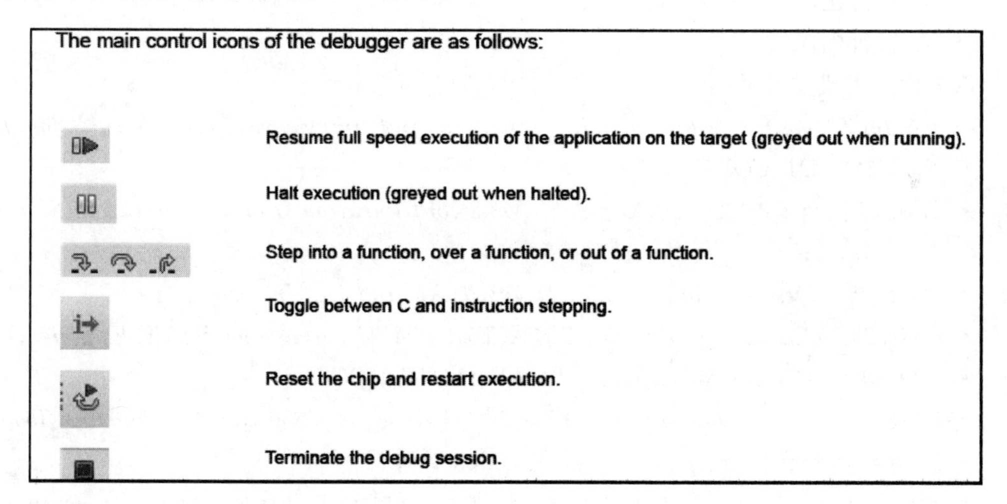

图 1.56　调试相关图标

如果选择 Resume 图标，程序将重新执行。

如果程序实现为无限循环，代码将连续执行，直到选择 Halt 暂停或 Terminate 终止。

为了巩固练习内容，请访问 https://www.st.com/en/development-tools/stm32cubeide.html，观看视频"how to use STM32CubeIDE"。

总结一下，到目前为止，我们针对 CubeIDE 所做的工作足以帮你实现本书第二篇和第三篇中描述的所有实验。更多 CubeIDE 的调试功能将在本书第四篇展开，以帮助我们检查程序的行为。

1.8 要点回顾

本章的目的是为以后的工作奠定基础，主要内容如下：

(1) CubeMX 和 CubeIDE 工具的实际操作和使用。

(2) 如何包含 FreeRTOS 中间件。

(3) 创建和开发包含 FreeRTOS 的项目及源代码生成。

本章内容中包含的工具特性有限，但足以帮助读者开始实验工作。这是作者一个深思熟虑的决定，可以避免用户被目前不相关的资料淹没。该工作的主要步骤如下：

(1) 创建新项目。

(2) 选择项目使用的 MCU。

(3) 设置 MCU 引脚功能，使用自定义名称标记功能。

(4) 选择在项目中使用 FreeRTOS。

(5) 了解 FreeRTOS 配置面板的功能。

(6) 生成源代码。

(7) 项目构建，生成目标代码。

(8) 执行目标代码。

以下用户手册供参考：

- *UM1467—Getting started with software and firmware environments for the STM32F4DISCOVERY Kit*；
- *UM1718—STM32CubeMX for STM32 configuration and initialization C code generation*；
- *UM1725—Description of STM32F4xx HAL and LL drivers*；
- *UM1730—Getting started with STM32CubeF4 MCU package for STM32F4 series*；
- *UM1842—Discovery kit with STM32F411VE MCU*；
- *UM1862—Getting started with STM32F411E Discovery Software Development Tools*；
- Eclipse 工作台信息：https://www.eclipse.org/；
- STM32CubeIDE 简介：stm32cubeide.pdf，下载链接 https://www.st.com/en/development-tools/stm32cubeide.html。

在开始练习之前，建议读者花一些时间熟悉 Cube 工具，重复上面列出的操作步骤，这将是一项非常值得的工作。

第二篇　内核基础实验

本篇实验的主要作用是帮助你将 RTOS 理论付诸实践。这些实验覆盖了 *Real-Time Operating Systems Book 1—The Theory* 一书中第 1～5 章的所有知识点，包括 RTOS 的调度机制、资源共享和任务间的通信实现等内容，这部分内容是所有现代通用实时操作系统的理论基础。

实验使用的 RTOS 是 FreeRTOS，选择它的原因如下：

(1) FreeRTOS 已经作为一个中间件，集成到 Cube 工具中。

(2) FreeRTOS 配置简单。

(3) FreeRTOS 提供了丰富易用的 API。

(4) 大多数 API 与主流 RTOS 的 API 类似。

每个 RTOS 都具有一些独特的功能，FreeRTOS 也不例外。然而这些独有的特性不会成为你使用其他 RTOS 的障碍。

实验的核心原则是工作应简单明了，此外，实验必须是独立的，不依赖于外部设备或其他软件工具。事实上，完成实验只需要板载 LED 灯和 STM32F4 Discovery 开发板的用户按键。因此，在开始实验之前，读者还需要了解如何使用开发板的这些外设资源。如果你还不熟悉这块开发板，请现在开始这个工作，创建仅与 LED 和按键操作有关的测试工程。如果你是第一次使用 STM32F4 Discovery 开发板，下列文档资料及视频将会提供使用帮助：

STM手册*UM1725—Description of STM32F4 HAL and LL drivers*；

CubeMX教程1——STM32F4 Discovery开发板GPIO输出视频，访问链接https://www.youtube.com/watch?v=TcCNdkxXnJY；

CubeMX教程3——STM32F4 Discovery开发板GPIO输入输出视频，访问链接https://www.youtube.com/watch?v=p_WyLNI40uU。

注意：这些视频资料使用的CubeMX为旧版本，其图形界面风格与CubeMX v5不同，但是其工作原理及使用方法是相同的，你可以参考。同样，你也可以从后续书中引用的视频资料中筛选出有用的内容。

循序渐进的学习过程：实验工作应从最简单的问题开始，然后逐渐深入到更复杂的层面。如果你是一个新手，在面对即将进行的所有(或大部分)工作时，请你遵循该过程学习，不要跳过任何实验，直到你圆满地完成一个实验，再继续学习下一个，并且，在检查实际运行结果之前，始终尝试预测实验执行结果！

第2章 多任务设计与实现基础

2.1 预备实验 简单I/O交互

实验目的：学习如何驱动LED灯，如何处理STM32F4 Discovery开发板的按键信号。

2.1.1 概述

在开始实验之前，我们需要回答四个重要问题：

(1) 做这个实验的目的是什么？

(2) 从实验执行中可以学到什么？

(3) 在实验开始之前，你需要准备（或学习）什么？

(4) 如何执行这项工作？

1. 做这个实验的目的是什么

通过预备实验，你将学会如何使用软件开发工具，进行代码开发，包括如何将代码下载到目标板并运行。

2. 从实验执行中可以学到什么

通过执行实验，你将了解：

(1) 如何将源代码设计转换为在真实硬件开发板上可以运行的机器代码。

(2) 图形设计工具可以生成的源代码"元素"。

(3) 工具完成的工作与用户完成的工作之间的区别。

通过对实验的学习，你将获得足够的知识，可以承担更复杂的任务。

3. 在实验开始之前，你需要准备（或学习）什么

在进行本实验之前，你需要：

(1) 安装CubeMX图形工具并学习如何使用。

(2) 安装选择的集成开发环境，并了解如何使用其基本功能。

(3) 获取STM32F4 Discovery开发板，了解开发板的功能并检查其是否能正常工作。

注意：为了方便读者学习本书中的实验，部分实验相关的代码文件将发布在 www.hexiaoqing.net 图书栏目，读者可以参考。

4. 如何执行这项工作

实验具体实现步骤如下：

(1) 启动 CubeMX 图形工具，选择 New Project→Start My project from STBoard 选项，选择开发板类型(该选项将自动设置开发板对应的微控制器引脚状态)。

(2) 创建项目，并将其配置为相应的 IDE 生成代码。

(3) 生成源代码。

(4) 打开相应的 IDE，使用自动生成的源代码构建项目。

(5) 将生成的机器代码下载到目标板并运行。

对于本书中的所有实验，我们假定使用了 Keil μVision IDE 集成开发环境。如果你是第一次使用 STM32F4 Discovery 开发板工作，下列文档资料可能会有帮助：

(1) STM 手册 *UM1725—Description of STM32F4xx HAL drivers*。

(2) CubeMX 教程 1——STM32F4 Discovery 开发板 GPIO 输出视频，访问链接 https://www.youtube.com/watch?v=TcCNdkxXnJY。

(3) CubeMX 教程 3——STM32F4 Discovery 开发板 GPIO 输入输出视频，访问链接 https://www.youtube.com/watch?v=p_WyLNI40uU。

2.1.2 简单 I/O 交互框图

对于 I/O 交互实现，整个系统结构如图 2.1 所示。

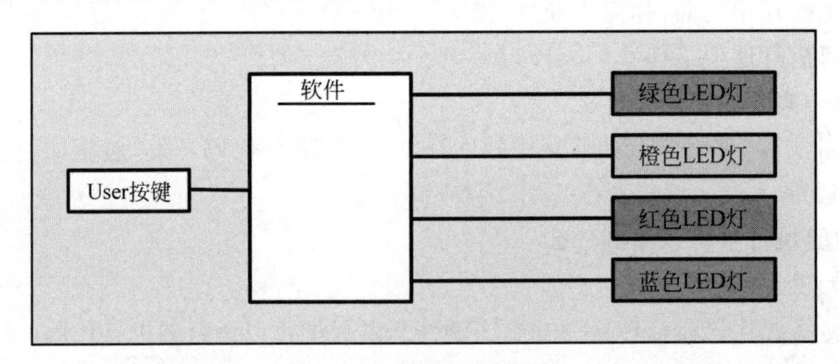

图 2.1 系统结构框图

本实验的目标是学习如何使用软件来处理按键信号和驱动四个 LED 灯。

2.1.3 设计实现

由于这可能是你第一次动手实验，我们将详细介绍如何操作。本质上这是一次手把手的指导，让你很容易完成实验目标。但之后的实验，你需要依靠自己学习，所以请务必认真学习本实验。

1. 准备工作

(1) 启动 CubeMX 图形工具，选择 New Project→Start My project from STBoard 选项。界面显示如图 2.2 所示。

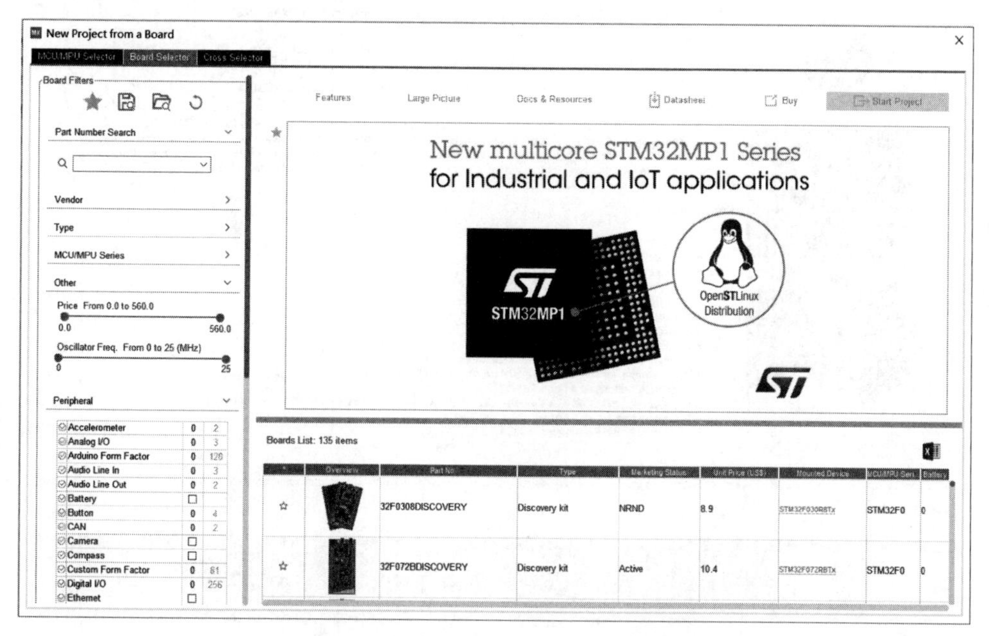

图 2.2 创建一个新的项目——初始界面

(2) 在 Part Number Search 搜索框中输入 32F411，选中搜索结果 32F411EDISCOVERY，图形界面中将显示相应的开发板列表，如图 2.3 所示。

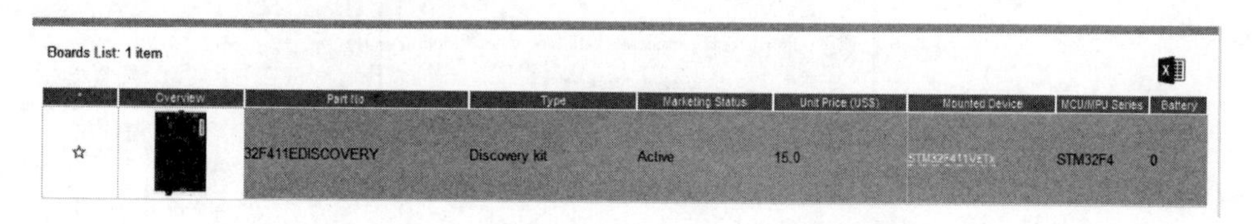

图 2.3 STM32F4 Discovery 开发板搜索结果

(3) 单击 Overview，将显示开发板详细信息，界面右上角的 Start Project 选项卡变为可操作状态，如图 2.4 所示。

(4) 选择 Start Project，将弹出开发板初始化对话框，如图 2.5 所示。接受默认设置，界面中将显示微控制器引脚视图，如图 2.6(这是主窗口视图的一部分)所示。在主窗口中，你还将看到 Generate Code 选项卡处于活动状态。

2. 创建项目，并将其设置为相应的 IDE 生成代码

(1) 首先，在主窗口中选择 Project Manager 项目管理器选项，然后选择 Project 标签，打开 Project Settings 项目设置窗口，如图 2.7 所示。

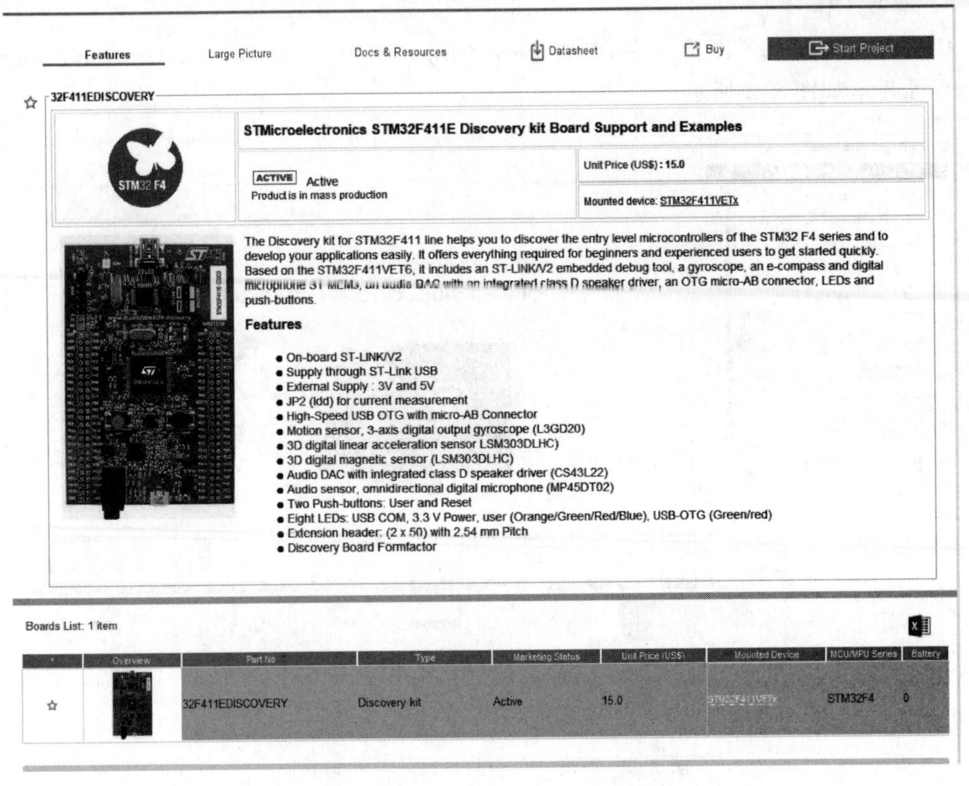

图 2.4　选中开发板 Overview 的结果

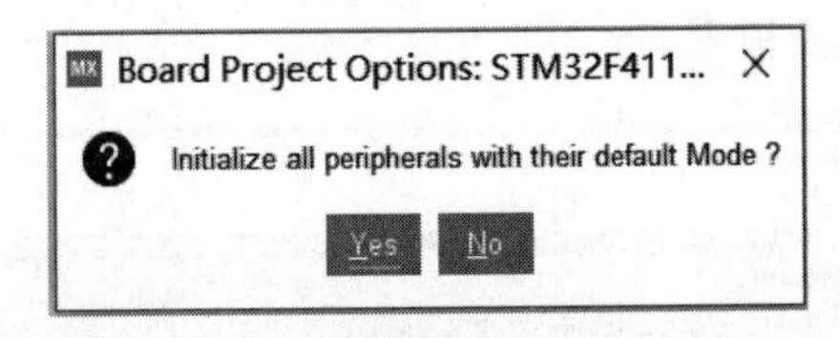

图 2.5　开发板初始化选择对话框

(2) 在相应的文本框中输入项目名称,选择项目保存路径。

(3) 将 Toolchain/IDE 选项设置为 MDK-ARM V5(或你使用的其他 IDE)。

选择 File 菜单栏中的 Save project 选项,保存项目,打开项目所在文件夹确认项目已创建,如图 2.8 所示。

在这个阶段,目录中仅包含一个文件 RTOS book preliminary exercise. ioc。

3. 生成源代码

单击 GENERATE CODE 标签,生成项目源代码。你将会在项目所在目录中找到自动生成的文件夹/文件,如图 2.9 所示。MDK-ARM 文件夹中包含 Keil μVision IDE 环境相关的所有文件。

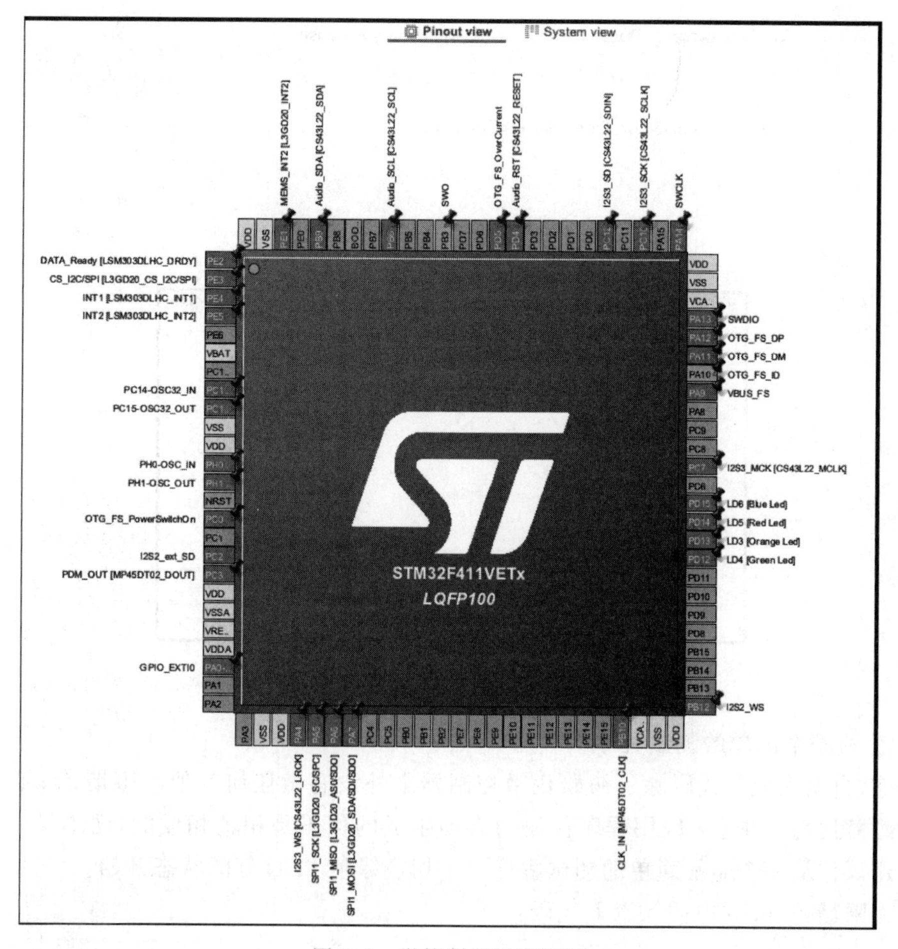

图 2.6 微控制器引脚视图

Pinout & Configuration | Clock Configuration | Project Manager | Tools

Project
Code Generator
Advanced Settings

Project Settings
Project Name
RTOS book preliminary exercise
Project Location
/Users/eclipsetest/Desktop/RTOS print Book 2 2nd Ed Updating 2019/RTOS print Book 2 2nd Ed Projects
Application Structure
Basic
☐ Do not generate the main()
Toolchain Folder Location
/Users/eclipsetest/Desktop/RTOS print Book 2 2nd Ed Updating 2019/RTOS print Book 2 2nd Ed Projects/RTOS book preliminary exercise/
Toolchain / IDE
MDK-ARM V5
☐ Generate Under Root

Linker Settings
Minimum Heap Size 0x200
Minimum Stack Size 0x400

图 2.7 CubeMX 工程设置窗口

TraceAnalyzer › Book › RTOS book preliminary exercise

名称

RTOS book preliminary exercise.ioc

图 2.8 CubeMX 项目目录(初始状态)

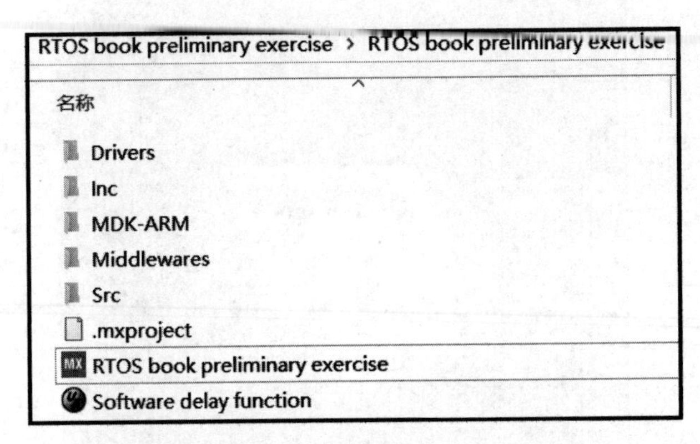

图 2.9 CubeMX 项目目录(最终状态)

4. 生成一个简单的测试程序

目前,自动生成的代码除了初始化微控制器之外没有做任何其他的事情;你必须提供“应用程序”代码。注意:应用程序代码与自动生成的代码是相辅相成的,而不是一个独立单元。建议你从一个非常简单的测试程序——切换绿色 LED 灯的状态开始。

在无限循环 main 中插入以下代码:

```
//绿色 LED 4-PD12 引脚
HAL_GPIO_TogglePin(GPIOD, GPIO_PIN_12);
//1s 软件延时 (用户自行编写代码实现, 时间不需要很准确)
```

5. 构建、下载和运行程序

启动 Keil IDE,构建、下载并运行项目。观察并测量绿色 LED 灯的闪烁时间。检查运行结果是否与程序代码相匹配。

修改代码,控制所有 LED 灯的闪烁,包括 LED 3(橙色)、LED 4(绿色)、LED 5(红色)和 LED 6(蓝色)。完成 LED 灯测试后,继续生成测试代码,查看用户(User)按键操作。

2.1.4 实验 API 参考指南

1. 置位/复位引脚输出

通用格式:

```
WritePin(PortID, PortPinID, SignalSetting);
```

函数原型：

```
void HAL_GPIO_WritePin(GPIO_TypeDef *      GPIOx,
                       uint16_t            GPIO_Pin,
                       GPIO_PinState       PinState);
```

控制端口 D 引脚 14 信号的示例函数调用：

```
HAL_GPIO_WritePin(GPIOD, GPIO_PIN_14, GPIO_PIN_SET);
HAL_GPIO_WritePin(GPIOD, GPIO_PIN_14, GPIO_PIN_RESET);
```

2. 翻转引脚输出信号

通用格式：

```
TogglePin(PortID, PortPinID);
```

函数原型：

```
void HAL_GPIO_TogglePin(GPIO_TypeDef * GPIOx, uint16_t GPIO_Pin);
```

翻转端口 D 引脚 14 信号的示例函数调用：

```
HAL_GPIO_TogglePin(GPIOD, GPIO_PIN_14);
```

3. 获取 User 按键信号的状态

通用格式：

```
HAL_GPIO_ReadPin(PortID, PortPinID);
```

函数原型：

```
GPIO_PinState HAL_GPIO_ReadPin(GPIO_TypeDef *      GPIOx,
                               uint16_t            GPIO_Pin);
```

4. 读取 User 按键状态(端口 A 的引脚 0)的示例函数

```
GPIO_PinState UserPushButtonState;
UserPushButtonState = HAL_GPIO_ReadPin(GPIOA, GPIO_PIN_0);
```

注意：返回值为 GPIO_PIN_SET 或 GPIO_PIN_RESET。

2.1.5　实验回顾

如果你已完成本实验的所有内容，你现在应该已经：

(1) 知道如何使用 CubeMX 为 STM32F4 Discovery 开发板创建项目。

(2) 了解 CubeMX 工具生成的默认文件夹及文件内容。

(3) 理解源代码文件 main.c 的结构和内容。

(4) 清楚哪些代码是自动生成的，哪些代码需要用户提供。

(5) 成功编译、下载并执行代码，控制 LED 3(橙色)、LED 4(绿色)、LED 5(红色)和

LED 6(蓝色)及 User 按键信号。

2.2 实验 1 创建并运行连续执行的单个任务

实验目的：学习如何开发多任务系统中的一个基本函数——连续执行的单个任务。

通过执行此实验，你会发现生成周期任务的代码结构其实非常简单。实验练习完成后，你将获得足够多的多任务系统知识来承担更复杂的工作。

2.2.1 任务框图

实验的系统任务框图如图 2.10 所示，应用中包含一个 LED 灯驱动任务。此任务将控制开发板上的红色 LED 灯闪烁，先点亮约 2000ms，然后熄灭约 500ms。

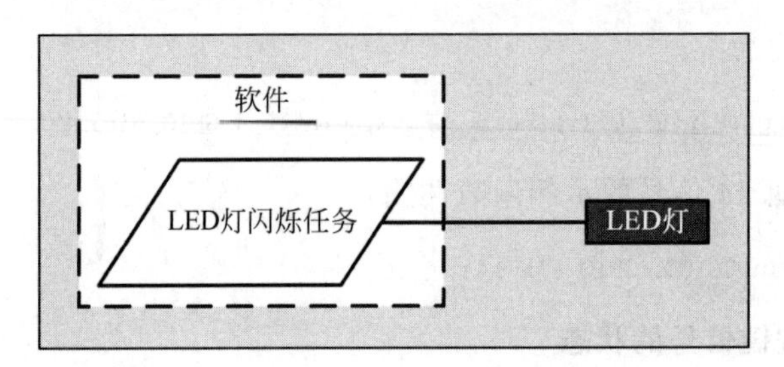

图 2.10 任务框图

2.2.2 设计实现

1. 设置 CubeMX 环境

启动 CubeMX 图形工具，选择 New Project→Start My project from STBoard 选项，在 Part Number Search 搜索框中输入 32F411，选中搜索结果 32F411EDISCOVERY。

2. 创建项目，并将其设置为相应的 IDE 生成代码

(1) 单击 Overview，界面中将显示开发板的详细信息，Start Project 选项卡变为可操作状态。选择 Start Project，将弹出开发板初始化对话框。

(2) 接受开发板默认设置，CubeMX 图形工具中将显示微控制器引脚视图，Generate Code 选项卡将处于可操作状态。

(3) 在主视窗中选择 Project Manager 项目管理器选项卡，然后选中 Project 标签，打开 Project Settings 项目设置窗口。

(4) 在相应的文本框中输入项目名称，并设置项目保存路径。

(5) 将 Toolchain/IDE 选项设置为 MDK-ARM V5(或使用的其他 IDE)。

(6) 选择 File 菜单栏中的 Save project 保存项目选项，打开项目文件夹确认项目已成功创建。

3. 配置项目包含 FreeRTOS 软件，选择时基定时器

在配置 Middlewares 列表中使能 FreeRTOS，如图 2.11 所示，自动生成的项目中将包含 FreeRTOS 内核相关代码。接下来，需要设置 HAL 时基源，如图 2.12 所示。注意，可以使用处理器的任何一个定时器。请确保 System Wake-Up 框没有被勾选。

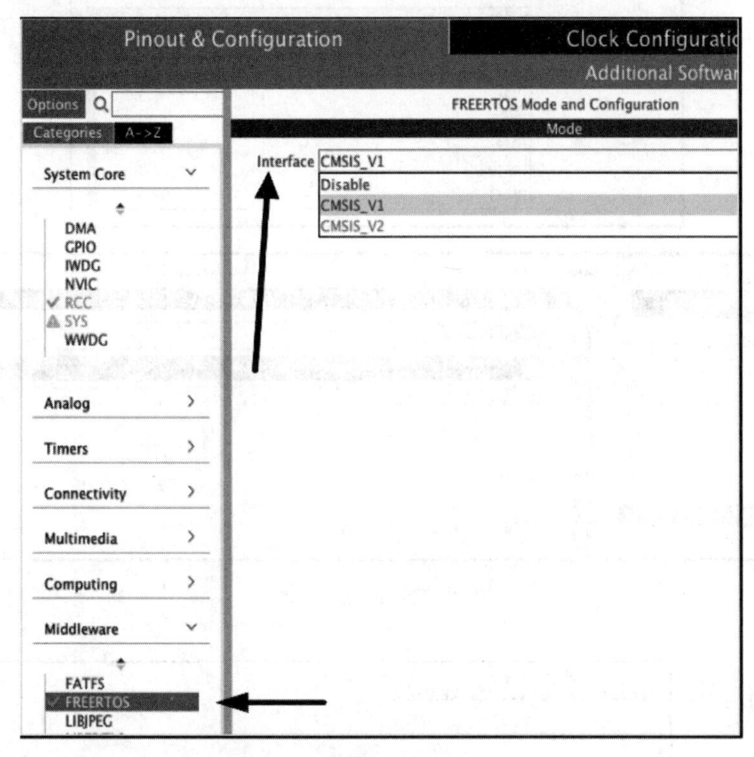

图 2.11　使能 FreeRTOS 中间件

4. 生成源代码

按照 2.1 节实验的步骤，生成源代码。main.c 中增加了 RTOS 相关的代码，图 2.13 所示为 FreeRTOS 的相关代码。图 2.13 的代码说明了三个要点：

(1) 在 CubeMX 环境中集成 FreeRTOS 时，其工作方式。

(2) 使用默认设置时自动生成的代码内容。

(3) 无须为了理解代码如何工作而学习 FreeRTOS API 的知识。

让我们遍历一下相关代码：

(1) 创建线程(任务)标识符。

```
osThreadId defaultTaskHandle;
```

(2) 定义并创建默认线程。

```
osThreadDef(defaultTask, StartDefaultTask, osPriorityNormal, 0, 128);
defaultTaskHandle = osThreadCreate(osThread(defaultTask), NULL);
```

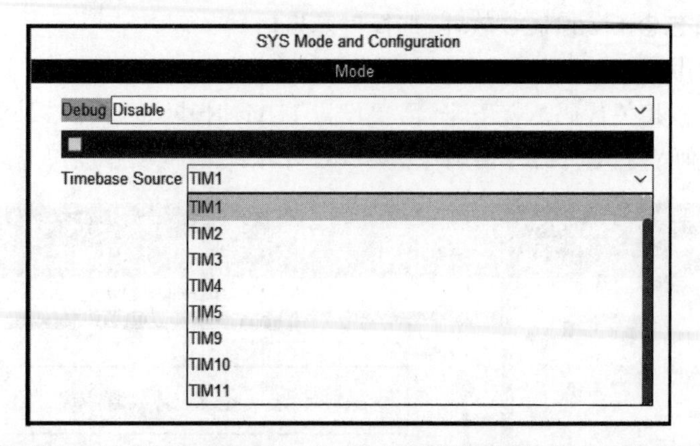

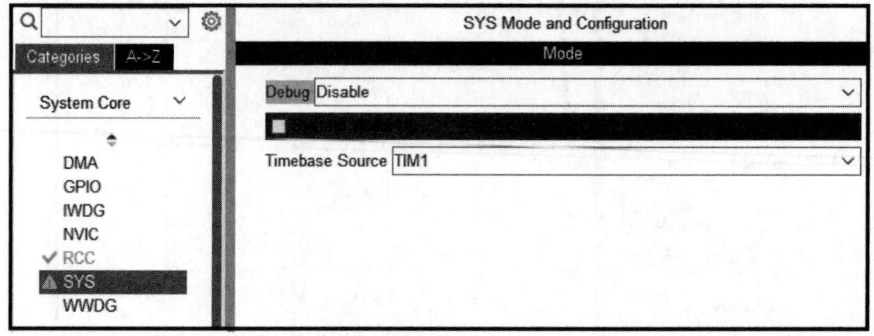

图 2.12　设置时基源

```
/* 私有变量 -----------------------------------------------------------*/
osThreadId defaultTaskHandle;

int main(void)
{
  /* 创建线程 */
  /* 定义并创建defaultTask任务 */
  osThreadDef(defaultTask, StartDefaultTask, osPriorityNormal, 0, 128);
  defaultTaskHandle = osThreadCreate(osThread(defaultTask), NULL);

  /* 启动调度器 */
  osKernelStart();
  /* 软件行为现在由调度器控制，代码不会运行到该位置 */

}


/* StartDefaltTask函数 */
void StartDefaultTask(void const * argument)
{

  /* 用户代码开始 */
  /* 无限循环 */
  for(;;)
  {
    /*非CubeMX工具自动生成*/
    用户实现代码
  }
  /* 用户代码结束 */
}
```

图 2.13　RTOS 相关的自动生成代码

（3）启动 FreeRTOS 多任务调度器。

```
osKernelStart();
```

（4）任务函数实现。

```
void StartDefaultTask(void const * argument)
```

FreeRTOS 的功能结构不是传统的后台任务；所有功能代码都由 FreeRTOS 任务实现。因此，任务调度器启动后，后续所有操作都由 FreeRTOS 控制。

目前，系统默认创建的任务没有执行任何操作，需要通过编程来实现某些功能。注意：这是一个连续执行的代码单元。现在，将下列代码插入到任务函数体中：

```
HAL_GPIO_WritePin(GPIOD, GPIO_PIN_14, GPIO_PIN_SET);
//此处请用户自行编写代码实现 2s 软件延时
HAL_GPIO_WritePin(GPIOD, GPIO_PIN_14, GPIO_PIN_RESET);
//此处请用户自行编写代码实现 0.5s 软件延时
```

5. 构建项目并下载代码

启动集成开发环境，导入项目，构建、下载并运行项目。观察和测量 LED 灯的闪烁（点亮和熄灭）时间。检查运行结果是否符合程序代码的预期。

2.2.3 使用 osDelay 函数实现延时

软件延时无法实现设计中需要的精确的计时行为，我们可以使用 CMSIS RTOS 接口提供的延时函数 osDelay 实现延时，代码实现如下所示：

```
HAL_GPIO_WritePin(GPIOD, GPIO_PIN_14, GPIO_PIN_SET);
osDelay(2000);
HAL_GPIO_WritePin(GPIOD, GPIO_PIN_14, GPIO_PIN_RESET);
osDelay(500);
```

使用上述代码实现任务函数，执行软件。可以使用不同的延时时间来观测运行结果。

2.2.4 使用 FreeRTOS 原生 API 实现延时

本节内容为那些对使用 FreeRTOS 特别有兴趣的人提供。将 osDelay 函数替换为 FreeRTOS 原生函数 vTaskDelay，并验证任务行为不变。

```
HAL_GPIO_WritePin(GPIOD, GPIO_PIN_14, GPIO_PIN_SET);
vTaskDelay(2000);
HAL_GPIO_WritePin(GPIOD, GPIO_PIN_14, GPIO_PIN_RESET);
vTaskDelay(500);
```

注意：从 osDelay 函数的实现（见 2.2.7 节），你会发现它实际上调用了 vTaskDelay 函数。定时长度取决于时钟节拍周期（FreeRTOS 默认时钟节拍设置为 1ms）。

关于 vTaskDelay 函数的更多信息,请查阅 http://www.freertos.org/a00127.html。

2.2.5 进一步实验

本节的实验非常重要,它将为实验 3 提供很好的入门引导。

修改任务代码,在引脚置位(红色 LED 灯点亮)后,插入软件产生的延时代码(用户代码),即

```
HAL_GPIO_WritePin(GPIOD, GPIO_PIN_14, GPIO_PIN_SET);
//此处请用户自行编写代码实现 1s 软件延时
vTaskDelay(2000);
```

其他部分代码保持不变。重新构建项目,运行程序,并观察 LED 灯的行为。实验完成后,找出改变的原因,以及到底发生了什么。

修改代码,实验所有四个 LED 灯的操作。

2.2.6 实验回顾

如果你已完成实验 1 的所有内容,你应该:

(1) 知道如何为 STM32F4 Discovery 开发板创建 CubeMX 项目,并配置项目使用 FreeRTOS。

(2) 了解 CubeMX 工具自动生成的代码文件夹/文件内容。

(3) 理解源代码 main.c 文件的结构和内容,尤其是 RTOS 相关代码。

(4) 清楚地了解哪些代码可以自动生成,哪些必须由用户提供。

(5) 成功编译、下载代码到目标板,执行 FreeRTOS 任务,控制所有用户 LED 灯的行为。

(6) 领会 vTaskDelay(或 osDelay)函数的行为。

现在总结一下 FreeRTOS 的相关工作。打开 CubeMX 项目,在主窗口选项面板中,单击 Middlewares 中间件标签,然后选中 FreeRTOS,将会打开项目配置参数窗口,如图 2.14 所示。就目前而言,你只要熟悉该窗口中包含的所有信息即可。

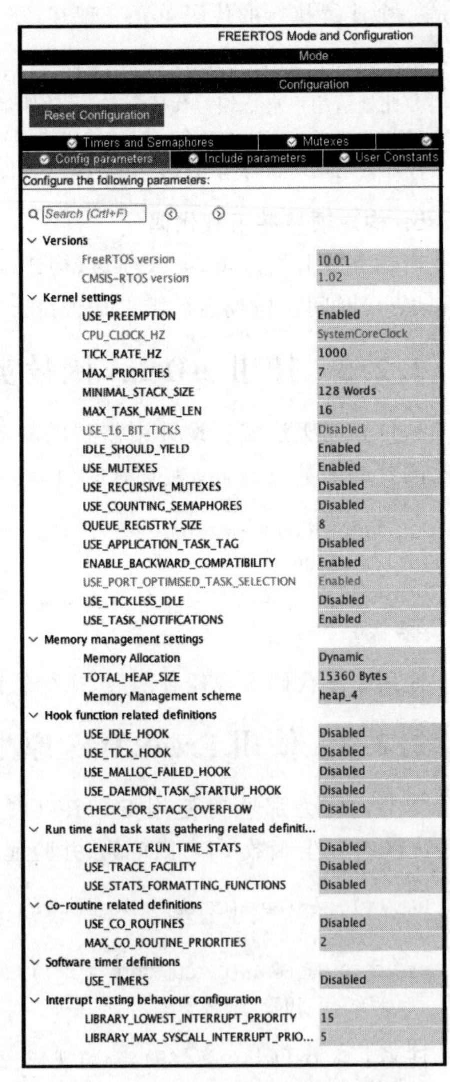

图 2.14 FreeRTOS 默认配置参数

关于 FreeRTOS 的更详细信息，请访问 http://www.freertos.org/implementation/a00008.html 和 http://www.freertos.org/Documentation/RTOS_book.html。

2.2.7 实验附录

1. 通用等待函数

```
/*********************** 通用等待函数 *********************************/
/**
 * @简介 等待超时（延时）
 * @参数 毫秒 延时值
 * @返回值 状态码指示函数的执行状态
 */
osStatus osDelay(uint32_t millisec)
#if INCLUDE_vTaskDelay
  TickType_t ticks = millisec / portTICK_PERIOD_MS;
  vTaskDelay(ticks ? ticks : 1); /* 最小延时 = 1 节拍 */
  return osOK;
#else
  (void) millisec;
  return osErrorResource;
#endif
}
/*********************************************************************/
```

可参阅 https://www.freertos.org/a00127.html。

2. 使用的 CMSIS RTOS 数据类型和 API

RTOS 数据类型及 API 相关信息可查阅/Drivers/CMSIS/RTOS/Template/cmsis_os.h 文件。

（1）数据类型：osThreadId。

（2）API：osThreadDef、osThreadCreate、osKernelStart、StartDefaultTask、osDelay。

2.3 实验 2 周期任务实现

实验目的：创建并运行一个具有准确周期时间的周期任务。

2.3.1 延时实现

从实验 1 中，我们可以推断出延时函数会使任务进入等待时间而导致的挂起状态。在进入延时函数后，任务会立即从运行状态转换为挂起状态。当指定的延迟时间到达时，任务将从挂起状态转换为就绪状态。而且，由于系统中只有一个用户任务，所以该任务就绪后会立即运行。

图 2.15　FreeRTOS 配置面板的 Include parameters 选项卡

使用了延时函数后，实验 1 运转良好。在运行代码中使用延时函数提供指定的延时操作，这是许多嵌入式应用程序的基本构造。现在让我们再来回顾一下 2.2.5 节的实验，在源代码中增加了软件延时后，如果运行该实验，你会发现，LED 灯先点亮大约 3s，然后熄灭约 0.5s。当然，这是我们期待的结果。但是，如果要求开/关时间必须精确，从前面的工作中，你会意识到，使用延时函数无法满足此要求（每次动作执行的时间比延迟时间稍长）。解决这个需求的方案是采用另一个 CMSIS RTOS API：osDelaytUntil 或 FreeRTOS 原生 API：vTaskDelayUntil 函数。

首先，返回到 CubeMX 项目，打开配置面板，选择 Include parameters 选项卡，如图 2.15 所示，默认情况下，vTaskDelayUntil 包含定义是 Disabled，将其设置为 Enabled。

2.3.2　周期任务实现

本实验的目的是创建和运行一个具有准确周期时间的任务。本实验的任务结构是后续所有使用周期任务实验的基础。

需解决问题：创建周期任务以闪烁红色 LED 灯（亮 2s，熄灭 2s），以 4s 的周期时间重复这个动作。

有关 LED 灯闪烁函数的详细信息，请参阅 Drivers/STM32F4xxHAL_Driver/inc/stm32f4xx_hal_gpio.h 文件。

现在以默认配置方式重新生成 CubeMX 项目源代码，然后打开 main.c 文件。复制以下代码并将其粘贴到任务函数中：

```
/* 用户代码段 5 开始 */
TickType_t TaskTimeStamp;
TickType_t DelayTimeMsec = 2000;
TaskTimeStamp = xTaskGetTickCount();
/* 无限循环 */
```

```
    for(;;)
    {
      HAL_GPIO_WritePin(GPIOD, GPIO_PIN_14, GPIO_PIN_SET);
      //此处为用户实现的1s软件延时代码
      osDelayUntil(&TaskTimeStamp,DelayTimeMsec);
      HAL_GPIO_WritePin(GPIOD, GPIO_PIN_14, GPIO_PIN_RESET);
      osDelayUntil(&TaskTimeStamp,2000);
      }
    /* 用户代码段5结束 */
```

编译、下载代码到目标板并运行，你将发现，红色LED灯将以2s的间隔频率点亮然后熄灭。

将延时时间参数从2000改为500，重新构建、下载并运行项目，观察红色LED灯的闪烁频率。

2.3.3 实验分析

实验1中，延时函数中延时参数设置为固定长度，延时时间从该函数调用时刻开始计时。本例中使用的DelayUntil函数，延时参数是一个相对值，相对于当前时钟节拍数计时，节拍数保存在TaskTimeStamp变量中。

DelayUntil函数操作，简单说明如下：

(1) 将当前(任务开始)节拍值加载到变量TaskTimeStamp中：TaskTimeStamp = xTaskGetTickCount()。

(2) 执行应用程序代码。

(3) 调用DelayUntil函数：osDelayUntil(&TaskTimeStamp,2000)。

从应用程序代码启动时刻起，TaskTimeStamp的值就根据节拍计数值不断更新，因此，当调用DelayUntil函数时：

(1) 系统挂起任务并记录TaskTimeStamp的当前值。

(2) 计算任务需要挂起的时间。

(3) 将此值(以节拍为单位)作为任务重新就绪的时间。

示例1：

```
Tick初始值 = 0
执行应用代码1000节拍的时间
当前节拍值 = 1000
根据2000节拍的延时,计算任务重新就绪的节拍数 = (StartTickValue + DelayTime):
(0 + 2000) = 2000节拍
计算任务挂起时间 = (DelayTime - 应用代码已执行时间):
(2000 - 1000) = 1000节拍
```

示例2：

```
Tick 初始值 = 2000
执行应用代码 500 节拍的时间
当前节拍值 = 2500
根据 2000 节拍的延时,计算任务重新就绪的节拍数 = (2000 + 2000) = 4000 节拍
计算任务挂起时间 = (4000 - 2500) = 1500 节拍
```

总结：一般说来，当调用 vTaskDelayUntil（&TaskTimeStamp，SpecifiedDelayTime）函数时，先通过参数 TaskTimeStamp 与函数中指定的延时节拍数，计算任务需要挂起的时间。

在示例中，任务代码位于无限循环中，在 osDelayUntil（&TaskTimeStamp，2000）后面执行的代码是

```
HAL_GPIO_WritePin(GPIOD, GPIO_PIN_14, GPIO_PIN_SET);
```

该句代码执行完后，继续执行 osDelayUntil（&TaskTimeStamp，DelayTimeMsec）语句。系统将重新计算任务所需的挂起时间，并且继续按上述流程执行代码。

想要实现该程序，设置 TaskTimeStamp 的初始值非常重要，否则系统的行为将不可预测。在进入无限循环之前，我们通过将该参数的值设置为节拍计数的当前值来实现此操作：

```
TaskTimeStamp = xTaskGetTickCount();
```

在进一步学习之前，查看下列文档，了解函数及其参数的详细信息。

vTaskDelayUntil 函数：http://www.freertos.org/vtaskdelayuntil.html。

xTaskGetTickCount 函数：http://www.freertos.org/a00021.html#xTaskGetTickCount。

TickType_t：http://www.freertos.org/FreeRTOS-Coding-Standard-and-Style-Guide.html#DataTypes。

2.3.4 补充实验

在代码中插入大约 5s 的软件延迟，然后重新执行项目，运行并观察结果。推断导致行为变化的原因，从中可以得到什么启发。

2.3.5 实验回顾

你现在已经：

(1) 能够使用 CubeMX/Keil-MDK 工具集实现基于 FreeRTOS 的周期任务。

(2) 清楚如果需要保持准确的计时，任务必须在周期时间内执行完所有代码。

如果访问 vTaskDelayUntil 函数的网页链接应该注意到：如果函数 vTaskDelayUntil()中指定的唤醒时间已经过去，函数将立即返回(无阻塞)。

【知识扩展】 在 FreeRTOS 中，实现周期任务的唯一方法是使用 DelayUntil 函数。但是，许多 RTOS 使用了不同的方法，过程如下：

(1) 在任务创建/配置阶段定义周期时间。

(2) 允许多任务调度器控制任务启动(重启)时间。

(3) 使用与"TaskSleep"类似的函数将 CPU 使用权从任务转交给调度器。

作者认为通过任务调度器控制任务运行的方法会更好一些。然而,非常重要的一点是,一旦你为项目选定了某个 RTOS,你只能使用它提供的功能。

2.3.6 实验附录：DelayUntil 函数描述

```
/**
 * @简介 延时任务到指定的时间
 * @参数 PreviousWakeTime 指向任务上次就绪的时间变量,该变量使用前,需初始化为当前时间
(PreviousWakeTime = osKernelSysTick() )
 * @参数 millisec 延时时间值
 * @返回值 状态码指示函数的执行状态
 */
osStatus osDelayUntil(uint32_t * PreviousWakeTime, uint32_t millisec)
{
    #if INCLUDE_vTaskDelayUntil
      TickType_t ticks = (millisec / portTICK_PERIOD_MS);
      vTaskDelayUntil((TickType_t * ) PreviousWakeTime, ticks ? ticks : 1);
      return osOK;
    #else
      (void) millisec;
      (void) PreviousWakeTime;
      return osErrorResource;
    #endif
}
```

2.4 实验3 创建和运行多个独立的周期任务

实验目的：创建和运行多个相互独立的周期任务。

2.4.1 背景介绍

通过前面的实验实践,你应该很容易实现单任务设计,特别是单个周期任务。这些知识可以作为构建真正的多任务系统的基石。本实验增加一点难度：实现两个独立的任务。这个问题的实现非常简单,因为不管是从软件还是从硬件角度来看,任务都彼此独立。

2.4.2 设计框图

任务模型的设计实现如图 2.16 所示,系统中包含两个用户任务,一个任务控制开发板

上的绿色 LED 灯闪烁，另一个任务控制开发板上的红色 LED 灯闪烁。红色 LED 灯点亮和熄灭时间各为 1s，绿色 LED 灯点亮和熄灭时间各为 2s。为简化操作，代码实现中使用了 TogglePin 函数。将两个任务设置为具有相同的优先级。此外，使用 osDelayUntil 函数实现准确定时。

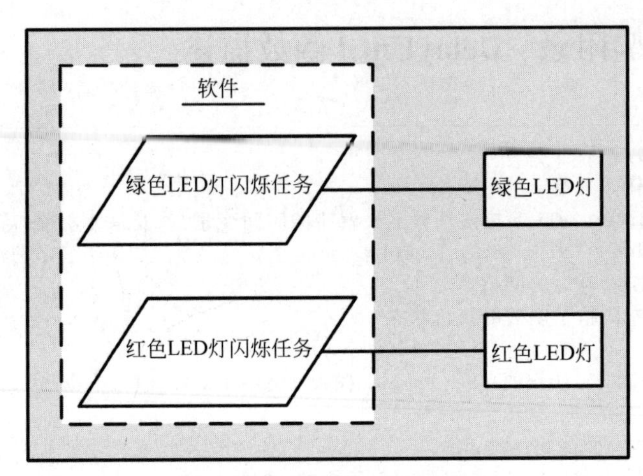

图 2.16　任务模型的设计实现

绿色 LED 灯：在开发板上标识为 LD4，由微控制器的 PD12 引脚驱动。

```
HAL_GPIO_TogglePin(GPIOD, GPIO_PIN_12);
```

红色 LED 灯：在开发板上标识为 LD5，由微控制器的 PD14 引脚驱动。

```
HAL_GPIO_TogglePin(GPIOD, GPIO_PIN_14);
```

2.4.3 设计实现

创建一个 CubeMX 项目（详细步骤参考前面章节内容），并启用 FreeRTOS。将项目命名为 RTOS book Ex. 3（或任意名称）。

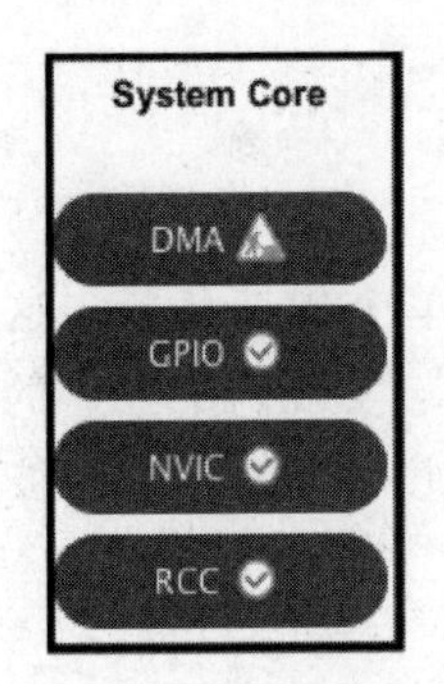

图 2.17　Cube 配置视图：System Core

在 CubeMX 工具中，打开配置标签，展开 System Core 视图，如图 2.17 所示，然后选中 GPIO，打开 GPIO Mode and Configuration 模式和配置面板（见图 2.18），修改引脚 PD12（绿色 LED 灯）和 PD14（红色 LED 灯）的 User Label。要执行此操作，只需在引脚配置窗口，单击每个引脚的 User Label 字段，界面中将显示一个下拉窗口，在窗口中修改字段文本框中的名称（任意）即可。

（1）打开 Pinout View 视图，检查图 2.18 中所列的引脚名称是否与视图相符。

（2）选择 Configuration → Middlewares → FreeRTOS，选中 Include parameters 选项卡，启用 vTaskDelayUntil。

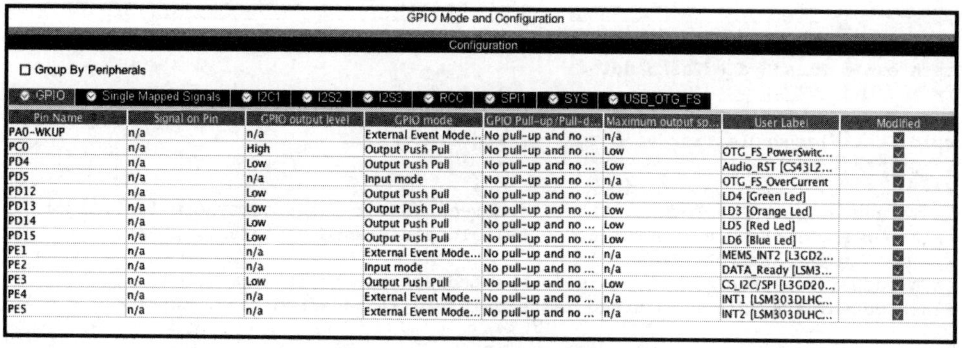

GPIO Mode and Configuration

Configuration

☐ Group By Peripherals

GPIO | Single Mapped Signals | I2C1 | I2S2 | I2S3 | RCC | SPI1 | SYS | USB_OTG_FS

Pin Name	Signal on Pin	GPIO output level	GPIO mode	GPIO Pull-up/Pull-d...	Maximum output sp...	User Label	Modified
PA0-WKUP	n/a	n/a	External Event Mode...	No pull-up and no ...	n/a		☑
PC0	n/a	High	Output Push Pull	No pull-up and no ...	Low	OTG_FS_PowerSwitc...	☑
PD4	n/a	Low	Output Push Pull	No pull-up and no ...	Low	Audio_RST [CS43L2...	☑
PD5	n/a	n/a	Input mode	No pull-up and no ...	n/a	OTG_FS_OverCurrent	☑
PD12	n/a	Low	Output Push Pull	No pull-up and no ...	Low	LD4 [Green Led]	☑
PD13	n/a	Low	Output Push Pull	No pull-up and no ...	Low	LD3 [Orange Led]	☑
PD14	n/a	Low	Output Push Pull	No pull-up and no ...	Low	LD5 [Red Led]	☑
PD15	n/a	Low	Output Push Pull	No pull-up and no ...	Low	LD6 [Blue Led]	☑
PE1	n/a	n/a	External Event Mode...	No pull-up and no ...	n/a	MEMS_INT2 [L3GD2...	☑
PE2	n/a	n/a	Input mode	No pull-up and no ...	n/a	DATA_Ready [LSM3...	☑
PE3	n/a	Low	Output Push Pull	No pull-up and no ...	Low	CS_I2C/SPI [L3GD20...	☑
PE4	n/a	n/a	External Event Mode...	No pull-up and no ...	n/a	INT1 [LSM303DLHC...	☑
PE5	n/a	n/a	External Event Mode...	No pull-up and no ...	n/a	INT2 [LSM303DLHC...	☑

图 2.18　GPIO 模式和配置面板

(3) 选择 Task and Queues 选项卡，如图 2.19 所示，双击任务名称 defaultTask，将其更改为 FlashGreenLedTask，并将任务入口函数名称更改为 StartFlashGreenLedTask。

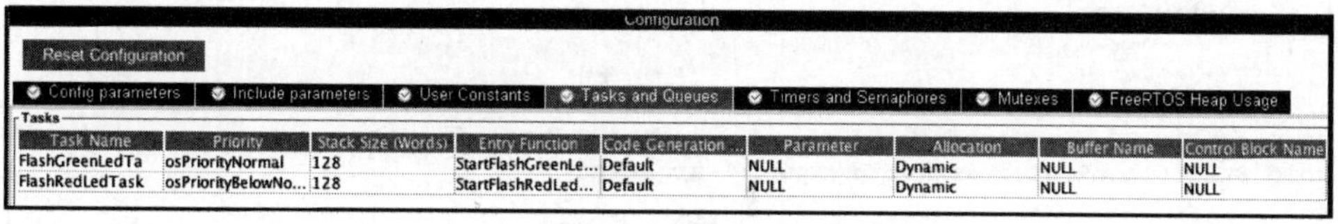

Configuration

Reset Configuration

Config parameters | Include parameters | User Constants | Tasks and Queues | Timers and Semaphores | Mutexes | FreeRTOS Heap Usage

Tasks

Task Name	Priority	Stack Size (Words)	Entry Function	Code Generation ...	Parameter	Allocation	Buffer Name	Control Block Name
FlashGreenLedTa	osPriorityNormal	128	StartFlashGreenLe...	Default	NULL	Dynamic	NULL	NULL
FlashRedLedTask	osPriorityBelowNo...	128	StartFlashRedLed...	Default	NULL	Dynamic	NULL	NULL

图 2.19　任务设置

(4) 添加新任务，命名为 FlashRedLedTask，其入口函数命名为 StartFlashRedLedTask，其优先级设置为 osPriorityNormal(优先级值为 3)。

重新生成项目代码，打开 main. c，文件中将包含两个任务相关的代码，如图 2.20 所示。

更新任务函数的源代码，执行指定的闪烁操作(基于前面的实验，你可以很快实现)。编译源代码生成机器代码，将其下载到目标板并执行。

图 2.21 展示了两个任务基于时间变化的行为，时间为相对时间(即红色 LED 灯的绝对时间 0 不一定与绿色 LED 灯的时间 0 相同)。对照该图，检查每个 LED 灯的闪烁时间。现在基于相同的时间轴绘制两个 LED 灯的时序图，不考虑触发 LED 灯的时间。检查实际闪烁行为是否与预测相符。

2.4.4 实验回顾

你现在已经完成：

(1) 实现由多个独立任务组成的设计。

(2) 观察了具有相同优先级、非交互周期任务的行为。

(3) 能够预测运行时系统的行为，并通过观察确认结果。

```
/* 私有变量 ----------------------------------------------------------*/
osThreadId FlashGreeLedTasHandle;
osThreadId FlashRedLedTaskHandle;
/* 私有函数类型--------------------------------------------------*/
void StartFlashGreenLedTask(void const * argument);
void StartFlashRedLedTask(void const * argument);
/* 创建线程 */
/* 定义并创建FlashGreeLedTas任务 */
 osThreadDef(FlashGreeLedTas, StartFlashGreenLedTask, osPriorityNormal, 0, 128);
 FlashGreeLedTasHandle = osThreadCreate(osThread(FlashGreeLedTas), NULL);
/* 定义并创建FlashRedLedTask */
osThreadDef(FlashRedLedTask,StartFlashRedLedTask,osPriorityNormal,0,128);
FlashRedLedTaskHandle = osThreadCreate(osThread(FlashRedLedTask), NULL);

/* StartFlashGreenLedTask 任务函数*/
void StartFlashGreenLedTask(void const * argument)
{
  /* 用户代码开始 */
  /* 无限循环*/
  for(;;)
  {
    osDelay(1);
  }
  /*用户代码结束 */
}
/* StartFlashRedLedTask任务函数*/
void StartFlashRedLedTask(void const * argument)
{
  /* StartFlashRedLedTask代码开始 */
  /* 无限循环*/
  for(;;)
  {
    osDelay(1);
  }
  /* StartFlashRedLedTask代码结束*/
}
```

图 2.20　自动生成的任务相关代码

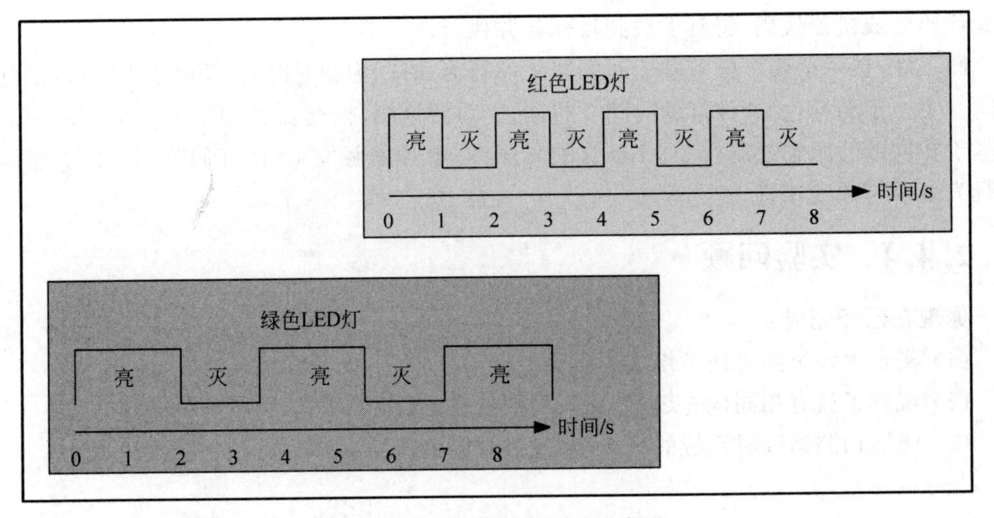

图 2.21　LED 灯闪烁行为时序图

2.5　实验4　优先级抢占调度策略分析

实验目的：充分理解使用优先级抢占式调度策略时的任务行为。

2.5.1　背景介绍

嵌入式多任务处理系统设计的一个基本要素是充分理解任务运行时的行为，特别是领会优先级抢占调度如何及为什么会极大地影响性能。因为，如果不理解该问题，可能会导致设计因为无法预测的问题而终止运行。

本实验的目的是引导你完成多个场景实现，每种实现都旨在演示任务之间相互干扰所产生的各种效果。注意：实验并不是要对这些影响进行定量演示(你需要合适的运行时分析工具实现该目的)。相反，它是定性演示，帮你“感觉”使用抢占调度策略时的任务行为。该工作基于两个任务的设计模型实现，每个任务控制两个LED灯，通过观察运行时灯的状态变化可以确定整个系统行为。

2.5.2　设计概述

图2.22展示了实验实现的用户任务框图。

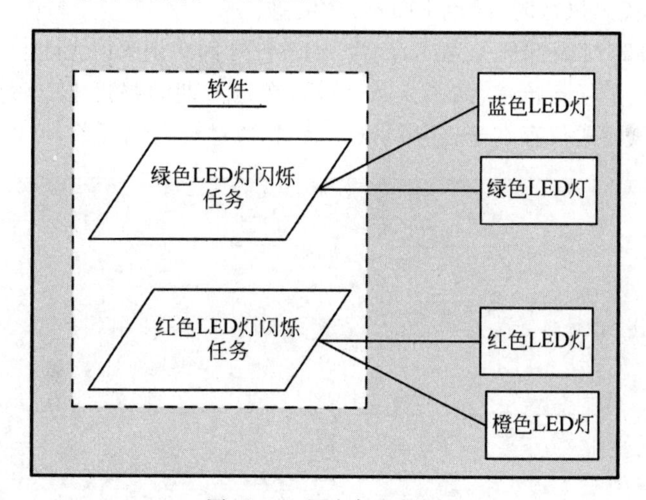

图2.22　用户任务框图

每组LED灯，即蓝色/绿色LED灯和橙色/红色LED灯，操作模式完全相同，图2.23中所示的是蓝色/绿色LED灯组合。以下描述基于绿色LED灯闪烁任务；红色LED灯闪烁任务以相同的方式执行(虽然时间不同)。

绿色LED灯指示任务何时执行；蓝色LED灯指示任务未挂起的周期(即任务处于活动状态或就绪状态)。对于“正常”操作，即未发生任务抢占时，系统行为如下：

(1) 当绿色LED灯闪烁任务开始运行时，绿色LED灯将开始闪烁，蓝色LED灯将被

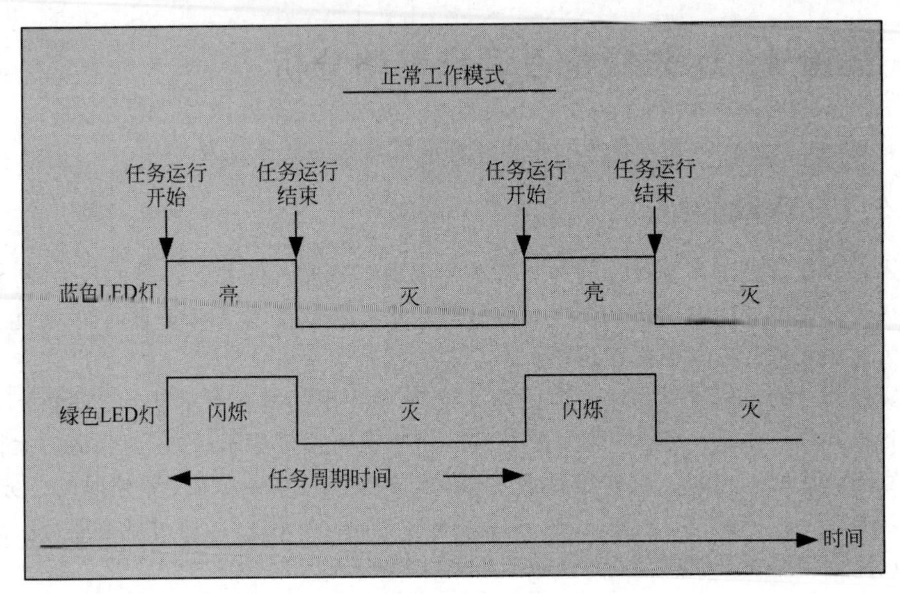

图 2.23　正常工作模式(无任务抢占)时的时序图

点亮。

(2) 仅当任务代码执行时,绿色 LED 灯才闪烁。

(3) 当绿色 LED 灯闪烁任务完成时,两个 LED 灯都将熄灭。

但是,如果发生了任务抢占,如图 2.24 所示,在抢占期间绿色 LED 灯的状态将保持不变(点亮或熄灭),该模式仅存在于任务被抢占期间,通过观察此现象,可以获知抢占发生。

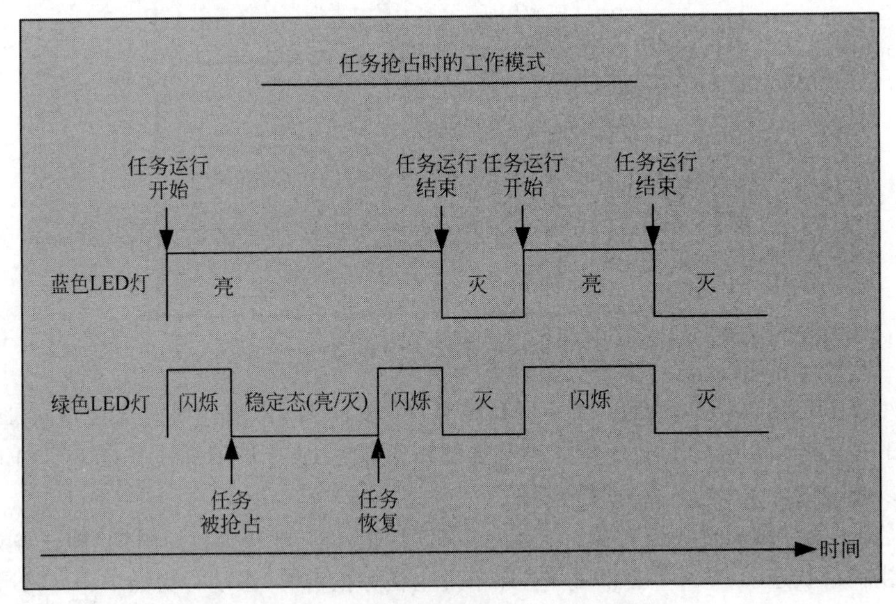

图 2.24　发生任务抢占时的时序图

2.5.3 实验描述

本实验中基于两个用户任务：FlashGreenLedTask 和 FlashRedLedTask，设计了四种不同的应用场景，这些实现重用了实验 3 中的代码，在此基础上做了一些必要调整。

任务和常量的基本特性如下所述。

FlashGreenLedTask 任务：

- 周期时间：10s
- 任务执行时间：4s

FlashRedLedTask 任务：

- 周期时间：2s
- 任务执行时间：0.5s

FlashGreenLedTask 任务结构：

```
无限循环开始
  点亮蓝色 LED 灯
  模拟任务执行 - 绿色 LED 灯闪烁 4s(建议闪烁频率为 20Hz)
  熄灭绿色 LED 灯
  熄灭蓝色 LED 灯
  任务挂起 6s(使用 osDelay 函数)
无限循环结束
```

FlashRedLedTask 任务结构：

```
无限循环开始
  点亮橙色 LED 灯
  模拟任务执行 - 红色 LED 灯闪烁 0.5s(建议闪烁频率为 20Hz)
  熄灭红色 LED 灯
  熄灭橙色 LED 灯
  任务挂起 1.5s(使用 osDelay 函数)
无限循环结束
```

2.5.4 实验细节

(1) 实验 4.1，检查每个任务的代码实现是否正确。在生成源代码之前，将 FlashRedLedTask 任务设置为更高的优先级。将代码下载到目标系统。单独运行每个任务，并验证实际时序是否符合场景设计。

只需注释掉以下内容，即可创建单个任务：

```
osThreadDef
FlashRedLedTaskHandle
```

(2) 实验 4.2，执行包含两个任务的应用。在运行代码之前，预测系统的行为，然后检查实际运行效果。解释获得的结果。如果你的预测是正确的，非常好。如果你的预测是错误的,找出错误的原因。通过这个过程,你可以学到很多东西,提高你对多任务操作的了解。

(3) 实验 4.3,反转任务的优先级次序,FlashGreenLedTask 任务将具有更高的优先级。再次预测系统的行为,并检查实际运行效果。

(4) 实验 4.4,计算处理器的大概利用率。

2.5.5 实验回顾

通过本章的实验,你现在应该意识到定义多任务处理的时间非常重要。本节实验的一些重要成果如下:

(1) 保证任务满足其时间要求的唯一渠道是设置任务优先级为最高值。

(2) 低优先级任务如果被抢占,其实际运行时间(从开始到完成)将长于指定时间。此外,每次执行时间可能都有所不同,具体运行时间取决于抢占何时发生。

(3) 抢占使任务 FlashRedLedTask 执行时间缩短,所以与实验 4.3 相比,实验 4.2 更容易观察到运行中的任务抢占行为。

(4) 实验 4.3 展示了如果高优先级任务占用较长的执行时间,它对系统所造成的破坏性。

(5) 本实验传达的信息,如果你正在设计关键嵌入式软件,则需要:

- 详细定义你的时间要求;
- 仔细规划调度,并在可能的情况下预测性能;
- 使用任务分析工具精确分析运行时代码发生的情况;
- 在设计之前思考。

(6) 在许多软件系统(如桌面应用程序、移动设备、超级计算机等)中,处理器的利用率在大约 65%时会被认为是比较低的。然而在本实验中,你将看到任务的实际运行时间经常超过其指定值,这很重要吗?是的,这一切都取决于你的任务是否必须在指定时间(即具有关键时限)内完成。通常,需要高响应性的系统必须具有低处理器利用率(20 世纪 90 年代进行的研究工作表明,假设系统中存在周期和非周期任务的组合,利用率应低于 20%)。

第3章

共享资源使用

3.1 实验5 访问竞争问题分析

实验目的：展示在多任务系统中，使用共享资源时面临的访问竞争问题。

3.1.1 竞争问题介绍

如果你已经认真地完成了前面章节的实验，那现在你应该对如何实现多任务设计有了深层次的理解。这些实验虽然很重要，但是提供的知识还是十分有限的。它们只是处理了一些相互独立的、没有交互的任务，而且，在现实世界中，这种应用场景非常罕见。在大多数实际设计中，任务间通常基于共用的软件和/或硬件对象实现交互。因此，不幸的是，任务之间可能会因为对共享对象的“同时”访问而无意间相互干扰。

本实验的目的是说明竞争问题是真正存在的，而不仅仅是一个抽象的学术问题。实验旨在表明，如果不使用保护措施，将会产生共享资源使用冲突。

3.1.2 竞争问题概述

图3.1展示了描述竞争问题实现的软件任务框图，软件中包含两个用户任务和一个共享数据对象。共享数据对象用来保存应用中使用的数据。

两个任务，操作同一个数据对象，使任务间以一个简单直接的方式交换信息。通常，数据对象的数据可以直接写入/读取。该数据对象有如下几个特点：

(1) 是一个定义良好的软件组件。

(2) 对整个系统任务设计可见。

(3) 替代使用全局变量进行信息交换。

但是，何时执行读取和写入操作是由各个任务单独控制的，不存在全局控制策略。因此，始终存在多个任务同时操作数据对象的情况。例如，一个任务在写数据时，另一个任务在执行相应的读操作，此时这种资源争用可能会导致数据损坏，从而引起任务行为异常。

只有在多处理器及多核系统中才会产生真正的同时访问；单处理器设计中不会发生该

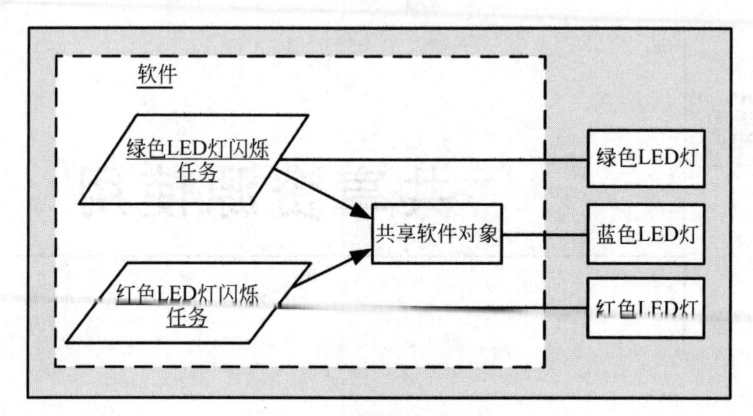

图 3.1 软件任务框图

情况。在本实验的设计中,它貌似是一种同时访问形式,但仍然会有任务使用导致损坏数据的可能。

3.1.3 实验细节

1. 基本实现

在本实验中,共享数据对象旨在模仿可读写数据存储空间的行为,该数据空间特点如下:

(1) 保存多个数据项;

(2) 所有任务都可以访问,执行读取和写入操作;

(3) 需要访问时间(处理器时间),必须考虑在系统时间负荷中。

模拟此类操作的有效方法是使用数据对象将消息发送到终端设备。任务之间的交互将通过消息发送过程,以可视化方式展示出来。不幸的是,使用 STM 开发板实现终端访问太复杂。通常,为了实现这一点,你可以:

(1) 使用微控制器提供的简单串行通信特性(但这需要额外的硬件转换接口);

(2) 或使用微控制器的 USB OTG 功能(但这是一项颇具挑战性的软件编写工作)。

因此,本实验中使用一个非常简单的方法:直接使用软件延时方式模拟读/写操作过程。当然,该方法中,我们需要手动检测"同时访问"是否发生。一个简单的方法是在访问函数中使用访问指示器——Start flag 标志。这是一个二进制标志位,具有两个值,Up(1)和 Down(0),初始化为 Up。Up 表示资源未被使用;Down 表示任务正在执行共享数据对象相关的代码。

因此,当任务访问临界区域时,Start flag 标志可能的状态如下。

(1) Start flag 标志为 Up:一切良好;

(2) Start flag 标志为 Down:另一个任务在运行共享代码,但该任务现在已被抢占。

在本实验中,我们将通过点亮蓝色 LED 灯来检测资源争用。因此,访问函数(伪代码)的程序设计如下:

注意：Start flag 标志初始化为 Up。

(1) 检查 Start flag 标志是否为 Up。

(2) 如果 Start flag 标志为 Up，将其改为 Down；否则给出争用警告——点亮蓝色 LED 灯。

(3) 运行软件延时，模拟读写操作。

(4) 设置 Start flag 标志为 Up。

如果你愿意，可以轻松修改此参数，以便对任务的冲突次数进行计数。在这里，关注点只是为了检测冲突已经发生。

2. 具体实现

1) 任务 1：闪烁绿色 LED 灯

实现代码结构如下：

```
循环开始
  点亮绿色 LED 灯
  访问共享数据
  关闭绿色 LED 灯
  延时 0.5s
循环结束
```

2) 任务 2：闪烁红色 LED 灯

实现代码结构如下：

```
循环开始
  点亮红色 LED 灯
  访问共享数据
  关闭红色 LED 灯
  延时 0.1s
循环结束
```

注意：在系统中，将红色 LED 灯闪烁任务的优先级设置为较高的级别。

3) 共享数据访问函数

建议实现代码：

(1) 检查 Start flag 是否为 Up，如果为 Up，则将 Start flag 标志设置 Down，否则点亮蓝色 LED 灯。

(2) 模拟执行读/写操作 500ms。

(3) 将 Start flag 标志设置为 Up。

编译、下载和运行单个任务，以检查时间是否正确。一旦对两个任务的独立运行状态满意，使能两个任务同时运行。如果使用了推荐的时间配置，则应用运行后，蓝色 LED 灯很快会点亮，表明任务冲突已经发生。

3. 附加实验(可选)

如果你已经理解了实验的软件实现，就会明白，当首次检测到争用时，蓝色 LED 灯点亮，并且永远不会熄灭。现在，我们修改 LED 灯常亮的方式，通过闪烁 LED 灯，对争用的频率得到一个“粗糙但直观”的感觉。显然，点亮的时间必须足够长，以便你能够看到 LED 灯何时亮起。因此，修改访问函数，使蓝色 LED 灯保持点亮状态约 0.1s，然后熄灭。

正如前所述，这个实验有点粗糙和简单，不能提供准确的争用次数，但它很有启发性，值得去做。

3.1.4 实验回顾

你现在应该：

(1) 认识到当任务共享项目时，始终存在“同时访问”的可能性。

(2) 了解争用会产生的问题，问题严重程度完全取决于共享的内容及其使用方式。

(3) 认识到除非采取特殊的检测措施，否则此类争用可能完全不会被发现。

(4) 认识到我们在程序中使用全局变量时，可能也会有类似的问题。

(5) 推断出解决争用问题的唯一安全、可靠的方法是设计代码时避免同时访问。

(6) 意识到典型的多任务模型由并发单元(任务或活动对象)和被动对象(在本例中为共享数据对象)组成。

(7) 认识到非并发项是顺序代码单元，仅在被任务调用时执行，它们在调用任务的上下文中运行。

3.2 实验 6 通过挂起调度器消除资源竞争

实验目的：演示消除资源争用的一种简单方法——挂起调度器。

3.2.1 方法介绍

如果我们可以确保，任何时候有且只有一个任务在使用共享对象，那么资源访问冲突就不可能发生。实现这个最简单的方法是在共享资源访问期间挂起任务调度器。实际上，该方法使用了 RTOS 提供的接口函数，通过在访问过程中关闭中断来实现。

3.2.2 实验细节

我们将使用以下两个 FreeRTOS 函数来禁用和启用中断。

禁用中断：taskENTER_CRITICAL()。

启用中断：taskEXIT_CRITICAL()。

函数的详细信息，请访问 http://www.freertos.org/taskENTER_CRITICAL_taskEXIT_CRITICAL.html。

修改实验 5 每个任务中的共享资源访问实现：禁用中断，访问共享资源，启用中断，任务其他部分代码保持不变。

重新编译、下载并运行代码，你会发现，蓝色 LED 灯永远不会点亮。

3.2.3 实验回顾

你现在应该：

(1) 了解为什么在访问临界代码段时停止调度可以防止产生不良影响。

(2) 认识到该技术的实现非常简单。

现在，我们来更深入地探讨一下这种技术。这种技术的好处是它的使用非常简单，绝对保证有效。缺点是停止调度会停止并发单元的执行，会暂停多任务处理，并且中断禁用的时间越长，对系统的影响越大。所以黄金法则是：如果使用关中断的方式保护共享资源，进入和退出临界段的时间必须非常快。

3.3 实验7 演示系统性能的降低

实验目的：演示在多任务设计中，共享资源的使用会导致系统性能下降。

3.3.1 介绍

在设计多任务系统时，必须为系统运行时行为开发一个良好的模型。首先需要确定各个任务的执行时间，然后对它们的整体行为建模。当任务相互独立时，任务整体行为非常简单直观；当任务之间存在交互时，系统行为会变得比较复杂。如果不考虑任务的交互，与预期相比，最好的情况是只降低了系统的响应能力；在最坏的情况下，它们可能会导致灾难性的系统故障。

本实验的目的是展示资源共享使用对三个任务系统的性能影响。该设计中，每个任务的功能是闪烁指定的LED灯；任何系统性能的变化将导致LED灯的闪烁模式改变。为了可以清楚地看到LED灯的状态变化，在实验中，我们需要适当延长访问时间。

这是一个非常有启发性的实验，所以请认真完成本实验所有的工作。请使用推荐的时间参数，以产生可观察的效果。

3.3.2 实验细节

1. 概述及关键代码

图3.2展示了本实验的任务实现框图，软件包含三个用户任务和一个共享软件对象。实验的目标是证明在多任务设计中使用共享资源会降低系统的整体性能。

将绿色和红色LED灯闪烁任务的优先级设置为normal（注：CubeMX中normal对应的优先级值为3），橙色LED灯闪烁任务优先级设为更高级别above normal（注：above normal对应的优先级值为4）。

绿色LED灯和红色LED灯闪烁任务的代码实现，如下所示：

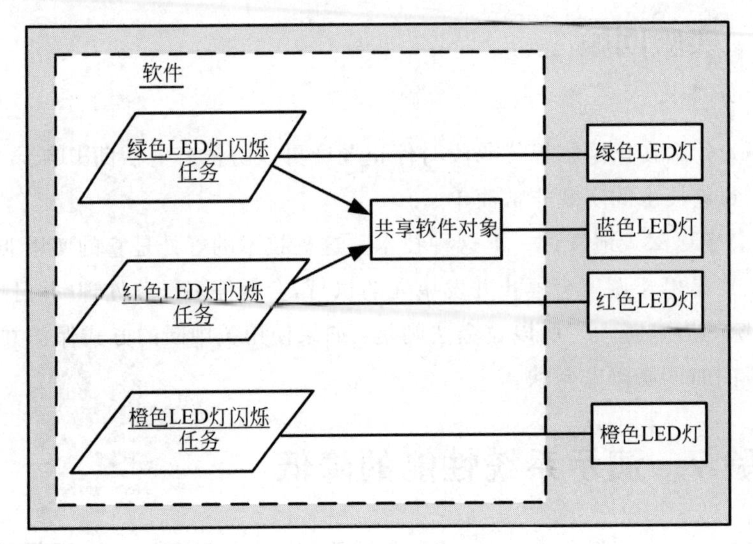

图 3.2　任务实现框图

```
for(;;)
{
  HAL_GPIO_WritePin(GPIOD, GPIO_PIN_xx, GPIO_PIN_SET);
  AccessSharedData();
  osDelay(DelayTimeMsec);
  HAL_GPIO_WritePin(GPIOD, GPIO_PIN_xx, GPIO_PIN_RESET);
  osDelay(DelayTimeMsec);
} // for 循环结束
```

闪烁红色 LED 灯时：DelayTimeMsec＝550ms(注意：延时使用 osDelay 实现，而非 osDelayUntil)。

橙色 LED 灯闪烁任务代码实现如下：

```
for(;;)
{
  HAL_GPIO_TogglePin(GPIOD, GPIO_PIN_13);
  osDelay(50);
} // for 循环结束
```

橙色 LED 灯将以 10Hz 的频率闪烁。

共享数据函数访问代码如下：

(1) 检查 Start flag 标志是否为 Up，如果为 Up，将 Start flag 标志更新为 Down；否则点亮蓝色 LED 灯。

(2) 模拟读/写操作，执行 1s。

(3) 关闭蓝色 LED 灯(检测到冲突后,如果希望关闭蓝色 LED 灯,插入此代码)。

(4) 设置 Start flag 标志为 Up。

实验 7 部分实现中,要求使用资源控制机制访问共享资源。本例中通过关中断的方式实现,需要时修改绿色 LED 灯和红色 LED 灯任务中的相关代码,如下所示:

- 禁用中断 taskENTER_CRITICAL();
- 访问共享资源;
- 启用中断 taskEXIT_CRITICAL()。

任务其余部分代码实现保持不变。

图 3.3 给出了每个任务运行时大概的时间数据。

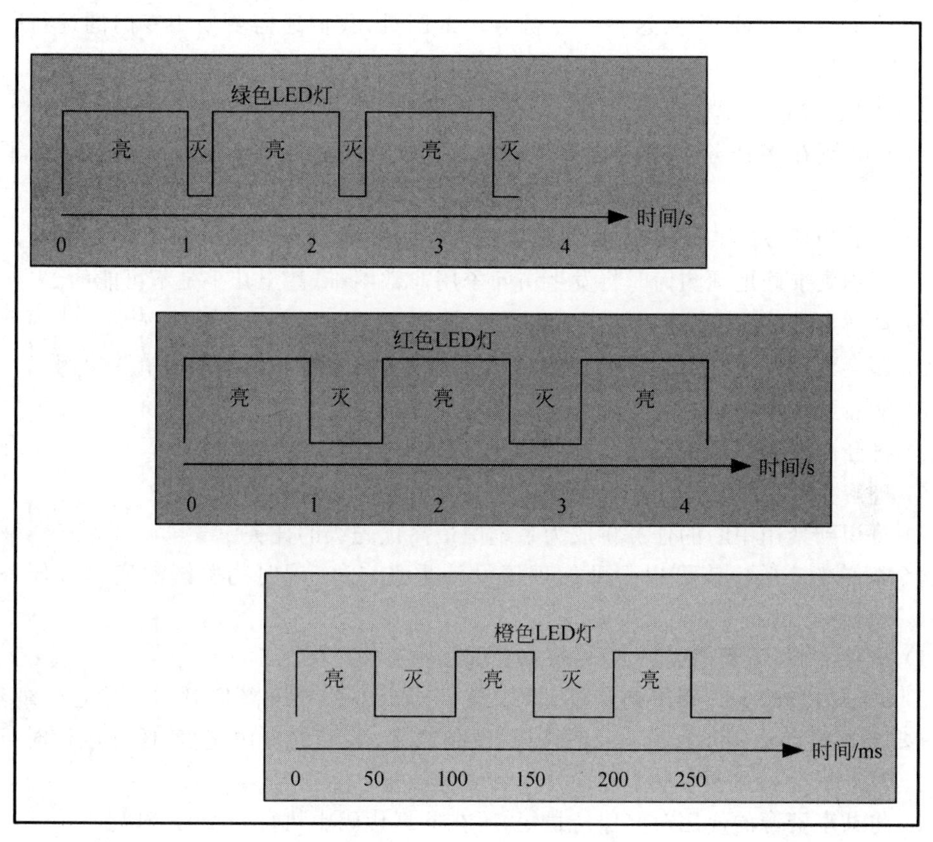

图 3.3 LED 灯闪烁行为时序

2. 实验实现

本实验实现分为以下三步:

(1) 单独运行每个任务,确认单个任务的运行时间;

(2) 激活所有任务,不使用互斥机制访问共享资源,演示系统行为;

(3) 使用控制机制访问共享资源,演示系统行为。

实验 7.1：每次仅运行一个任务，检查实际运行行为与预测值是否相符。

实验 7.2：所有任务处于活动状态，共享资源代码调用不使用互斥机制，运行系统，与实验 7.1 比较运行时行为。

实验 7.3：使用 taskENTER_CRITICAL()和 taskEXIT_CRITICAL()函数保护共享资源代码，重复实验 7.2，比较运行时行为。

3.3.3 实验回顾

前面提到，我们人为地延长了共享资源访问时间，扩大了其对系统性能的影响，以便通过可视的方式展示。我们可以通过减少处理器利用率，将其对性能的影响降低至合理水平，但影响仍会存在。此外，观察这种交互行为非常困难，我们还需要使用专门的运行时分析工具。

完成本实验后，你现在应该：

(1) 认识到在多任务实现中执行任务时，可能会产生与任务单独运行时完全不同的结果。

(2) 明确当任务间共享资源时，通常肯定会发生争用。

(3) 意识到准确地预测何时将发生访问争用非常困难，甚至几乎是不可能的。

(4) 理解要准确预测资源争用产生的影响同样困难。

(5) 领会到可以通过禁止任务切换(禁用中断)在临界资源访问期间消除争用。

(6) 能看到禁用中断对运行时行为的影响。

(7) 推断出在多任务编程时，需要非常小心地使用中断禁用机制。

(8) 理解为什么中断不应长时间禁用。

(9) 意识到禁用中断的任务将成为系统中最高优先级的任务。

这个简单的实验应该可以帮助你理清设计重点，以实现时间关键的实时多任务系统设计：

(1) 设计之前，需要彻底评估系统的时间性能。

(2) 必须尽量减少时间不确定性，可以最小化资源共享来降低时间不确定性的影响。一个重要影响因素是任务数量。一般来说，任务越多，共享的资源越多，任务运行时行为变化越大。所以黄金规则是：最小化设计中的任务数量。

(3) 将共享资源的使用时间保持最短，不在共享代码中执行冗长的处理。

3.4 实验 8 使用信号量保护临界代码

实验目的：演示如何使用信号量机制来保护临界段代码，消除资源冲突。

3.4.1 背景介绍

实验 7 演示了使用中断禁用作为共享资源访问控制机制，该机制实现非常简单，但可能导致多任务系统的运行时行为遭到严重破坏，不适合作为一个通用解决方案。

使用关中断机制面临的首要问题是，中断禁用会影响整个系统，一般来说是不可取的。我们需要的是一种对系统干扰最小的方法。幸运的是，有三种互斥的访问控制机制可用：信号量、互斥信号量和微型监视器(受保护对象)。

本实验的目的是介绍和展示信号量机制的使用。

3.4.2 实验细节

1. 信号量介绍及其创建

本实验代码基于实验 7.3，做了简单修改：将关中断调用替换为使用信号量。信号量可被视为 RTOS 定义的程序变量。与所有变量一样，信号量必须先创建才能使用。信号量创建过程包含下列步骤：

(1) 定义信号量“句柄”。

(2) 定义信号量。

(3) 创建信号量。

以上步骤所需的所有代码都可以由 CubeMX 自动生成。只需加载 Cube 项目，在 FreeRTOS 配置选项卡中选择 Timers and Semaphores，如图 3.4 所示。

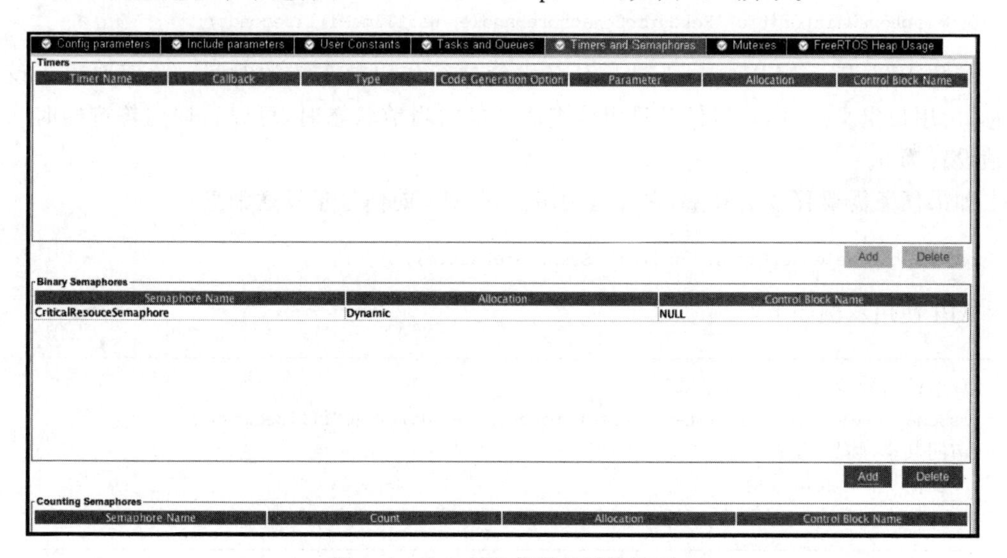

图 3.4 CubeMX 信号量配置界面

添加二进制信号量并命名(CriticalResourceSemaphore)。现在生成并检查项目源代码。与实验 7 相比，你会发现 main.c 文件中增加了信号量相关的代码，变化总结如下：

```
/* 私有变量 ------------------------------------------------------------------ */
osSemaphoreId CriticalResourceSemaphoreHandle;
/* 创建信号量 */
/* 定义并创建 CriticalResourceSemaphore */
osSemaphoreDef(CriticalResourceSemaphore);
CriticalResourceSemaphoreHandle =
            osSemaphoreCreate(osSemaphore(CriticalResourceSemaphore),1);
```

注意：函数 osSemaphoreCreate 的第二个参数是信号量创建等待超时值，其单位为毫秒，1 为自动生成的默认值。

2. 信号量使用

信号量是一种任务流控制机制，信号量有以下两种状态：

- 发布态(released，同义词 free、available、unlocked)。
- 锁定态(locked，同义词 taken、unavailable、acquired)。

当信号量锁定时，申请信号量的任务将停止运行；信号量处于发布状态时，允许申请信号量的任务继续执行。

任务可以通过查询信号量的状态，确定是否停止或继续执行，使用如下所示 API：

```
osSemaphoreWait(CriticalResourceSemaphoreHandle, WaitTimeMilliseconds);
```

参数 WaitTimeMilliseconds 决定任务继续执行代码前等待的时间。此值取决于设计目标，由用户定义。例如，当任务只想检查信号量的当前状态时，可以将调用等待的时间参数值设置为 0。

如果任务需要释放信号量，它可以调用下列 API 向信号量发送消息：

```
osSemaphoreRelease(CriticalResourceSemaphoreHandle);
```

API 使用示例如下：

```
//申请信号量：等待信号量就绪
osSemaphoreWait(CriticalResourceSemaphoreHandle, WaitTimeMilliseconds);
访问共享(临界)资源
//发信号：释放信号量
osSemaphoreRelease(CriticalResourceSemaphoreHandle);
```

使用 CubueMX 工具创建信号量时，信号量默认设置为发布态。

译者注：使用 CubeMX 工具创建信号量时，CMSIS v1 API 创建信号量函数 osSemaporeCreate()调用的是 vSemaphoreCreateBinary()。在 FreeRTOS v7.6.0 版本中，增加了 xSemaphoreCreateBinary()，使用该 API 创建信号量时，其默认为阻塞态。

3. 实验内容

本实验分为两步实现。

实验 8.1：修改实验 7.3 代码(3.3.2 节)，修改如下所示。

(1) 将 taskENTER_CRITICAL()更改为 osSemaphoreWait(CriticalResourceSemaphoreHandle, WaitTimeMilliseconds)。

(2) 将 taskEXIT_CRITICAL()替换为 osSemaphoreRelease(CriticalResourceSemaphoreHandle)。

构建、下载和运行软件。观察 LED 灯的闪烁行为，并与实验 7.3 中的结果进行比较。

实验 8.2：将 WaitTimeMilliseconds 参数值设置为 0，重新执行生成的应用，观察 LED 灯的闪烁行为。

3.4.3 实验回顾

如果实验 8.1 正确运行，LED 灯的闪烁行为将产生非常显著的变化：由于橙色 LED 灯闪烁任务是系统中优先级最高的任务，其行为将完全按照预期方式执行，原因是信号量机制作用范围有限，它仅影响共享临界资源的任务。

观察实验 8.1 的运行结果，还将看到蓝色 LED 灯不会点亮，即系统运行过程中没有资源争用发生。

运行实验 8.2 的代码，你会发现蓝色 LED 灯会点亮，发生了资源争用。该现象符合预期，在信号量等待时间为 0 时，即使信号量不可用时，任务还将继续执行，会访问共享资源，从而导致访问冲突。

3.5 实验 9 使用互斥信号量保护临界代码

实验目的：演示使用互斥信号量保护临界代码段，消除资源竞争。

3.5.1 实现细节

本实验实现基于实验 8 的代码做了简单修改：用互斥信号量替换信号量。

1. 创建互斥信号量

创建互斥信号量所需的代码可以由 CubeMX 自动生成。只需加载 Cube 项目，在 FreeRTOS 配置选项卡中选择 Mutexes，如图 3.5 所示。

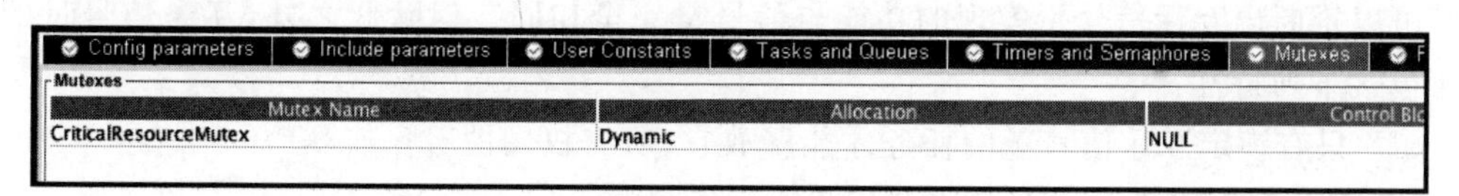

图 3.5 CubeMX 互斥信号量配置

添加互斥信号量并命名(CriticalResourceMutex)，生成并检查项目源代码，代码实现类似于实验 8，但信号量被互斥信号量替换，互斥信号量相关代码如下：

```
/* 私有变量 ---------------------------------------------------------*/
osMutexId CriticalResourceMutexHandle;
/* 创建互斥信号量 */
/* 定义并创建 CriticalResourceMutex */
osMutexDef(CriticalResourceMutex);
CriticalResourceMutexHandle
```

2. 互斥信号量使用

任务可以通过查询互斥信号量的状态,确定是否停止或继续执行,API 如下所示:

```
osMutexWait(CriticalResourceMutexHandle, WaitTimeMilliseconds);
```

参数 WaitTimeMilliseconds 决定任务继续执行代码前等待的时间,与信号量机制完全相同。

如果任务希望释放资源,它会向互斥信号量发送以下消息:

```
osMutexRelease(CriticalResourceMutexHandle);
```

需要访问共享资源的任务,按下列顺序使用互斥信号量 API:

```
//申请互斥信号量: 等待互斥信号量
osMutexWait(CriticalResourceMutexHandle, WaitTimeMilliseconds)
使用共享(临界)资源
//发布互斥信号量: 互斥信号量释放
osMutexRelease(CriticalResourceMutexHandle);
```

注意:互斥信号量创建后,其初始状态为已释放,表示共享资源可用。

构建并运行实验代码,观察运行结果。

3.5.2 实验回顾

通过观察运行时的现象发现,实验 9 的运行时行为与实验 8.1 的行为完全相同。因此,我们可以推断出互斥信号量实现的功能与信号量完全相同。但除此之外,互斥信号量的使用还包含下列特性:

(1) 只有锁定互斥信号量的任务才能释放它(所有权属性)。

(2) FreeRTOS 互斥信号量支持优先级继承机制。

本实验没有展示互斥信号量的这两个属性,我们将在后面的实验中演示这些功能。

3.6 实验 10 使用封装机制提升系统安全

实验目的:演示通过信号量封装对象可以提升软件的功能安全和信息安全。

3.6.1 机制介绍

通过前面的实验，我们已经了解如何消除多任务处理中的资源争用问题。但这些也反映了一个重要的信息：如果你希望生成可靠的软件，临界资源应始终受到保护。生成高质量的软件应该是设计师的默认职责。

信号量和互斥信号量都可以用作共享资源保护机制。然而使用它们必须非常小心，否则可能会导致其他问题。以信号量为例，思考以下问题：

(1) 信号量不会自动与特定的受保护对象关联。然而在实际应用中，正确地将信号量与保护对象进行关联至关重要。

(2) 信号量等待和释放操作必须成对使用。遗憾的是，信号量机制并没有强制执行配对。因此任务如果只调用其中之一，也会被视为有效的代码，这可能会导致非常不正常的运行时行为。

(3) 没有机制阻止等待信号量之前，先调用发信号操作，可能导致奇怪的系统行为。

(4) 信号量必须对共享受保护资源的所有任务可见。这意味着任何任务都可以通过调用发信号操作释放信号量，即使这是一个编程错误。

(5) 资源与信号量的关联不能保证安全，如果存在绕过保护区的"后门"，就可以绕过安全措施，如全局变量。

互斥信号量比信号量可靠，但仍然具备上述的大部分缺点。因此，关键问题是如何改进？有两件事情很清楚，需要：

(1) 将受保护对象(临界段)与保护机制(信号量或互斥信号量)关联起来。

(2) 确保任务不能直接访问受保护对象。

能满足需求的一种简单方法是将受保护对象及其保护机制封装在一个程序单元中，这种结构我们称为"简易监视器"。

3.6.2 实现概述

本质上，简易监视器机制可防止任务直接访问共享资源：

(1) 将共享资源(临界代码段)及其保护信号量封装在一个程序单元内。

(2) 将所有信号量/互斥信号量的相关操作保持在封装单元内。

(3) 对外部程序隐藏操作细节。

(4) 防止直接访问信号量/互斥信号量和临界代码段。

(5) 提供共享资源的间接使用方法。

从概念的角度来看，简易监视器的模型如图 3.6 所示。

该模型中，信号量和临界代码段封装在一个程序单元中。与前面的实验一样，对临界代码段的访问由信号量控制，封装对象对外部软件不可见；对封装对象的所有访问必须通过接口函数实现。

C 语言中，封装的基本实现形式是函数。本实验中，我们将使用函数形式构建一个简易

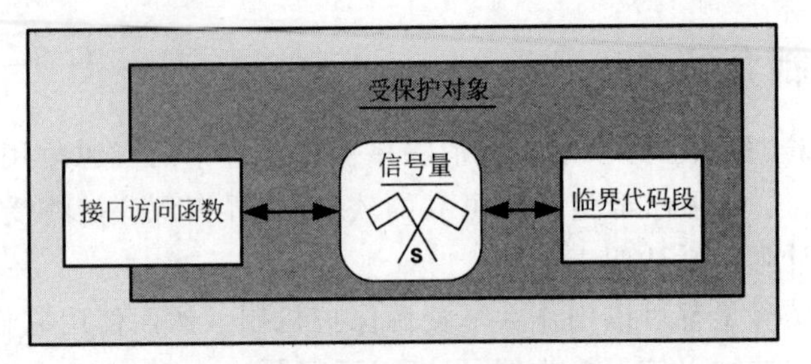

图 3.6 简易监视器(受保护对象)

监视器。

虽然在本实验中使用了信号量,但我们也可以使用互斥信号量实现,并且互斥信号量是FreeRTOS中实现互斥保护的首选方法,稍后我们将解释原因。就目前而言,使用哪种方式并不重要,如果你能用信号量解决该问题,你也可以毫不费力地使用互斥信号量实现。

3.6.3 实验实现

图 3.7 展示了此实验的任务实现框图,实验代码基于实验 8,使用相同的时间参数。在用户代码中,需要实现一个 AccessSharedData 函数,简易监视器函数的伪代码实现如下:

```
锁定信号量(osSemaphoreWait)
//临界段代码开始
  检查并基于 Start flag 的状态操作
  模拟读/写操作
  设置 Start flag 标志为 Up
//临界段代码结束
解锁(释放)信号量(osSemaphoreRelease)
```

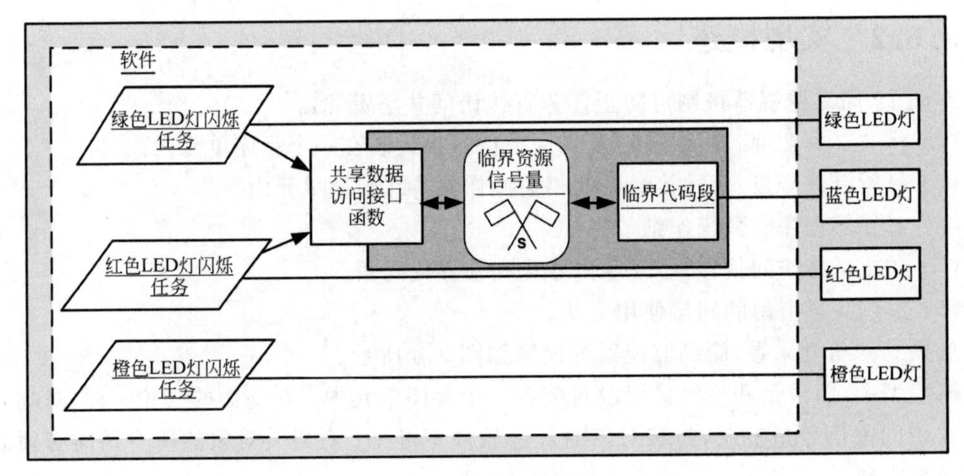

图 3.7 系统任务框图

当绿色或红色 LED 灯任务希望访问临界代码时，它只需调用此函数。

构建、下载并运行软件，观察 LED 灯的闪烁行为；并与实验 8.1 的运行结果进行比较，你会发现，最终得到的行为与实验 8 中使用信号量时的运行行为相同。然而，本实验的实现方法更安全、更健壮。

3.6.4　实验回顾

通过本实验，我们实现了如何以可控的方式处理资源争用。在实现中，可以看到：

(1) 任务代码中没有信号量调用。

(2) 受保护代码是私有的。

(3) 应用程序不能直接使用受保护的代码。

(4) 应用程序访问受保护代码的唯一方法是调用监视器函数，此调用(全局对象)作为监视器的公共函数接口。

(5) 与实验 8 相比，此方法提供了更安全、更可靠的程序实现。

毫无疑问，与早期工作相比，本节描述的监视器方法显著地提高了代码的质量、鲁棒性等。不幸的是，它有一个弱点，CubeMX 生成的信号量本身是一个全局对象，因此，信号量不受保护，它可以被任何任务滥用或误用。在后面的实验中，我们将介绍如何克服这个弱点，以产生一个真正健壮的、可移植的简易监视器。

3.7　实验 11　优先级反转影响演示

实验目的：演示多任务设计中，优先级反转问题对系统的影响。

3.7.1　介绍

通过前面的实验，我们已经得出结论，多任务系统的时间行为很难预测。仅在简单的情况下，如低处理器利用率的独立周期任务系统中，我们的预测才可能是正确的。然而，当任务间共享软件项时，就很难产生确定的时序，特别是在使用优先级抢占调度策略时，问题可能会更加复杂。这些方面已在 *Real-Time Operating Systems Book1—The Theory* 一书中讨论过，说明优先级反转问题如何产生额外的延迟。

本实验旨在生成完成一个优先级反转效果的实际运行示例。

3.7.2　实现及关键代码

图 3.8 展示了实验实现的系统任务框图。系统中包括三个用户任务和一个非并发保护对象(与实验 10 完全相同)。然而，代码实现与前面的实验存在差异，因此在重用软件时要小心。

本实验分为以下四步实现：

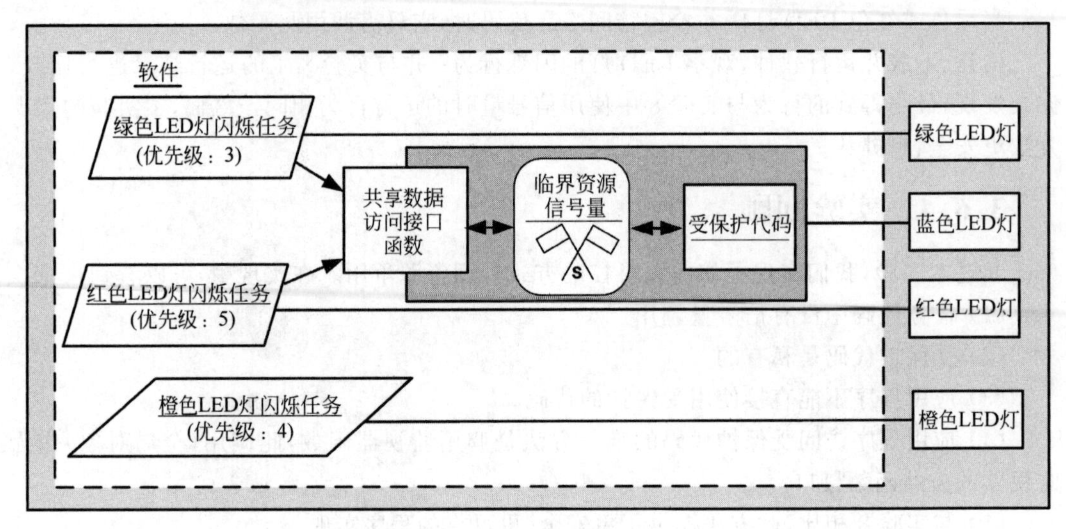

图 3.8 系统任务框图

(1) 实验 11.1：演示没有资源争用，也没有任务交互引起延迟的情况下，所有任务的运行行为。

(2) 实验 11.2：演示使用互斥信号量防止资源争用，为后面的优先级反转演示提供时间数据。

(3) 实验 11.3：演示经典优先级反转问题。

(4) 实验 11.4：重复步骤(3)，增加任务执行相关的可视化信息。

可以通过观察 LED 灯闪烁模式来推断代码的运行行为。对于本实验，请使用建议的时间参数，方便比较实际运行结果与书中给出的结果。

实验完成后，我们将解释实现这组特定实验的原因。

3.7.3 实验实现

本实验最重要的一点是任务不能作为周期任务运行。任务以运行至完成方式执行一次，以便观察、记录运行行为，并与理论预测进行比较，为此，每个任务在任务代码结束时，执行一条任务挂起操作。在 FreeRTOS 中，挂起操作实现 API 如下所示：

```
vTaskSuspend(NULL);
```

该函数的更多信息，请参阅 http://www.freertos.org/a00130.html。

各个任务的功能行为非常相似。橙色 LED 灯闪烁任务的程序结构如下：

```
代码开始
  以 10Hz 速率闪烁橙色 LED 灯 4s
  挂起任务
代码结束
```

绿色和红色 LED 灯闪烁任务的基本结构如下：

```
代码开始
  访问共享数据(注意:必须是第一个操作)
  以 10Hz 的速率闪烁 LED 灯 4s
  挂起任务
代码结束
```

受保护对象的程序结构如下：

```
代码开始
  获取信号量
  模拟读/写操作; 以 10Hz 的速度闪烁蓝色 LED 灯 2s
  释放信号量
代码结束
```

不用担心计时是否精确，代码中没有使用 osDelay 或 osDelayUntil 延时 API；所有计时操作由软件实现，原因是这些延时 API 会导致任务重新调度，将完全改变任务运行时行为。

注意：任务的优先级设置如图 3.8 所示，用户任务中，红色 LED 灯闪烁任务优先级最高，其次是橙色 LED 灯任务，绿色 LED 灯闪烁任务优先级最低。优先级设置可以使用 CubeMX 配置功能实现。

1. 实验 11.1

本实验的主要目的是让用户思考共享资源是如何影响系统响应能力的。

应用运行后，所有任务同时启动。观察 LED 灯的闪烁顺序，结果应与图 3.9 类似(实际结果可能会有所不同，具体取决于软件延时值)。

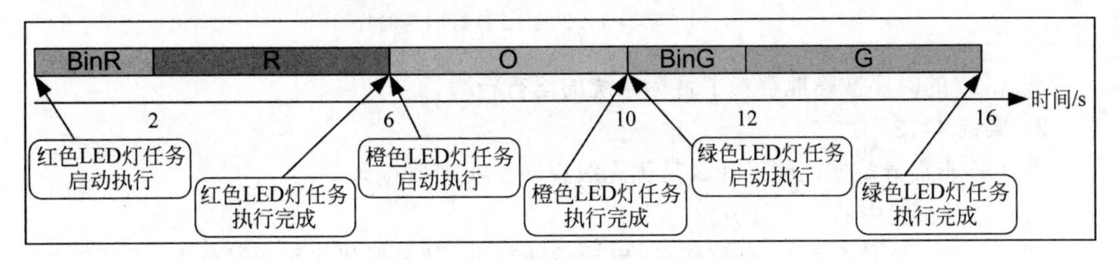

图 3.9　实验 11.1 的 LED 灯闪烁时序

临界代码段的代码将在绿色或红色 LED 灯任务中执行，软件总运行时间为

$$(3 \times 4\text{s}) + (2 \times 2\text{s}) = 16\text{s}$$

注意：BinG 表示蓝色 LED 灯闪烁，但相关代码在绿色 LED 灯任务上下文中执行。同理，BinR 表示蓝色 LED 灯闪烁，但相关代码在红色 LED 灯任务上下文中执行。

理解图 3.9 中时间的计算过程，它告诉我们一个简单的事实，增加共享资源的使用会导致系统响应能力降低。

这个实验给我们的提示是，要提高系统响应能力需最大限度地减少资源共享。为了实现该目的,可以尽量减少设计中的任务数。

2. 实验 11.2

此实验实质上是一个使用共享资源访问控制机制消除资源争用的重复操作。

实验实现:

(1) 仅运行红色和绿色 LED 灯任务。

(2) 红色 LED 灯任务启动后,挂起一段时间,以允许优先级较低的绿色 LED 灯任务运行,直至其被抢占。

本实验中,红色 LED 灯闪烁任务的程序结构如下:

```
代码开始
  挂起 1s,使绿色 LED 灯任务运行,可以使用 osDelay(1000)实现
  访问共享数据
  以 10Hz 的速率闪烁 LED 灯 4s
  挂起任务
代码结束
```

重新运行代码,观察实际 LED 灯闪烁顺序,结果应如图 3.10 所示。

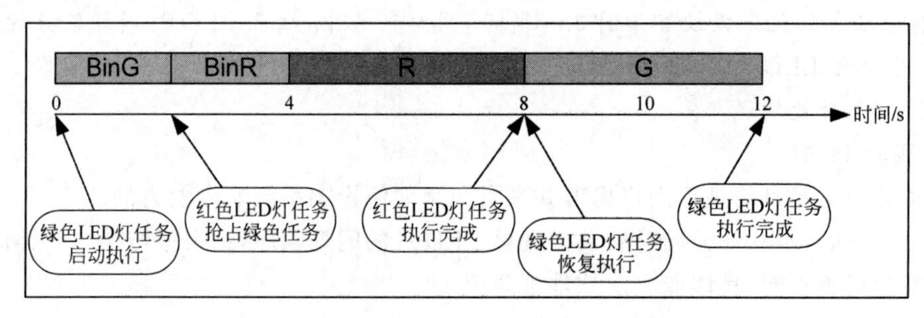

图 3.10 实验 11.2 的 LED 灯闪烁时序

图 3.10 的时序准确地解释了目标系统的运行行为。

3. 实验 11.3

本实验非常清楚地说明了什么是优先级反转。实现要点如下:

(1) 运行实验中的三个任务。

(2) 对于红色和橙色 LED 灯任务,启动后挂起 1s,使最低优先级的绿色 LED 灯任务能够运行,并在其被抢占之前锁定信号量(受保护对象)。

重新运行代码,观察 LED 灯闪烁顺序,闪烁结果应与图 3.11 相同,分析并了解目标系统中发生的行为,尤其是在时间段 0~1s、5~6s 和 6~8s 内的行为。与图 3.9 进行比较,分析此结果对红色 LED 灯任务的时间性能影响。

4. 实验 11.4

图 3.11 中显示了 LED 灯何时闪烁,可以看到蓝色 LED 灯的闪烁变化。然而,我们实际上无法从闪烁结果判断蓝色 LED 灯是在绿色或红色 LED 灯任务上下文中闪烁。因此,现在修改代码,以显示蓝色 LED 灯运行在哪个任务上下文中。

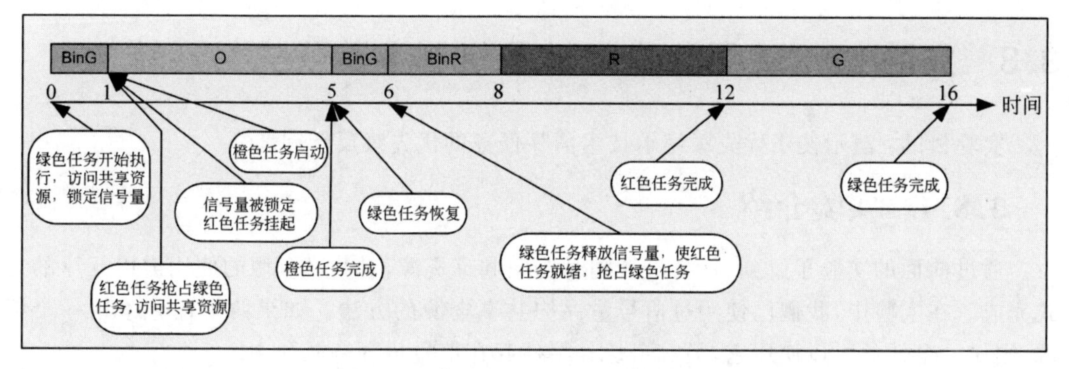

图 3.11　实验 11.3 的 LED 灯闪烁时序

当红色任务启动时，它抢占绿色任务，绿色任务会加载到就绪队列中。抢占发生时，蓝色 LED 灯可能为点亮或熄灭状态，取决于抢占发生的时刻，该状态将一直持续到红色任务再次执行。

3.7.4　实验讨论及回顾

通过前面的实验，我们可以看到：

(1) 在实验 11.1 和实验 11.2 中，红色任务完成所用的时间(从开始运行到完成)为 6s。

(2) 在实验 11.3 中，红色任务从开始运行($t=1$)到完成($t=12$)用时 11s。

(3) 在三个任务设计中，绿色任务的完成时间为：

实验 11.1，执行一次需 6s，运行完成需 16s。

实验 11.3，作为三个非连续执行周期完成，运行完成需 16s。

(4) 实验 11.3 清楚地显示了在时间 1～6s 范围内执行较低优先级任务(橙色任务)，即使红色(最高优先级)任务在 $t=1$s 时已经激活。这是典型的优先级反转现象。很显然，这意味着在 1～6s 范围内，红色任务不能处于就绪状态。

你应该能够推断出：

(1) 互斥和任务切换之间没有联系。系统调度策略确定何时以及为什么就绪/调度任务；共享资源争用取决于任务代码及任务何时使用这些资源。

(2) 共享项是被动代码单元(对象)，仅在任务调用时执行。因此，其执行过程中可以被视为调用任务的一部分。

(3) 多任务设计中的所有对象都是共享单元。

(4) 共享资源的使用通常会影响多任务设计的时间行为。

(5) 我们只能准确预测简单多任务系统的时间行为(确定性)。

(6) 由周期和非周期任务组成的多任务系统的时间行为几乎是不可预测或非确定的。

(7) 增加多任务设计中的任务和对象数量，会增大任务行为和响应能力的不确定性。

(8) 对于快速硬实时系统，我们应尽量减少任务和对象数量。

3.8 实验12 使用优先级继承机制消除优先级反转

实验目的：演示使用优先级继承技术消除任务的优先级反转问题。

3.8.1 实验介绍

通过前面的实验了解到，任务不能同时访问共享资源，对共享资源的使用需以互斥的方式完成。在实验中，我们已使用过信号量保护共享资源的方法。如果两个任务争用一个资源，则仅一个任务可以使用它，另一个任务将挂起在信号量等待队列中。

不幸的是，任务挂起也破坏了其执行过程和运行时间（为安全性和稳健性付出的代价），这是不可避免的，所以在设计系统时，必须考虑潜在的干扰。幸运的是，在这样的情况下，我们通常可以计算最坏情况的性能不可预测性的上限。然而，当任务优先级反转发生时，事情就不那么顺利。正如实验11中所看到的，反转会进一步破坏任务执行模式和时间。此外，这种破坏很难预测，因为它完全取决于系统的运行时状态。因此，为了生产可靠和稳健的软件系统，这个问题必须消除。

Real-Time Operating System Book 1—The Theory 一书从原理的角度描述了优先级继承技术如何防止优先级反转，现在，我们将通过实验了解如何在实践中实现此操作。

3.8.2 问题概述

FreeRTOS的互斥信号量构造中提供了优先级继承机制，优先级继承在互斥信号量调用时自动实现，不需要任何其他编程激活。互斥信号量的符号及其在受保护对象中的应用如图3.12所示。

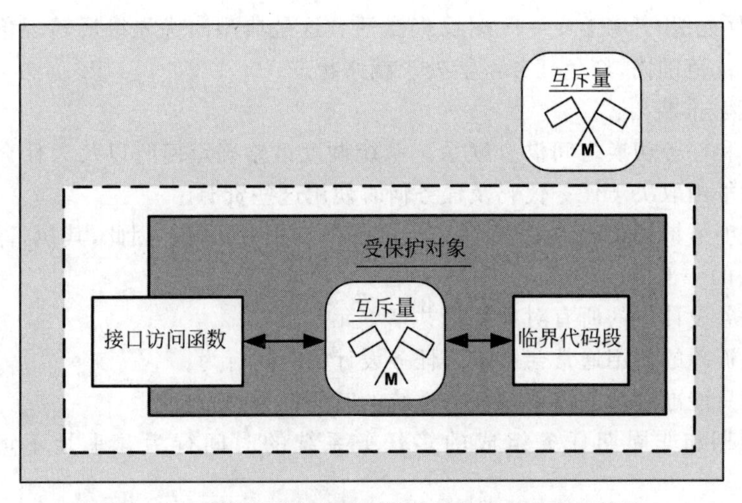

图3.12 受保护对象中的互斥信号量应用及表示符号

在本实验中，我们将重复实验 11.4 的工作，使用互斥信号量代替信号量，如图 3.13 所示。互斥信号量的 API 及其使用可以参考实验 9。并且，在代码运行之前，预测 LED 灯闪烁行为。

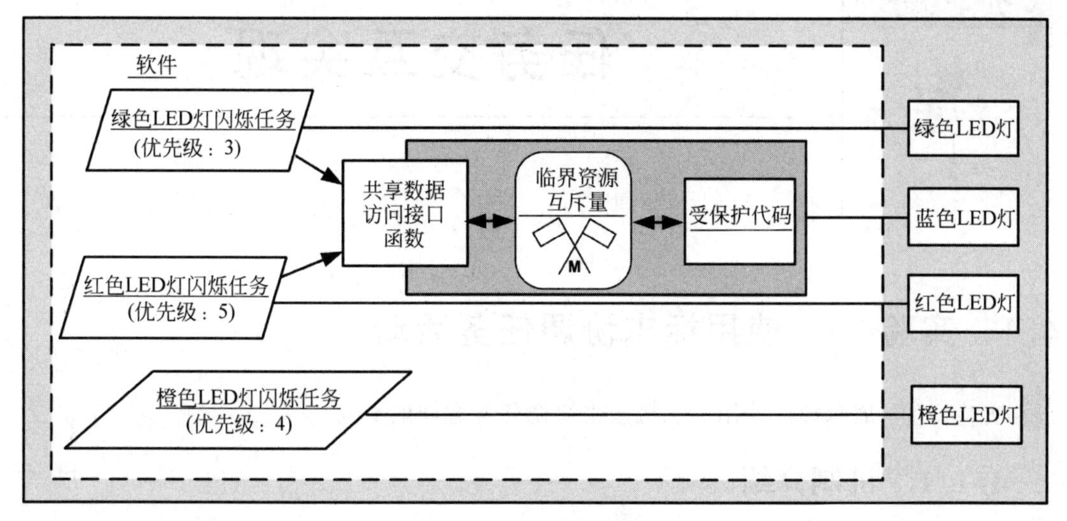

图 3.13　系统任务框图

更新实验 11 的程序，将信号量替换为互斥信号量，运行系统。如果操作正确，你将看到如图 3.14 所示的 LED 灯闪烁模式。

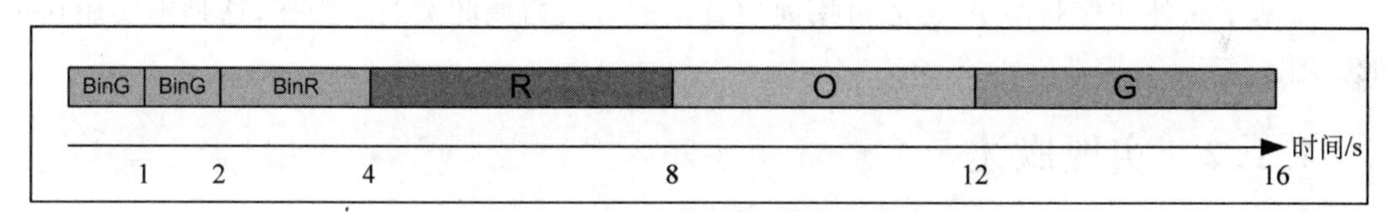

图 3.14　实验 12 的 LED 灯闪烁时序

参考图 3.14，准确了解目标系统中发生的情况。

3.8.3　实验回顾

比较图 3.11(无优先级继承)和图 3.14(使用优先级继承)可以看到，如果没有优先级继承，红色 LED 灯任务将在 $t=12$s 时完成；具有优先级继承机制时，任务在 $t=8$s 时刻完成。鉴于我们需要控制对共享资源的访问，所以一次只有一个任务能使用它，是我们可以做到的最好结果。

鉴于此，你应该始终使用互斥信号量而非信号量作为访问控制(互斥)机制。稍后，我们将了解在多任务设计中如何有效地利用信号量。

第4章 任务交互实现

4.1 实验13 使用标志协调任务活动

实验目的：展示如何使用标志机制来协调任务之间的交互。

4.1.1 机制介绍

顺序和逻辑控制器的基本功能是处理组合逻辑问题。示例如下：

当发动机运转且油门移过怠速位置时，轴制动器将被释放；如果泵1或泵2发生故障，将激活主液压警报。

在基于软件的控制器中，标志可用简单直接的方式协调此类逻辑操作，这是本实验讨论的主题。

4.1.2 实现概述

实验功能实现的系统任务框图如图4.1所示，软件实现包含三个用户任务和两个标志。请注意，标志并没有统一的标准符号，图例是我们推荐的标志的表示形式。

图4.1中，标志用作信号机制，以协调蓝色与绿色LED灯任务及蓝色与红色LED灯任务间的操作，标志有以下两种状态：置位状态和复位状态。

协同标志1可以由绿色LED灯任务置位和复位；协同标志2由红色LED灯任务置位和复位；蓝色LED灯任务只能读取这些标志的状态。

本实验的关键是清楚地说明任务协同的含义。绿色LED灯和红色LED灯任务使用标志传递信息；蓝色LED灯任务基于此信息设置其工作模式。使用该方法，标志作为一个解耦机制，任务之间没有直接的通信。此外，没有任务等待标志，期望某事发生。注意协同操作不涉及数据传输。

实验的所有实现细节如下。时间参数在这里并不重要，请根据需要设置。

系统启动时，所有标志默认处于复位状态。

绿色LED灯任务是一个运行至完成类型的任务，代码序列如下所示：

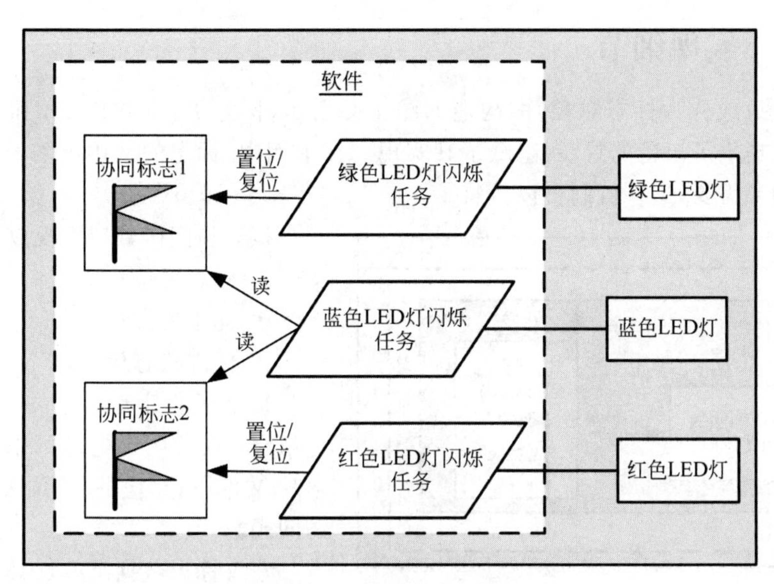

图4.1　系统任务框图

(1) 以10Hz频率闪烁绿色LED灯10s；
(2) 置位标志1；
(3) 以1Hz频率闪烁绿色LED灯10s；
(4) 复位标志1；
(5) 以10Hz频率闪烁绿色LED灯10s；
(6) 任务结束。

红色LED灯任务也是一个运行至完成类型的任务，代码序列如下所示：
(1) 以10Hz频率闪烁红色LED灯15s；
(2) 置位标志2；
(3) 以1Hz频率闪烁红色LED灯10s；
(4) 复位标志2；
(5) 以10Hz频率闪烁红色LED灯5s；
(6) 任务结束。

蓝色LED灯任务连续运行，代码序列如下所示：
(1) 任务启动时，蓝色LED灯以10Hz频率闪烁；
(2) 当两个标志都置位后，以1Hz频率闪烁蓝色LED灯；
(3) 当两个标志重新复位后，蓝色LED灯以10Hz频率闪烁；
(4) 跳转到第(2)步，重新循环。

为了按照预定义的启动顺序运行任务，将绿色LED灯任务设置为具有最高优先级。
绘制每个任务的时序图，标记重要的时间点和相关闪烁频率。

4.1.3 实现细节

每个标志(或称为标志对象)的构造如图 4.2 所示,标志由相应的 *.h 和 *.c 文件组成,这为标志提供了出色的封装,隐藏了其实现。在本例中,标志的使用不需要提供访问保护机制,但如果需要,这些机制可以封装。

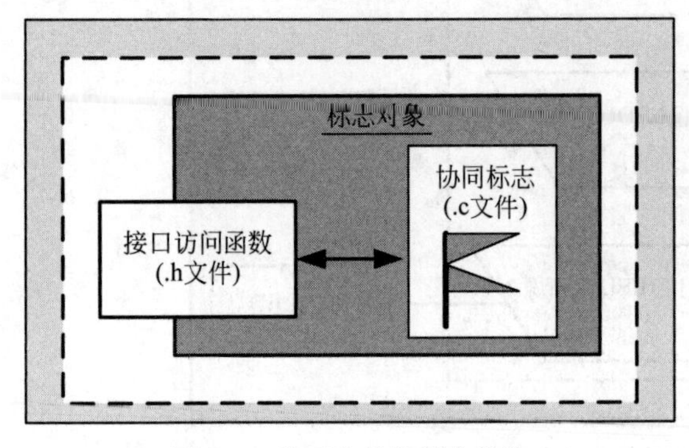

图 4.2　基于文件的标志构造

接口访问函数应实现以下功能:

- 标志置位;
- 标志复位;
- 标志状态检查。

每个标志都有对应的 *.h/*.c 文件组合;或者两个标志可以构建在单个 *.c 文件中,相应的 *.h 文件包含所有访问函数。

建议标志数据类型定义如下:

```
typedef enum {Set, Reset} Flag;
```

类型定义放在 *.h 文件中,对所有代码可见。

我们推荐使用 osDelay 函数设置任务 LED 灯闪烁频率。由于任务大部分时间处于挂起状态,所以处理器利用率非常低,这意味着我们可以将所有任务设置为相同的优先级别,而不必担心任务干扰的影响。

4.1.4 实验总结

从概念的角度看,本实验非常简单,仅需要考虑代码实现。但除了演示简单的任务间发信号机制外,本实验还提供了两个重要的信息:首先,它演示了明确定义的任务通信对象的使用;其次,它展示了如何解耦任务行为。

以指定方式构建标志对象的结果是:

(1) 避免全局对象的使用;

(2) 标志对象具有很好的封装和信息隐藏属性;

(3) 创建命名标志非常简单,易于实现任务模型到代码的映射。

通过观察 LED 灯闪烁行为可以看到任务行为的解耦,如下所示:

(1) 绿色 LED 灯和红色 LED 灯任务仅置位或复位标志,然后继续执行任务工作,不需要等待;

(2) 蓝色 LED 灯任务定期检查标志,但不管标志状态如何,都将继续执行;

(3) 30s 后,绿色和红色 LED 灯任务运行完成,蓝色 LED 灯任务将继续运行(直到关闭电源或处理器复位)。

建议:在设计中始终将任务耦合降至最低。

4.2 实验 14 使用事件标志实现单向同步

实验目的：展示使用事件标志实现任务间的单向同步。

4.2.1 实现介绍

实验的基本需求是实现类似于图 4.3 所示的同步类型。

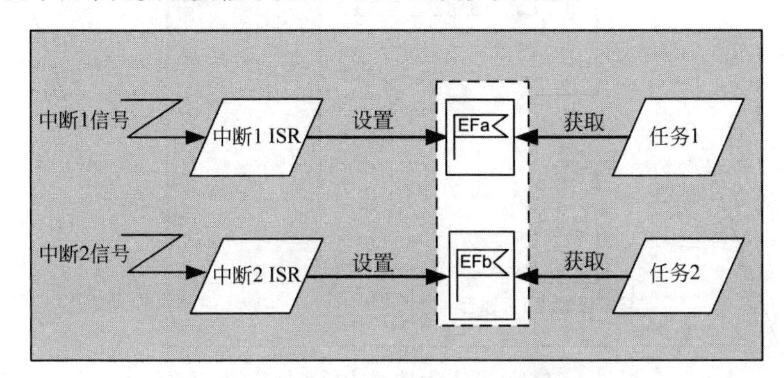

图 4.3 使用单向同步实现可延期服务应用

应用中，任务 1 和任务 2 都是非周期性任务，由外部中断信号触发。但是，这些中断信号不会直接触发任务，而是通过 ISR（中断服务程序）与事件标志结合实现间接激活任务。

每个任务在程序开始时向其标志发送获取（Get）信号。如果标志已创建，任务将停在此语句，等待其标志置位，任务现在处于挂起状态。外部中断发生后，其中断信号将触发其相应的 ISR，发送标志设置（Set）信号，使等待该标志的任务就绪，任务将从挂起队列移到就绪队列，然后在调度器的控制下运行。

对于许多应用（如按键信号处理）程序，其任务实现是一个无限循环。任务被唤醒后，将执行指定的处理操作，然后再次返回到获取（Get）事件标志信号的代码位置挂起，直到它被重新唤醒。

4.2.2 事件标志、信号及 FreeRTOS/CMSIS 的关系

在 RTOS 领域，我们缺乏统一的定义和图表符号。因此，为了避免混乱，有必要了解 FreeRTOS 如何处理事件标志。原生的 FreeRTOS API 和 STM CubeMX 工具封装过的 FreeRTOS API 之间存在一些差异，尽管可能只是信息的呈现方式不同。

在 STM 手册 *UM1722—Developing application on STM32Cube with RTOS* 中，信号（Signal）是用于向线程发出特定条件的标志。而在 http://www.freertos.org/FreeRTOS-Event-Groups.html 的描述中，事件位（Event bits）用于指示事件是否发生，事件位通常称为事件标志（Event flags）。

本书中，我们将使用以下术语。

（1）标志：定义为信号或事件标志，它们具有相同的含义。

（2）调用标志：定义为发信号。

(3) 信号类型及其相应的 FreeRTOS API 如下：

① Set 操作——osSignalSet，设置标志。

② Wait 操作——osSignalWait，等待标志。

③ Clear 操作——osSignalClear，清除标志。

从概念的角度需要考虑的另一个因素是，信号标志是任务结构的一部分，如图 4.4 所示。

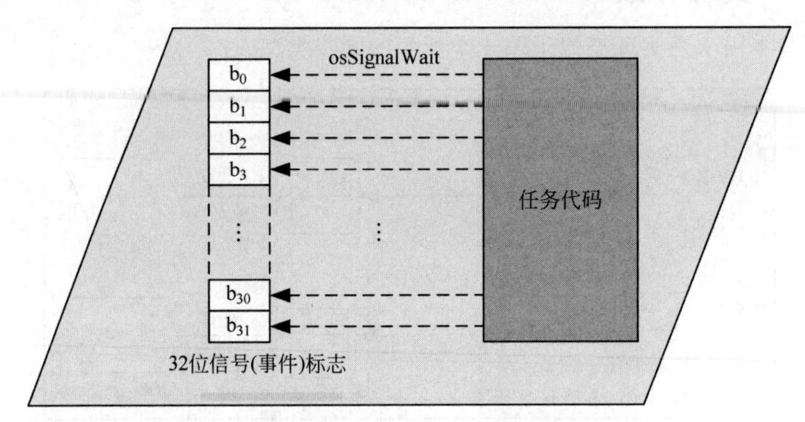

图 4.4　信号(事件)标志作为任务结构的一部分

每个任务都有一组分配给它的标志(最多为 32 个)，并且仅由数字标识。因此，它们不是显式定义的项，但可以被视为任务构造的隐式部分。

每个任务(线程)的实际最大标志数在文件 cmsis_os.h 中指定，例如：

```
#define osFeature_Signals 8
```

要使用单个标志，执行设置、等待或清除标志操作，相应的 API 调用必须包含该标志所在的位。以等待操作为例：

(1) 基本格式。

```
Wait(FlagNumber, WaitingTime);
```

(2) 标志 0。

```
FreeRTOS API  osSignalWait(0x0, 10000);          //等待 10s
```

(3) 标志 1。

```
FreeRTOS API  osSignalWait(0x1, 0);              // 不阻塞等待
```

(4) 标志 2。

```
FreeRTOS API  osSignalWait(0x10, osWaitForever); //永久等待
```

任务代码只能向分配给任务的标志发送等待信号，因此，不需要在 API 中标识调用任务。

如果任务向已清除的标志发送等待信号，由于标志未就绪，任务将在该位置挂起，直到

另一个任务设置该标志，任务才被唤醒，如图 4.5 所示。

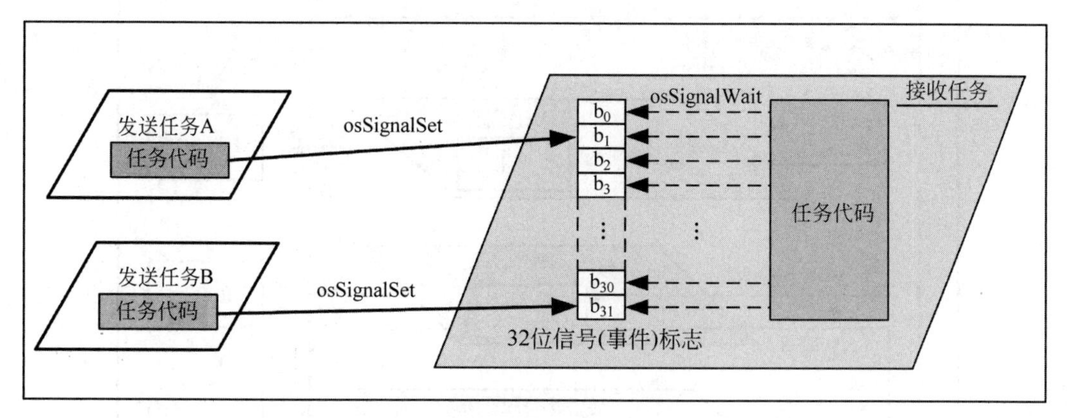

图 4.5 任务间发信号

从图 4.5 中可以清楚地看到，发送任务必须指定两条信息：它要发信息给哪个任务和信息相应的标志位置。

发送函数的基本格式如下：

```
osSignalSet(目标任务名称, 标志编号);
```

例如，假设发送任务 A 希望设置接收方任务的标志 1。实现该操作，需在任务 A 代码中调用以下 API：

```
osSignalSet(ReceiverTaskHandle, 0x01);
```

最后，要清除标志，请使用

```
osSignalClear(目标任务句柄, 标志编号);
```

这些 API 的返回值可用于控制后续操作。在本实验中，我们没有使用 API 的这一特性，返回值的完整信息可以在 cmsis_os.h 文件中找到。

4.2.3 实验实现

单向同步的系统任务框图如图 4.6 所示，用户应用包括一个发送任务，控制蓝色 LED 灯，两个接收任务，分别控制绿色和红色 LED 灯。

蓝色 LED 灯任务的目的是模拟 ISR 任务的操作。其他两个任务为非周期任务，用于延期服务(在本例中为延期中断服务)。按照图 4.7 定义的程序结构设计软件代码。将所有任务设置为具有同等优先级，时间需求不需要很准确。预测软件行为，运行系统并检查运行结果。

4.2.4 总结与回顾

首先，本实验中，每个接收任务都使用了标志位 1 用于同步，这是一个完全随机的选择；任何标志位都可以实现同步目的。其次，实验还表明，即使标志没有命名，使用它们也不会引起混淆。

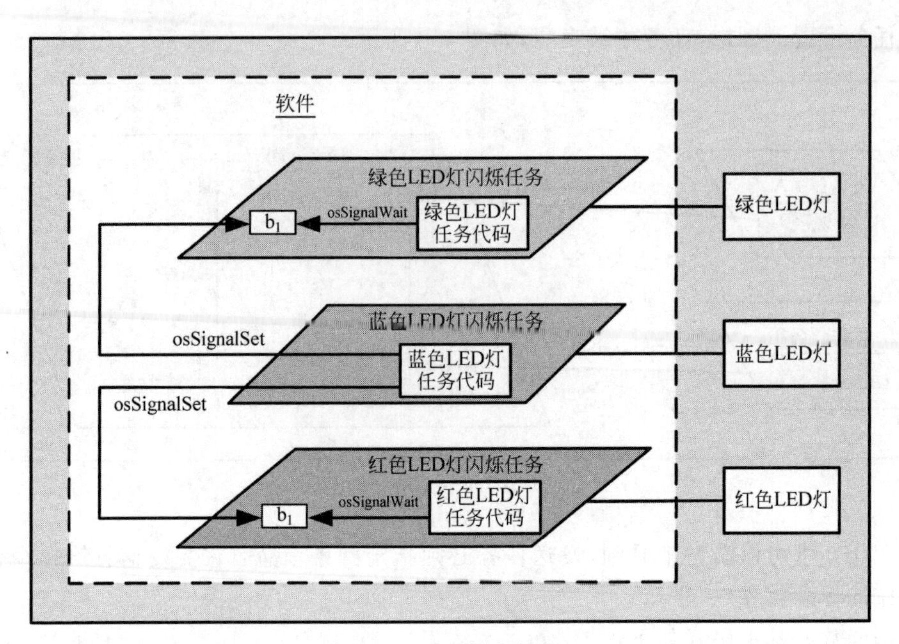

图 4.6 系统任务框图

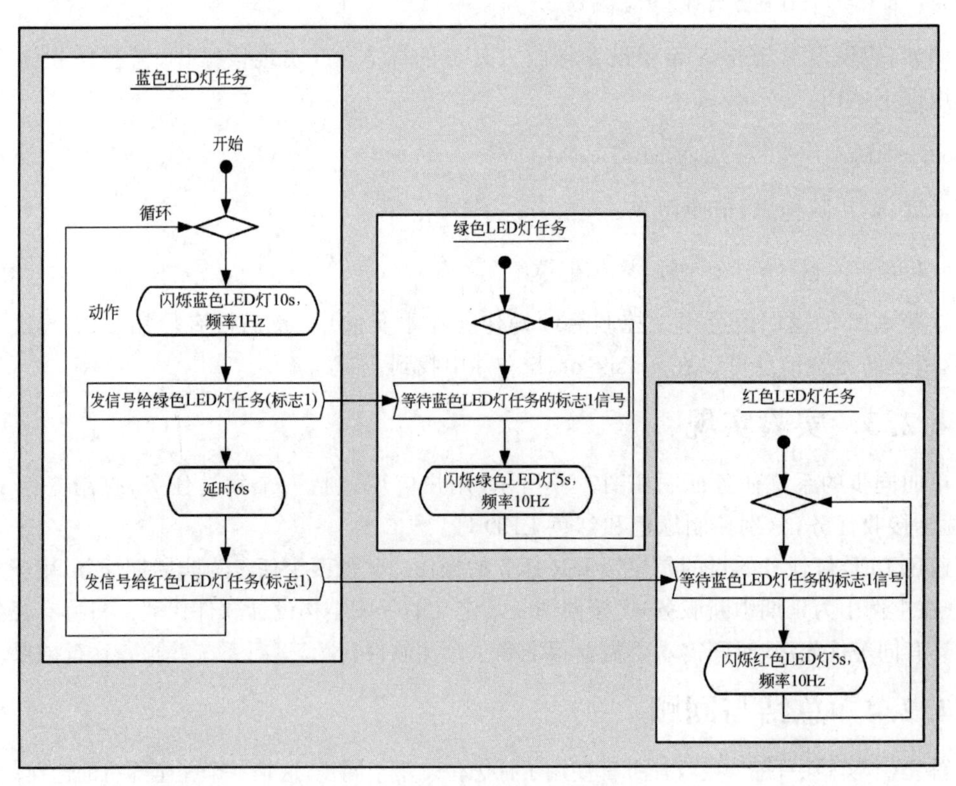

图 4.7 单向同步程序结构图

从编程的角度来看，使用信号标志实现单向同步非常简单。从本质上讲，它是一种机制，允许任务控制其他任务的运行行为。该特性特别适用于定义任务的启动顺序，在许多嵌入式系统中启动顺序可能非常重要。

如果你决定在实际应用中采用信号标志，需仔细考虑设计的可追溯性和代码如何调试。在简单的应用中，很容易看到任务如何交互。但是，当设计更加复杂时，跟踪会比较困难；应用越复杂，越难理解运行时发生了什么。例如，在接收任务中执行以下程序语句：

```
osSignalWait(0x0100, osWaitForever);
```

你能从中推断出什么？我们只能推断，接收任务发送等待信号等待标志 0x0100 置位，如果该标志未置位，任务将永久等待。我们不能推断是哪个任务负责设置此标志；代码不能自动记录标志的发送者。所以，要改善这个问题，弄清楚情况，尝试以下类似操作，了解 ADC 发送任务在何处与控制任务同步。

(1) 在任务框图中，将控制任务中的标志 0x0100 命名为“ADC2ControlFlag”。

(2) 将下列代码作为全局对象(位于 Comms.h 文件中)：

```
int32_t ADC2ControlFlag = 0x0100;
```

(3) 在接收控制任务中使用以下 API：

```
osSignalWait(ADC2ControlFlag, osWaitForever);
```

(4) 在 ADC 发送任务中使用以下 API：

```
osSignalSet(ControlTaskHandle, ADC2ControlFlag);
```

你可以使用许多不同的方式达到此目的，选择最适合你的方法，但请做好命名工作。

4.3 实验 15 使用信号量实现单向同步

实验目的：展示如何使用信号量作为事件标志实现单向同步。

4.3.1 简介及实现

通过前面的实验可以看到，使用信号标志，可以很容易地实现单向同步。但是，此方法有一个(潜在)缺点；信号标志是 FreeRTOS 特有的功能。如果你不打算更换 RTOS，该机制没有问题。但是，如果将来可能会更改 RTOS，那么就需要可移植性更好的机制。最好的方式是使用标准的 RTOS 组件。因此，在本实验中，我们将采用信号量作为事件标志构建块(关于 RTOS 的可移植性，请参阅 13.3 节)。

本实验的实现与实验 14 完全相同，系统任务框图如图 4.8 所示，图 4.9 为程序结构图。事件标志的目的是提供单向任务同步机制，本实验基于信号量技术实现该机制。

4.3.2 实验细节

这是一个相当简单的实验，其需求已经清楚地阐明，不需要进一步详细解释，只有以下几点参考和建议：

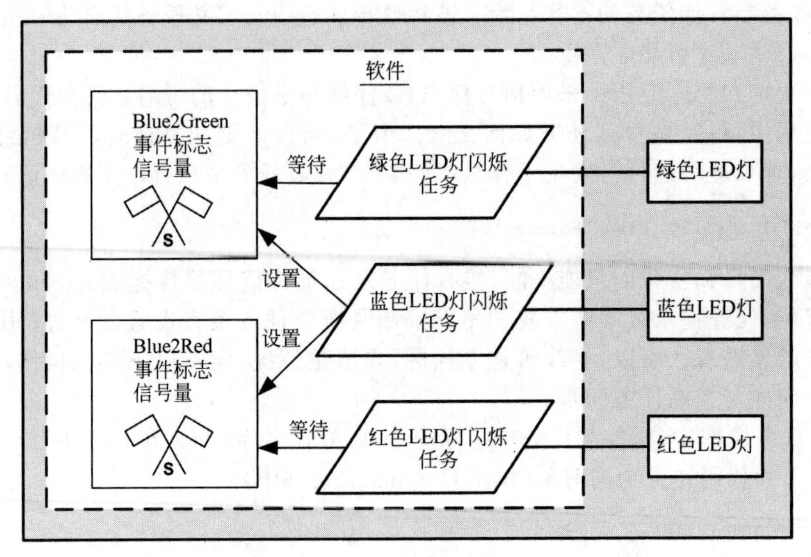

图 4.8 系统任务框图

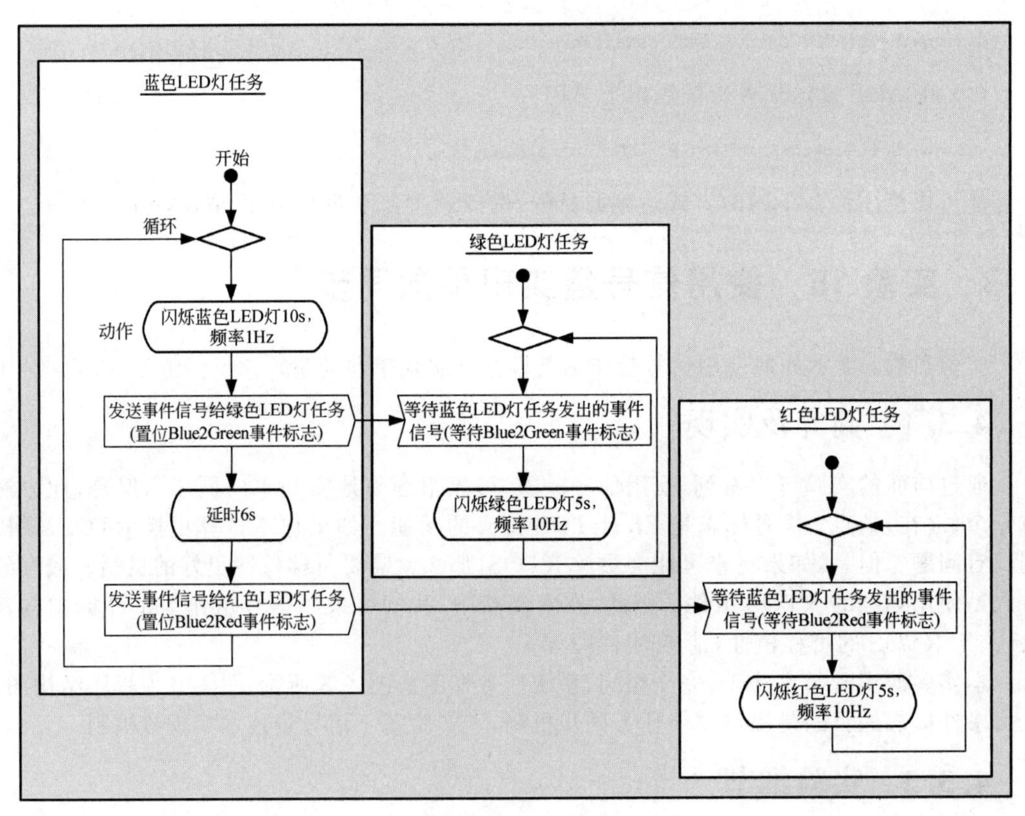

图 4.9 信号量同步程序结构图

(1) 使用CubeMX中的RTOS配置功能创建两个信号量。将其命名为事件标志(EF)，用于通知接收任务事件是否发生，实现任务间的单向同步，而非互斥功能。命名如下：

```
Blue2GreenEF
Blue2RedEF
```

(2) 当访问这些事件标志信号量时，请使用下列API：

```
osSemaphoreRelease(SemaphoreHandle);
osSemaphoreWait(SemaphoreHandle, WaitingTime);
```

(3) 使用等待时间值portMAX_DELAY，实现无限期等待。

(4) 在使用信号量之前，确保将信号量初始化为阻塞态。默认情况下，信号量被初始化为释放(就绪)状态。

4.3.3 总结与回顾

本实验演示了一种单向任务同步实现方法，该方法可以在大多数RTOS应用中使用(信号量是RTOS的一个基本功能)。与事件标志/信号技术不同，此方法相当普遍。虽然大多数RTOS都提供了某种类型的事件信号，但这些信号通常在实现细节上有所不同，有时甚至区别较大。

你应该能够理解为什么信号量必须初始化为阻塞状态，这是使用信号量用于访问控制和实现同步的一个重要区别。对于访问控制，锁定信号量的任务也负责释放信号量；对于同步，一个任务锁定信号量，而另一个任务负责释放信号量。这导致互斥信号量不能代替信号量，在源代码中，可以清晰地看到何处执行了信号量调用。

信号量是一个全局对象，对所有任务可见。这意味着信号量可以被任何任务在任何时间锁定/释放，有时编程粗心时即可破坏程序的正确性。在并发软件中，可能很难跟踪这类问题。因此，请仔细考虑如何提高操作的可见性，这对于未来的维护尤为重要，这些想法供读者思考(虽然老练的程序员可能会认为这些不值得考虑)：

```
#define Blue2GreenEF      Blue2GreenEFHandle
#define Blue2RedEF        Blue2RedEFHandle
#define WaitForever       portMAX_DELAY
#define NoWait            0
#define WaitEventFlag     osSemaphoreWait
#define SetEventFlag      osSemaphoreRelease
#define BlockEventFlag    osSemaphoreWait
/* 设置信号量为阻塞态 */
BlockEventFlag(Blue2RedEF, NoWait);
BlockEventFlag(Blue2GreenEF, NoWait);
/* 等待同步信号 */
WaitEventFlag(Blue2GreenEF, WaitForever);
```

```
WaitEventFlag(Blue2RedEF, WaitForever);
/* 置位同步信号 */
SetEventFlag(Blue2GreenEF);
SetEventFlag(Blue2RedEF);
```

这些代码提供了从任务框图到源代码的明确映射和清晰的设计可追溯性。但是如何实现是个人的选择,没有唯一正确的方式。但我们建议你阅读 Steve McConnel 的 *Code Complete*(代码大全)一书中的"The power of variable names"(变量名的力量)一章,该书也是一本非常实用的软件构建手册。

4.4 实验 16 使用信号量实现双向同步

实验目的:展示如何利用信号量实现任务间的双向同步。

4.4.1 双向同步介绍

单向同步作为一种发信号机制,主要用于触发任务执行。相反,双向同步机制用于同步任务之间的活动,确保它们以受控方式协同工作。本实验中的双向同步实现相对简单,使用信号量来构建同步机制,实现两个任务间的双向同步,如图 4.10 所示。

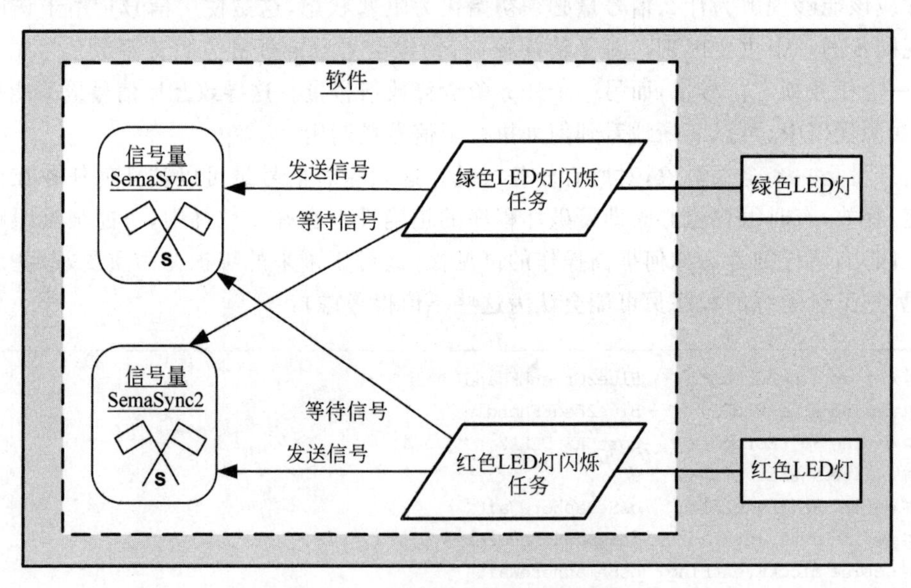

图 4.10 双向同步任务实现框图

因为我们不能预测任务的会合顺序,所以此结构需要两个信号量。我们可以使用 CubeMX 工具创建这些信号量。

4.4.2 实现细节

两个任务都以无限循环的方式运行，使用下面建议的时间参数，尽管这些值不重要。任务运行时行为(见图 4.11)如下所述：

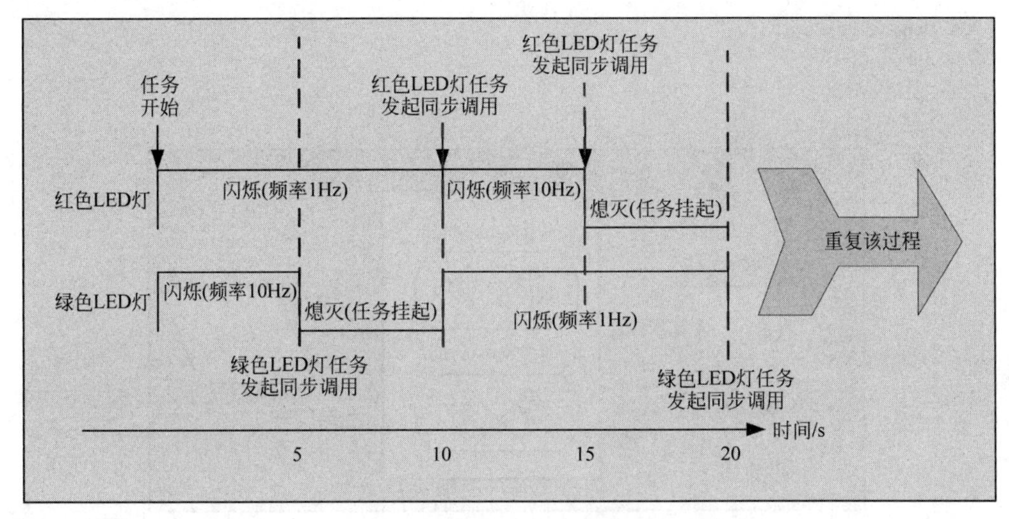

图 4.11 任务执行行为和时序

(1) 两个任务同时启动；

(2) 红色 LED 灯任务启动后，运行 10s，以 1Hz 的频率闪烁红色 LED 灯；

(3) 绿色 LED 灯任务启动后，以 10Hz 的频率闪烁绿色 LED 灯，运行 5s 后，发起同步调用，任务自动挂起；

(4) 红色 LED 灯任务在运行 10s 后，发起同步调用，然后再运行 5s，以 10Hz 的频率闪烁红色 LED 灯；

(5) 红色 LED 灯任务发起的同步调用，使绿色 LED 灯任务重新启动执行，运行 10s，以 1Hz 速率闪烁绿色 LED 灯；

(6) 运行 15s 后，红色 LED 灯任务发起同步调用，导致任务自身挂起；

(7) 再运行 20s 后，绿色 LED 灯任务发起同步调用，重新唤醒红色 LED 灯任务；

(8) 重复执行整个过程。

等待信号使用 osSemaphoreWait，发布信号使用 osSemaphoreRelease，在使用之前，确保信号量已正确初始化。

4.4.3 总结与回顾

这个实验实现不会困难，只要细心，你应该能够实现多任务设计中的两个任务间的双向同步。

使用最简单的信号量机制可以很容易实现该设计，但有一个缺陷，就是信号量类似全局变量,这一问题前面已经讨论过。在实际项目中,应尽可能避免使用全局变量,考虑开发一个如图 4.12 所示的简易监视器对象,一个非常实用的解决方案如下:

(1) 提供类似于实验 10 的封装和访问控制机制。

(2) 使用 FreeRTOS 原生 API 进行信号量生成/处理,即

```
xSemaphoreCreateBinary
xSemaphoreGive
xSemaphoreTake
```

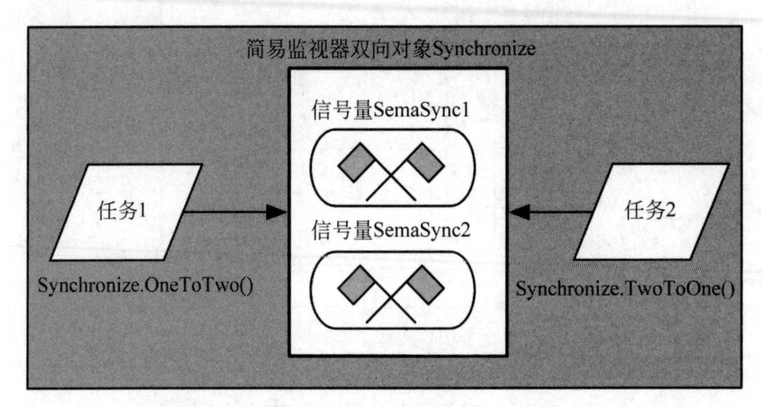

图 4.12 包含受保护信号量的监视器对象

4.5 实验 17 使用信号量实现多个任务同步

实验目的:展示如何使用信号量实现多个任务间的同步——“会合阻塞”。

4.5.1 原理介绍

实验 16 的同步机制虽然可以满足同步需求,但功能有限,仅能处理两个任务间的双向同步。在实际应用中,该机制可以满足大多数嵌入式系统的设计要求,但有时我们需要同步多个任务,多任务之间的同步实现是本实验的主题,我们将介绍两种不同的实现方法。

先回顾一下实验 16 中使用的技术,本实验中,构建双向同步组件的方法在实验 16 的基础上有些变化。同步实现包含一个信号量及一个同步调用计数器。核心代码位于一个 SynchronizeTasks 函数中,如下所示:

```
/* SynchronizeTasks 函数代码 */
if (TaskCount < MaxNumTasks)
{
  ++TaskCount;
```

```
    WaitSignal(SemaSync1, WaitForever);
  }
  else if (TaskCount == MaxNumTasks)
  {
  for (LoopCount = 1; LoopCount < MaxNumTasks; LoopCount++)
  {
    SendSignal(SemaSync1);
    osDelay(10); //为了便于理解,而不考虑"效率"
    TaskCount = 1;
  }
  else
  { ; //如果需要添加错误处理 }
```

在每个任务中,执行 SynchronizeTasks 同步调用。重申一下,信号量必须初始化为阻塞态。因此,执行调用的第一个任务将挂起,等待信号量 SemaSync1。当 MaxNumTasks 设置为 2 时,下一个同步调用将唤醒挂起的任务,但信号量仍然为阻塞态,然后两个任务继续"同时"执行。

使用该方法时,如果 MaxNumTasks 设置为 3,则可以同步三个任务;将其设置为 4,允许同步 4 个任务,以此类推。

此构造没有标准名称,我们将其定义为会合阻塞。它类似于经典计算机科学中,用于多线程同步的阻塞同步技术。但是,在经典科学中使用忙等待机制,在这里我们使用挂起等待操作,这在需要高性能的情况下至关重要。

在本实验中,我们还将介绍另一种方法:N 个信号量方法,使用这种技术的原因是在使用 FreeRTOS 单信号量实现技术时遇到了问题。这不太可能是设计缺陷,而有可能是由在执行信号量释放序列期间的重新调度操作引起的。我们发现,这些问题可以通过在每个释放操作后使用挂起延迟来消除(使用 osDelay,请参阅上面的代码片段)。此外,在现有设计中,更改任务优先级和节拍时间可能会对运行时行为产生一些影响。

把单信号量同步实现问题作为一个持续的话题,后续继续研究更合适的解决方案。

4.5.2 实现细节

本实验的目的是提供多个任务的同步,图 4.13 是三个任务同步系统任务框图。实现中,同步组件(会合阻塞)包含一个信号量和一个任务计数器。任务行为和时序如图 4.14 所示。注意:将所有任务优先级设置为同等优先级(normal)。

所有任务均使用如图 4.14 所示的时间参数连续循环运行(不过这些不重要,只要时间足够长,都可以清楚地观察到 LED 灯闪烁行为)。图 4.15 为操作的活动图,显示了程序操作的详细信息。

注意:同步点表示同步位置,它不定义任何特定的实现技术。

研究图 4.14 和图 4.15 的详细信息,直到你完全理解实验要求,并且(非常重要)预测 LED 灯的闪烁行为。

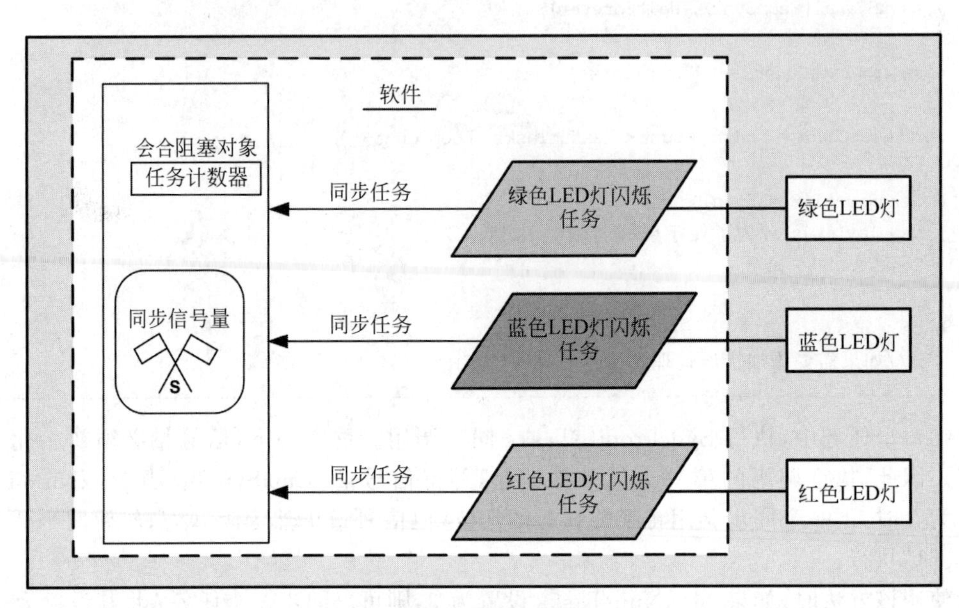

图 4.13 系统任务框图

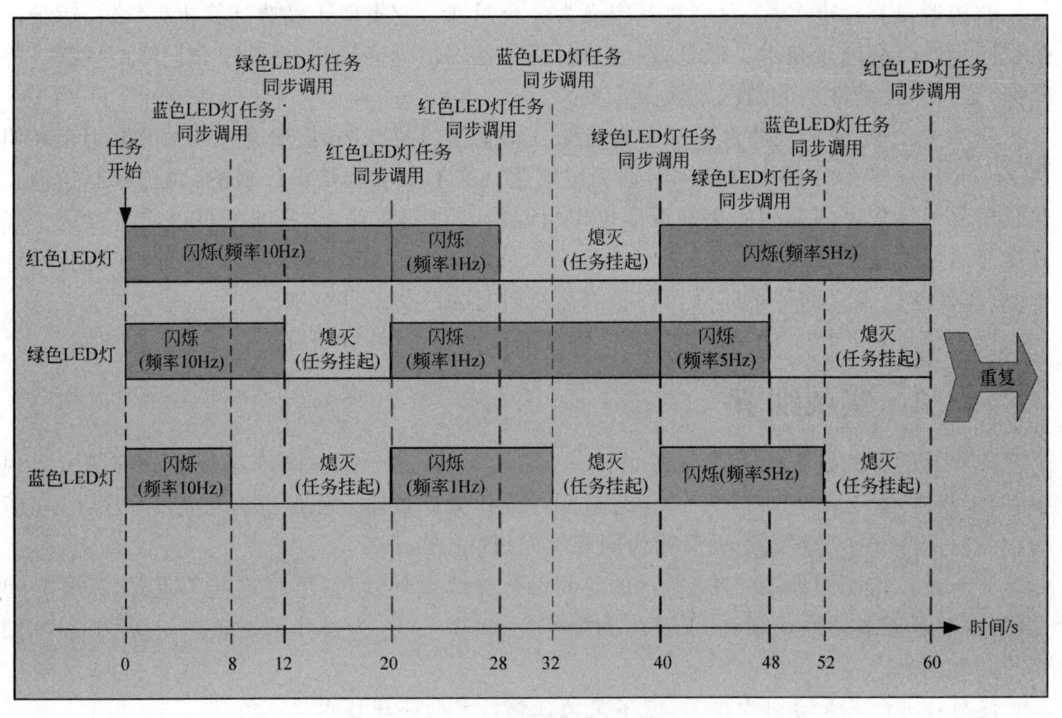

图 4.14 任务执行行为和时序

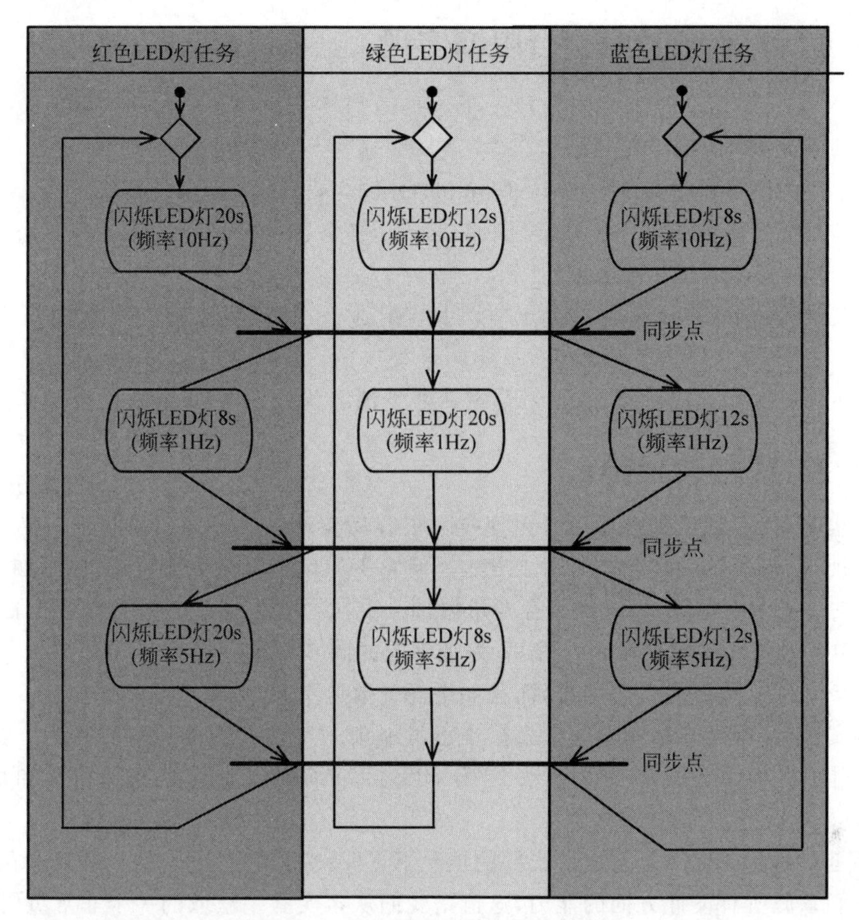

图 4.15　会合阻塞操作的同步活动图

4.5.3　单信号量会合阻塞实现

完成单信号量实现的会合阻塞实验，同步三个任务。

会合过程主要步骤如下：

(1) 在最后一个任务(Tmax)到达同步点之前，每个任务挂起在信号量先进先出(FIFO)队列中。

(2) 当 Tmax 任务到达时，此队列中有(MaxNumberOfTasks－1)个任务。注意，每到达一个任务，任务计数器加 1，计数器值的范围为 1～(MaxNumberOfTasks－1)。

(3) 计数器被复位，释放(MaxNumberOfTasks－1)次信号量。

(4) 这样做是为了释放所有排队的任务，但使信号量处于锁定状态(准备下一个会合操作)。

4.5.4 N 个信号量会合阻塞实现

使用 N 个信号量会合阻塞同步方法,同步三个任务。

会合过程主要内容如下:

(1) 使用的信号量个数 N=(MaxNumberOfTasks-1)。

(2) 每个信号量由指定任务锁定(例如,第一个任务锁定信号量 1,第二个任务锁定信号量 2,…)。

(3) 在最后一个任务到达同步点时,向所有锁定的信号量发信号,释放所有挂起的任务。

(4) 在释放操作完成后,所有信号量重新处于锁定状态,等待下一次会合操作。

4.5.5 回顾与总结

通过实验,我们意识到使用会合阻塞技术很容易实现多个任务间的同步。N 个信号量方法可被视为一种可靠的、安全的同步方法。但它不如单信号量方案可靠,原因如下:

(1) 它需要多个信号量,导致内存要求增加。

(2) 单信号量实现更灵活,易于配置处理不同的同步要求。

(3) N 个信号量方法编码困难,而且如果任务数量更改,则需要重新编码。

通过实验,希望你开始明白为什么很难正确地预测复杂系统的运行时行为。尝试找出系统在做什么和何时去做是一项艰巨的工作,因为你必须考虑任务的集体行为和每个任务的行为。

如果是在只有源代码没有设计文档的情况下,则行为预测会更困难。所以,图表可以极大提高我们掌握所有设计方面的能力,这也是我们从本实验中获取的一个非常重要的信息。

4.6 实验 18 使用内存池提供数据共享机制

实验目的:展示如何使用内存池来实现无同步操作的任务间的数据传输。

4.6.1 实现介绍

1. 内存池

内存池是一种实现任务间共享数据的机制,构造为可以随机读写的结构。遵循可靠的设计规范,它被构造为受保护的对象,如图 4.16 所示。

其实现与简易监视器(见图 3.6)大致相同,主要区别在于内存池通常保存多种不同类型的数据(如整数、浮动数据、布尔值等类型)。因此,就任务本身而言,本实验没有新知识,其主要内容是受保护内存池的构造细节。严格来说,数据库本身是数据内存池。在设计中会提供保护机制防止内存池资源争用,因此内存池是受保护内存池的简称。

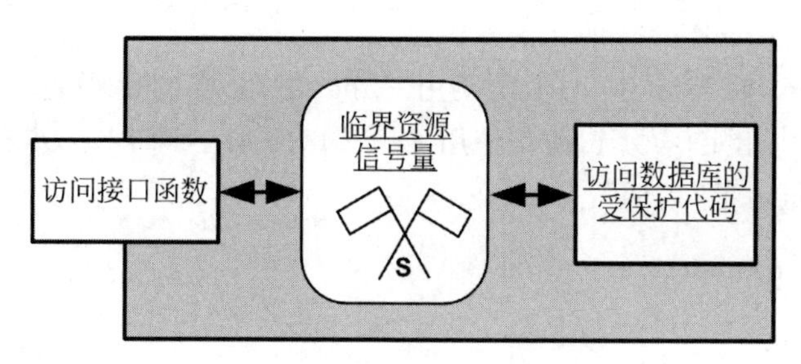

图 4.16　受保护的内存池对象

2. 构造内存池

如上所述,数据库通常保存不同类型(即异构)的对象。在C语言中,异构可读写数据存储的标准类型是结构体,因此结构体将是内存池的核心构建块。

在实验10中,C函数作为封装机制,提供了良好的封装和信息隐藏,但隔离并不是100%,信号量仍然是一个全局对象。所以我们需要一种不同的方法——一种提供完全封装、隐藏数据和保护信号量的方法。

该方法在理论上是可行的,但在用C语言编程时,产生了实际问题:C语言没有适当的模块化结构(等效的Java模块或Ada包)。但好在我们可以使用文件模拟模块构造,如图4.17所示。受保护对象——从概念的角度看——为单个模块,由相应的.h和.c文件组合而成,其中:

(1) .h文件"导出"供客户端(任务)使用的访问函数。

(2) .c文件包含可执行代码。

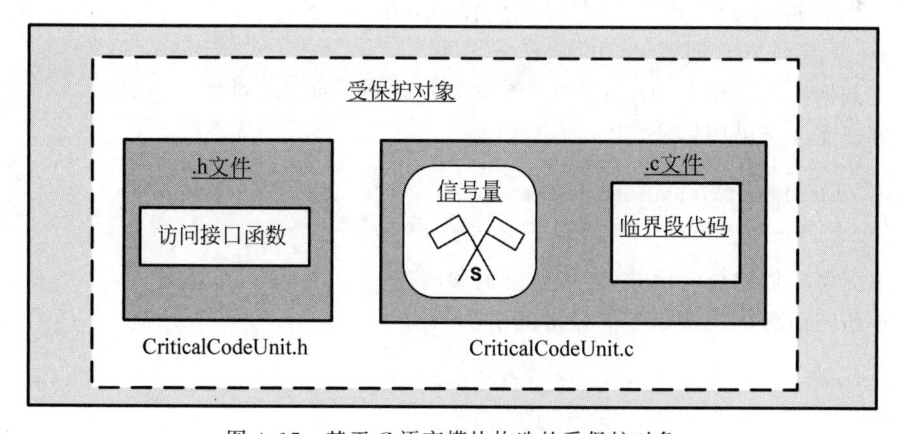

图 4.17　基于C语言模块构造的受保护对象

本实验包含了构建和使用C模块的内容。

3. 使用 FreeRTOS 原生函数

使用CubeMX创建方法,在单个文件中创建信号量可能会引发作用范围的相关问题。该问题有多种解决方法,但这里推荐一种直接的、易于理解的方法——使用FreeRTOS原生 API,并可以扩展 FreeRTOS 的相关知识。

有时,使用 FreeRTOS 原生 API 比使用 CubeMX 生成的代码更灵活。因此,不要在 CubeMX 配置数据中指定信号量,而是使用 FreeRTOS 的 API 创建,步骤如下。

(1) 创建信号量对象"句柄":

```
SemaphoreHandle_t xSemaphore;
```

(2) 创建信号量:

```
xSemaphore = xSemaphoreCreateBinary();
```

关于该函数的详细信息可访问 http://www.freertos.org/xSemaphoreCreateBinary.html。

(3) 信号量使用。

① 释放信号量:

```
xSemaphoreGive(SemaphoreHandle_t xSemaphore);
```

该函数的详细信息可访问 http://www.freertos.org/a00123.html。

② 等待信号量:

```
xSemaphoreTake(SemaphoreHandle_t xSemaphore, TickType_t xTicksToWait);
```

函数的详细信息可访问 http://www.freertos.org/a00122.html。

以下构造相关的信息仅供参考,用户可根据需要修改。

使用下列结构生成如图 4.16 所示的受保护对象。

(1) *.c 文件——创建 PoolObject.c 文件。

① 将数据类型创建为 struct 类型,该结构为文件中的全局对象。

② 创建文件全局信号量:

```
SemaphoreHandle_t CriticalResourceSemaphore
CriticalResourceSemaphore = xSemaphoreCreateBinary();
```

③ 根据需要创建访问函数(详细信息请参阅实验)。

④ 在访问函数中隐藏以下信号量调用:

```
xSemaphoreTake(CriticalResourceSemaphore, WaitTime);
xSemaphoreGive(CriticalResourceSemaphore);
```

(2) *.h 文件——创建 PoolObject.h 文件。

在文件中插入访问函数声明,使得函数对调用文件可见。

当任务希望访问共享数据时,它们只需调用访问函数。为了能够执行此操作,必须在 CubeMX 生成的 main.c 文件中包含 PoolObject.h 文件,如下所示:

```
/* 用户代码 Includes 开始 */
#include "PoolObject.h"
/* 用户代码 Includes 结束 */
```

4.6.2 实现细节

1. 整体结构

图 4.18 展示了实验实现的系统任务框图。

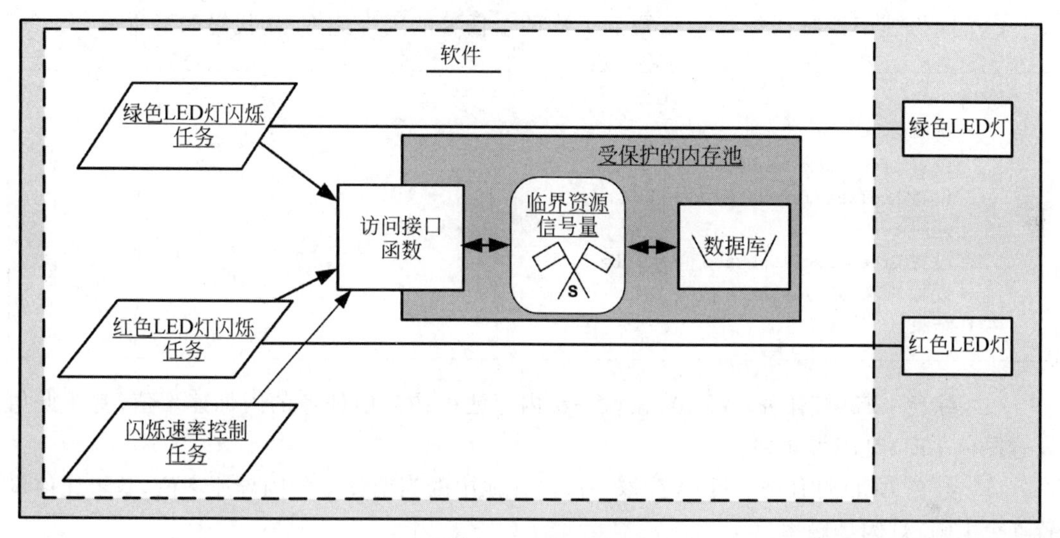

图 4.18 系统任务框图

闪烁速率控制任务的目的是动态设置红色和绿色 LED 灯的闪烁频率。它通过定期将新的频率值写入数据库来实现。其他任务定期读取这些值,并根据该值设置其 LED 灯闪烁速率。

构造数据库以保存两个单独的数据对象(即绿色 LED 灯任务和红色 LED 灯任务的闪烁频率)。模型如图 4.19 所示。

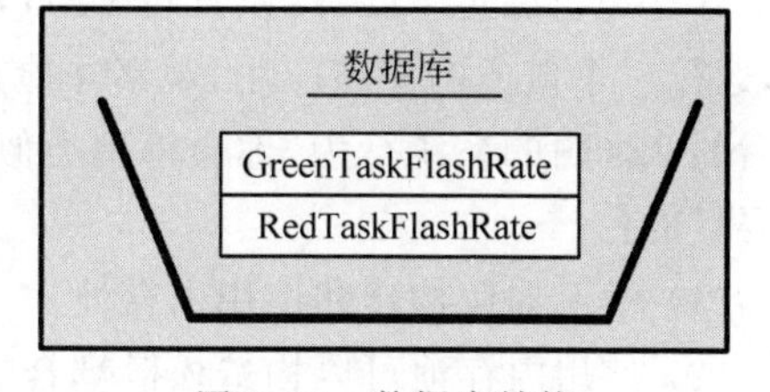

图 4.19 数据库结构

内存池对象应提供访问函数实现:

(1) 闪烁速率值设置;

(2) 闪烁速率值获取。

绿色 LED 灯任务的初始闪烁频率为 10Hz,红色 LED 灯任务的初始频率为 1Hz。

数据库和保护信号量的所有信息均为内存池对象内部(私有)的。数据库结构可以使用 C 语言结构构建,例如:

```
typedef struct
{
  int GreenTaskFlashRate;
  int RedTaskFlashRate;
}
FlashingRate;
FlashingRate FlashingDataPool = {10, 1}; // 默认闪烁频率
```

2. 时间参数

(1) 闪烁速率控制任务：每 8s 更新一次两个任务的闪烁速率，伪代码如下所示。

```
循环
    延时 8s
    设置 GreenTaskFlashRate 值为 1Hz
    设置 RedTaskFlashRate 值为 10Hz
    延时 8s
    设置 GreenTaskFlashRate 值为 10Hz
    设置 RedTaskFlashRate 值为 1Hz
循环结束
```

(2) 绿色 LED 灯任务：每 10s 读取一次内存池中的当前任务的闪烁速率值，基于此值设置绿色 LED 灯闪烁频率。

(3) 红色 LED 灯任务：每 6s 读取一次内存池中的当前任务的闪烁速率值，基于此值设置红色 LED 灯闪烁频率。

3. 实验细节

独立运行绿色 LED 灯及红色 LED 灯任务，检查时间行为是否正确。确认时间正确之后，运行三个任务的完整应用，观察并检查 LED 灯行为及时序。在这里要特别注意开始执行后的 22s 内的系统行为，你会得到类似于图 4.20 的结果。这些时序并不重要。本实验的主要目的：

(1) 学习如何构建和使用内存池。

(2) 使用内存池可以构造松散耦合的任务结构。

4.6.3 实验回顾

如果已成功完成本实验，你将看到：

(1) 任务的代码中不会出现信号量的符号；

(2) 信号量隐藏在.c 文件中，是私有的；

(3) 受保护的代码也是私有的；

(4) 应用程序代码(即任务代码)不能以任何方式控制或误用信号量；

(5) 应用程序代码不能直接使用受保护的代码；

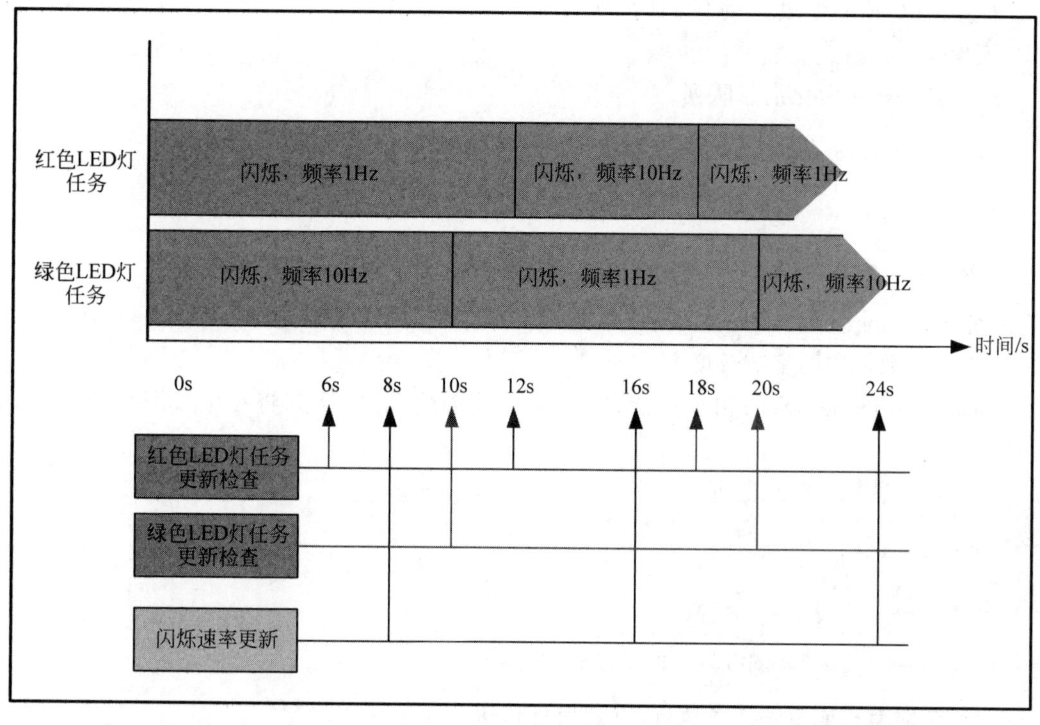

图 4.20　LED 灯闪烁行为

(6) 应用代码操作受保护代码的唯一方法是使用.h 文件中声明的函数，这些函数是全局("导出")对象；

(7) 模块化(.h 和.c 文件的组合)结构更安全、可靠，并且可移植、可重用。

4.7　实验 19　使用队列传输数据

实验目的：展示在没有同步操作的情况下，如何使用队列来实现任务间的数据传输。

4.7.1　队列介绍

队列机制允许任务间通过发送和接收顺序的数据消息进行通信。它是一种先进先出的存储结构，符号表示如图 4.21 所示。

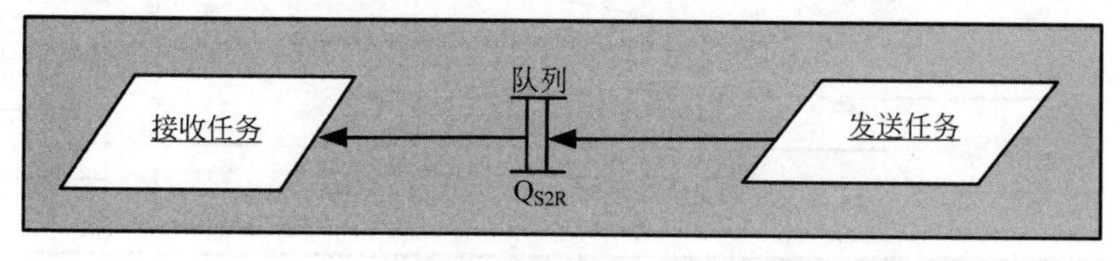

图 4.21　队列符号

使用 CubeMX 生成队列代码时，所有队列管理操作都使用下列三个 CMSIS-RTOS API 实现。

(1) 定义和初始化消息队列。

```
osMessageCreate
```

通用格式：

```
osMessageCreate(QueueName, QueueLength, ItemSize)
```

其中，QueueLength 为队列长度，定义队列可以保存的最大数据项数。ItemSize 为数据项大小，定义每个数据项的字节长度。

如果使用 CubeMX 的相关功能，则无须手动创建队列，队列将在生成源代码时自动创建。

(2) 将消息放入消息队列。

```
osMessagePut
```

通用格式：

```
osMessagePut(QueueName, ItemToSend, SendTimeout)
```

(3) 获取消息或暂停任务执行，直到消息到达。

```
osMessageGet
```

通用格式：

```
osMessageGet(QueueName, ReceiveTimeout)
```

4.7.2 实验细节

图 4.22 展示了系统任务框图，软件实现包含两个用户任务和一个队列，旨在模拟报警检测系统的行为，该系统的运行方式如下：

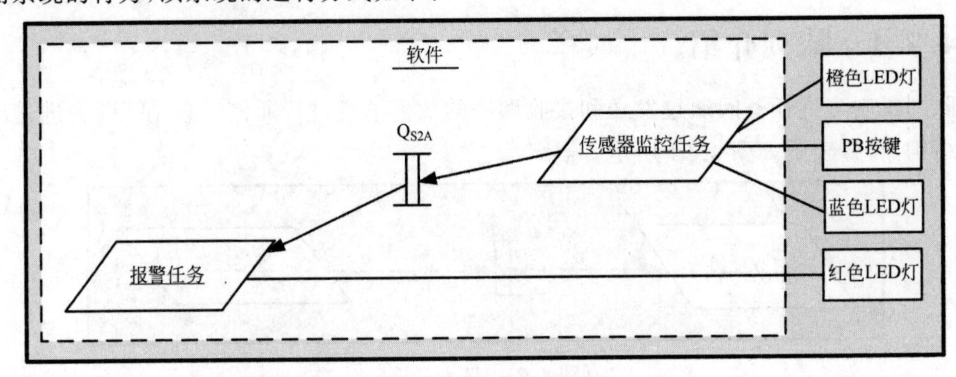

图 4.22 系统任务框图

(1) 传感器监控任务检查是否有参数进入报警状态。如果检测到有参数进入报警状态,则通过队列将数据发给报警任务。这是监控任务的唯一功能。

(2) 所有报警处理操作均由报警任务执行。

(3) 不允许中断(因此防止使用可延期服务器)。

使用 Cube 工具配置系统创建一个队列,如图 4.23 所示。

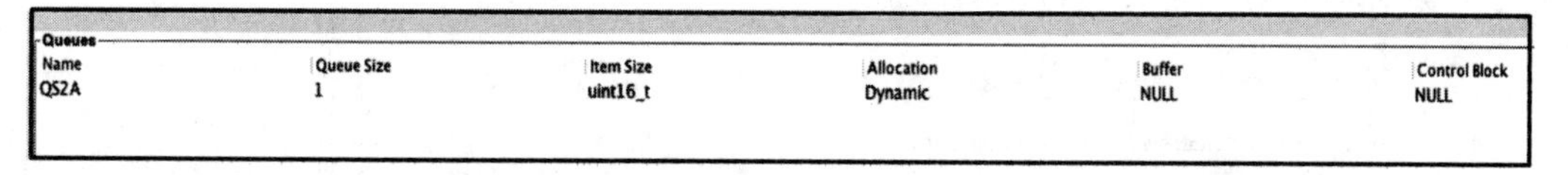

图 4.23 CubeMX 工具中的队列信息

队列参数,如队列长度(Queue Size)、数据项大小(Item Size)以及队列名称在配置时设置,如图 4.24 所示。默认值可以根据需要更改,本实验中,将队列长度设置为 1,只容纳一个数据项。

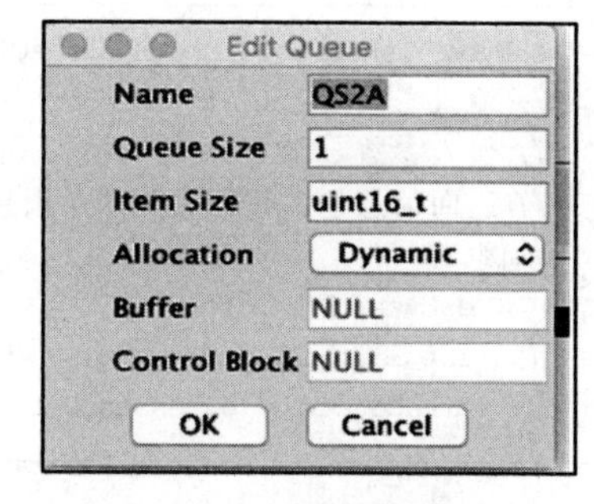

图 4.24 设置队列信息

4.7.3 具体实现

1. 队列功能及操作

1) 队列创建

在实验中,CubeMX 自动生成的队列代码如下:

```
/* 创建队列 */
/* 定义并创建 QS2A 队列 */
osMessageQDef(QS2A, 1, uint16_t);
QS2AHandle = osMessageCreate(osMessageQ(QS2A), NULL);
```

2) 向队列发送消息

基本格式:

```
osMessagePut(QueueName, ItemToSend, SendTimeout)
```

函数解析:

```
osStatus osMessagePut(osMessageQId queue_id, uint32_t info, uint32_t millisec);
// 输入参数 queue_id osMessageCreate 返回的消息队列句柄
// 输入参数 info 消息
// 输入参数 millisec 超时值,0 表示没有超时
/* 返回值,指示函数的执行状态.如果消息发送成功,函数返回 0x10 (可参阅本节末尾的状态和
错误代码中的 osEventMessage 部分)
*/
```

```
示例:
    int SensorStateMessage = SensorNotInAlarm;
    osStatus SensorSendState;
    SensorSendState = osMessagePut(QS2AHandle, SensorStateMessage, 1000);
```

3）从队列获取信息或等待队列消息

基本格式：

```
osMessageGet(QueueName, ReceiveTimeout)
```

函数解析：

```
osEvent osMessageGet(osMessageQId queue_id, uint32_t millisec);
// 输入参数 queue_id osMessageCreate 返回的消息队列句柄
// 输入参数 millisec 超时值,0 表示没有超时
// 返回信息包含收到的数据及消息状态码
示例:
    osEvent QreadState;
    int SensorStateMesssage = SensorNotInAlarm;
    QreadState = osMessageGet(QS2AHandle, 0);
```

4）处理从队列获取的数据

基于 Cube FreeRTOS API 实现的接收数据处理方式与 FreeRTOS 原生 API 不同。因此，你必须了解 osEvent 结构变量(在本例中为 QreadState)，如下所示：

```
typedef struct
{
    osStatus status; //状态值: 事件或错误码
    union
    {
      uint32_t v; //32 位的消息
      void * p; //void 类型的消息或邮箱指针
      int32_t signals; //信号标志
    } value; //事件值
    union
    {
      osMailQId mail_id; //osMailCreate 返回的邮箱句柄
      osMessageQId message_id; //osMessageCreate 返回的消息句柄
    } def;
} osEvent;
```

我们可以随时调用 osMessageGet，但不能保证该函数调用时，消息已准备就绪。因此，函数执行时，首先要确定消息是否存在，可以通过检查 status 状态项的值来实现。加载消

息时，状态值自动设置为 0x10（CMSIS 预定义的状态码为 osEventMessage），使用方式如下：

```
//检查数据是否存在,并根据检查结果执行相应操作
    if (QreadState.status == osEventMessage)
    {
        /* 代码 */
    }
```

如果操作成功，我们将从数据内容中提取实际的消息内容。注意，在共用体中，每次只有一个成员有值（共用体的值将是 v、* p 或 signals），读取方式都类似，例如：

```
SensorStateMessage = QreadState.value.v;
```

2. 具体实现

请遵循下列规范实现本实验。两个任务都是无限循环，具有相等的优先级。

应用中，LED 灯用于指示系统的当前运行状态。

蓝色 LED 灯：

(1) 熄灭时，表示 PB 按键释放。

(2) 点亮时，表示 PB 按键按下。

橙色 LED 灯：

(1) 熄灭时，表示传感器未处于报警状态。

(2) 点亮时，表示传感器处于报警状态。

红色 LED 灯：

(1) 初始为熄灭状态，表示报警任务处于无报警状态。

(2) 当收到传感器任务的报警信号时，点亮。

(3) 当收到传感器任务的无报警信号时，熄灭。

1) 传感器监测任务（作为消息生产者）

要点如下：

(1) 通过 PB 按键按动（按压之后放开）动作模拟传感报警状态改变。

(2) 报警默认状态处于无报警状态。

(3) 第一次按动操作将报警状态设置为报警，状态信息以消息发送给队列，并点亮橙色 LED 灯。

(4) 下一次按动操作将报警状态设置为无报警状态，将信息发送到队列，橙色 LED 灯熄灭。

(5) 下一次按动操作再次将报警状态设置为报警，然后发送消息到队列，重复上述操作。

(6) 按下 PB 按键时，蓝色 LED 灯点亮；释放时，熄灭。

(7) 检测到 PB 按键按下时,延迟 250ms 再次检查按键状态。

(8) 检测到 PB 按键释放后,延迟 250ms 再次检查按键状态。

2) 报警任务(作为消息消费者)

(1) 每 500ms 从队列中获取消息。

(2) 收到报警消息时,红色 LED 灯点亮。

(3) 收到无报警消息时,红色 LED 灯熄灭。

4.7.4 实验回顾

如果已成功完成本实验,你将:

(1) 认识到队列易于实现且使用简单。

(2) 意识到如果存在消息生产/消费时间差,可能会出现问题。

(3) 理解任何不可预见的生产/消费问题都必须得到安全处理。

(4) 确保在下列情况下明确指定系统行为:

① 将消息发送到满的队列。

② 从空的队列中读取消息。

(5) 明白在设计实现之前,必须定义通信任务的消息发送和接收需求。

(6) 认识到要完成可靠的队列操作,必须将访问控制机制(如互斥)作为构造的一部分。

4.7.5 CMSIS-RTOS API 中的状态和错误编码

CMSIS-RTOS API 函数返回的状态和错误代码如下所示:

```
enum osStatus {
  osOK = 0,
  osEventSignal = 0x08,
  osEventMessage = 0x10,
  osEventMail = 0x20,
  osEventTimeout = 0x40,
  osErrorParameter = 0x80,
  osErrorResource = 0x81,
  osErrorTimeoutResource = 0xC1,
  osErrorISR = 0x82,
  osErrorISRRecursive = 0x83,
  osErrorPriority = 0x84,
  osErrorNoMemory = 0x85,
  osErrorValue = 0x86,
  osErrorOS = 0xFF,
  os_status_reserved = 0x7FFFFFFF
}
```

描述如图 4.25 所示。

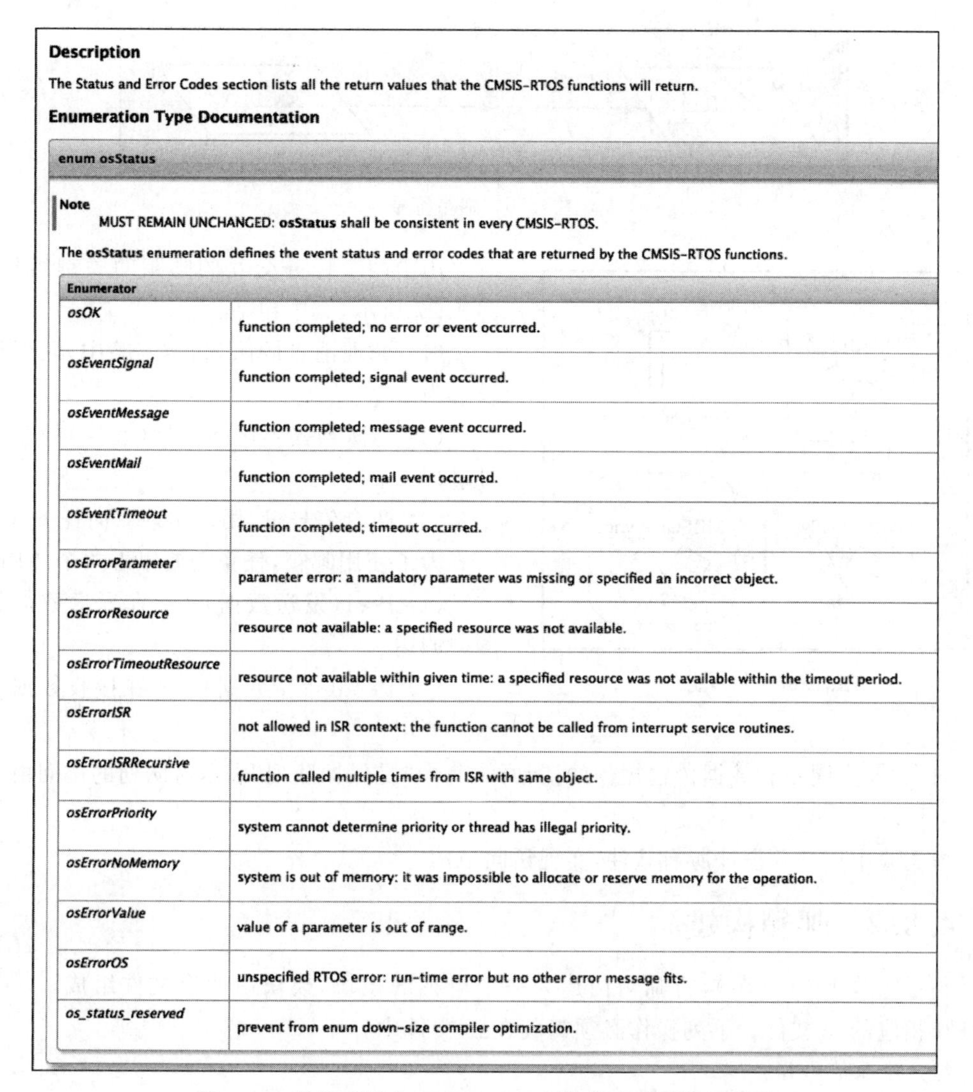
Description

The Status and Error Codes section lists all the return values that the CMSIS-RTOS functions will return.

Enumeration Type Documentation

enum osStatus

Note
MUST REMAIN UNCHANGED: **osStatus** shall be consistent in every CMSIS-RTOS.

The **osStatus** enumeration defines the event status and error codes that are returned by the CMSIS-RTOS functions.

Enumerator	
osOK	function completed; no error or event occurred.
osEventSignal	function completed; signal event occurred.
osEventMessage	function completed; message event occurred.
osEventMail	function completed; mail event occurred.
osEventTimeout	function completed; timeout occurred.
osErrorParameter	parameter error: a mandatory parameter was missing or specified an incorrect object.
osErrorResource	resource not available: a specified resource was not available.
osErrorTimeoutResource	resource not available within given time: a specified resource was not available within the timeout period.
osErrorISR	not allowed in ISR context: the function cannot be called from interrupt service routines.
osErrorISRRecursive	function called multiple times from ISR with same object.
osErrorPriority	system cannot determine priority or thread has illegal priority.
osErrorNoMemory	system is out of memory: it was impossible to allocate or reserve memory for the operation.
osErrorValue	value of a parameter is out of range.
osErrorOS	unspecified RTOS error: run-time error but no other error message fits.
os_status_reserved	prevent from enum down-size compiler optimization.

图 4.25　数据手册中 CMSIS-API 函数状态编码描述截图

4.8　实验 20　使用邮箱传输数据

实验目的：展示如何使用邮箱在任务指定的同步点实现数据传输。

4.8.1　邮箱介绍

邮箱机制允许任务在预定义的同步点，通过发送和接收有序的数据进行通信。

图 4.26 中使用的符号表示发生在任务同步期间的消息传输是单向的。在同步期间，还可以构造邮箱以支持双向数据传输，但在实际应用中，这种情况并不常见。

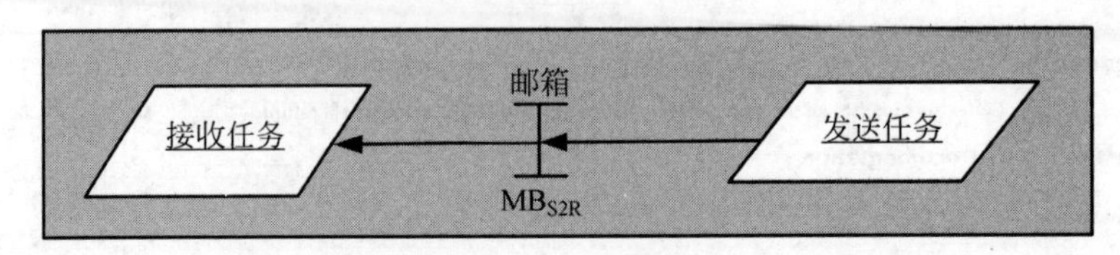

图 4.26 邮箱符号

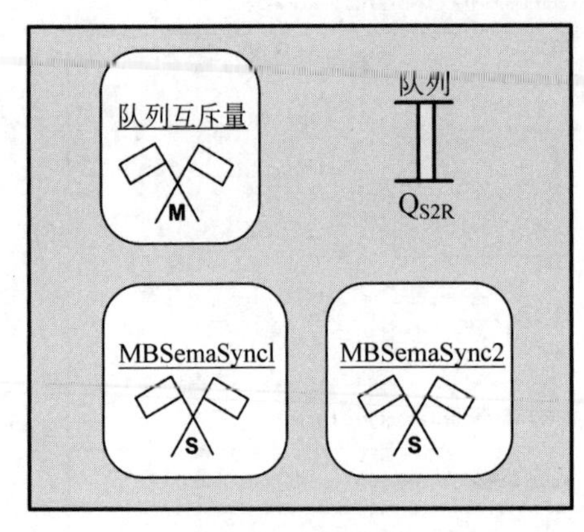

图 4.27 邮箱组件

用于两个任务交互的邮箱的关键组件，如图 4.27 所示，其中包括：

(1) 处理消息的队列，本实验中，队列长度设置为 1。

(2) 为队列提供访问保护(互斥)的互斥信号量。

(3) 两个信号量，用于实现双向任务同步。

为了使用邮箱，任务需要以下两个 API：

(1) Post(发送数据)——在发送数据的任务中调用。

(2) Pend(等待数据)——在接收数据的任务中调用。

图 4.28 为同步和数据传输操作的活动图，其中"受保护队列"表示对队列的访问由互斥信号量控制。

本实验中你必须设计所有软件，实现访问 API。

4.8.2 邮箱构建

参考实验 18(4.6 节)，将邮箱构建为一个单独的模块，模块由两个文件组成：一个.h 文件和相应的.c 文件。下列操作必须封装在.c 文件中：

(1) 互斥信号量。

- 互斥信号量定义；
- 互斥信号量创建；
- 互斥信号量获取和释放。

(2) 信号量。

- 信号量定义；
- 信号量创建；
- 信号量等待和释放。

(3) 队列。

- 队列定义；
- 队列创建；

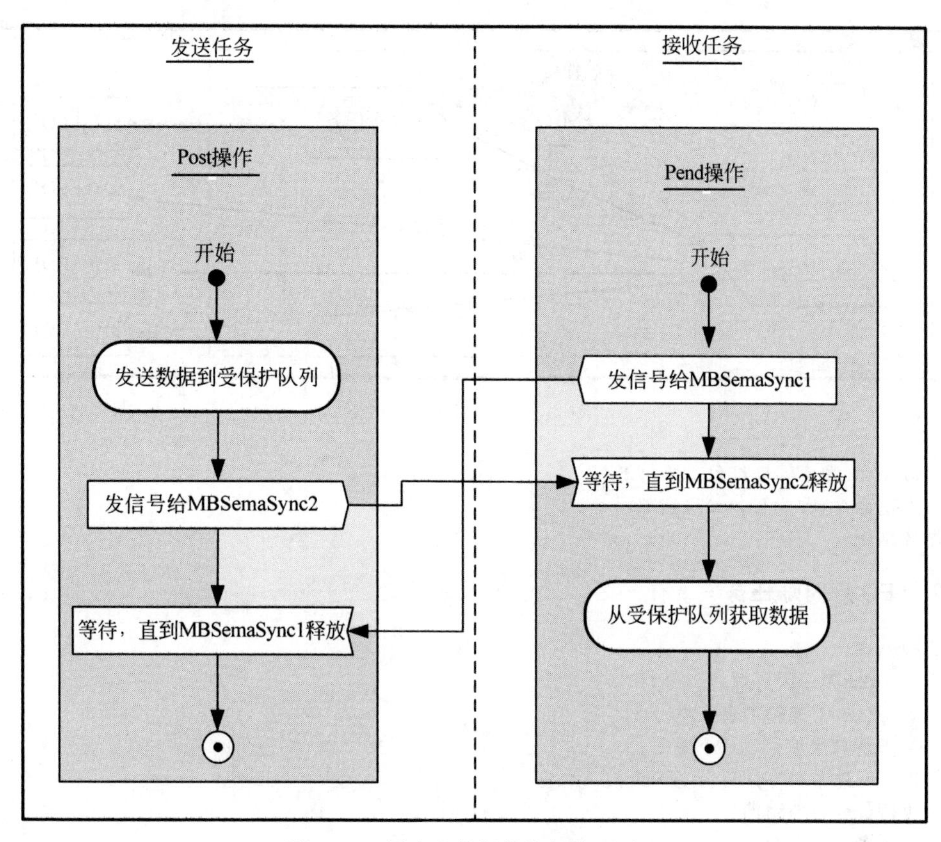

图 4.28 同步和数据传输操作活动图

• 队列消息发送和获取。

前面的实验已经介绍了这些函数及其用法。.h 文件用于导出设计中的 Post 和 Pend 函数，供任务使用。如果要尝试使用 FreeRTOS 原生 API 构造邮箱，请参阅 4.8.5 节，查看相关函数列表。

4.8.3 实验细节

软件实现由两个用户任务和一个邮箱组成，系统任务框图如图 4.29 所示。

应用中，LED 灯闪烁任务控制四个 LED 灯，通过从命令任务中接收的消息设置其操作。

软件的整体行为要求如下。

1. 命令任务

```
无限循环
  以 1Hz 频率闪烁红色 LED 灯 10s
  发送(Post)命令(称为"Sync1")到邮箱
```

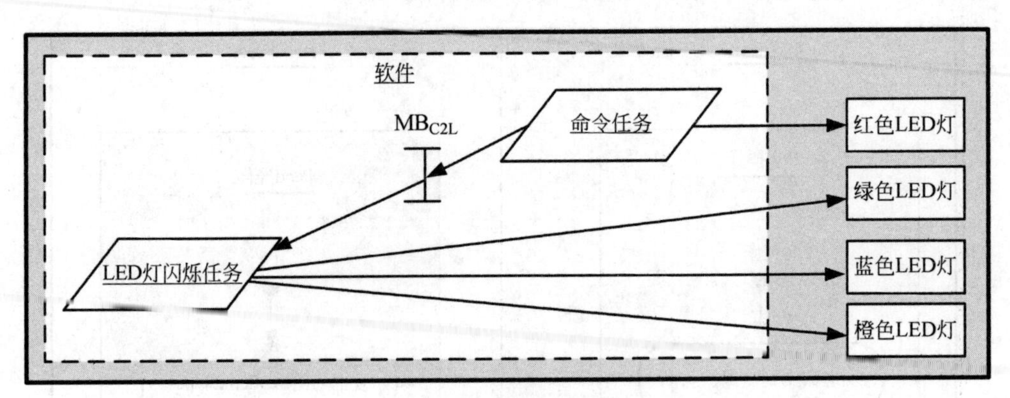

图 4.29 系统任务框图

```
  以 10Hz 频率闪烁红色 LED 灯 5s
  发送命令(称为"Sync2")到邮箱
循环结束
```

2. LED 灯闪烁任务

```
无限循环
  以 10Hz 频率闪烁绿色 LED 灯 5s
  等待(Pend)邮箱消息
  基于消息采取行动
  以 1Hz 速率频率闪烁绿色 LED 灯 10s
  等待(Pend)邮箱消息
  基于消息采取行动
循环结束
```

3. LED 灯闪烁任务对消息的响应

```
如果消息是 Sync1,则
  点亮橙色 LED 灯
  熄灭蓝色 LED 灯
如果消息是 Sync2,则
  点亮蓝色 LED 灯
  熄灭橙色 LED 灯
```

系统将产生 20s 的循环周期时间。在循环首次执行后，LED 灯显示结果如图 4.30 所示。在运行软件前，要提前预测 LED 灯的闪烁结果。

4.8.4 实验回顾

这是一项具有挑战性的实验，因为它要求使用基本的任务间通信机制（信号量、互斥信号量和队列）构建一个组件，如果你已成功完成该实验，你将：

(1) 准确了解邮箱如何工作。

(2) 意识到在 0～10s 运行时间中，LED 灯闪烁任务首先到达同步点（Pend），然后等待

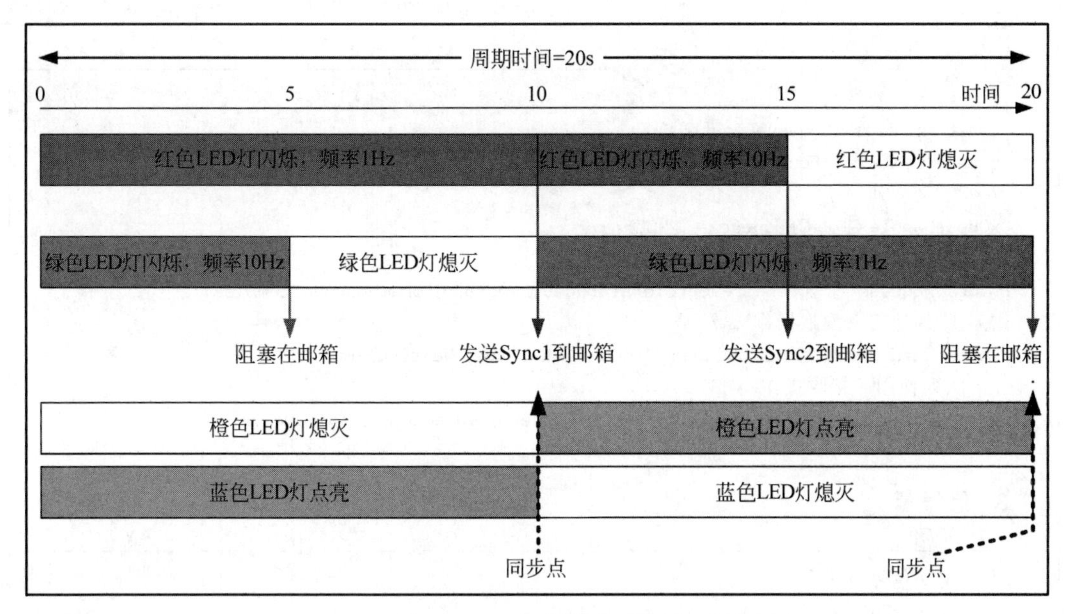

图 4.30 LED 灯操作时序图

其他任务(Post)。在 10～20s 运行时间内，命令任务首先到达同步点(Post)，然后等待 LED 灯闪烁任务(Pend)。

(3) 对多任务设计中的内核通信结构有了很好的了解。

(4) 能够使用学到的信息在其他 RTOS 中构建邮箱。

(5) 理解模块化结构可以构成可重用软件组件的基础。

(6) 了解组件对任务的可见性可以通过使用 include 指令控制(即，如果任务不包含 mailbox.h 文件，则无法使用该组件)，组件结构可显著提高软件的鲁棒性，可以完全消除未经授权的访问。

4.8.5 实验附录 使用 FreeRTOS 原生 API 构建邮箱

1. 互斥信号量

```
/* 定义互斥信号量 */
xSemaphoreHandle GlobalMBqueueMutex = NULL;
/* 创建互斥信号量 */
GlobalMBqueueMutex = xSemaphoreCreateMutex();
/* 互斥信号量使用—控制队列访问 */
xSemaphoreTake(GlobalMBqueueMutex, MutexWaitingTime); //锁定互斥信号量
//插入队列操作(Take 或 Give 调用)
xSemaphoreGive(GlobalMBqueueMutex); //释放互斥信号量
```

2. 队列

```
/* 定义队列参数 */
const int GlobalMBqueueLength = 1;
const int GlobalMBqueueItemSize = 4;
/* 定义队列 */
xQueueHandle GlobalMBqueue = NULL;
/* 创建队列 */
GlobalMBqueue = xQueueCreate(GlobalMBqueueLength, GlobalMBqueueItemSize);
/* 队列使用—发送操作 */
xQueueSendToBack(GlobalMBqueue, &OutgoingMessage, WaitingTime);
/*队列使用—接收操作 */
QueueReadResult = xQueueReceive(GlobalMBqueue, &QueueData, WaitingTime);
```

3. 信号量

```
/* 定义信号量*/
xSemaphoreHandle GlobalMBSemaSync1 = NULL;
xSemaphoreHandle GlobalMBSemaSync2 = NULL;
/* 创建信号量*/
vSemaphoreCreateBinary(GlobalMBSemaSync1);
vSemaphoreCreateBinary(GlobalMBSemaSync2);
/* 在 Post 任务中,使用信号量同步其他任务 */
xSemaphoreGive(GlobalMBSemaSync2 ); //发送(释放)信号量 2
xSemaphoreTake(GlobalMBSemaSync1, SemaWaitingTime); //等待信号量 1
/* 在 Pend 任务中,使用信号量同步其他任务 */
xSemaphoreGive(GlobalMBSemaSync1 ); //发送(释放)信号量 1
xSemaphoreTake(GlobalMBSemaSync2, SemaWaitingTime); //等待信号量 2
```

4.9 实验 21 按键中断服务实现

实验目的：学习如何实现按键中断服务程序(ISR)。

4.9.1 介绍

本实验的目标是实现图 4.31 任务框图所示的系统。

调用 ISR 时，它通常与软件的其余部分并发运行，因此 ISR 可以被视为任务。在实验中，当开发板上的用户按键按下时，将产生中断信号触发 ISR 处理。按键信号从引脚 PA0 进入微控制器，产生硬件中断请求到 CPU，处理器将自动启动 ISR 处理，无须编写任何代码来实现该过程。但用户必须准确定义 ISR 调用时执行的内容，在 Cube 自动生成的 ISR 代码框架中，插入用户处理代码实现该操作。该工作完成后，将机器代码下载到目标板并运

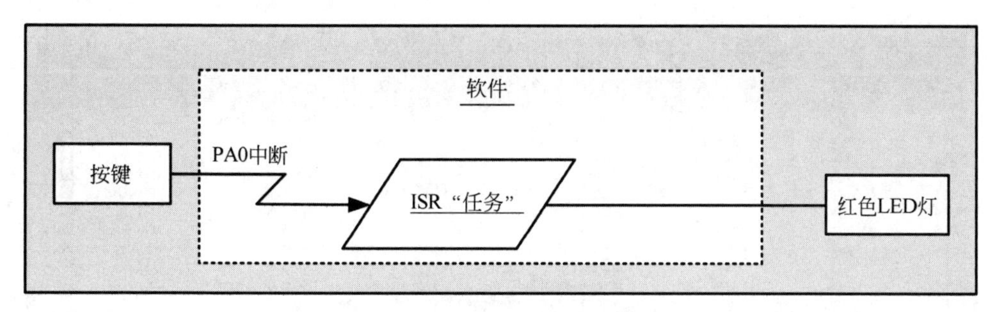

图 4.31　ISR 系统任务框图

行，按下用户按键，将执行用户 ISR 代码。

4.9.2　使用 CubeMX 自动生成 ISR 代码框架

创建一个新的 Cube 项目，将 PA0 配置为 GPIO-EXTI0，如图 4.32 所示(默认设置)。

确认 GPIO PA0 引脚的配置及 NVIC EXT1 线路 0 的中断配置信息，如图 4.33 和图 4.34 所示。

生成项目代码并找到 stm32f4xx_it.c 文件。打开该文件，搜索 ISR 代码，如图 4.35 所示。代码框架中清楚地显示了应该在何处插入自己的 ISR 代码。

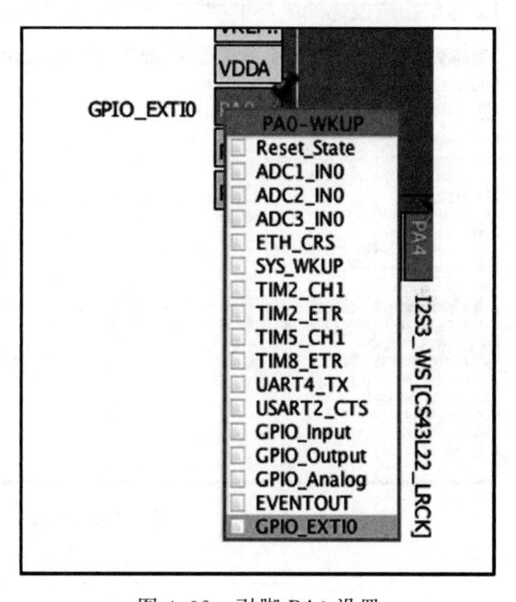

图 4.32　引脚 PA0 设置

4.9.3　实验细节

嵌入式系统设计者使用中断服务程序主要有两个原因。首先，ISR 可以提供对外部非周期性事件的快速响应。其次，它们可用于模拟简单时间驱动的 RTOS 周期任务，这通过定时器程序在预定义的周期时间触发 ISR 实现，笔者将其称为"简单"的并发性，每个 ISR 对应为一个任务。

通常，没有 RTOS 的嵌入式设计由一组 ISR 和一个后台循环组成，该模型系统任务框图如图 4.36 所示。

图 4.36 中后台循环代码包含在主函数(main.c)中。

本实验的目的是实现如图 4.36 所示的任务设计。在 main 函数的后台循环代码中插入绿色 LED 灯闪烁代码，这样我们就可以确认循环正常运行。对于 ISR 处理，请在如下所示的位置插入用户代码：

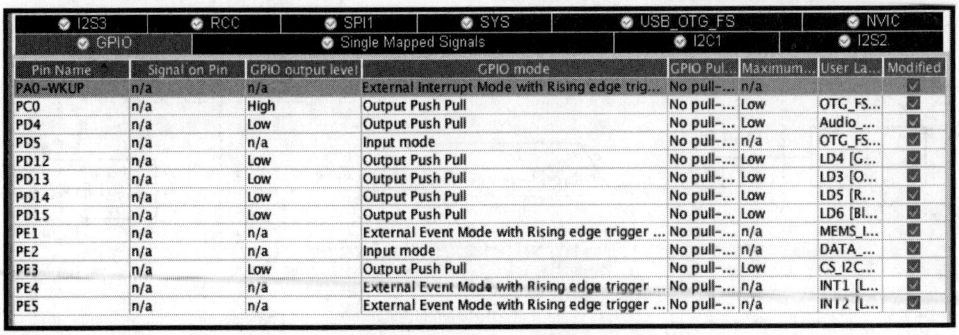

I2S3 | RCC | SPI1 | SYS | USB_OTG_FS | NVIC
GPIO | Single Mapped Signals | I2C1 | I2S2

Pin Name	Signal on Pin	GPIO output level	GPIO mode	GPIO Pul...	Maximum...	User La...	Modified
PA0-WKUP	n/a	n/a	External Interrupt Mode with Rising edge trig...	No pull-...	n/a		☑
PC0	n/a	High	Output Push Pull	No pull-...	Low	OTG_FS...	☑
PD4	n/a	Low	Output Push Pull	No pull-...	Low	Audio_...	☑
PD5	n/a	n/a	Input mode	No pull-...	n/a	OTG_FS...	☑
PD12	n/a	Low	Output Push Pull	No pull-...	Low	LD4 [G...	☑
PD13	n/a	Low	Output Push Pull	No pull-...	Low	LD3 [O...	☑
PD14	n/a	Low	Output Push Pull	No pull-...	Low	LD5 [R...	☑
PD15	n/a	Low	Output Push Pull	No pull-...	Low	LD6 [Bl...	☑
PE1	n/a	n/a	External Event Mode with Rising edge trigger ...	No pull-...	n/a	MEMS_I...	☑
PE2	n/a	n/a	Input mode	No pull-...	n/a	DATA_...	☑
PE3	n/a	Low	Output Push Pull	No pull-...	Low	CS_I2C...	☑
PE4	n/a	n/a	External Event Mode with Rising edge trigger ...	No pull-...	n/a	INT1 [L...	☑
PE5	n/a	n/a	External Event Mode with Rising edge trigger ...	No pull-...	n/a	INT2 [L...	☑

图 4.33 GPIO 引脚配置信息

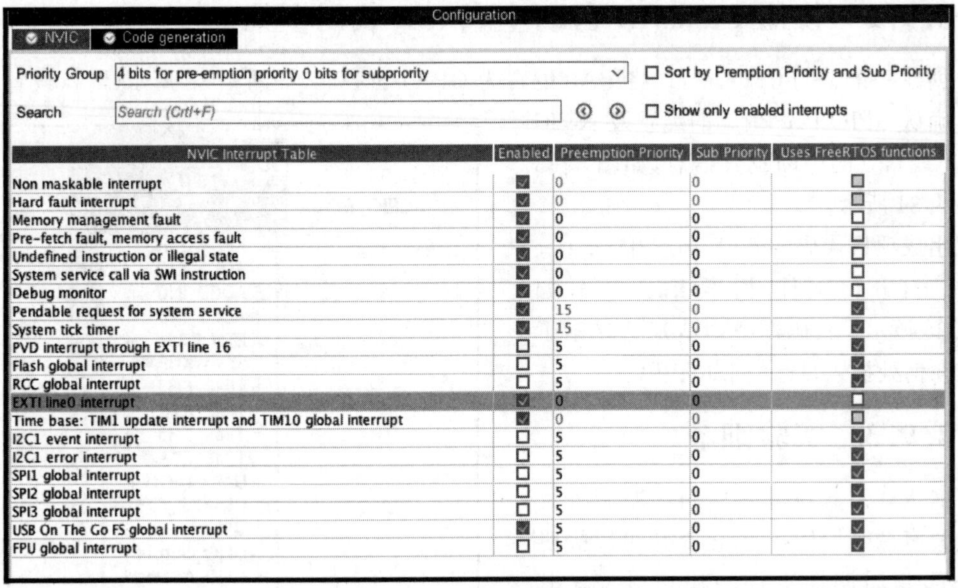

Configuration

NVIC | Code generation

Priority Group: 4 bits for pre-emption priority 0 bits for subpriority ☐ Sort by Premption Priority and Sub Priority

Search: Search (Crtl+F) ☐ Show only enabled interrupts

NVIC Interrupt Table	Enabled	Preemption Priority	Sub Priority	Uses FreeRTOS functions
Non maskable interrupt	☑	0	0	☐
Hard fault interrupt	☑	0	0	☐
Memory management fault	☑	0	0	☐
Pre-fetch fault, memory access fault	☑	0	0	☐
Undefined instruction or illegal state	☑	0	0	☐
System service call via SWI instruction	☑	0	0	☐
Debug monitor	☑	0	0	☐
Pendable request for system service	☑	15	0	☑
System tick timer	☑	15	0	☑
PVD interrupt through EXTI line 16	☐	5	0	☑
Flash global interrupt	☐	5	0	☑
RCC global interrupt	☐	5	0	☑
EXTI line0 interrupt	☑	0	0	☐
Time base: TIM1 update interrupt and TIM10 global interrupt	☑	0	0	☐
I2C1 event interrupt	☐	5	0	☑
I2C1 error interrupt	☐	5	0	☑
SPI1 global interrupt	☐	5	0	☑
SPI2 global interrupt	☐	5	0	☑
SPI3 global interrupt	☐	5	0	☑
USB On The Go FS global interrupt	☑	5	0	☑
FPU global interrupt	☐	5	0	☑

图 4.34 NVIC 引脚配置信息

```
/**
* @简介 该函数处理EXTI line0 interrupt.
*/
void EXTI0_IRQHandler(void)
{
  /* 用户代码开始 EXTI0_IRQn 0 */

  /* 用户代码结束 EXTI0_IRQn 0 */
  HAL_GPIO_EXTI_IRQHandler(GPIO_PIN_0);
  /* 用户代码开始 EXTI0_IRQn 1 */

  /* 用户代码结束 EXTI0_IRQn 1 */
}
```

图 4.35 ISR 代码框架

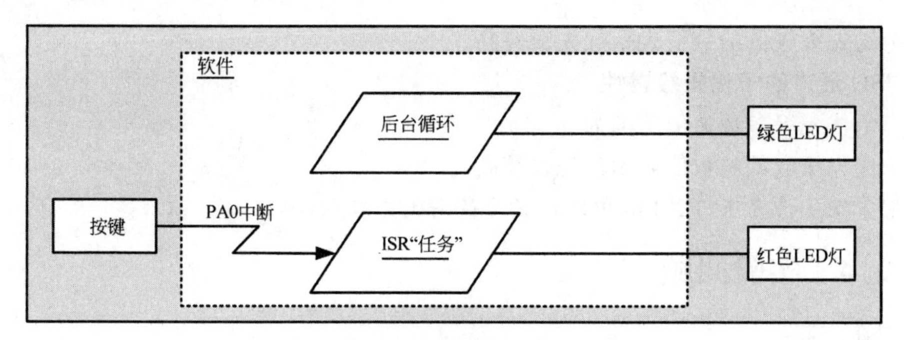

图 4.36 系统任务框图

```
void EXTI0_IRQHandler(void)
{
  /* 用户代码开始 EXTI0_IRQn 0 */
  /* 插入用户代码
  点亮红色 LED 灯 500ms
   */
  /* 用户代码结束 EXTI0_IRQn 0 */
    HAL_GPIO_EXTI_IRQHandler(GPIO_PIN_0);
  /* 用户代码开始 EXTI0_IRQn 1 */
  /* 用户代码结束 EXTI0_IRQn 1 */
```

在目标板上执行生成的代码时，你会发现：

(1) main 中的代码控制绿色 LED 灯闪烁。

(2) 每次按下用户按键，触发红色 LED 灯点亮 500ms。

(3) ISR 运行时，后台任务将停止执行(被 ISR 抢占)。

如果担心按键抖动的影响，可以在 ISR 代码添加一些软件去抖代码。

最后，查看 main.c 文件，查找以下与中断相关的初始化代码：

```
/* EXTI 中断初始化 */
HAL_NVIC_SetPriority(EXTI0_IRQn, 0, 0);
HAL_NVIC_EnableIRQ(EXTI0_IRQn);
```

函数 HAL_NVIC_SetPriority 设置指定中断的优先级，一般格式如下：

```
HAL_NVIC_SetPriority(External_Interrupt_Number,Preemption_Priority,Sub_Priority);
```

中断有两种不同类型的优先级：抢占优先级和子优先级。优先级使用规则如下：

(1) 首先执行具有最高优先级的中断。

(2) 当多个中断具有相同的抢占优先级时，则具有最高子优先级的中断将先执行。

(3) 如果所有中断都具有相同的抢占优先级和子优先级，则这些中断将先到先执行。

1. IRQ 通道的抢占优先级属性

(1) 抢占优先级参数值范围为 0～15。

(2) 优先级较低的数值表示优先级较高。

2. IRQ 通道的子优先级属性

(1) 子优先级参数的值范围为 0～15。

(2) 优先级较低的数值表示优先级较高。

注意：默认情况下，EXTI0 中断设置为最高优先级别(0)。

4.9.4 实验回顾

你现在应该：

(1) 看到 CubeMX 使中断实现变得非常简单。

(2) 知道在哪里可以找到 Cube 生成的代码。

(3) 了解自动生成代码的特性和结构。

(4) 认识到自动生成代码框架可以处理 ISR 函数放置，并关联特定的信号源。

(5) 了解 ISR 配置代码与响应中断信号所需代码之间的差异。

4.10 实验 22 演示为何需要快速实现中断处理

实验目的：演示在多任务设计中，冗长的中断驱动的非周期任务会严重影响系统的时间行为。

4.10.1 实验概述和时间参数

系统任务框图如图 4.37 所示，该设计由两个 LED 灯闪烁周期任务和一个 ISR 驱动的非周期任务组成。

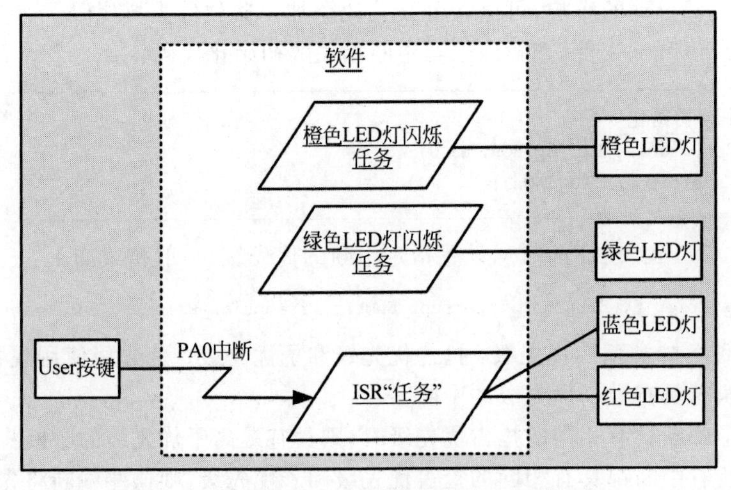

图 4.37 系统任务框图

橙色和绿色 LED 灯由周期任务控制，而蓝色和红色 LED 灯由 ISR 非周期任务驱动。通常，我们使用中断来提供对特定信号（硬件或软件生成）的快速响应，因此，ISR 的优先级通常高于周期任务，可以抢占任务的 CPU 使用权。

周期任务的主要优势之一是，它们的时间行为是可预测的（当然取决于具体实现）。不幸的是，对非周期性任务，情况并非如此。中断信号面临的问题是，它们到来的时间是随机的。因此，在周期和非周期性任务混合的系统中，产生的行为是不可预测的，系统的行为取决于当中断到达时发生了什么。如果嵌入式系统设计者太频繁及随意地使用多个中断，结果不言自明。但如果知道了非周期（随机）任务会对时间行为造成严重破坏，你就不希望落入这个陷阱。本实验旨在通过展示中断驱动任务导致的时序破坏，加强对此的认识。

任务的主要时间信息如下：

```
橙色 LED 灯闪烁任务：周期 2s,闪烁时间 500ms,优先级 Normal.
绿色 LED 灯闪烁任务：周期 4s,闪烁时间 500ms,优先级 Normal.
ISR 任务：非周期,持续时间 4s.
```

周期任务的运行行为如图 4.38 所示，其中 LED 灯的闪烁速率为 10Hz。本实验不需要精确的闪烁时间，近似值即可。

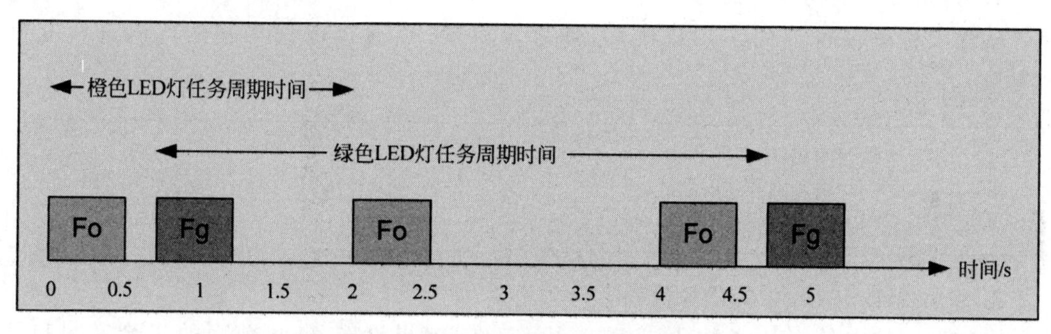

图 4.38 LED 灯闪烁操作时序图（周期任务）

注意：Fo 表示橙色 LED 灯闪烁，Fg 表示绿色 LED 灯闪烁。

观察图 4.38 可知，相对于橙色 LED 灯任务，绿色 LED 灯任务延迟约 700ms。很多方法会产生这种延迟，其中一种方法是在绿色 LED 灯任务进入无限循环之前，增加 700ms 的延迟。

系统启动后，ISR 任务（非周期性）操作行为如图 4.39 所示。

按下 User 按键时，红色 LED 灯点亮，蓝色 LED 灯将以 10Hz 的频率开始闪烁。4s 后，两个 LED 灯都将熄灭。

红色 LED 灯操作指示按键按下的操作已被接受。蓝色 LED 灯闪烁行为模拟 ISR 代码的执行。

编译代码，并将其下载到开发板执行，以检查周期任务时序和操作的正确性。然后，使用按键信号触发中断操作并观察运行结果，多次重复上述操作。例如，可以在橙色 LED 灯

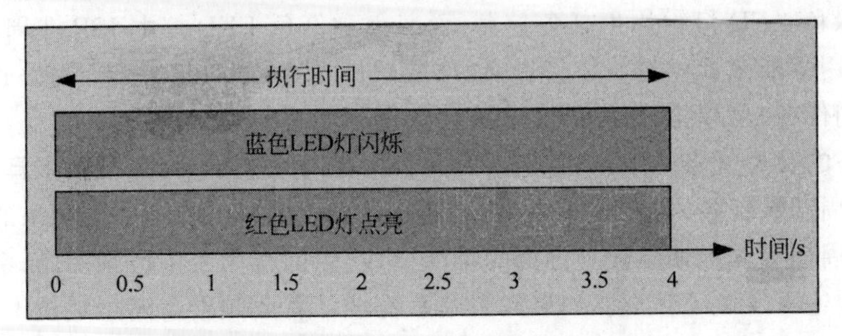

图 4.39　ISR 驱动任务的 LED 灯操作时序

闪烁期间、在红色 LED 灯闪烁期间或两个 LED 灯都熄灭时按下按键，观察系统行为变化。

4.10.2　使用 CubeMX

本实验中没有使用新的 CubeMX 设计功能，所有内容前面的实验已经涵盖。但是在编写本书时，CubeMX 工具中有一个 Bug，当设计包含中断和周期任务时，工具会生成错误的代码，所以代码生成后，请检查以下项目。

1. main.c 中的初始化代码

确保文件中包含下列初始化代码(如果没有，可以通过前面实验的代码进行复制和粘贴)。

```
/* EXTI 中断初始化 */
HAL_NVIC_SetPriority(EXTI0_IRQn, 0, 0);
HAL_NVIC_EnableIRQ(EXTI0_IRQn);
```

2. stm32f4xx-it.c 中的任务代码

检查源文件中的 ISR 函数代码框架是否存在(如果没有，通过前面的实验复制和粘贴)。

```
void EXTI0_IRQHandler(void)
{
    /* 用户代码开始 EXTI0_IRQn 0 */
    /* 用户代码结束 EXTI0_IRQn 0 */
    HAL_GPIO_EXTI_IRQHandler(GPIO_PIN_0);
    /* 用户代码开始 EXTI0_IRQn 1 */
    /* 用户代码结束 EXTI0_IRQn 1 */
}
```

重要提示：将用户添加的代码放在“用户代码”部分！否则，使用 CubeMX 重新生成源文件时，用户添加的代码将被删除。

4.10.3　实验回顾

尽管各个任务的运行时间可能不切实际，但它可以让我们看到问题的严重程度。改变时间设置(如缩短)不会使问题消失，影响仍然相当严重。

从本实验中吸取的教训如下：

(1) 在设计周期和非周期性任务混合的系统时，时间性能不可预测(某些情况下，可以推断出最好/最坏情况)。

(2) 启动非周期性任务的具体影响完全取决于当时系统所处的状态。

(3) 生成的时序变化只能用统计术语而不是确定性术语来描述。

(4) 如果在设计中使用非周期性任务，则应始终评估它们对时间性能的影响。

(5) 设计中，增加中断驱动的非周期性任务的数量，会导致更多系统时间行为的不确定性。

(6) 周期任务的时间性能的任何变化都可能导致实际问题(如阀门延迟打开、控制回路中的抖动等)。

(7) 在可能的情况下，应尽量减少中断驱动任务的使用。替代方案为事件轮询，其在许多应用程序中都可以满足需求。

4.11　实验23　使用可延期服务器减少ISR影响

实验目的：展示如何使用可延期服务器机制，尽量减少ISR对中断驱动的非周期性任务的影响。

4.11.1　中断信号延时响应

当关键的功能，如油箱火灾、车辆碰撞、地面接近警告等产生中断时，必须尽快采取行动。所有其他软件操作必须让位于该操作，否则很可能导致灾难性后果——人身受到伤害，甚至失去生命。然而，在许多情况下对中断的初始响应必须快速，但大部分中断处理工作的重要性要小得多。例如，船舶的导航人员请求显示更新所有导航数据，良好的HMI(人机接口)设计要求快速应答请求；但这并不意味着显示内容必须快速更新，较慢的更新速率是完全可以接受的。因此，我们可以推迟中断相关的大部分处理工作，将其与ISR处理分开。要保证ISR短而简单，但运行速度非常快，从而尽量减少ISR对系统性能的影响。延期工作可以分配给单独的任务，设置合适的任务优先级，由调度器调度执行。通过单向同步机制将ISR与延期处理任务链接起来，如图4.40所示。

可延期服务器任务大部分时间处于挂起状态，等待信号量发布(Set)。当中断激活其ISR处理时，将调用Set操作发布信号量，该操作导致延期服务任务就绪，服务任务将被置于就绪任务队列中。调度器何时执行此任务取决于其优先级、就绪任务队列的当前状态和RTOS的调度策略。

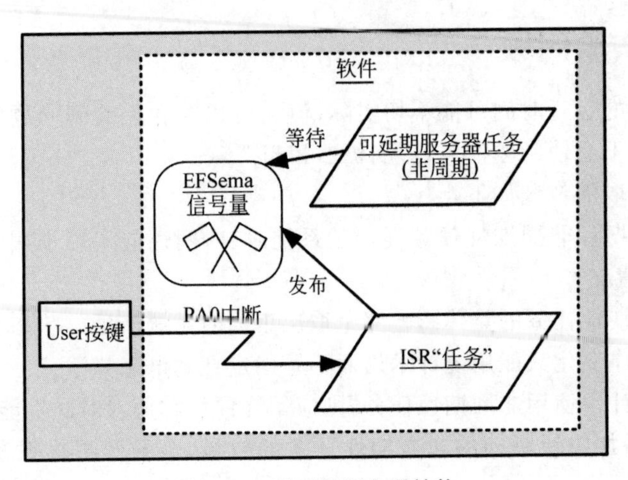

图 4.40　可延期服务器结构

4.11.2　实验概述和时间细节

系统任务框图如图 4.41 所示，该设计由两个 LED 灯闪烁周期任务、一个非周期可延期服务器任务和中断驱动 ISR 任务组成。

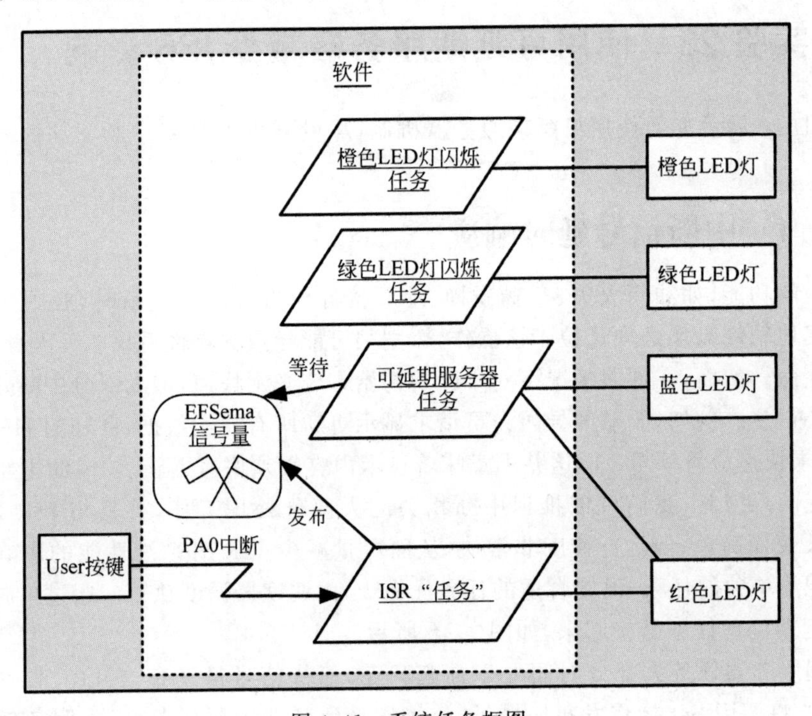

图 4.41　系统任务框图

任务的主要时间信息如下：

橙色 LED 灯闪烁任务：周期 2s，闪烁时间 500ms，优先级 Normal.
绿色 LED 灯闪烁任务：周期 4s，闪烁时间 500ms，优先级 Normal.
可延期服务器任务：非周期任务，优先级低于 Normal.
ISR 任务：非周期性，执行时间最短，优先级默认为最高.

绿色和橙色 LED 灯任务的执行行为与实验 22(4.10 节)中的完全相同，如图 4.42 所示。

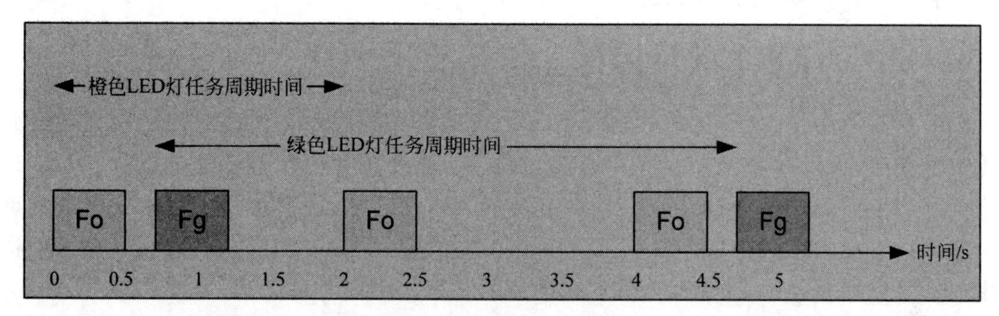

图 4.42 周期任务时序

ISR 和可延期服务器任务之间的交互，及其对红色 LED 灯的影响，如图 4.43 所示。

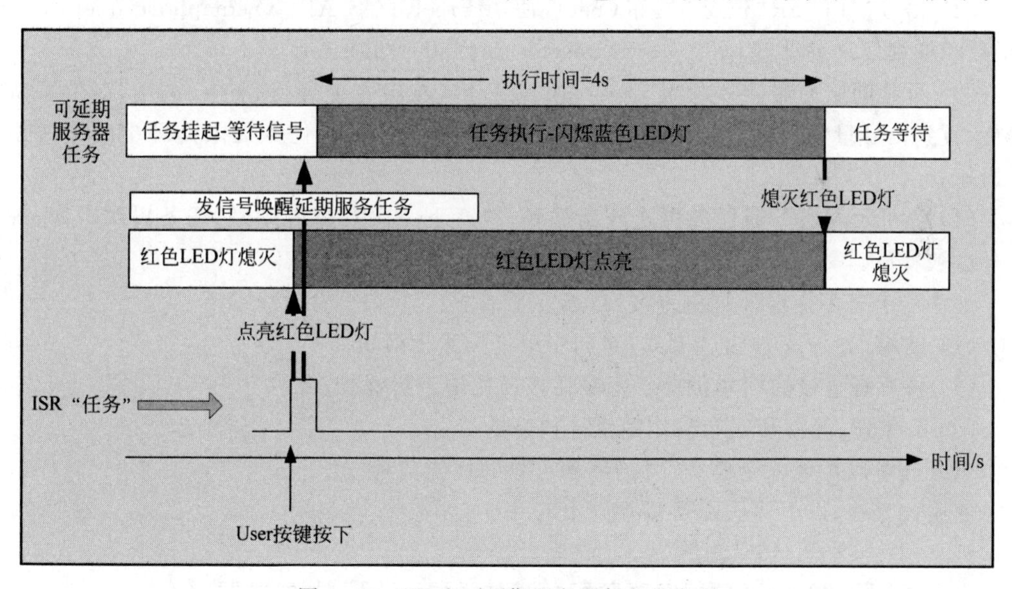

图 4.43 ISR 和可延期服务器任务的交互

这是禁止绿色和橙色 LED 灯任务后，期望的系统行为，解析如下：

(1) 可延期服务器任务(DS)运行后，会立即在定义的同步点挂起。

(2) 用户按键按下后，会激活按键 ISR。

(3) ISR 启动后，它将点亮红色 LED 灯，通过同步机制发信号给 DS 任务，然后完成。

(4) DS 任务就绪，但在 ISR 处理完成之前无法执行(优先级设置)。

(5) DS 任务继续运行，关闭红色 LED 灯，重复循环，在同步点等待。

因此，从 ISR 激活到可延期服务器任务完成，红色 LED 灯保持点亮。我们可以用它的点亮时间来测量可延期服务器任务总的执行时间。

当橙色和绿色 LED 灯周期任务处于活动状态时，预测系统的行为，并估算服务任务的最短和最长执行时间。将机器代码下载到目标板，运行应用，并比较实际情况与预测值。比较本实验与实验 22 中的系统行为。

4.11.3 代码生成及运行

你需要参考实验 22 所述内容，修改 Cube 自动生成的代码。大多数代码实现在前面的实验中已涵盖，所以在设计方面不会遇到问题。实验要求使用单向同步机制(见实验 14)，允许 ISR 控制可延期服务器任务。在本实验中，我们使用信号量而非互斥信号量来实现同步。使用此方法的原因是信号量可以由一个任务发布，由另一个任务释放。此外，我们选择使用 FreeRTOS 原生 API，而不是 Cube 生成的 API。实现时请注意：

(1) 信号量创建时，必须将其初始化为阻塞(等待)状态。相关的 API 为 vSemaphoreCreateBinary 和 xSemaphoreTake(阻塞时间设置为 portMAX_DELAY)。

(2) 信号量由 ISR“任务”发布(Set)，使用 FreeRTOS API xSemaphoreGiveFromISR (函数的详细信息参见 http://www.freertos.org/a00124.html)。

(3) 可延期服务器任务调用 xSemaphoreTake，发出一个等待(wait)调用，以阻塞状态等待，直到信号量释放。xSemaphoreTake 执行的位置应该是任务无限循环中的第一条代码语句。

(4) 当可延期服务器任务再次开始循环，执行下一次等待调用时，任务再次阻塞，等待信号量被释放。

这些需求有多个设计解决方案，首选方案如下：

(1) 使用.h/.c 文件组合方式，将同步组件构建为模块。

(2) 将所有直接的信号量操作隐藏在该模块中进行保护。

(3) 为创建、等待和发布操作提供接口函数。

该方法可以生成一个健壮、可测试和可靠的代码结构。

使用此方法，以下代码需要添加到 ISR 中：

```
/* ======================================================= */
 * @简介 本函数处理 EXTI line0 中断
 */
void EXTI0_IRQHandler(void)
{
  /* 用户代码开始 EXTI0_IRQn 0 */
  //更多用户代码
```

```
  SetEFSema1(); //释放信号量
./* 注意:本设计中,SetEFSema1() 调用 xSemaphoreGiveFromISR */
```

可延期服务器任务实现：

```
/* StartDeferredServerTask 函数 */
void StartDeferredServerTask(void const * argument)
{
  /* 用户代码开始 5 */
  /* 无限循环 */
  for(;;)
  {
    WaitEFSema1(); //阻塞等待信号量
  }
```

4.11.4　实验回顾

最后两个练习的要点如下：

(1) 由随机信号激活的非周期性任务会影响周期任务的时间行为。

(2) 激活信号到达时,关键任务必须立即执行。

(3) 非周期任务对系统时序的影响难以预测,尤其是存在多个此类任务时。

(4) 在系统中存在非周期任务的情况下,无法保证预测的行为。

(5) 只要整个系统响应时间可以接受,非关键任务可以延期执行。

(6) 在调度器控制下执行非周期任务,最小化时间的不可预测性。

(7) 处理器利用率高的系统对非周期任务的使用更敏感。

在处理可延期服务器任务及其操作时,必须考虑以下两个要点：

(1) 可延期服务器任务的优先级相对较低。

(2) 重新调度的时刻完全由调度器决定,无须主动调用任务切换(非时间关键任务)。

但是,如果正在处理的任务在中断发生时必须立即响应,并且必须在 RTOS 的控制下执行,那么：

(1) 任务必须在系统中具有最高优先级。

(2) 必须由 ISR 重新安排调度。

在 FreeRTOS 中,为了实现此操作,我们使用函数 #define portYIELD_FROM_ISR(x),这实际上在移植文件 port_macro.h 中重新定义了一个本地函数,具体实现取决于特定移植代码,如 Cortex-M3 架构中：

```
#define portYIELD_FROM_ISR(x) portEND_SWITCHING_ISR(x)
```

第三篇　使用Tracealyzer可视化软件行为

本篇的目标：展示在开发基于 RTOS 的软件时，使用运行时记录和分析工具的价值。

这里提供的资料由使用 Percepio Tracealyzer 工具（在 *Real-Time Operating Systems Book 1—The Theory* 中介绍）捕获的一系列运行时记录组成。这些记录描述了软件在执行时的行为，涵盖了多任务实现的主要方面。

Tracealyzer 是可视化软件行为工作的首选工具，原因如下：

(1) 能够快速、轻松地收集多任务软件有用和有意义的行为。

(2) 将其集成到我们现有的开发环境非常简单。

(3) 提供了针对 FreeRTOS 的特定版本。

(4) Percepio 提供了大量的使用材料：视频、白皮书、网络研讨会、应用笔记等。

Tracealyzer 提供了时间限制版本用于评估。我推荐下载该评估版本，这样可以使用该工具非常详细地分析自己的实验项目。此外，Tracealyzer 还有一个用于教育目的的低成本版本。

需要注意的是，本篇并不是一个工具教程。但你可以在 Percepio 网站上找到关于 Tracealyzer 使用的全方位的指导，充分地利用这些资源。但是,这里给出的内容足以展示记录的各种要点。

本篇首先介绍如何将 Tracealyzer 集成到现有的软件/硬件环境中,提供了一些帮助你快速入门的方法。后面是一组实验,涵盖了多任务软件在执行过程中的突出特点。请把所有的实验都做一遍,仔细分析,这会加深你对多任务工作过程的理解。此外,我强烈建议你也看看本书第二篇的所有实验,相信它会扩充你对这个主题的掌握。

Tracealyzer 的入门使用,可以访问网站 http://percepio.com/gettingstarted。

STM32F4 Discovery 评估板板载了 ST-Link,通过 USB 接口与主机连接,实现在线调试和编程。然而,Tracealyzer 不能直接使用板载 ST-Link。但好在可以很方便地将板载调试器的固件更新为 Segger J-Link(Tracealyzer 支持 J-Link),固件更新方法请查看 *Getting Started with ST-LINK On-Board*,网址为 https://www.segger.com/products/debug-probes/j-link/models/other-j-links/st-link-on-board/。

板载调试器可以重复编程,重新恢复成 ST-Link。

第5章

Tracealyzer 集成和配置指南

5.1 Tracealyzer 实验 1 Tracealyzer 介绍

本节是一个安装指南，帮助用户在运行 FreeRTOS 的 STM32F4 微控制器上集成和配置 Tracealyzer。这部分内容能够让项目正常运行起来。

首先，下载和安装 Tracealyzer for FreeRTOS 版本，请访问：

https://percepio.com/tz/freertostrace/和 https://percepio.com/downloads/。

译者注：Tracealyzer 新版本安装程序不划分 RTOS。本书实验作者和译者使用的是 Tracealyzer v4.3.4 版本。

软件安装完成之后，需要执行 4 个关键操作，以确保工具配置成功。

(1) 将 Percepio 跟踪记录器库(Trace Recorder Library)加入项目。

(2) 将 FreeRTOS 与 Tracealyzer 记录器集成。

(3) 配置 CubeMX 项目以满足 Tracealyzer 工具要求。

(4) 修改项目源码来初始化并启动跟踪记录。

可以在下面的网址找到详细资料：

https://percepio.com/docs/FreeRTOS/manual。

如果手册的内容与本书有出入，请以手册的信息为准。此外，对 Tracealyzer 工具升级也可能造成内容冲突。注意：Tracealyzer 实验相关的代码文件及 Tracealyzer 捕获截图文件将发布在 www.hexiaoqing.net 图书栏目，读者可以参考。

5.2 集成跟踪记录器库

5.2.1 将记录器库添加到项目

记录器库的详细资料载于：

https://percepio.com/docs/FreeRTOS/manual/Recorder.html#。

记录器库作为 Tracealyzer 的一部分，存在于独立的文件夹中，如图 5.1 所示，通常安装

图 5.1 跟踪记录器库的内容

在 C:\Program Files\Percepio\Tracealyzer 4\FreeRTOS。

从图 5.1 中可以看到,记录器库包含 3 个关键源文件,另外 2 个关键的目录是 config 和 include(暂时忽略 streamports 文件夹),其详细内容如图 5.2 所示。

需要将 config、include 目录,以及源文件添加到项目适当的位置,这没有统一的操作方法,取决于个人的选择和项目使用的 IDE。不过,在项目中必须看得到所有的记录库文件。同样地,具体的实现依赖于特定的项目。图 5.3 给出了示例项目的文件目录结构,该项目使用 Keil μVision IDE。

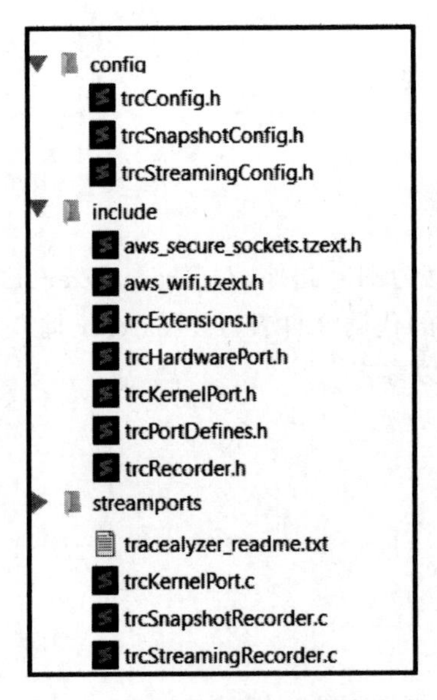

图 5.2 详细的跟踪记录器库内容

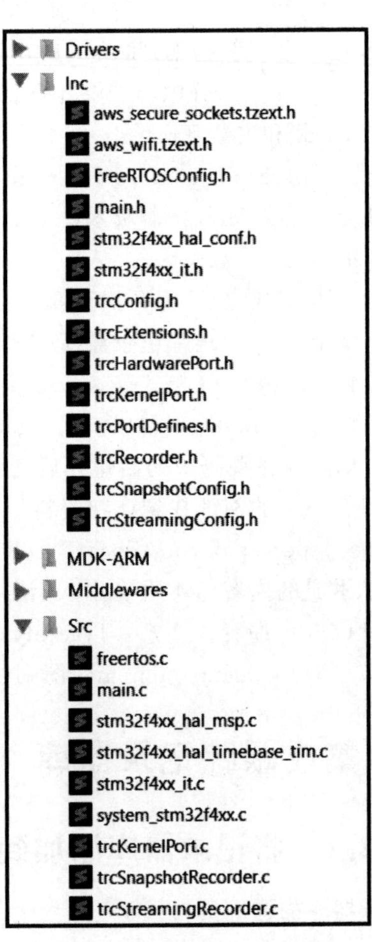

图 5.3 示例项目文件结构

5.2.2 为应用配置库文件

如图 5.2 所示，config 目录下有 3 个配置文件。在第一部分实验中，我们会使用快照模式。因此，暂时忽略 trcStreamingConfig.h。对于 trcSnapshotConfig.h 文件，使用默认设置即可，目前不需要修改。但是，需要根据特定的项目修改 trcConfig.h。

请阅读以下文档，了解相关的配置信息：

https://percepio.com/docs/FreeRTOS/manual/Recorder.html#config;

https://percepio.com/docs/FreeRTOS/manual/Recorder.html#tracedetails。

作为一个快速参考，下面列出的项目 1、2 和 3 需要在 trcConfig.h 中更新。

```
项目 1 - 配置前
/*****************************************************************************
 * 包含处理器头文件
 *
 * 这里可能需要包含处理器的头文件,至少对于使用 ARM CMSIS API 的 ARM Cortex-M 的移植
 * 需要,在遇到构建问题时可以尝试,否则,移除下面的#error 行
 ****************************************************************************/
#error "Trace Recorder: Please include your processor's header file here and remove this line."
/*****************************************************************************
项目 1 - 配置后
 ****************************************************************************/
//#error "Trace Recorder: Please include your processor's header file here and remove this line."
#include "stm32f4xx.h"
/*****************************************************************************
```

```
项目 2 - 配置前
/*****************************************************************************
Configuration Macro: TRC_CFG_HARDWARE_PORT
 ****************************************************************************/
#define TRC_CFG_HARDWARE_PORT TRC_HARDWARE_PORT_NOT_SET
/*****************************************************************************
项目 2 - 配置后
 ****************************************************************************/
//#define TRC_CFG_HARDWARE_PORT TRC_HARDWARE_PORT_NOT_SET
#define TRC_CFG_HARDWARE_PORT TRC_HARDWARE_PORT_ARM_Cortex_M
/*****************************************************************************
```

项目 3 配置系统使用 FreeRTOS 版本。你需要确认使用的 FreeRTOS 版本，到 Middlewares(见图 5.4)目录中的 FreeRTOS 下的 include 文件夹，打开 task.h，并找到 MACROS AND DEFINITIONS，确认 FreeRTOS 的版本来配置项目 3。

```
项目 3 - 配置前
/*******************************************************************
 * TRC_CFG_FREERTOS_VERSION
 *
 * 指定使用哪个版本的 FreeRTOS,不用更改,除非使用老版本的 FreeRTOS 的跟踪记录库
 *
 * TRC_FREERTOS_VERSION_7_3 If using FreeRTOS v7.3.x
 * TRC_FREERTOS_VERSION_7_4 If using FreeRTOS v7.4.x
 * TRC_FREERTOS_VERSION_7_5_OR_7_6 If using FreeRTOS v7.5.0 - v7.6.0
 * TRC_FREERTOS_VERSION_8_X If using FreeRTOS v8.X.X
 * TRC_FREERTOS_VERSION_9_0_0 If using FreeRTOS v9.0.0
 * TRC_FREERTOS_VERSION_9_0_1 If using FreeRTOS v9.0.1
 * TRC_FREERTOS_VERSION_9_0_2 If using FreeRTOS v9.0.2
 * TRC_FREERTOS_VERSION_10_0_0 If using FreeRTOS v10.0.0 or later
*******************************************************************/
#define TRC_CFG_FREERTOS_VERSION TRC_FREERTOS_VERSION_10_0_0
/*******************************************************************
项目 3 - 配置后
*******************************************************************/
#define TRC_CFG_FREERTOS_VERSION TRC_FREERTOS_VERSION_10_0_1
```

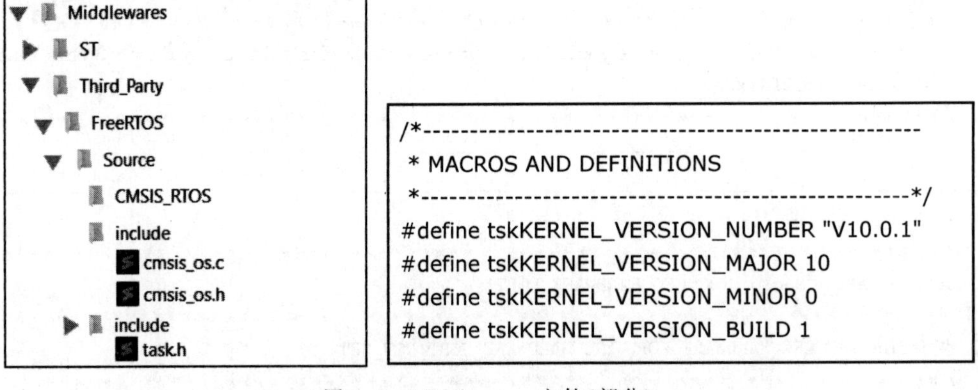

图 5.4 Middlewares 文件(部分)

5.3 在 FreeRTOS 中启用 Tracealyzer 记录器

在 FreeRTOSConfig.h 文件中有一个用于跟踪记录器的主开关。为了确保启用记录器,请检查是否包含以下设置:

```
#define configUSE_TRACE_FACILITY 1
```

注意:如果此设置为 0,则跟踪记录器将完全被禁用并从构建中排除。

检查下面的内容是否已经插入 FreeRTOSConfig.h 文件最后的用户定义部分。

```
///////////////////////////////////
/* 将 Tracealyzer 记录器与 FreeRTOS 集成 */
#if(configUSE_TRACE_FACILITY == 1)
#include "trcRecorder.h"
#endif
//////////////////////////////////////
/* USER CODE END Defines */
```

5.4 配置 CubeMX 项目以符合工具需求

在 CubeMX 的 FREERTOS Mode and Configuration 区域的 Config Parameters 面板做以下设置：

(1) 将每个任务的最小堆栈大小设置为 512。

(2) 将 heap 的大小设置为 32000。

(3) 将 USE_TRACE_FACILITY 设置为 Enabled。

5.5 初始化/启动跟踪记录

Tracealyzer 有两种记录模式：快照(Snapshot)和数据流(Streaming)模式。具体信息参见下面的网址：

https://percepio.com/docs/FreeRTOS/manual/Recorder.html#Trace_Recorder_Library_Snapshot_Mode;

https://percepio.com/docs/FreeRTOS/manual/Recorder.html#Trace_Recorder_Library_Streaming_Mode。

5.5.1 快照跟踪模式

本节简要说明如何配置源代码使用快照模式。这个过程很简单，首先初始化系统，然后启动跟踪记录器。

(1) 初始化并开始记录。

在 main 函数中调用 vTraceEnable(TRC_START)。

(2) 初始化记录器，稍后开始跟踪。

首先在 main 函数中调用 vTraceEnable(TRC_INIT)；初始化记录器。然后在代码中需要的位置调用 vTraceEnable(TRC_START)，启动跟踪。

注意：*TRC_INIT 调用必须在初始硬件设置之后，在创建任何 RTOS 对象(任务等)之前执行。初始化和跟踪的详细说明可以参考 Tracealyzer 手册中相应的内容，Tracealyzer* for FreeRTOS 链接为 https://percepio.com/docs/FreeRTOS/manual/Recorder.html#vtraceenab。

```
int main(void)
{
  /* 重置所有外设,初始化 Flash 接口和 Systick */
  HAL_Init();
  /* 配置系统时钟 */
  SystemClock_Config();
  /*用户代码开始 - 系统初始化*/
  vTraceEnable(TRC_INIT);
  vTraceEnable(TRC_START);
  /* 用户代码结束 - 系统初始化 */
  /* 初始化所有已配置的外设 */
  MX_GPIO_Init();
  /* 创建任务 */
  /* 定义并创建 LedFlashing 任务 */
  osThreadDef(LedFlashingTask, StartLedFlashingTask, osPriorityNormal, 0, 512);
  LedFlashingTaskHandle = osThreadCreate(osThread(LedFlashingTask), NULL);
  /* 启动调度器 */
  osKernelStart();
```

如果在应用测试期间复位开发板,启动 Tracealyzer 记录,将捕获 TraceEnable 调用之后发生的事件。每当你想重新记录时,请执行复位操作。

若在某些情况下希望从任务中选定的点开始记录,推荐的方法是首先初始化记录器,之后再开始记录,如下面的代码片段所示:

```
myBoardInit();
/*仅初始化,之后再开始记录*/
vTraceEnable(TRC_INIT);
...
/* RTOS 调度器启动 */
vTaskStartScheduler();
...
/* 在任务或者中断中 */
vTraceEnable(TRC_START);
```

5.5.2 流跟踪模式

在源代码中插入如下调用:

```
vTraceEnable(TRC_START_AWAIT_HOST);
```

由此,在运行时(在记录器初始化之后),目标系统在此等待来自主机系统的开始命令。

示例代码片段如下：

```
myBoardInit();
...
/* 启动之后阻塞,等待主机开始命令 */
vTraceEnable(TRC_START_AWAIT_HOST);
...
/* RTOS 调度器启动 */
vTaskStartScheduler();
```

稍后将在第 7 章的 Tracealyzer 实验 7 中详细地讨论这个话题。

5.6 附加检查

1. 跟踪时间控制

在 trcConfig.h 中设置 TRC_CFG_INCLUDE_OSTICK_EVENTS 宏，确定记录多少事件。如果是 1，每当 OS 时钟增加时，都会产生事件。如果是 0，不会生成 OS Tick 事件，允许在相同的 RAM 中记录更长时间的跟踪。默认值是 1，在接下来的大多数实验中，它被设置为 0。

2. 设置快照模式中可以存储的事件数量

在 trcSnapshotConfig.h 中，TRC_CFG_EVENT_BUFFER_SIZE 宏定义事件缓冲区的容量。默认值是 1000(单位为字)，意味着为事件缓冲区分配了 4000 字节。

```
#define TRC_CFG_EVENT_BUFFER_SIZE 1000
```

如果希望记录更长的跟踪，请增大此值(可设置的最大值取决于下载的应用程序代码所使用的内存空间)。

第 6 章

Tracealyzer 的基本特点和使用

6.1 Tracealyzer 实验 2 Tracealyzer 基础知识

本实验的目的是帮助你了解 Tracealyzer 的基础知识。为此,让我们记录和分析最简单的多任务设计——单个周期任务,代码如下:

```
/* StartDefaultTask 函数 */
void StartDefaultTask(void const * argument)
{
    /* USB_HOST 初始化代码 */
    MX_USB_HOST_Init();
    /* USER CODE BEGIN 5 */
    /* 死循环 */
    for(;;)
    {
        HAL_GPIO_WritePin(GPIOD, GPIO_PIN_13, GPIO_PIN_SET);
        /* 软件延时 25ms 来模拟程序执行 */
        osDelay(50); /* 任务挂起 50ms */
        HAL_GPIO_WritePin(GPIOD, GPIO_PIN_13, GPIO_PIN_RESET);
        /* 软件延时 25ms 来模拟程序执行 */
        osDelay(50); /* 任务挂起 50ms */
    }
}
```

将 Tracealyzer 的记录模式设置为快照模式,首先请阅读下面的文档:

https://percepio.com/2016/10/05/rtos-tracing/;

https://percepio.com/docs/FreeRTOS/manual/Recorder.html#Trace_Recorder_Library_Snapshot_Mode。

在继续之前,请在 trcConfig.h 文件中确认以下配置的选择:

```
#define TRC_CFG_RECORDER_MODE  TRC_RECORDER_MODE_SNAPSHOT
```

尽管这是默认的设置，但依旧值得每次都检查一遍，确认这些配置是正确的。

在你编译和下载了测试程序之后，复位开发板。接着需要激活 Tracealyzer，如图 6.1(a)所示。然后针对 STM32F4 Discovery 开发板进行配置，如图 6.1(b)所示。

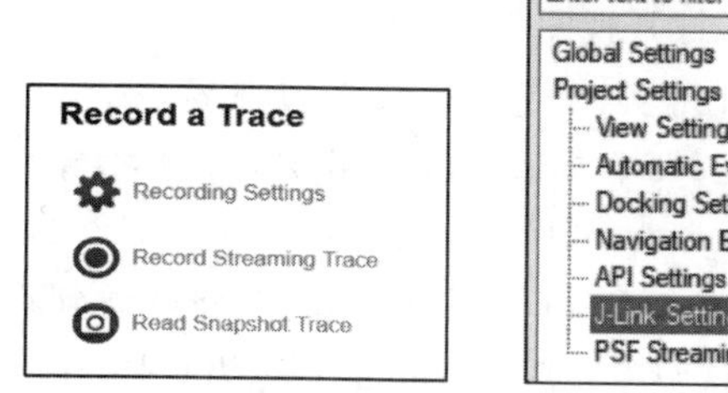

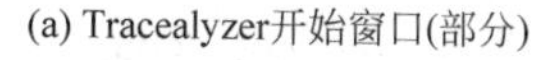
(a) Tracealyzer开始窗口(部分)

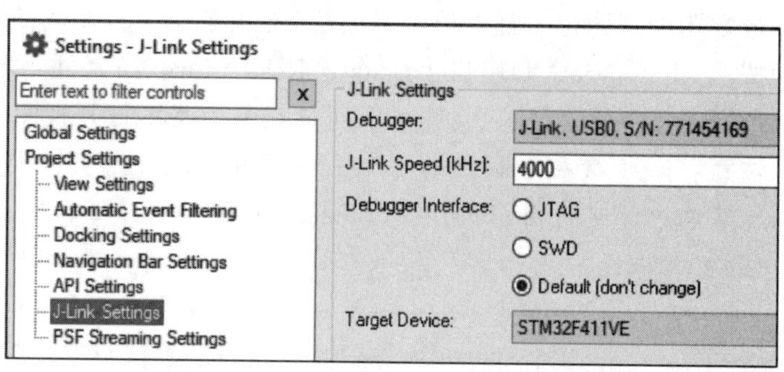

(b) 记录设置窗口

图 6.1　快照模式的接口设置

如前面所述，第一组实验使用快照模式(Tracealyzer 从目标板的 RAM 读取跟踪缓冲区)，单击 Read Snapshot Trace。第一次执行此操作时，要选择快照接口(如果尚未完成)和用于搜索跟踪数据的内存范围(见图 6.2)。所提供的内存范围不需要与跟踪缓冲区精确匹配，只要数据完全包含在内即可。

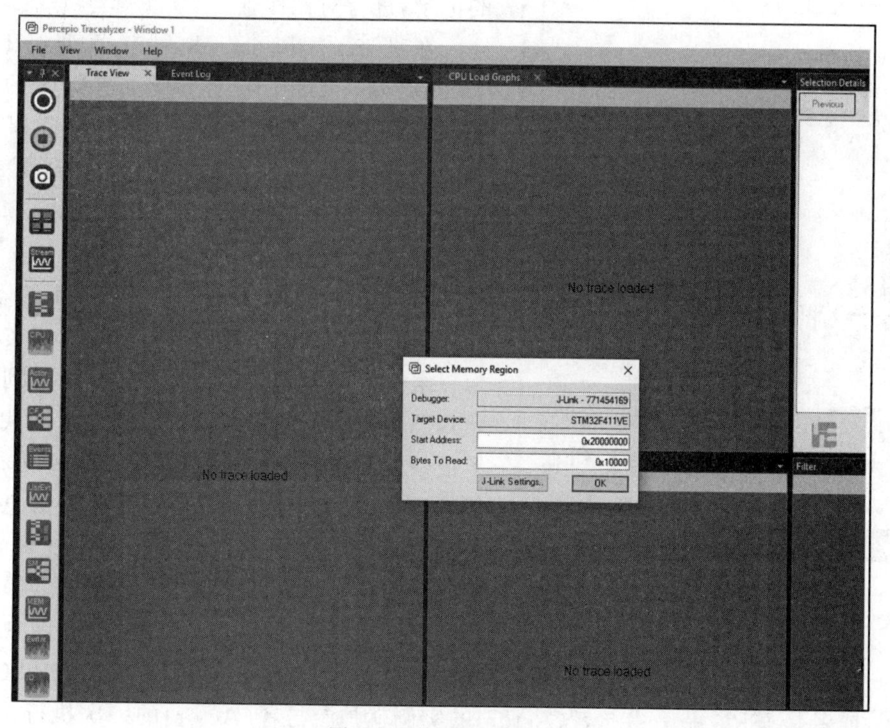

图 6.2　快照工具接口

从图 6.2 中可以看到 Tracealyzer UI 窗口由许多面板组成，用于显示所选择的跟踪记录或者视图。Tracealyzer 提供超过 30 种视图，提供跟踪数据不同的透视图，有多种访问和排列这些视图的方法。

最常用的视图位于最左侧的导航栏，提供了每个视图的简短描述与缩略图，打开所选视图的按钮 Show View 和用户手册链接 Read more(译者注：需要单击导航栏的 All Views 图标打开 All Views 视图)。还可以通过双击缩略图打开视图。

注意：你可以在导航栏的 Settings(File→Settings)中调整导航栏的内容，也可以从 Views 菜单中访问视图，如同在 Tracealyzer 的旧版本(译者注：Tracealyzer 4.0 之前的版本)中的操作一样。

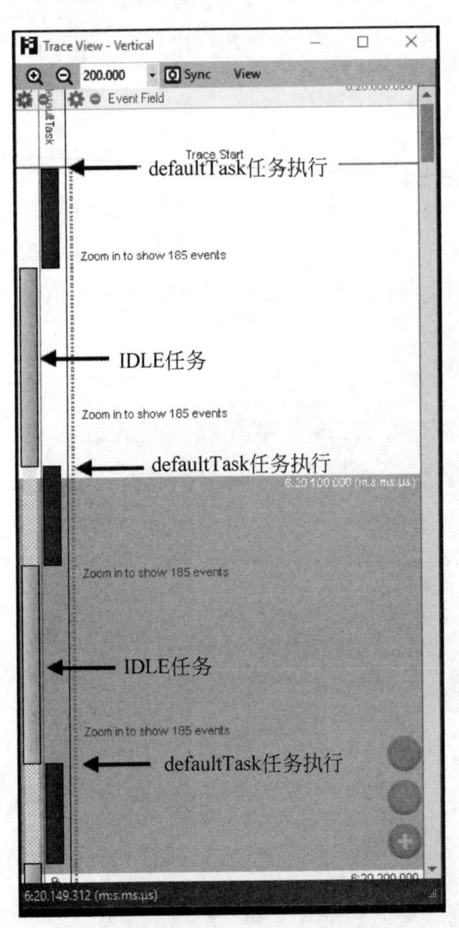

图 6.3 跟踪记录——垂直跟踪视图

在图 6.2 中一旦单击 OK 按钮，将会看到程序执行的默认跟踪视图(见图 6.3)，称为甘特(Gannt)视图模式。详情请参阅 https://percepio.com/docs/FreeRTOS/manual/MainView.html#Main_Window_Trace_View。

现在我们来看看记录的各个方面。图 6.3 只显示了跟踪记录的一部分，仅关注任务的执行。确保你能理解视图所提供的信息。请对照你自己的记录，进行对比检查。

在图 6.3 中可以看到有两列：IDLE 和 defaultTask。IDLE 任务是 FreeRTOS 的特殊任务，当启动 RTOS 调度时自动创建，确保至少有一个任务可以运行。如果你想找到更多有关 IDLE 任务的细节，请查看 http://www.freertos.org/RTOS-idle-task.html。

不过，对我们来说，主要的目的是跟踪 defaultTask。在跟踪视图中，它的执行实例显示为一组带颜色标记的矩形，从中可以看到任务按照其源代码指定的周期执行。该显示为我们提供了很好的任务行为的概览，但是比例不是很精确，很难从图的本身提取有意义的时间信息。好在 Tracealyzer 提供了获取这些信息的方法，图 6.4 是一个获得精确时间的例子。

图 6.4 是通过单击某个矩形(在图 6.4 中高亮显示)产生参与者(Actor)的时间信息。注意，参与者(Actor)被定义为 FreeRTOS 的任务/线程，或者是 ISR。一个参与者(Actor)的实例就是参与者(Actor)的一次执行。还可以看到，该显示标识出系统节拍中断开始的所有计时点。在本例中，系统节拍中断以默认的

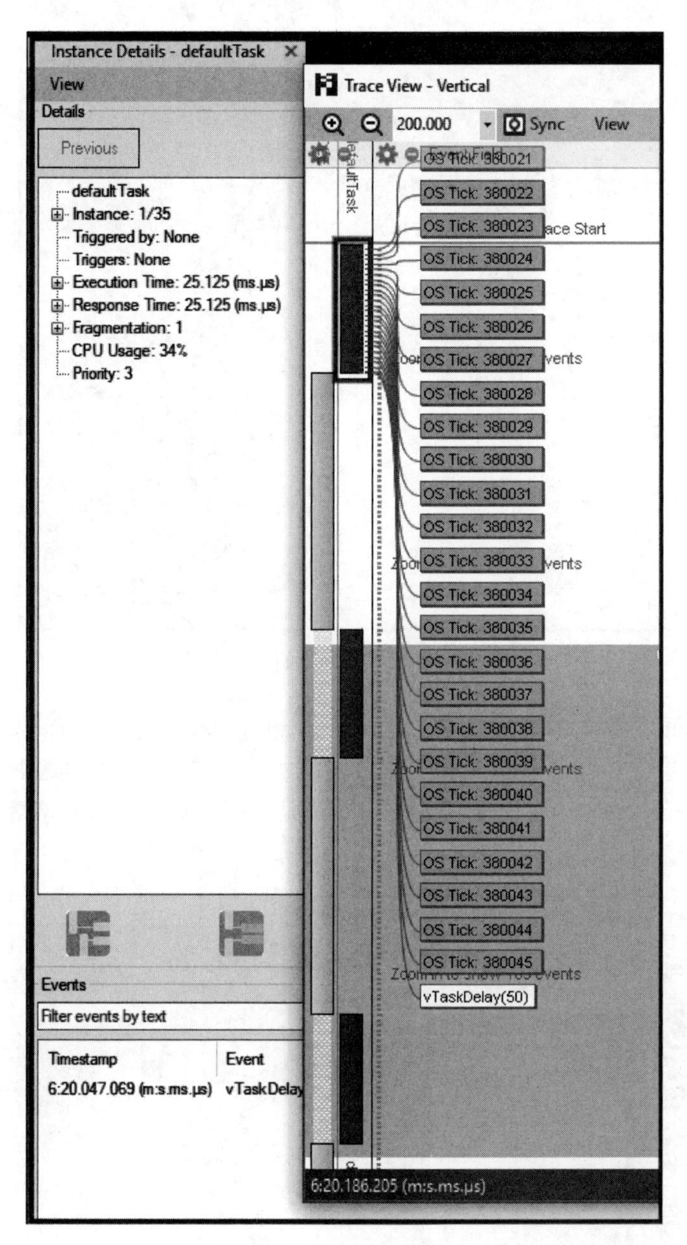

图 6.4　任务时间信息 1

1ms 运行。这种显示似乎没有什么意义，其实不然，它可以提醒你在设计多任务系统时应该始终考虑系统节拍的开销（请参阅 *Real-Time Operating Systems Book 1—The Theory* 一书中“处理器系统中的时间开销”一节）。

与下一次执行的有关信息如图 6.5 所示。

在本章后面会给出时间细节的解释。

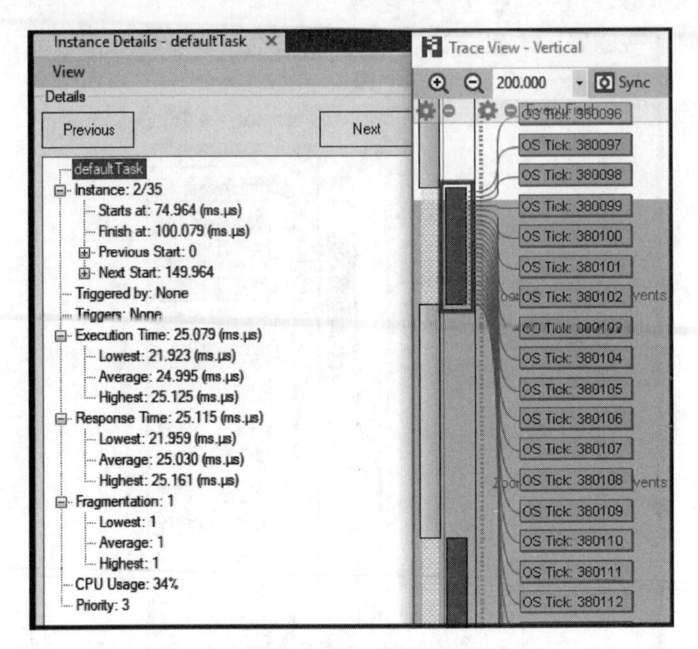

图 6.5　任务时间信息 2

另一种显示记录信息的方式是水平跟踪视图(Horizontal Trace View),如图 6.6 所示。发生的所有任务事件(实例)显示在水平轴上。与之前一样,可以单独选取实例来获取时间信息。根据 Tracealyzer 文档,该视图的基本目的是允许将详细的执行跟踪与其他水平视图关联起来。稍后会有更多的介绍。

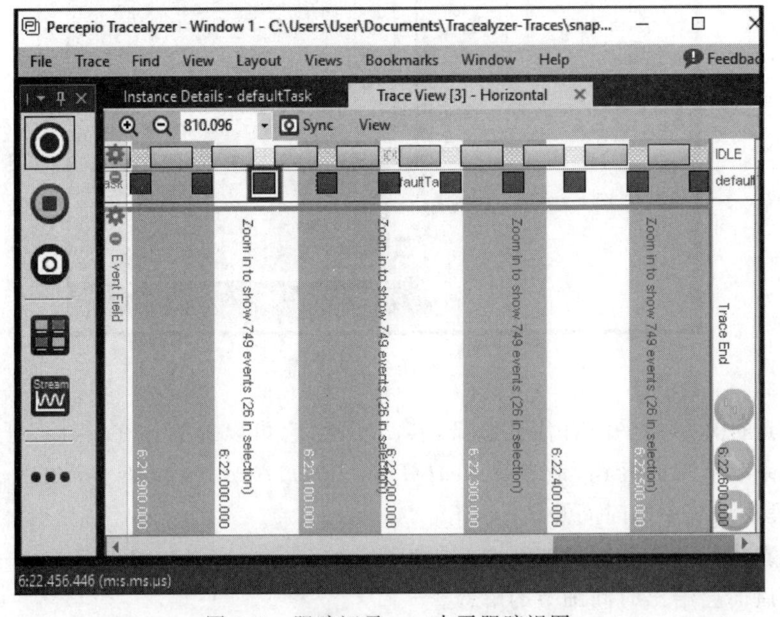

图 6.6　跟踪记录——水平跟踪视图

图 6.6 的时间数据表示的信息非常清晰。窗口左下方给出的数值表示光标在跟踪视图上的当前时间位置，作为导航工具很有用，但目前对我们并不重要。图 6.5 和图 6.6 中给出的信息定义可查看 Tracealyzer 手册：https://percepio.com/docs/FreeRTOS/manual/Terminology.html#Terminology。

Tracealyzer 手册中使用的定义如下所述（见图 6.7）。

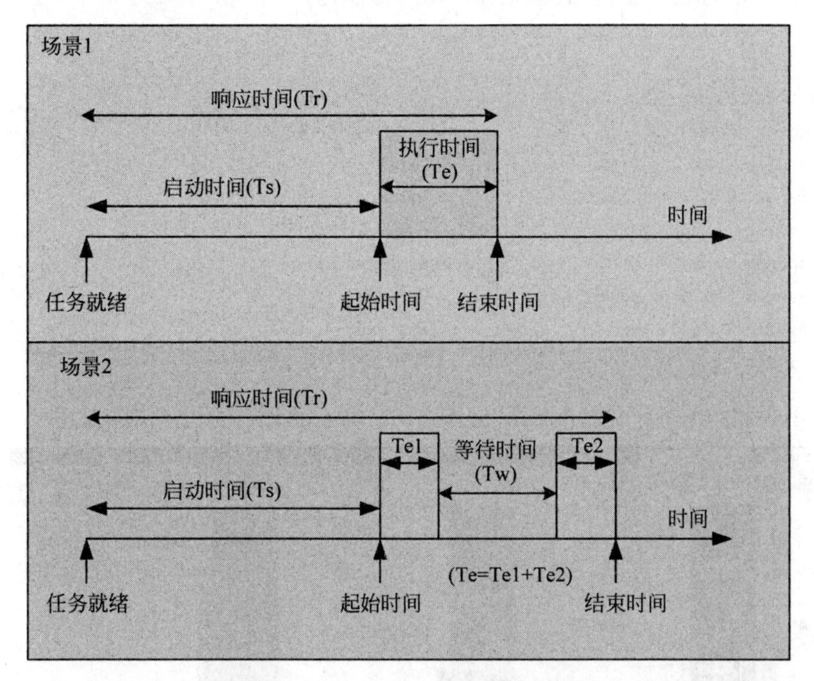

图 6.7　Tracealyzer 的时间定义

起始和结束时间（Start and End Times）：任务代码开始执行和结束的时刻。

执行时间（Execution Time）：参与者（Actor）实例使用的 CPU 时间量，不包括抢占。

响应时间（Response Time）：从参与者（Actor）实例开始到结束的时间。更确切地说，任务的响应时间是从任务开始准备就绪时计算的（即内核将任务的调度状态设置为就绪的时间）。请注意，这与 *Real-Time Operating Systems Book 1—The Theory* 一书中的定义不同。

等待时间（Wait Time）：这是实例中参与者（Actor）实际没有执行的时间，计算方式为[（结束时间－开始时间）－（执行时间）]。

启动时间（Startup Time）：从任务就绪到开始执行之间的时间。

响应干扰（Response Interference）：执行时间和响应时间的关系。30%的值表示响应时间比执行时间长 30%，可能由任务抢占、中断或者阻塞等原因导致。0%的值意味着响应时间和执行时间相等，也就是说，参与者（Actor）在没有进行上下文切换的情况下执行到完成。

分片（Fragmentation）：参与者（Actor）实例中执行的分片的数量（通常由于任务抢占）。如果一个参与者（Actor）实例在没有被抢占的情况下完整地执行，那么该实例的分片是 1。

注意：当启动和等待时间为 0 时，响应时间与执行时间相等。

通过选择 File，然后在下拉菜单中单击 Export Actor Data，可以将参与者(Actor)信息导出到文本文件。这些数据包括所选参与者(Actor)的每个实例的起始时间、执行时间、响应时间和分片，示例如下：

```
This file is generated using Tracealyzer for FreeRTOS,
using the "Export Actor Data" feature.
Task defaultTask
    Instance count: 35
    Fragment count: 35
    Execution time
      Range: 25079 to 25125 μs
      Average: 25084 μs
    Response time
      Range: 25079 to 25161 μs
      Average: 25119 μs
    Periodicity
      Range: 74964 to 75003
      Average: 74999
    Separation
      Range: 49839 to 49888
      Average: 49880
    Fragmentation
      Range: 1 to 1
      Average: 1
```

Tracealyzer 能够查看 CPU 负载(见图 6.8)，并获得跟踪概述信息(见图 6.9)。

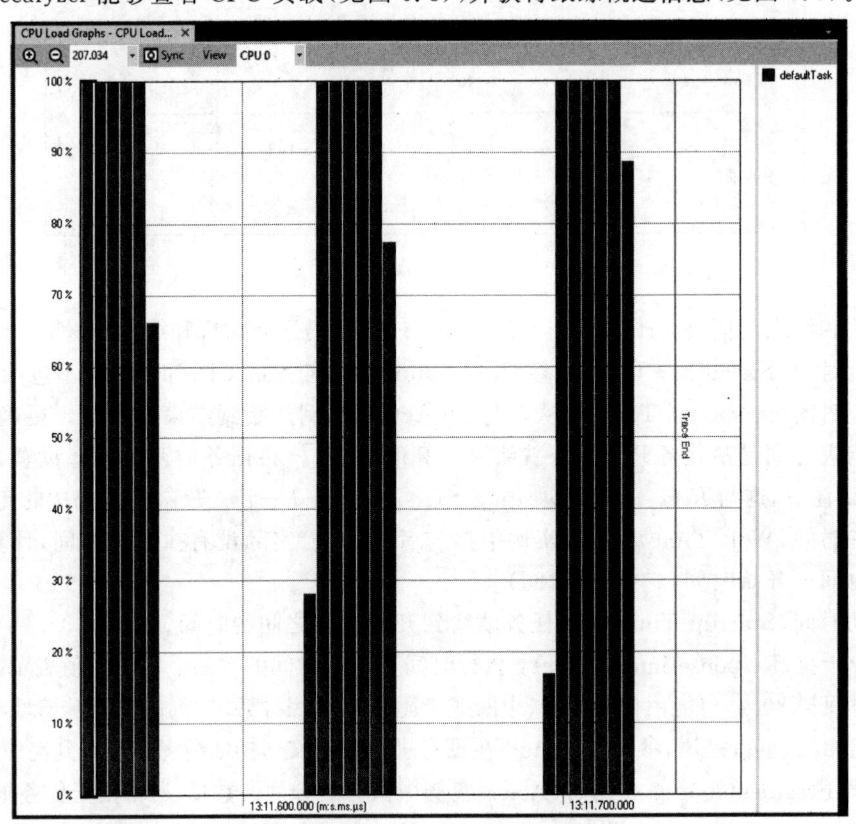

图 6.8　CPU 负载视图

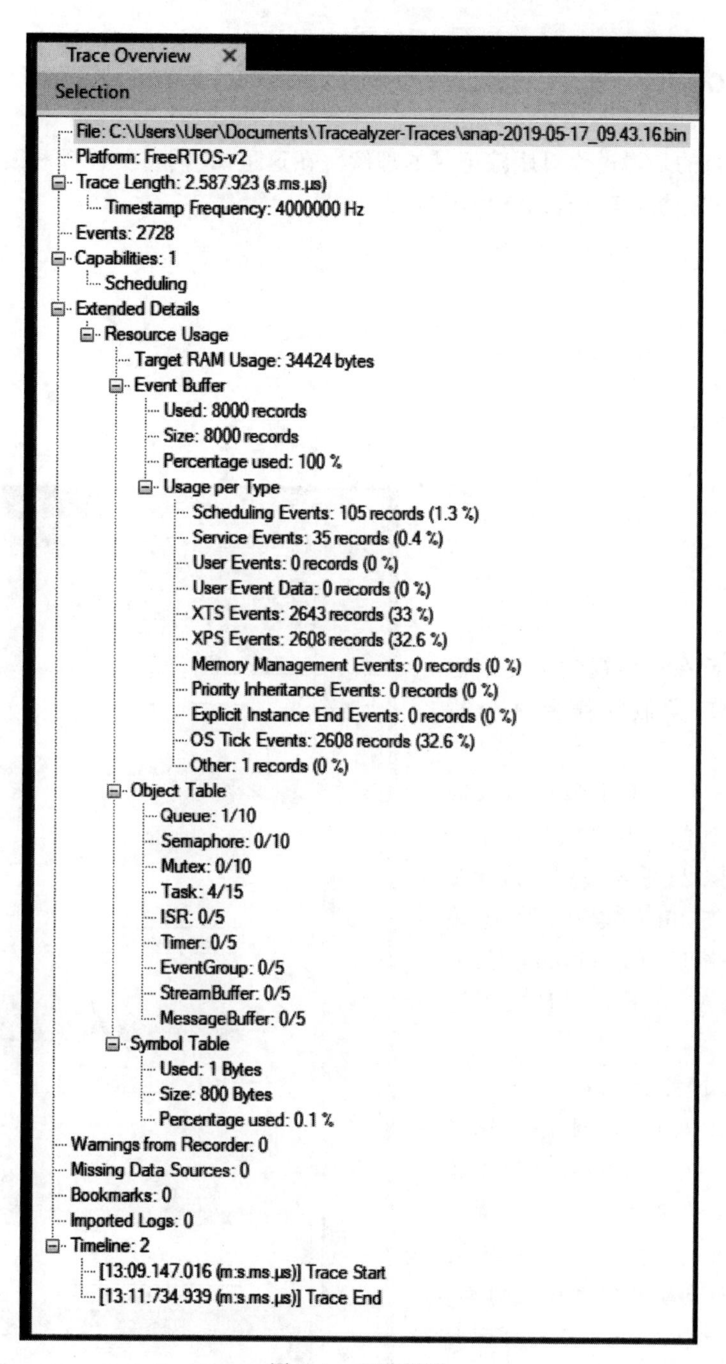

图 6.9 跟踪概述

跟踪概述信息数据是通过选择 View，然后从下拉菜单单击 Trace Overview 获得的。

6.2 Tracealyzer 实验 3 分析跟踪记录

本实验的目的是增进你对跟踪记录的理解。在这里，我们将对一项稍复杂一点的单个任务进行记录和分析，其具有以下代码结构：

```
LedFlashingTask
循环开始
  TurnLedOn
  模拟任务执行 500ms(软件延时)
  TurnLedOff
  osDelayUntil(2s)

  TurnLedOn
  模拟任务执行 1000ms(软件延时)
  TurnLedOff
  osDelayUntil(2s)
循环结束
```

如此设计旨在提供视觉上更丰富的信息，请实现类似的任务并分析结果。

对于示例，可以预测跟踪结果应该显示为一系列的参与者实例(Actor instances)，每隔 2s 重复一次。执行模式应首先是 500ms 实例，接着是 1000ms 实例，然后再是 500ms 实例，以此类推。图 6.10 的结果证实了这一预测。

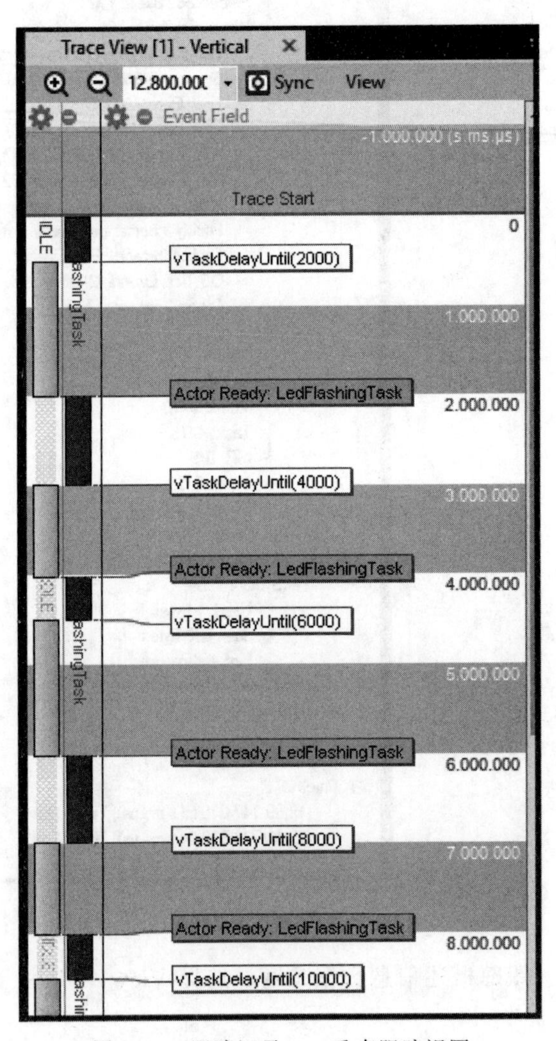

图 6.10 跟踪记录——垂直跟踪视图

注意：这个实验代码包含两个 osDelayUntil 函数调用，这样做纯粹是出于演示的原因，正常的周期任务只有一个这样的调用。在这种情况下，周期性定义为：一个参与者(Actor)的两个连续实例之间的时间，从前一个参与者(Actor)实例的开始到当前参与者(Actor)实例的开始进行计算。

要获取详细的时间信息，请打开水平跟踪视图，1s 延时的执行实例如

图 6.11 所示。

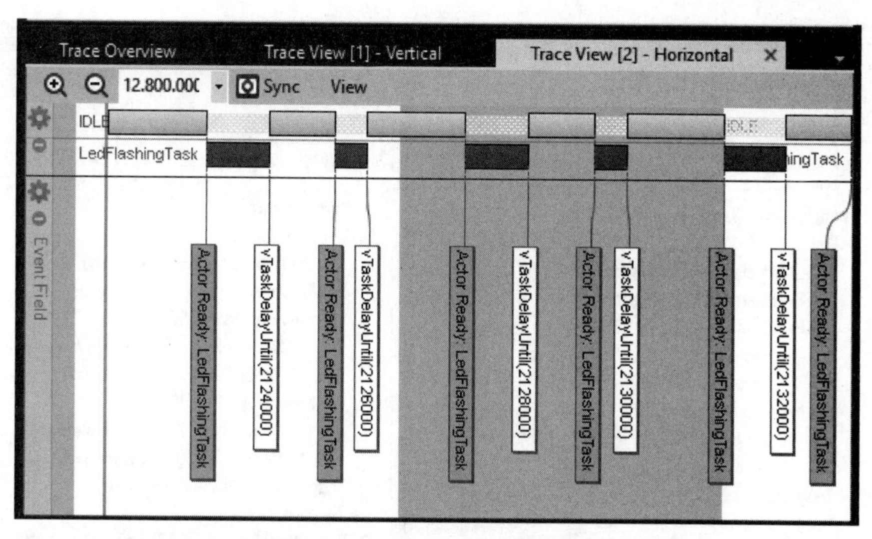

图 6.11　水平跟踪视图——1s 延时的参与者(Actor)执行实例

通读这部分，理解时间数据，并与你自己的结果进行比较。与执行实例相关的详细时间信息可以通过 Instance Details 窗口获得，如图 6.12 所示。

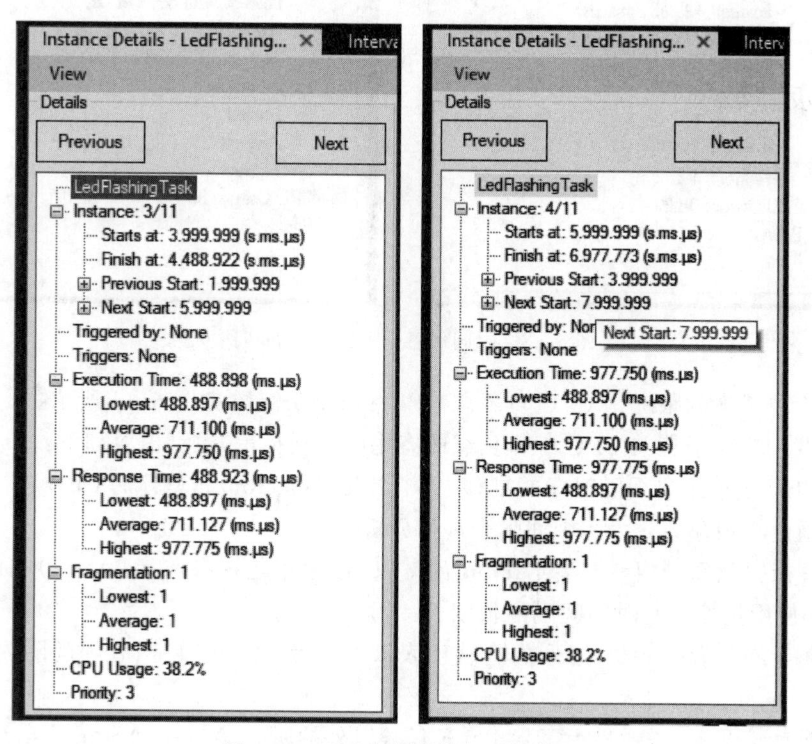

图 6.12　两个实例的任务时间信息

仅出于完整性考虑，接下来的两个实例的时间信息如图 6.13 所示。

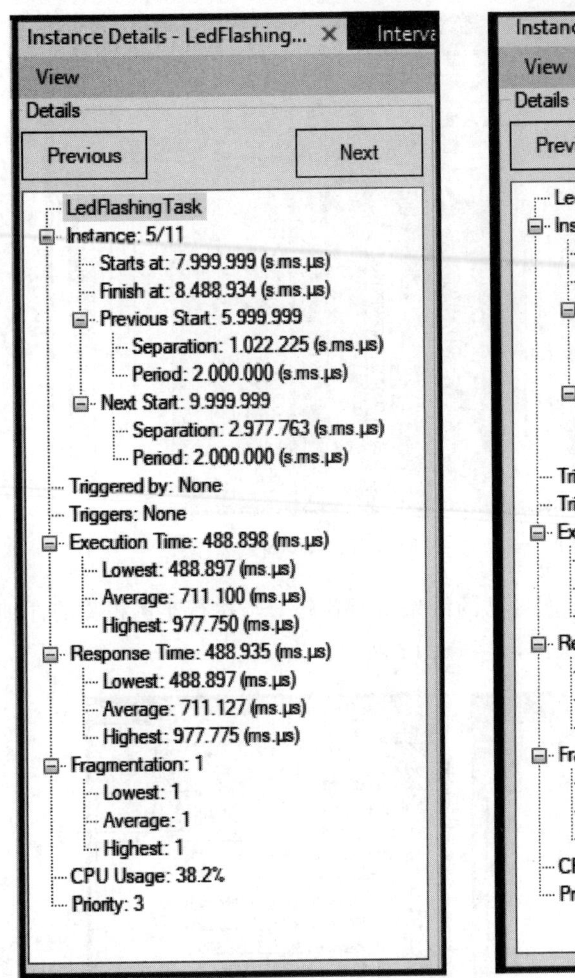

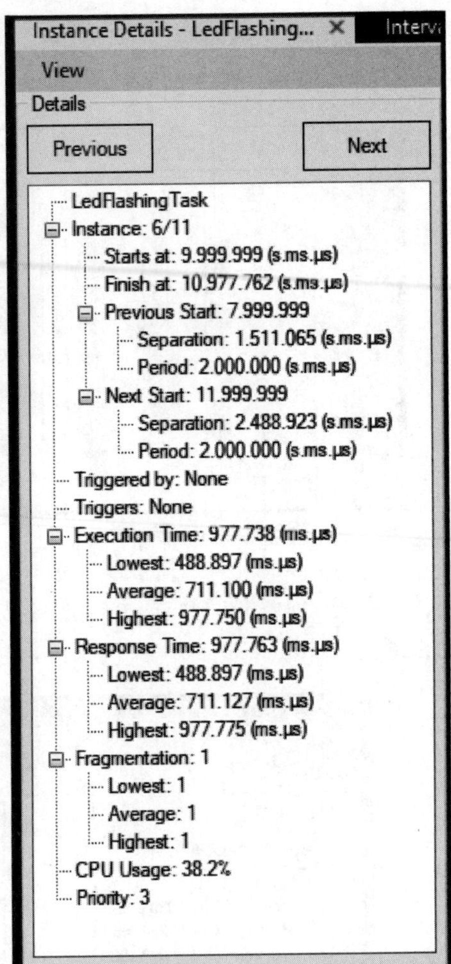

图 6.13 时间信息——实例 5 和实例 6

下一个要考虑的跟踪是 CPU 负载图 CPU Load Graph，如图 6.14 所示。

这为我们提供了有关 CPU 工作负载的有用的直观指示，关键内容如下：

(1) CPU 负载图显示随时间的推移，每个参与者(Actor)和总计的 CPU 使用率。

(2) 通过将跟踪划分为多个间隔来进行分析。

(3) 任意时间间隔内参与者(Actor)的 CPU 使用率是该参与者(Actor)在此时间间隔内的 CPU 使用量除以此时间间隔的长度。

(4) 每个参与者(Actor)矩形的高度代表该参与者(Actor)在该时间间隔内的 CPU 使用量。

(5) 默认情况下，该图显示了除 IDLE 任务以外的所有参与者(Actor)。

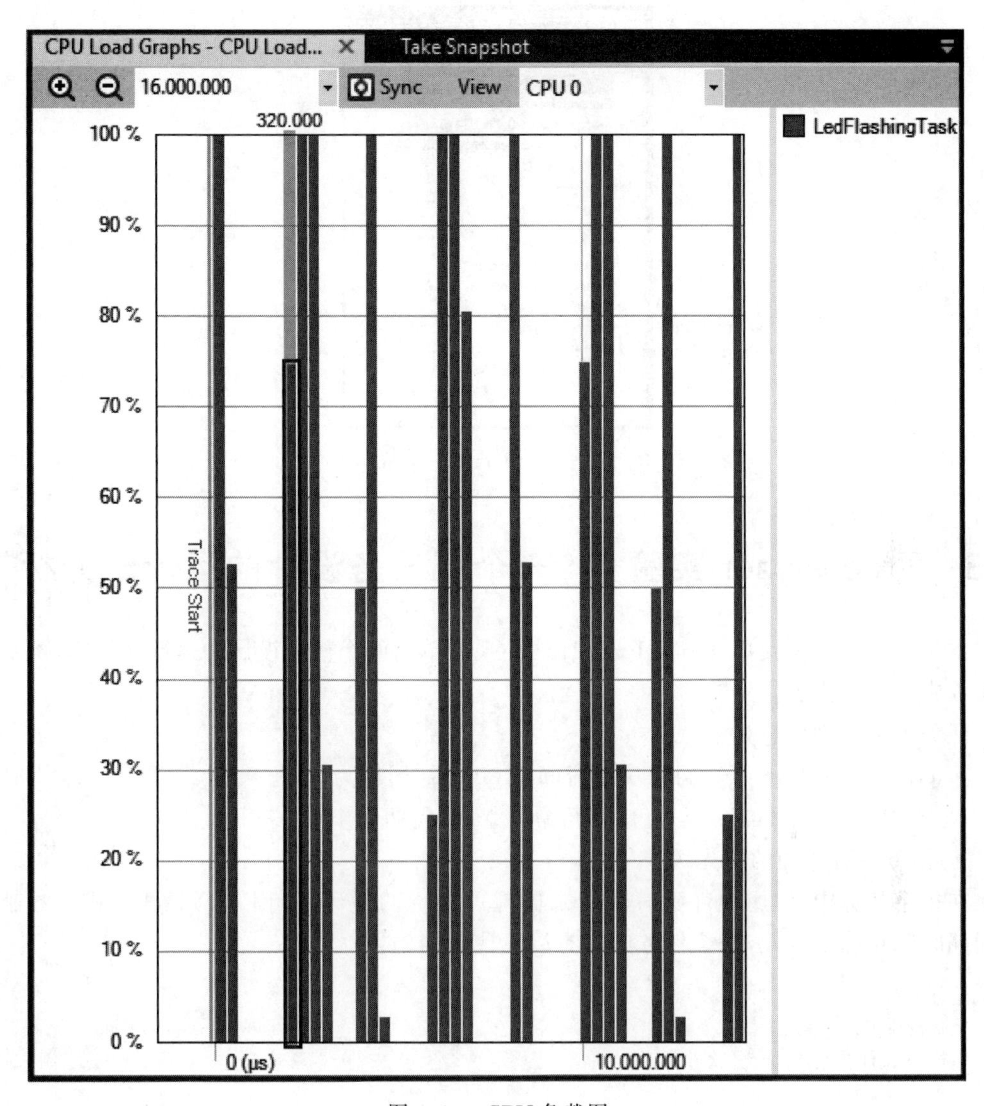

图 6.14　CPU 负载图

解析这个图时需要留意，因为使用率是经过计算得出的。如果 CPU 在整个时间间隔内执行任务，该图将显示 100％的负载。但是，CPU 仅在一半任务间隔内执行任务代码，结果将是 50％，即使在执行期间 CPU 耗尽了资源。

该图真正有用的地方在于显示多个任务的负载(一般情况)。

最后，我们可以使用 Trace Overview 窗口查看完整跟踪的详细信息，跟踪概述细节如图 6.15 所示。

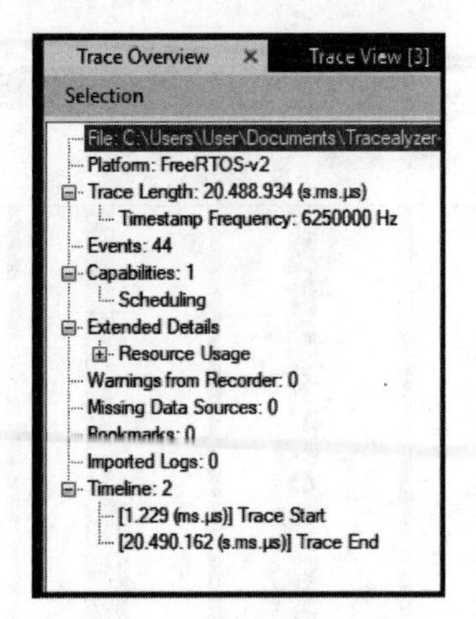

图 6.15 跟踪概述细节

6.3 Tracealyzer 实验 4 一个双任务设计的运行时分析

本实验的目的是使用 Tracealyzer 评估一个简单的两个任务设计的运行时行为，类似于实验 3 中指定的内容。

任务大纲详细信息如下。

- GreenLedFlashingTask：执行时间为 500ms，周期为 2s。
- RedLedFlashingTask：执行时间为 500ms，周期为 1s。
- 任务具有相同的优先级。

在每个任务中，使用软件延时功能来模拟可执行的代码，使用 osDelayUntil 函数来确保周期时间正确。因此，每个任务应具有以下代码结构：

```
循环开始
  TurnLedOn
  模拟软件执行 500ms (软件延时)
  TurnLedOff
  osDelayUntil(xx 秒)
循环结束
```

其中，osDelayUntil(xx 秒)对于 GreenLedFlashingTask，xx 是 2s，对于 RedLedFlashingTask，xx 是 1s。

对于每个任务，我们都可以预测跟踪的时间值和模式。但是，我们无法预测任务之间的时间关系，因为它们是在 FreeRTOS 的控制下执行的。

一旦代码在目标中正确运行，你就可以使用 Tracealyzer 来监测它的行为。使用如下菜单，将记录的任务事件着上红色和绿色：

View→Trace View Settings→Set Colour Scheme→Custom

虽然这不是必需的，但是这是一种很好的做法，可以帮助你更好地理解这些视图。

将结果与如图 6.16～图 6.20 所示的结果进行比较。仔细阅读视图中的详细信息，直到你能完全理解。

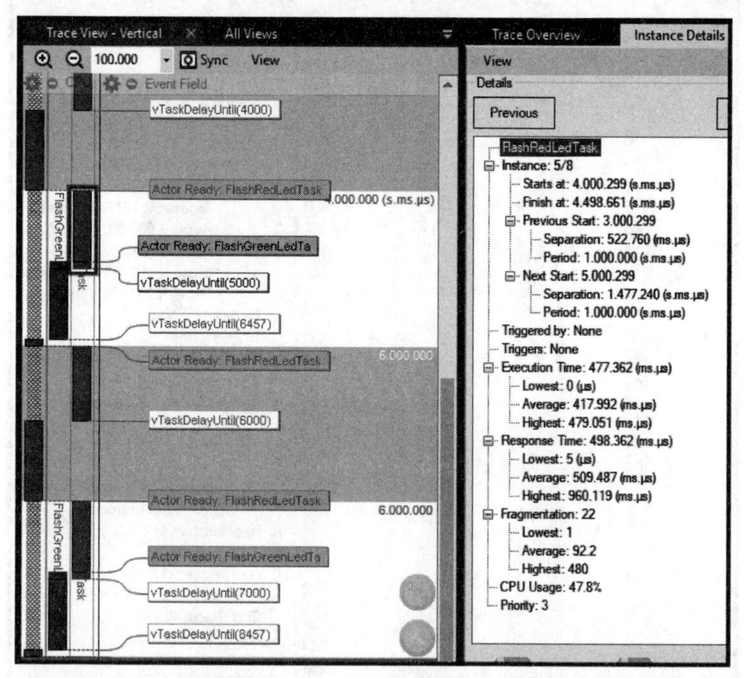

图 6.16 跟踪记录——FlashRedLedTask 跟踪视图(垂直)

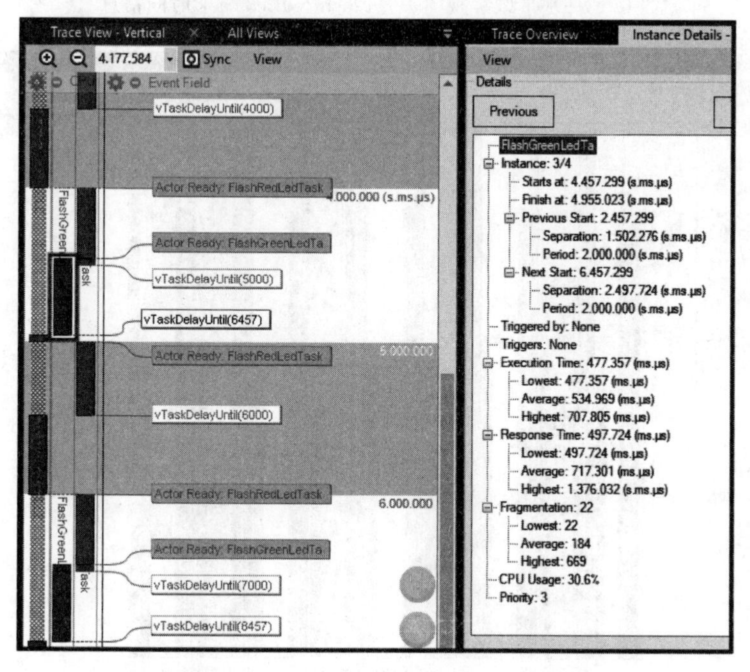

图 6.17 跟踪记录——FlashGreenLedTask 跟踪视图(垂直)

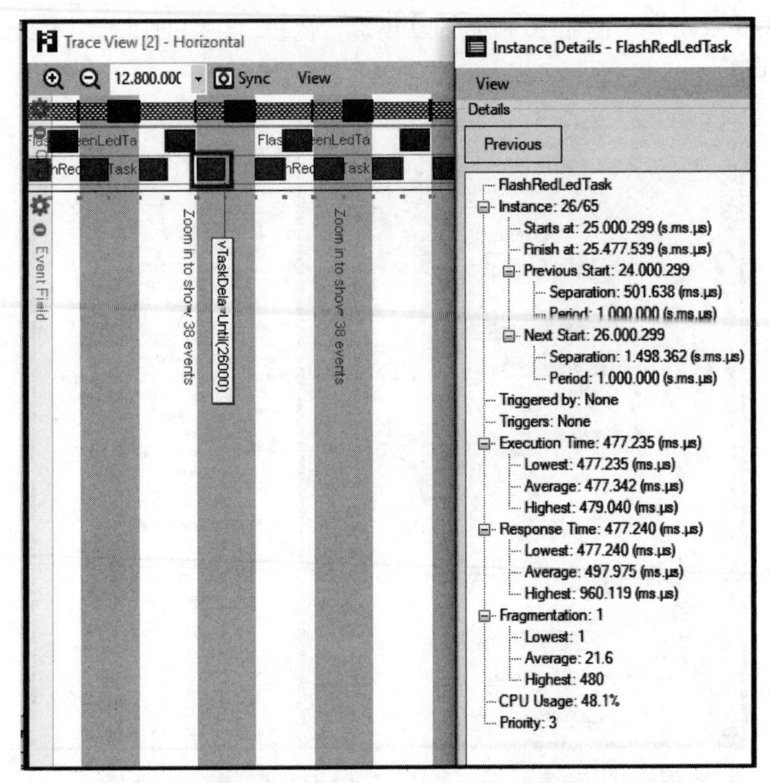

图 6.18 水平跟踪视图——FlashRedLedTask 时间信息

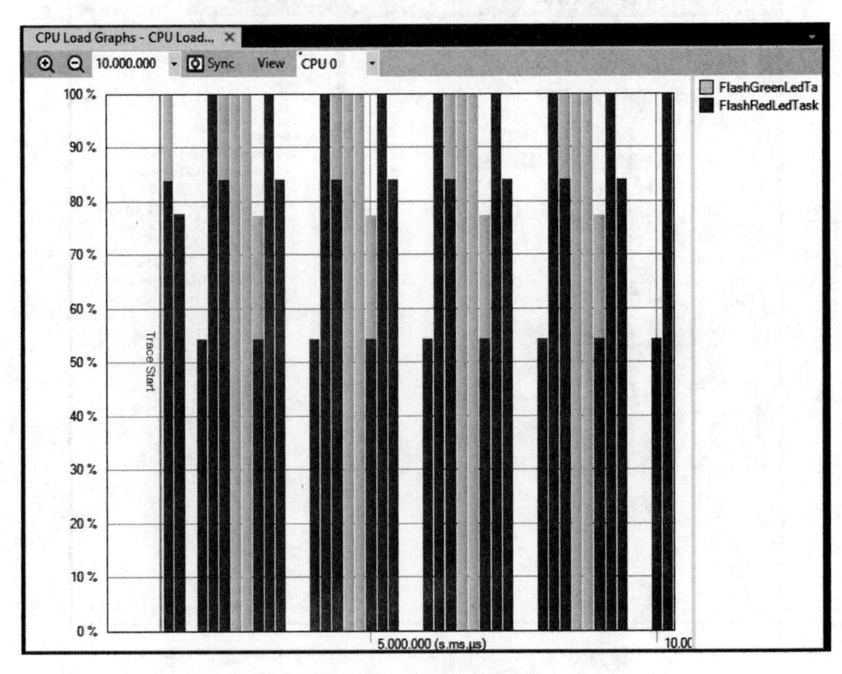

图 6.19 CPU 负载图

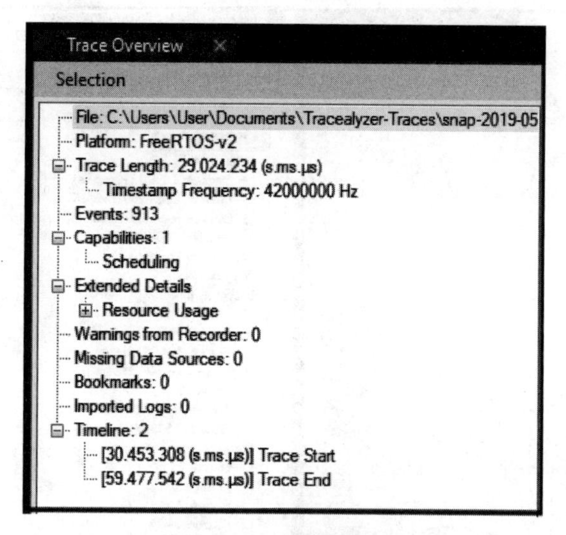

图 6.20 跟踪概述数据

6.4 Tracealyzer 实验 5 研究优先级抢占调度

本实验的目的是使用 Tracealyzer 来观察采用优先级抢占调度策略的双任务设计的运行时行为，请使用 2.5 节的内核基础实验 4 来实现。

6.4.1 实验 5.1 跟踪抢占调度任务的执行

复习并修改内核基础实验 4，然后对其进行调整，使其适合 Tracealyzer。另外，将 FlashRedLedTask 设置为具有更高的优先级。完成此实验后，使用 Tracealyzer 捕获并分析运行时的数据。

将你的结果与如图 6.21～图 6.26 所示的结果进行比较，仔细地阅读这些记录，直到你能理解其内容和含义。图 6.21 显示了从代码开始执行时的记录数据。

注意：当选择任意参与者（Actor）实例时，Instance Details 面板将会打开。图 6.21 中 Instance Details 的信息为 FlashRedLedTask 的实例 4。图 6.22 显示了 FlashGreenLedTask 相关的类似信息。

从图 6.21 和图 6.22 可以看出，FlashRedLedTask 没有分片。它拥有更高级别的优先级，和预期一样。但是，从图 6.22 可以清楚地看到 FlashGreenLedTask 在何时/何处被 FlashRedLedTask 抢占，可以观察到在选定的跟踪里面，FlashGreenLedTask 被分隔成了 4 个运行分片。

理解这里的信息很重要，这是巩固实验的一种形式。因此，请参考图 6.22，为突出显示的绿色跟踪绘制时序图。可以使用光标获取各个分片的起点和终点。完成时序图的绘制，标注所有的时序数据。

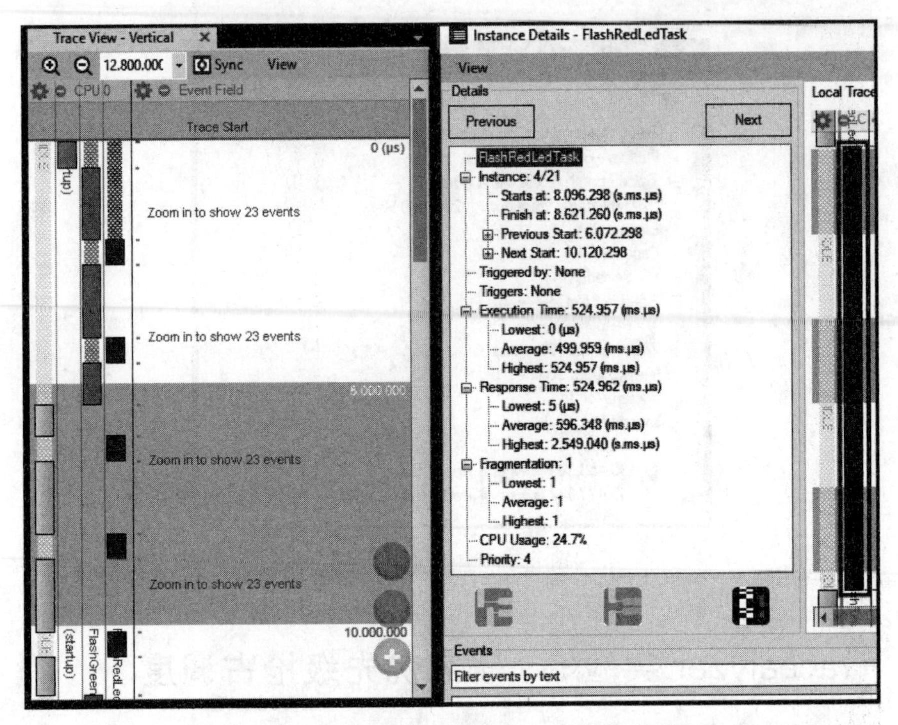

图 6.21　FlashRedLedTask 和参与者(Actor)信息

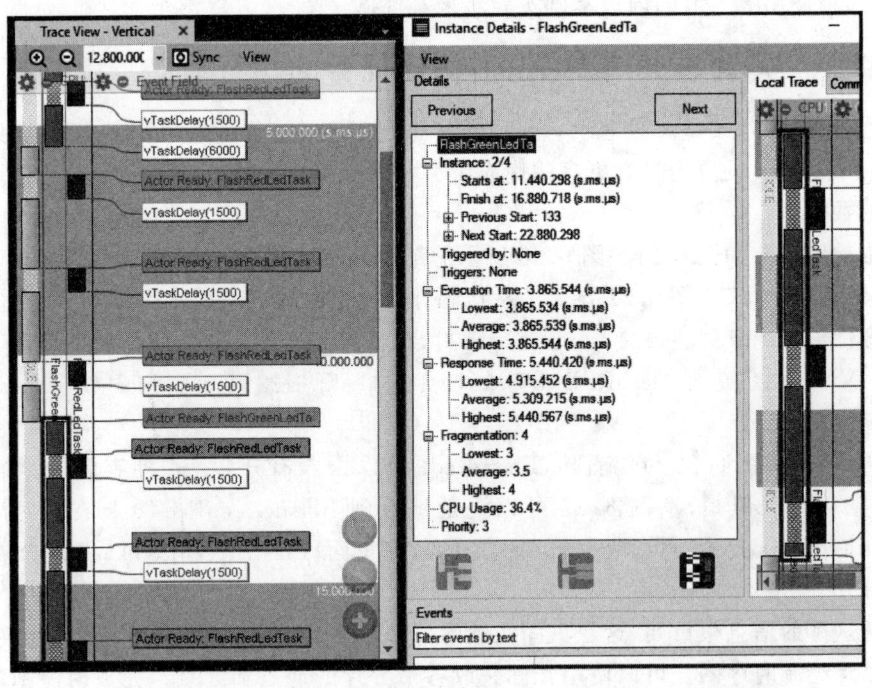

图 6.22　跟踪记录——FlashGreenLedTask 和参与者(Actor)信息

图 6.23 和图 6.24 显示了任务执行所选定的水平跟踪视图。请注意，屏幕上显示的信息一定程度上取决于“间隔覆盖率”(Interval Coverage)设置。

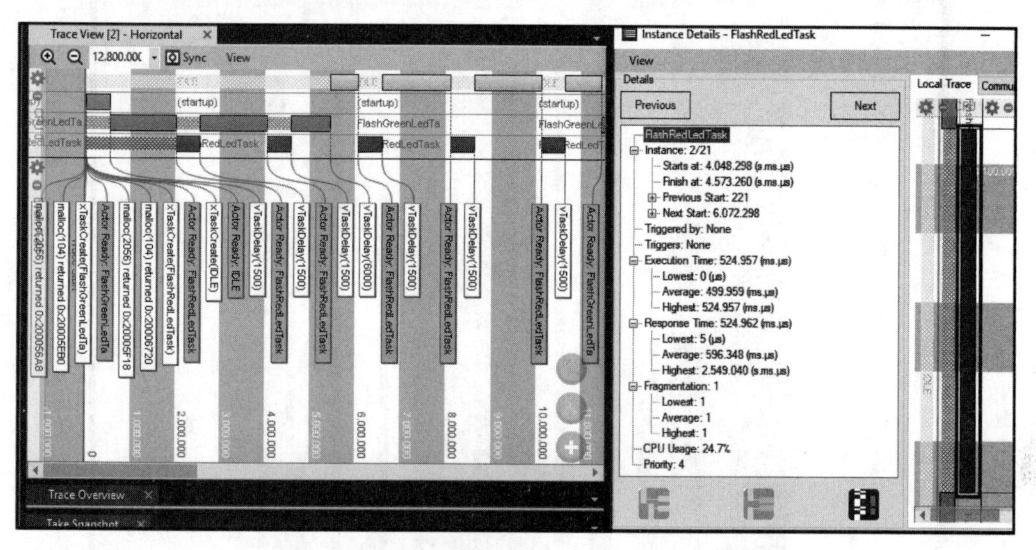

图 6.23 水平跟踪视图——FlashRedLedTask 时间信息

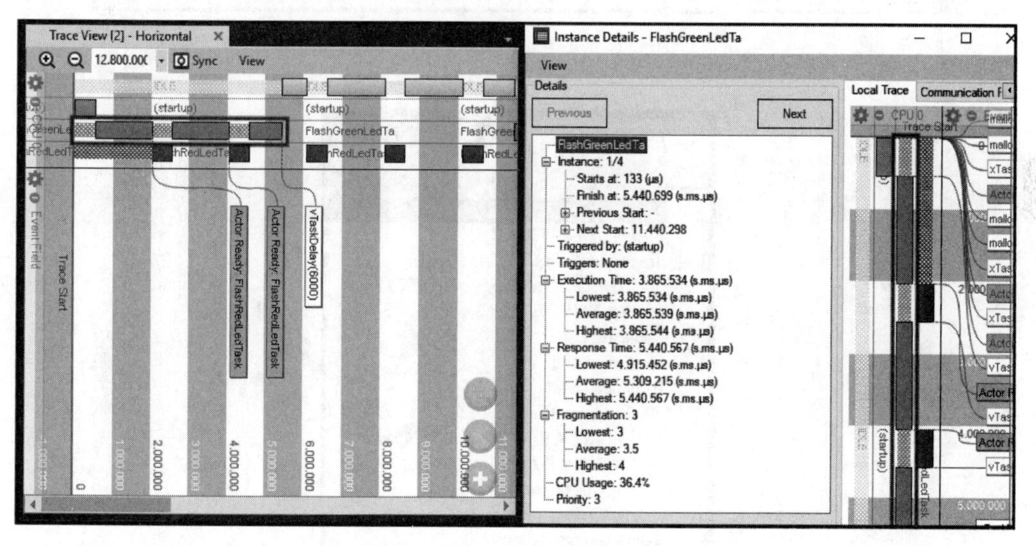

图 6.24 水平跟踪视图——FlashGreenLedTask 时间信息

从启动开始的 CPU 负载图如图 6.25 所示。这非常清楚地展示了使用优先级抢占策略调度任务时的行为(将此与图 6.19 给出的结果进行对比，其中两个任务具有相同的优先级)。

跟踪概述的详细信息如图 6.26 所示。

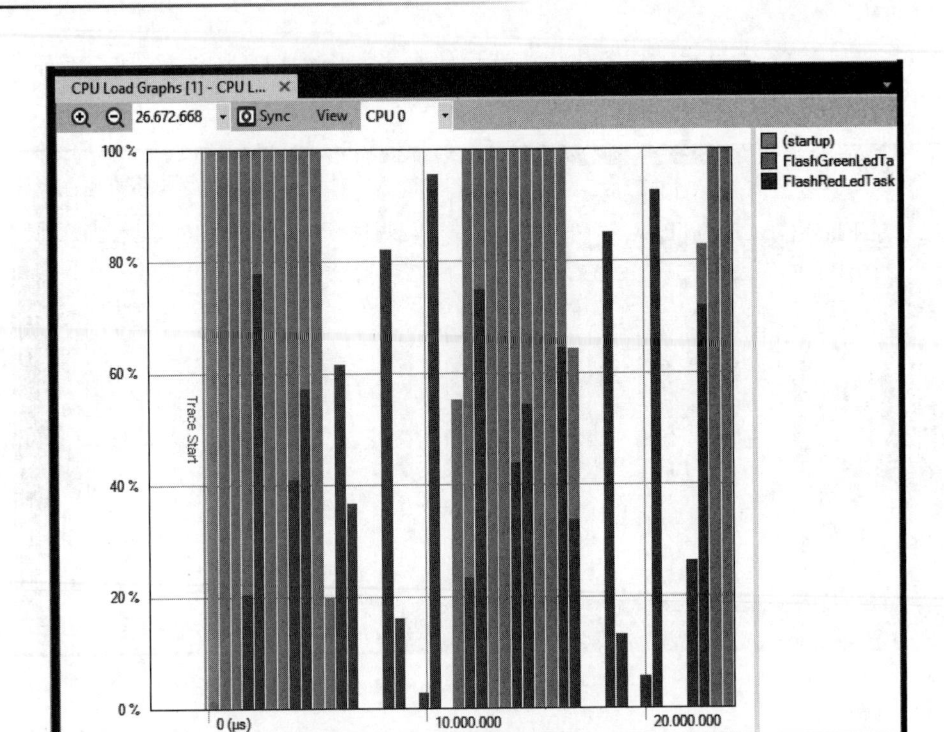

图 6.25　CPU 负载图(见彩插)

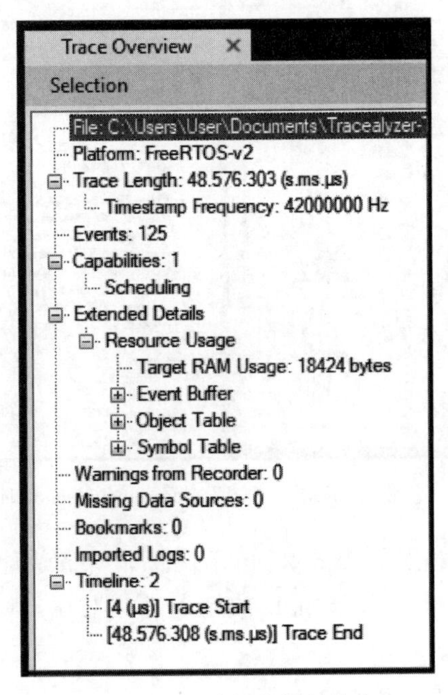

图 6.26　跟踪概览详细信息

6.4.2 实验 5.2 设定跟踪起始位置

在内核基础实验 4.3(2.5.4 节)上修改代码以实现 Trace 跟踪,并执行下列修改:

(1) 将 vTraceEnable(TRC_START)调用替换为 vTraceEnable(TRC_INIT)。

(2) 在 FlashGreenLedTask 任务代码开头插入调用 vTraceEnable(TRC_START)。

(3) 打开 trcSnapshotConfig.h,将 TRC_CFG_SNAPSHOT_MODE 设置为

```
#define TRC_CFG_SNAPSHOT_MODE TRC_SNAPSHOT_MODE_STOP_WHEN_FULL
```

这样做的结果是使 Tracealyzer 在 FlashGreenLedTask 第一次运行时开始收集数据。你应该会得到与图 6.27 和图 6.28(a)相似的结果。

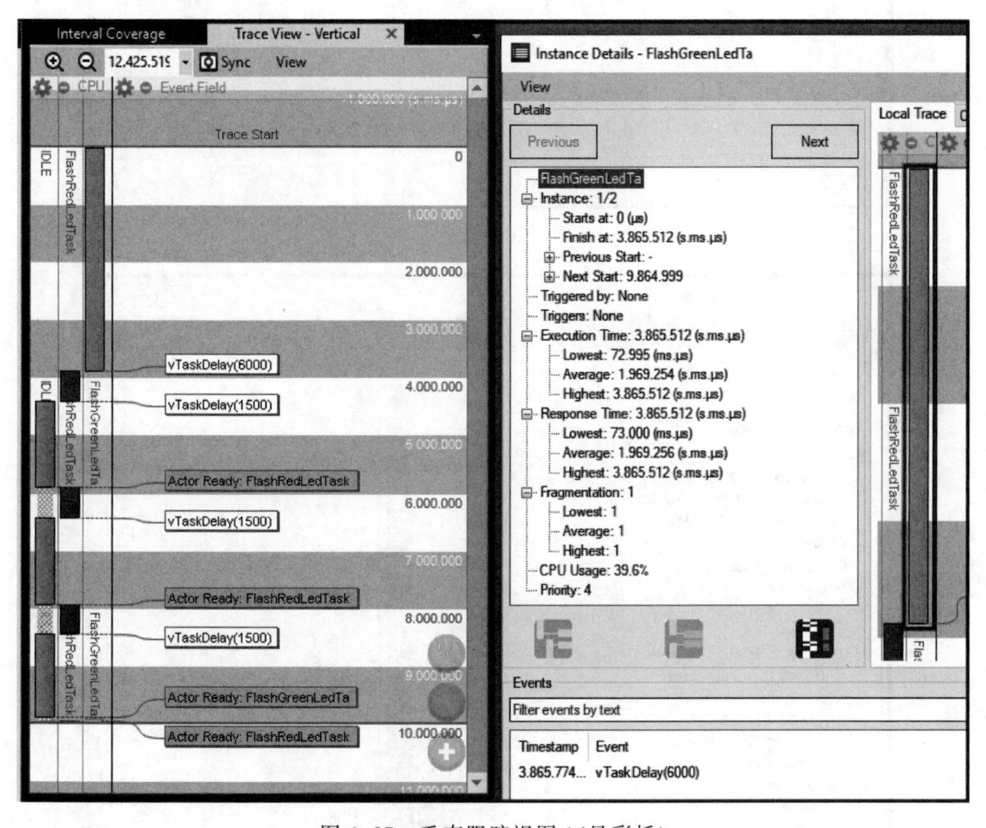

图 6.27 垂直跟踪视图 1(见彩插)

现在来看图 6.28(a)的跟踪记录的结尾。这里,被抢占的 FlashRedLedTask 在跟踪部分显示为“阴影”,表明它当前处于就绪队列中。

图 6.28(b)给出了对一个执行实例的详细检查,FlashRedLedTask 的就绪和稍后的执行显示在 Instance Details 面板中。

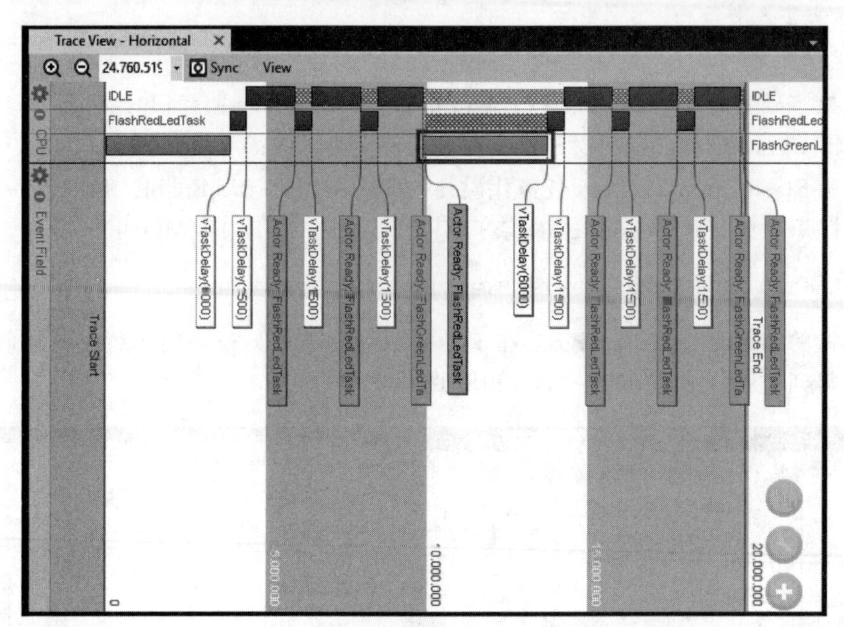

(a) 水平跟踪视图

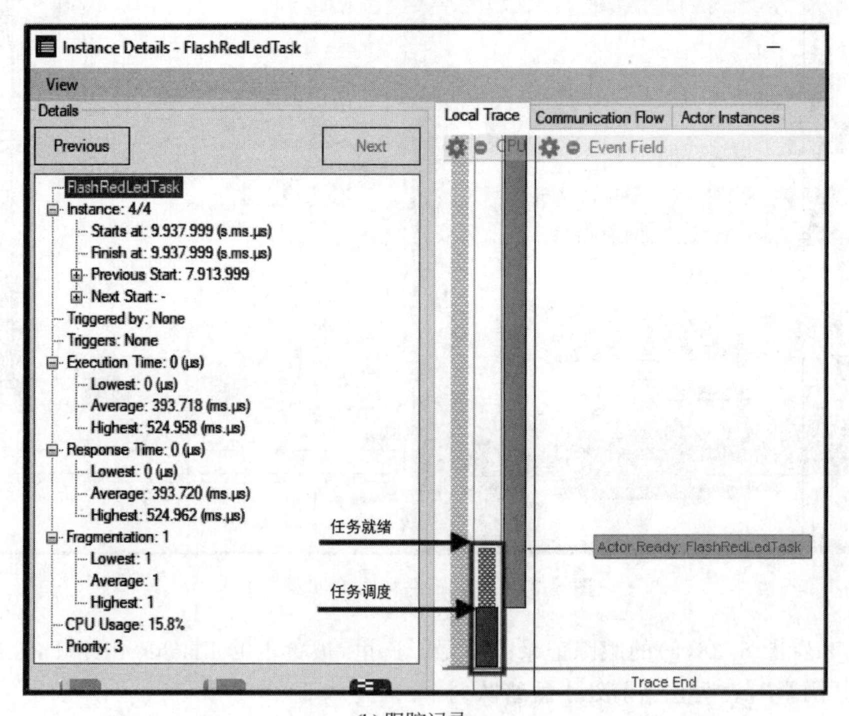

(b) 跟踪记录

图 6.28　内核基础实验 4.3 的水平跟踪视图和跟踪记录

6.5 Tracealyzer 实验 6　分析 FreeRTOS 的延时函数

本实验的目的如下：

(1) 研究使用 osDelayUntil 函数时任务的行为；

(2) 研究使用 osDelay 函数时任务的行为；

(3) 对这两种行为进行比较。

6.5.1 实验 6.1

本实验旨在记录和评估当使用了 osDelayUntil 函数时任务的行为，包含两个任务设计，两个任务都是周期性的。采用优先级调度策略，FlashGreenLedTask 任务拥有更高的优先级。

任务时间信息——FlashGreenLedTask(为了简便，简称为绿色任务)。

- 执行时间：约 2s；
- 周期时间：3.7s；
- 使用 osDelayUntil 来设置时间。

任务时间信息——FlashRedLedTask(为了简便，简称为红色任务)。

- 执行时间：约 0.5s；
- 周期时间：1.5s；
- 使用 osDelayUntil 来设置时间。

本实验的参数，除了时间以外，完全和 Tracealyzer 实验 5(6.4 节)相同。

虽然这些时间可能看起来有些奇怪，但使用它们是有充分理由的。我们希望避免红色任务多次运行时在相同的点被绿色任务抢占。这将有助于我们检查抢占点的变化是否会导致任务行为的变化。

注意：任务执行时间不必与上面指定的完全相同，这些仅供参考。

首先要做的是确定红色任务被抢占运行前的行为，因此仅运行红色任务来执行代码。在我们的案例中，Tracealyzer 收集到的结果如图 6.29 所示，你的结果应该与图 6.29 结果相似。

运行时的行为与源代码中指定的行为相对应，此处没有问题。现在，两个任务都处于激活的情况下重复测量，同时观察 LED 灯的行为。你会发现，红色任务的行为将大大不同，图 6.30 显示的是其中的一个特定实例。

在图 6.30 中，显示的参与者(Actor)信息为红色任务的实例 2。你将看到，它按照指定的方式执行：当初始化完成后，任务将执行一次其代码(并且仅执行一次)。

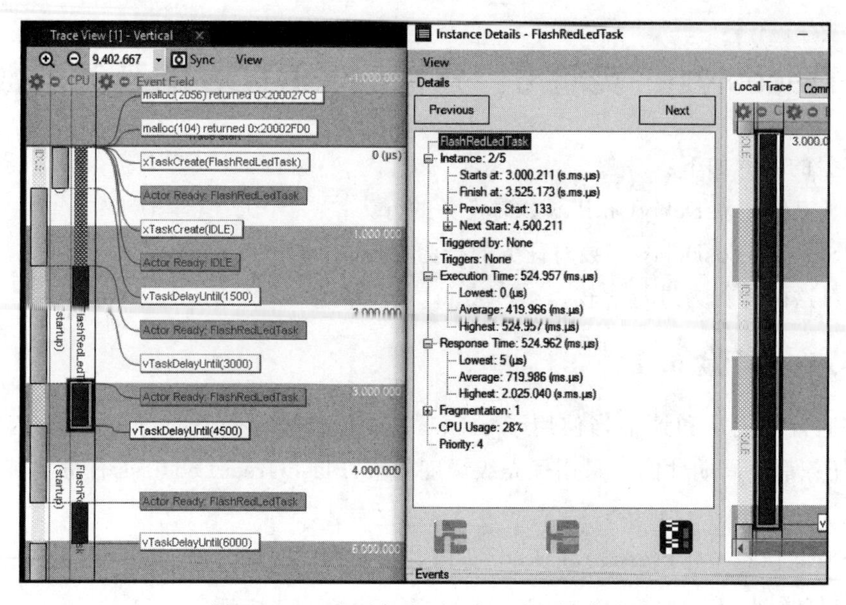

图 6.29　运行时行为——仅运行红色任务

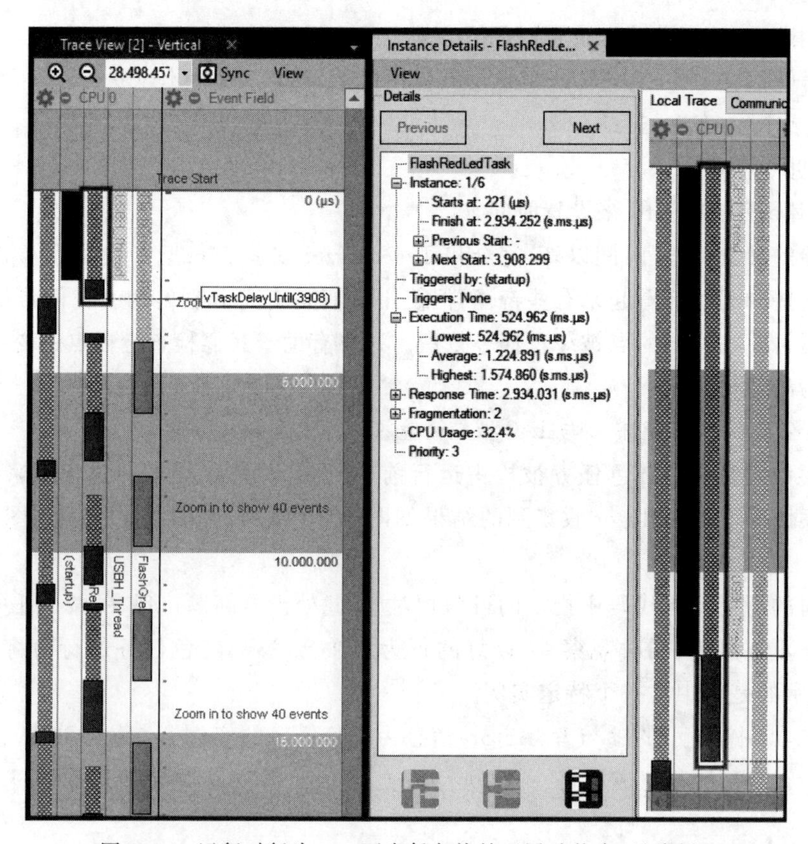

图 6.30　运行时行为——两个任务均处于活动状态(见彩插)

现在看图 6.31，它提供了实例 4 的详细信息。

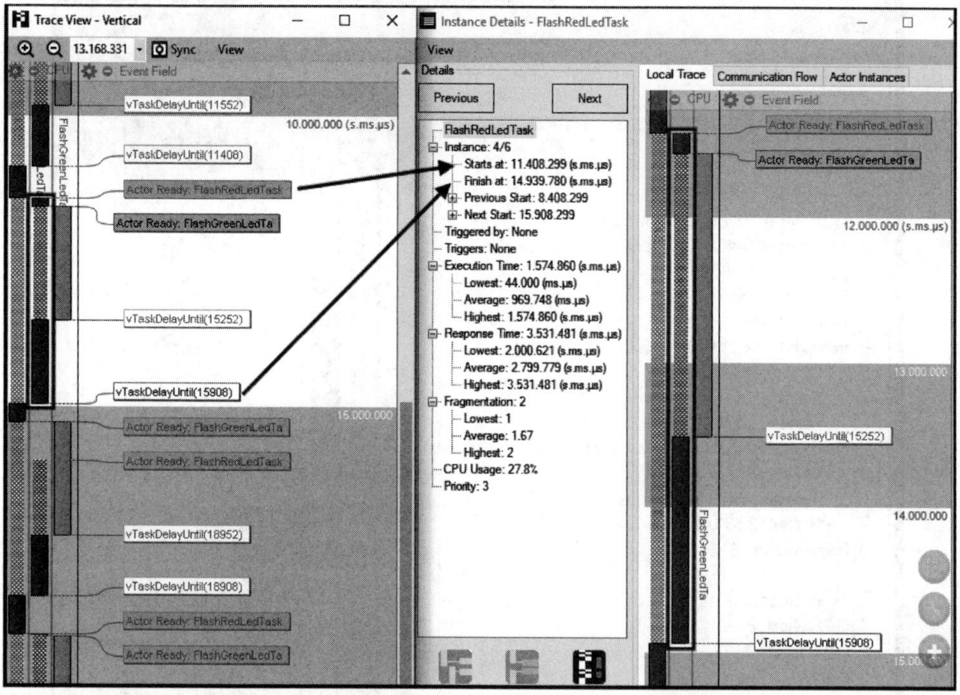

图 6.31　运行时行为——红色任务实例 4(见彩插)

在此，绿色任务有更高的优先级，所以抢占红色任务的执行似乎是正确的。但是，红色任务重新启动时的行为是不可预期的，它会执行较长的时间。现在，从图 6.29 中可以看到，在我们的设计中，任务的执行时间是 0.525s。图 6.31 中测量到的时间是 1.574s，是指定执行时间的三倍。因此，根据数据，我们可以得出结论，实例 4 有三次红色任务执行。我们相信，这是 osDelayUntil 函数的工作方式导致的(为了证实这一假设，进行了许多额外的测试，只是此处未显示)。

图 6.32 显示了实例 5 执行期间的运行时行为。可以看到，当绿色任务正在执行时，红色任务已经就绪了。绿色任务执行结束后，红色任务将会被调度。但是请注意，此时它也有一个延长的运行时间，是指定执行时间的两倍。

6.5.2　实验 6.2

本节研究用 osDelay 函数代替 osDelayUntil 函数时的任务行为。这将使我们看到，它们对系统运行时行为的影响有何不同。

针对绿色任务：

- 使用 osDelay(1700)；代替 osDelayUntil(&TaskTimeStamp，3700)；
- 任务执行时间依然是 2s。

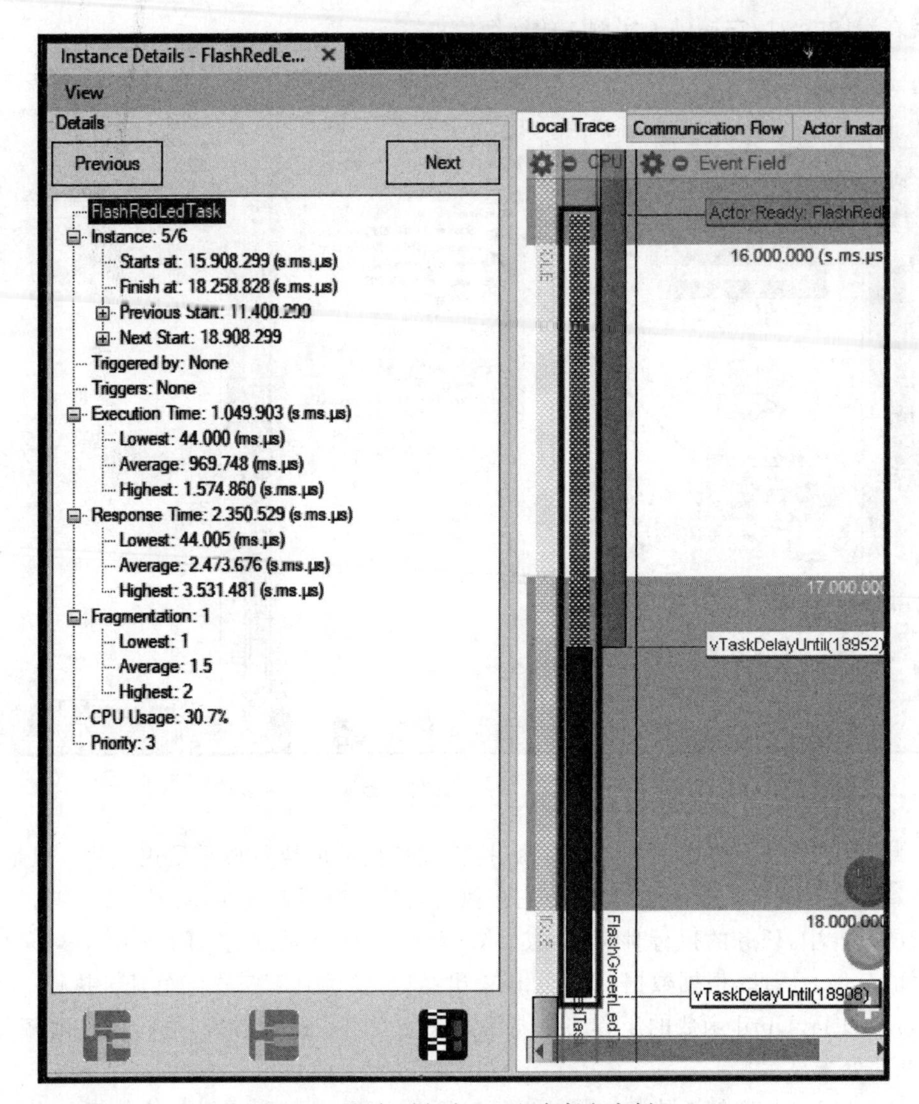

图 6.32　运行时行为——红色任务实例 5

因此，预测的周期时间大约是 3.7s。

对红色任务：

- 使用 osDelay(1000)；代替 osDelayUntil(1500)；
- 任务执行时间依然是 0.5s。

因此，预测的周期时间大约是 1.5s。

现在，在目标系统中执行修改后的代码，其结果应该与图 6.33 结果类似。

仔细分析该视图，直到你能完全地明白它所传递的信息。当前视图显示的参与者(Actor)信息是红色任务的实例 4(见图 6.33 中 Instance Details 中的信息)的执行。可以从这里看到，这是唯一没有被抢占的实例。因此，其时间应符合源代码中的指定。观察下一次

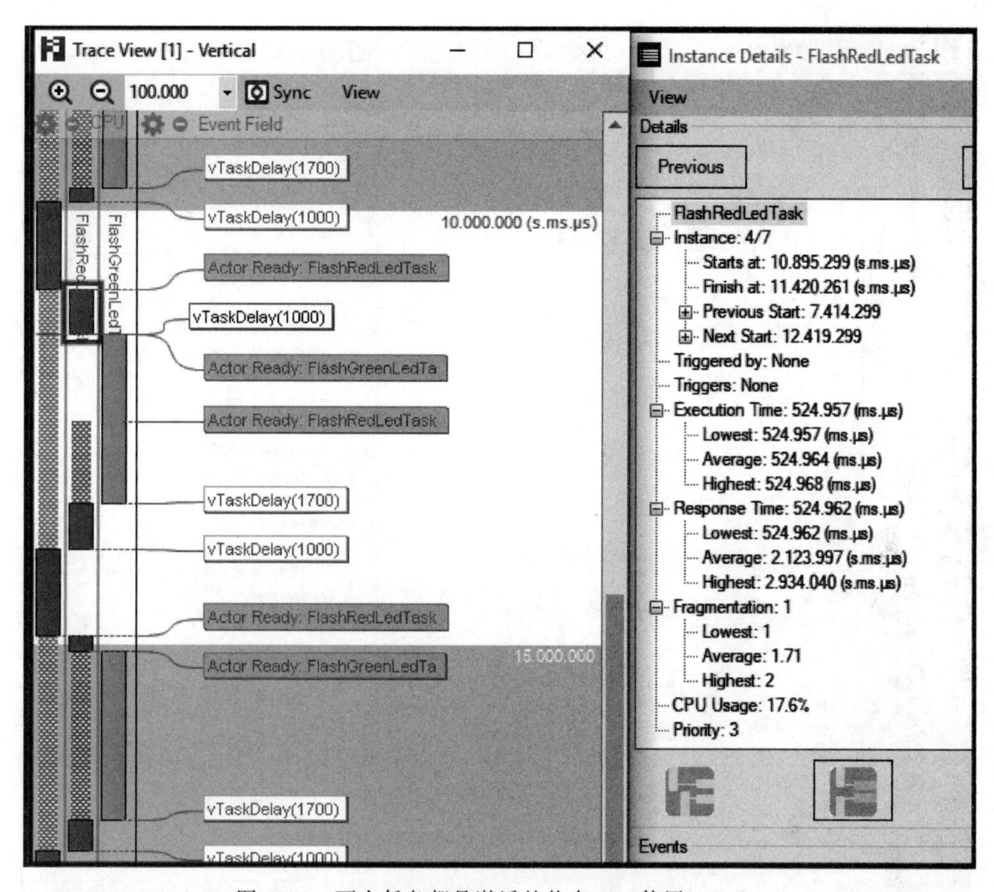

图 6.33　两个任务都是激活的状态——使用 osDelay

在正确的时间红色任务重新就绪(实例 5)。但是,由于绿色任务正在执行,它将仍然处于就绪状态,直到绿色任务完成,然后调度。

进一步,让我们详细看看实例 6,如图 6.34 所示。

从图 6.34 中可以看到,红色任务开始执行,之后被绿色任务抢占,此时它进入就绪状态。绿色任务完成了它的工作,进入了挂起状态;红色任务被恢复,运行直到完成,然后进入挂起状态。但请注意,尽管被抢占,红色任务仍执行了一次代码,然后挂起。

6.5.3　实验 6.3

许多嵌入式应用需要快速响应,因此,任务的响应时间是设计的关键因素。前面两个实验强调的是哪些是不能做的事情,即:为具有较长执行时间(相对)的任务分配高优先级。你可以看到,红色任务的响应能力是高度可变的,并且不可预测。因此,让我们来看一个更合理的设计需求实现的示例。

假设设计规范如下。

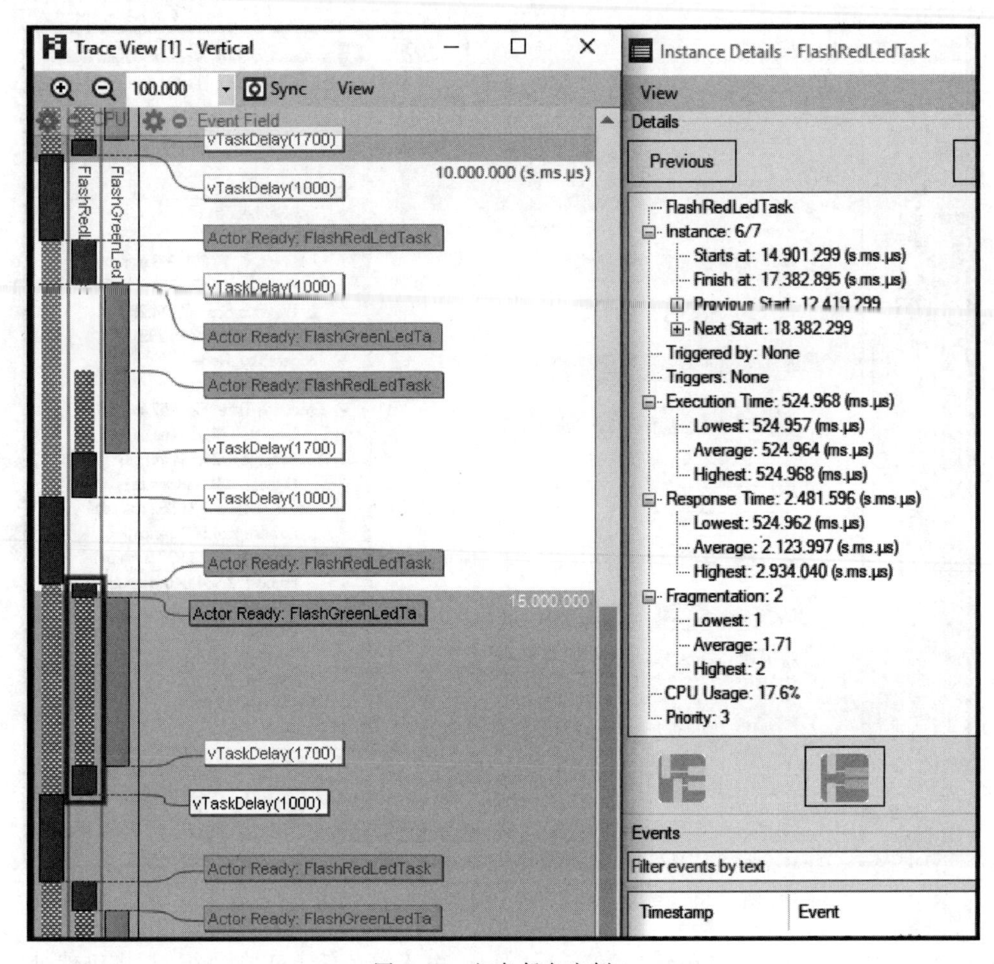

图 6.34 红色任务实例 6

任务信息—FlashGreenLedTask:

执行时间 Te: 约 0.2s;

周期 Tp: 3.7s;

所需响应时间 Tr: 0.25s(Te 的 125%);

使用 osDelayUnitl 来设置时间.

任务信息—FlashRedLedTask:

执行时间 Te: 约 0.5s;

周期 Tp: 1.5s;

所需响应时间 Tr: 0.625s(Te 的 125%);

使用 osDelayUnitl 来设置时间.

任务的关键性：最关键的任务是绿色任务。

调度策略：单调死限调度方法(deadline monotonic)。由于采用了调度策略，绿色任务被赋予了更高的优先级。

图 6.35 显示了 Tracealyzer 在随后执行代码时收集的数据。

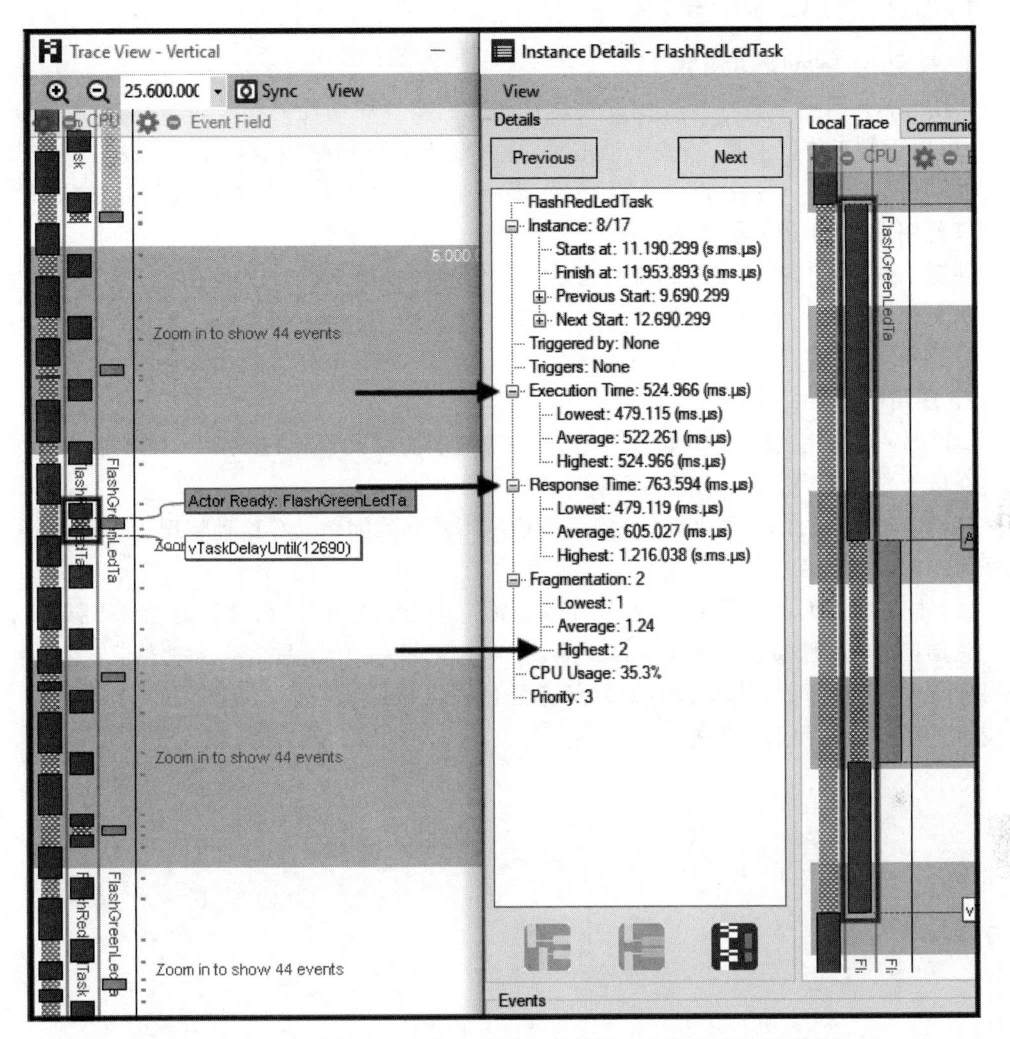

图 6.35 运行时行为——修改了两个任务同时运行的时间(见彩插)

与红色任务相关的这些结果,说明了以下三点:首先,正如预期的那样,绿色任务抢占了该任务的少数实例:最高分片数是 2。其次,大多数任务执行实例均满足其响应要求。最后,在没有碎片化的情况下,红色任务的周期性几乎没有抖动(这在数字控制系统中非常重要)。

总而言之,指定任务的时序和调度策略为:

(1) 关键任务的执行总是按时完成(符合死限的规定);

(2) 非关键任务能很好地执行,大多数执行都能按时完成。

6.5.4 评论和小结

1. 使用 osDelayUntil 函数

osDelayUnitl 函数的一个关键方面是允许我们实现周期性的任务，在抢占此类任务之前，它可以正常工作。但是，当发生抢占时，行为变得不可预测和不合需求。这些似乎是由于 Cube 工具封装了 FreeRTOS API 所致，而不是 FreeRTOS 本身设计缺陷导致的。如果你打算使用此 API，最好检查一下你的设计。

注意：关于 osDelayUntil 函数的问题作者已经报告给 FreeRTOS 开发者了，下面的链接是提交记录：http://www.freertos.org/FreeRTOS_Support_Forum_Archive/February_2015/freertos_bug_in_cmsisOS_api_wrapper_for_FreeRTOS_28f2f402j.html。

2. 使用 osDelay 函数

osDelay 函数完全按预期执行，并为实现高精度的时间延迟提供了一种非常直接的方法。在以下情况下，它还可用于为周期性任务提供支持：

(1) 任务执行时间比周期短，并且任务抢占不会导致问题。在这种情况下，每次运行之间任何的时间抖动都是微不足道的。

(2) 任务执行时间比周期长，并且任务的抢占不会成为问题，而且抖动是可以接受的。

总结：这些实验真正展示了 Tracealyzer 作为记录/分析工具的强大功能，它能使我们获得非常详细的时间数据，以及良好的任务处理视觉显示。但是，不应将其用作设计工具，而应将其用作确认预期行为的工具。

第7章

流模式操作介绍

Tracealyzer 实验7 使用流模式进行跟踪记录

本章的目的是介绍流模式的操作。快照模式存取的跟踪记录有限，如果希望收集更长的跟踪记录，则必须使用流模式。

Tracealyzer 实验6(6.5节)中的 osDelayUntil 函数产生的时间问题是一个很好的例子，需要进一步检查。我们确实需要在相对较长的执行时间内评估它对系统性能的全面影响。因此，本节创建了一个工程，实现 Tracealyzer 实验6.2(6.5.2节)中指定的要求，使用 Tracealyzer 的流模式收集运行时的跟踪数据，但在此之前，请参考 *Quick reference guide—setting up streaming mode*。

确保你的项目包含所有必要的头文件和源文件，如图7.1所示。

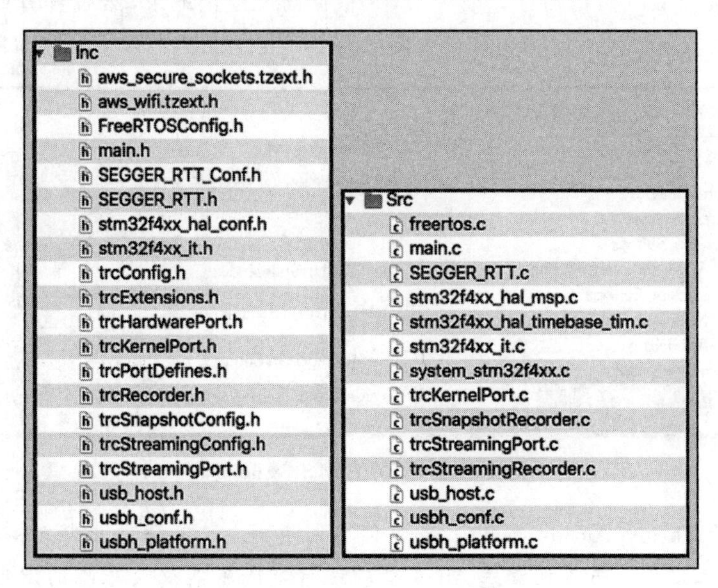

图7.1 项目的头文件和源文件清单

修改源代码,增加 Tracealyzer API 调用,初始化记录器,稍后在指定的点开始录制。

在 main 函数中:

```
/* 配置系统时钟 */
SystemClock_Config();
/* 用户代码开始 SysInit */
vTraceEnable(TRC_START_AWAIT_HOST);
/* 用户代码结束 SysInit */
```

下载程序,然后复位开发板(程序开始执行)。你会发现系统在执行任何任务操作之前进入了阻塞模式,阻塞位置对应于跟踪记录器 API 的执行点。系统暂停,等待 Tracealyzer 发出的"开始记录"命令。

现在启动 Tracealyzer,选择 File 菜单,如图 7.2 所示。

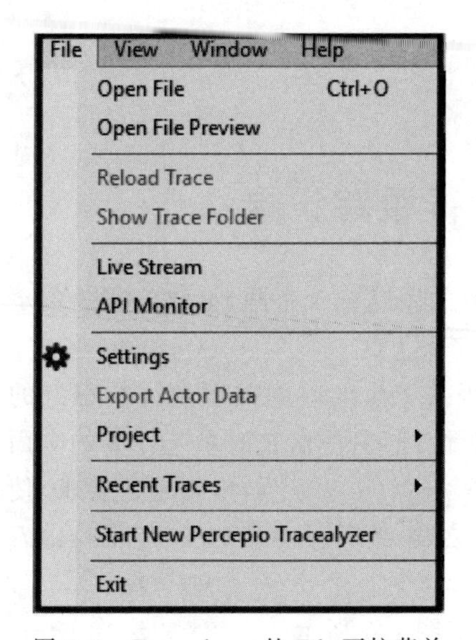

图 7.2　Tracealyzer 的 File 下拉菜单

在下拉菜单中选择 Settings,并检查 PSF Streaming Settings 是否与图 7.3 一致。

在图 7.4 中选择 Record Streaming Trace。

你会发现,目标系统将按预期继续进入其正常执行模式。同时开始捕获目标系统数据,并将其通过流模式传输到主机,如图 7.5 所示。

根据需要停止记录,然后查看或者保存结果。图 7.6 显示了一个大约 30s 持续时间的跟踪记录。

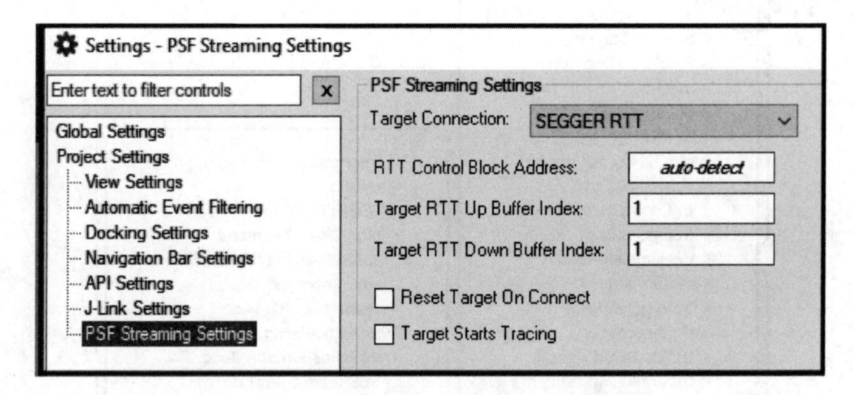

图 7.3　Tracealyzer 的 PSF Streaming Settings

注意:选择 Target Action→Halt 会暂停目标系统,但不会停止跟踪记录,单击 Stop Session 才会停止记录。另外还需注意,在跟踪运行期间不能改变跟踪的配色,必须要停止会话才可以。

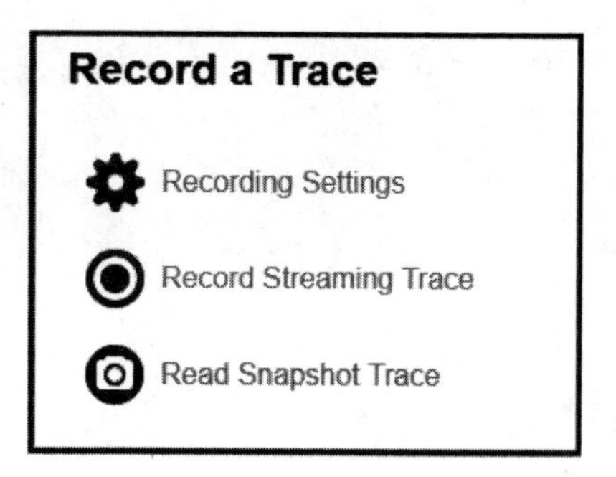

图 7.4　跟踪记录选择

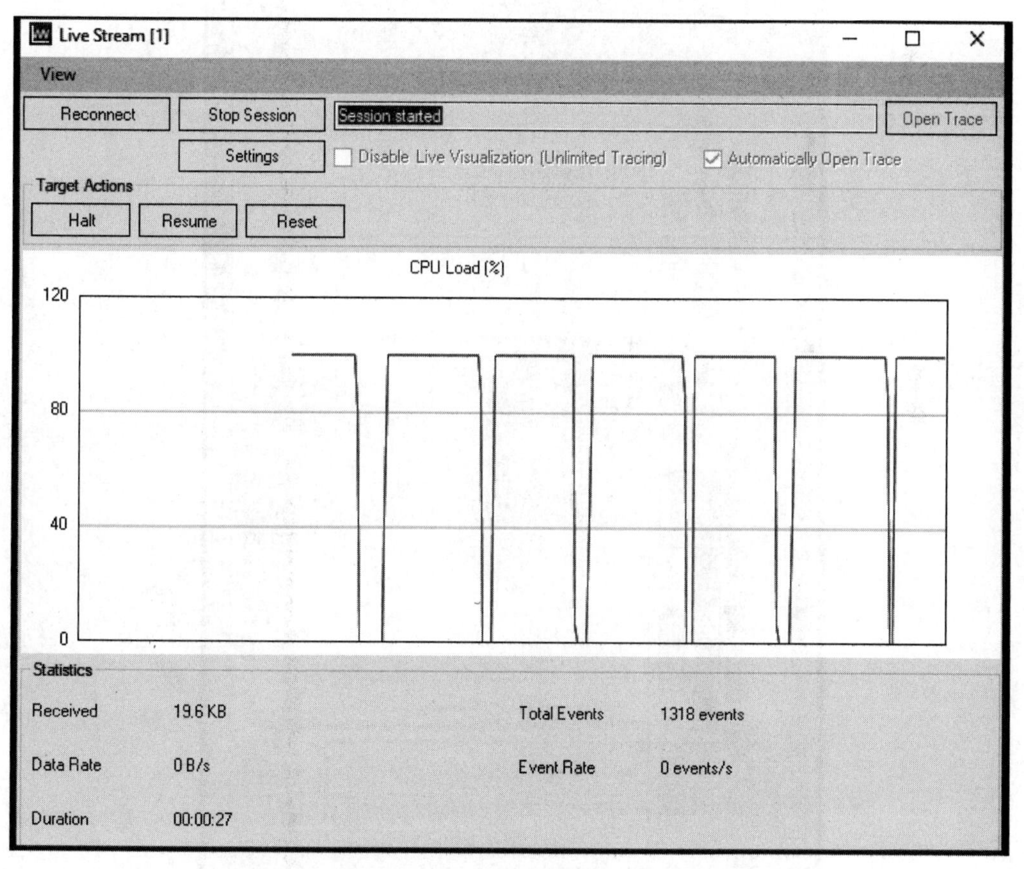

图 7.5　进行中的实时流模式记录

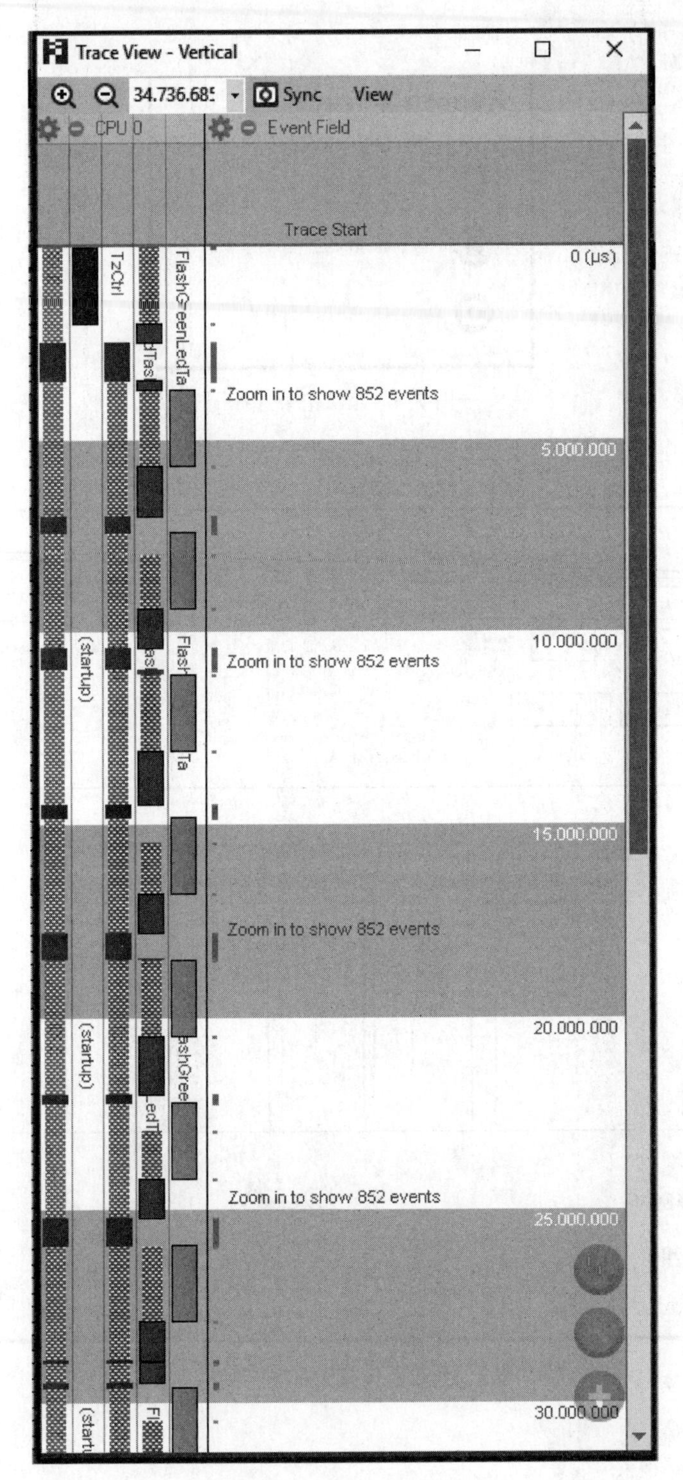
Trace View - Vertical
34.736.685
Sync
View
CPU 0
Event Field
Trace Start
0 (μs)
TzCtrl
Zoom in to show 852 events
5.000.000
10.000.000
(startup)
15.000.000
20.000.000
25.000.000
30.000.000

图 7.6 跟踪记录示例

除了上文所述的 Tracealyzer 流模式跟踪的方法外，还有一种方法：先初始化记录器，然后在指定点开始跟踪，下面是示例代码。

在 main 函数中：

```
/* 配置系统时钟 */
SystemClock_Config();
/* 用户代码开始 SysInit */
vTraceEnable(TRC_INIT);
/* 用户代码结束 SysInit */
在任务代码中:
/* StartFlashRedLedTask 函数 */
void StartFlashRedLedTask(void const * argument)
{
  …
  /* 用户代码开始 5 */
  vTraceEnable(TRC_START_AWAIT_HOST);
  …
  /* 无限循环 */
  {
     /* 任务代码 */
  } /* 无限循环结束 */
}
```

第8章

分析资源共享和任务间通信

8.1 Tracealyzer 实验 8 互斥：使用受保护的共享资源

本实验的目的是使用 Tracealyzer 来观察访问受保护共享资源的任务的执行情况。实验的系统任务框图如图 8.1 所示。

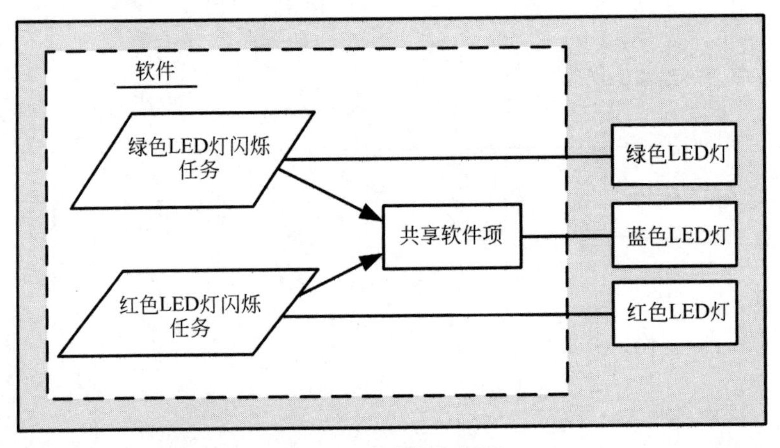

图 8.1 系统任务框图

设计采用优先级抢占调度方案，其中绿色任务具有更高的优先级。软件实现与内核基础实验 7(3.3 节)相似，但现在有两个任务，并且修改了时间(见图 8.2)。

1. 绿色 LED 灯任务

被调度后，它将先执行非关键代码 0.5s，然后访问共享软件项，访问持续 1s。然后，它又继续执行非关键代码 1s。此时，它进入 1s 的时间阻塞模式，在唤醒之后，如此循环。

2. 红色 LED 灯任务

被调度后，它将先执行非关键代码 0.5s，然后访问共享软件项，访问持续 1s。随后进入 0.1s 的时间阻塞模式，在唤醒之后，如此循环。

这些时间安排的主要目的是：使得在某一个时刻，绿色 LED 灯任务将会尝试访问红色

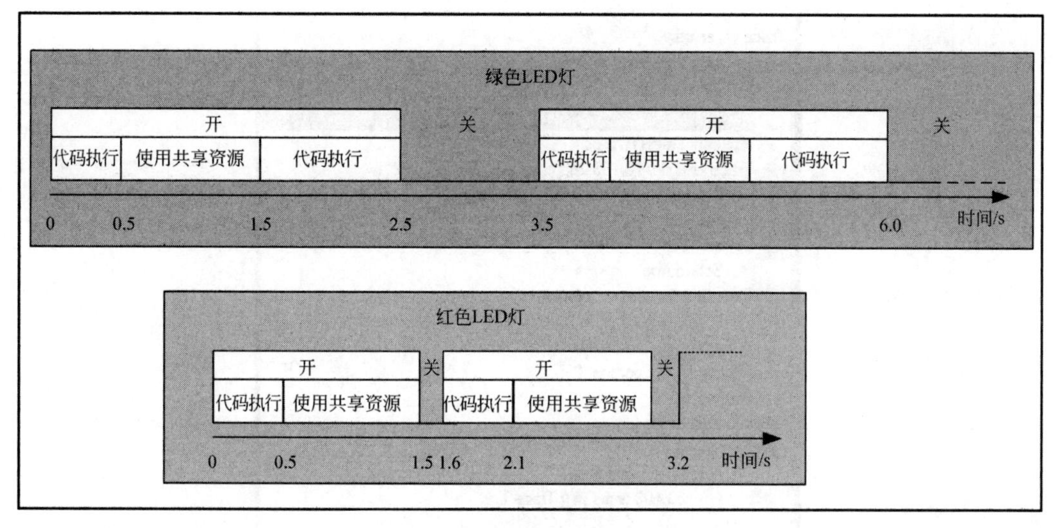

图 8.2　LED 灯闪烁操作时序图

LED 灯任务所持有的共享资源。

如内核基础实验 8(3.4 节)一样，对共享软件项的访问由信号量来保护：

```
访问共享数据功能 — 建议代码:
1.检查 Start 标志是否为 Up
  如果是,则把 Start 标志设置为 Down
  否则打开蓝色 LED 灯
2.模拟读/写操作 1s
3.关闭蓝色 LED 灯
4.将 Start 标志设置为 Up
** 如果希望在检测到争用后关闭蓝色 LED 灯,请插入此选项
```

配置代码以使用流模式跟踪，在目标系统中进行实验，并使用 Tracealyzer 来捕获其操作。检查跟踪数据以找出上述描述情况发生的位置(即任务试图访问由另外一个任务持有的共享资源)。跟踪不会显示任何信号量细节，但可以推断出访问它的时间(仔细检查此处显示的所有记录的时间，以及你自己设计的时间)。

图 8.3 和图 8.4 展示了跟踪到的一次交互。

注意：在我们的设计中，用软件延时循环来模拟代码的操作。因此，时序可能与图 8.2 中定义的时序略有不同。

如果你希望准确地确定任务何时进行信号量调用，则需要使用 CPU 负载和通信流图(请阅读 Tracealyzer 文档中相关内容)。捕获跟踪之后，打开 CPU 负载视图，然后使用鼠标拖动选择感兴趣的时间间隔，如图 8.5(a)所示。将光标置于此选择范围内，然后右击，会出现如图 8.5(b)所示的窗口。在此选择 Show Communication Flow，将打开通信流图，如图 8.5(c)所示。

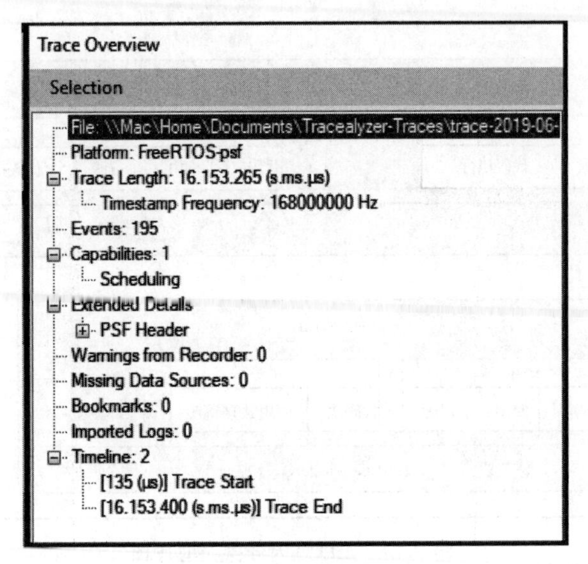

图 8.3　跟踪概述

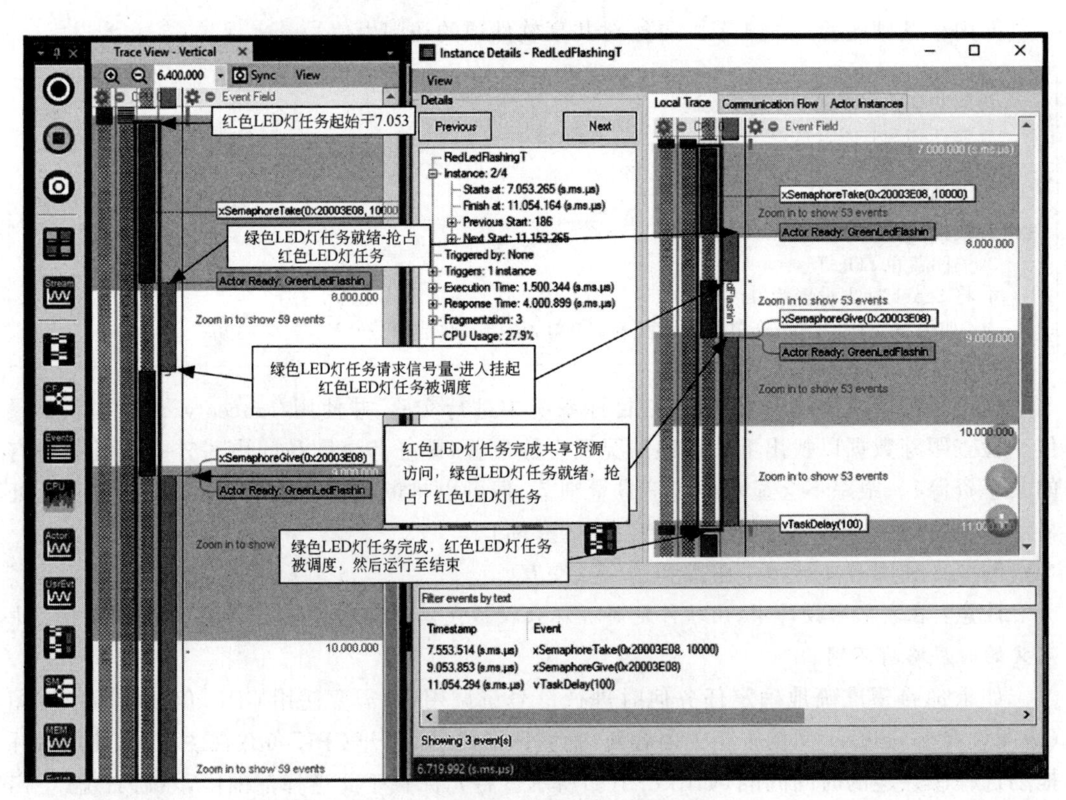

图 8.4　LED 灯闪烁操作的跟踪记录

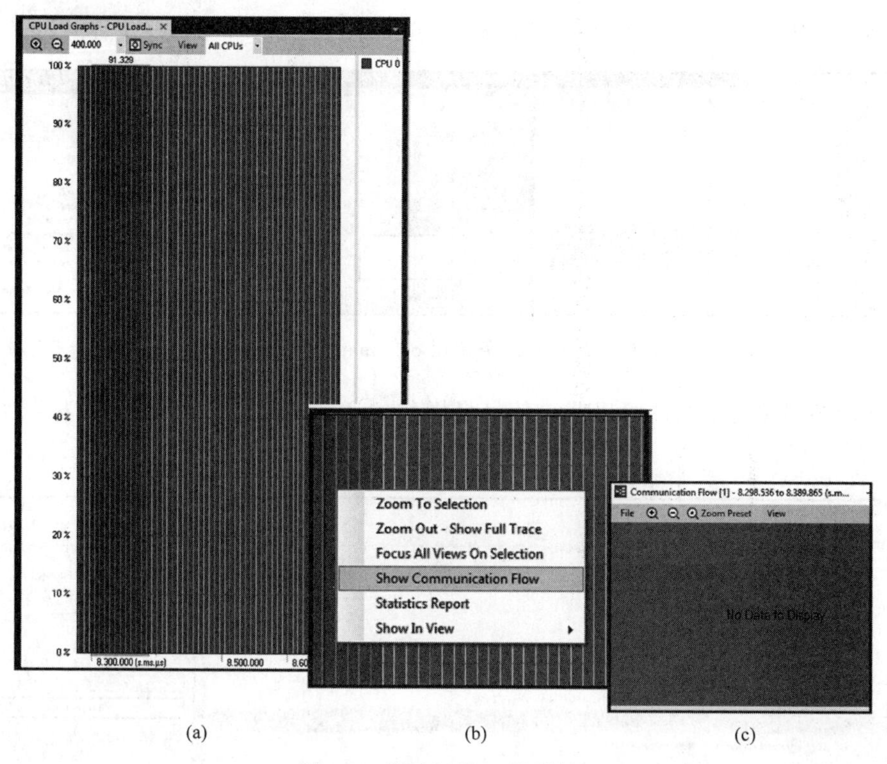

(a) (b) (c)

图 8.5 跟踪记录 1(见彩插)

在此示例中,该图显示其“没有数据可显示”。这意味着,在所选的时间段内,没有任何的任务——信号量交互。图 8.6 和图 8.7 所选的时间间隔包含信号量的调用。在图 8.6 中,绿色 LED 灯任务调用 osSemaphoreTake 并成功,即任务获得了信号量。

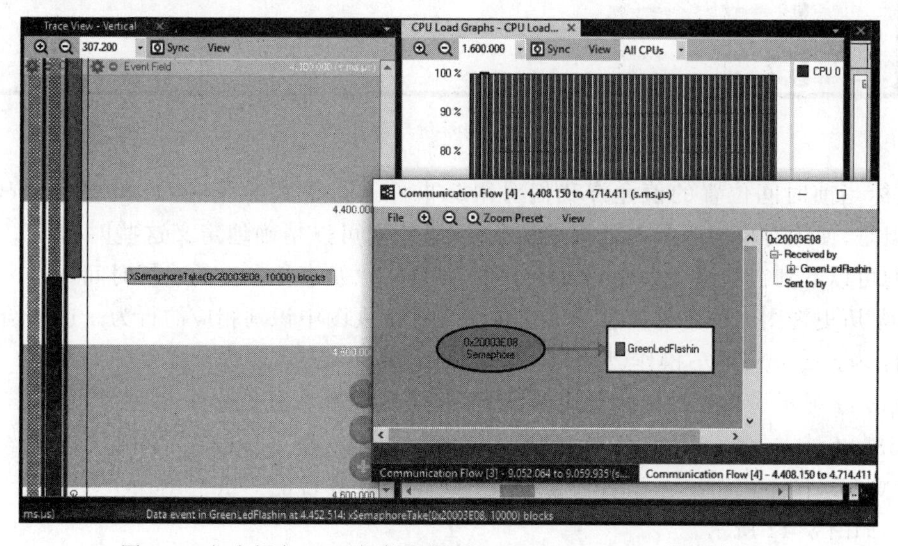

图 8.6 包含绿色 LED 灯任务调用 osSemaphoreTake 的跟踪记录

在图 8.7 中，绿色 LED 灯任务调用 osSemaphoreRelease，释放信号量。

Trace View - Vertical
2.000.453
Sync
View
Event Field
xSemaphoreGive(0x20003E08)
CPU Load Graphs - CPU Load
Communication Flow [4] - 9.005.192 to 9.213.888 (s.ms.μs)
File
Zoom Preset
View
RedLedFlashingT
0x20003E08
Semaphore
0x20003E08
Received by
Sent to by
RedLedFlashingT
Sends to objects
Receives from objects
Mutex/bi-directional objects
Communicates with actors
Receives From
Sends To
Shares Mutexes/bi-directic

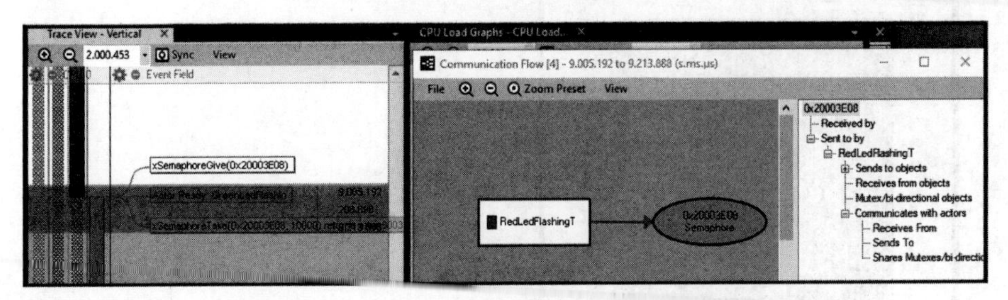

图 8.7　包含红色 LED 灯任务调用 osSemaphoreRelease 的跟踪记录

打开内核对象历史视图可以获得信号量操作的详细时间(双击信号量图标)，如图 8.8 所示。

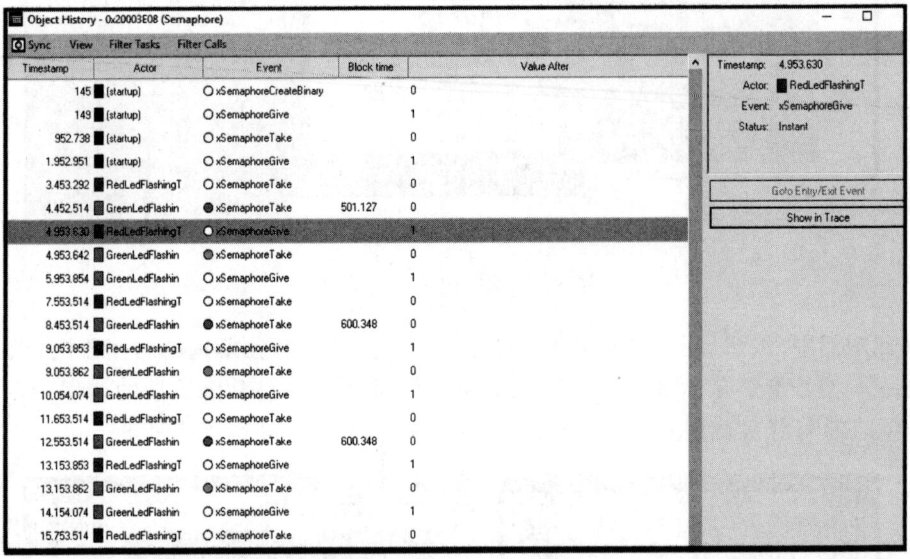

Object History - 0x20003E08 (Semaphore)
Sync
View
Filter Tasks
Filter Calls
Timestamp
Actor
Event
Block time
Value After
145 (startup) xSemaphoreCreateBinary 0
149 (startup) xSemaphoreGive 1
952.738 (startup) xSemaphoreTake 0
1.952.951 (startup) xSemaphoreGive 1
3.453.292 RedLedFlashingT xSemaphoreTake 0
4.452.514 GreenLedFlashin xSemaphoreTake 501.127 0
4.953.630 RedLedFlashingT xSemaphoreGive 1
4.953.642 GreenLedFlashin xSemaphoreTake 0
5.953.854 GreenLedFlashin xSemaphoreGive 1
7.553.514 RedLedFlashingT xSemaphoreTake 0
8.453.514 GreenLedFlashin xSemaphoreTake 600.348 0
9.053.853 RedLedFlashingT xSemaphoreGive 1
9.053.862 GreenLedFlashin xSemaphoreTake 0
10.054.074 GreenLedFlashin xSemaphoreGive 1
11.653.514 RedLedFlashingT xSemaphoreTake 0
12.553.514 GreenLedFlashin xSemaphoreTake 600.348 0
13.153.853 RedLedFlashingT xSemaphoreGive 1
13.153.862 GreenLedFlashin xSemaphoreTake 0
14.154.074 GreenLedFlashin xSemaphoreGive 1
15.753.514 RedLedFlashingT xSemaphoreTake 0
Timestamp: 4.953.630
Actor: RedLedFlashingT
Event: xSemaphoreGive
Status: Instant
Goto Entry/Exit Event
Show in Trace

图 8.8　信号量对象历史

光标当前时间位置的值允许我们对跟踪事件进行很好的评估(如 SemaphoreGive 调用)。但是，使用对象历史视图数据(见图 8.8)，我们可以精确地定义这些时间值。举个例子，我们可以看到在跟踪会话期间发生了多少事件，以及事件发生的确切时间。

对象历史视图中的事件信息能够让我们在跟踪视图中识别相应的行为。这里给出了两个示例：SemaphoreGive 操作(见图 8.9)和 SemaphoreTask(见图 8.10)。

图 8.11 显示了一个被阻塞调用的例子(即任务没有获得信号量然后被挂起)。在时间戳 8.453514 处，绿色 LED 灯任务调用 SemaphoreTake，但是被阻塞了 600.348ms。

历史记录图上的下一个事件是红色 LED 灯任务进行的 SemaphoreGive 调用，释放了信号量，如图 8.12 所示。

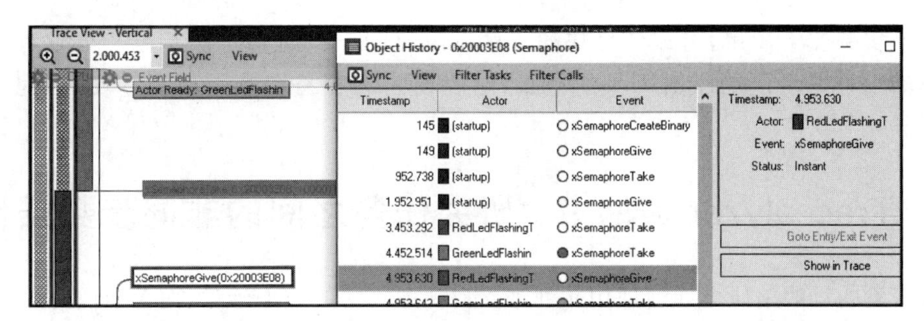

图 8.9　垂直跟踪视图——红色 LED 灯任务 SemaphoreGive 调用

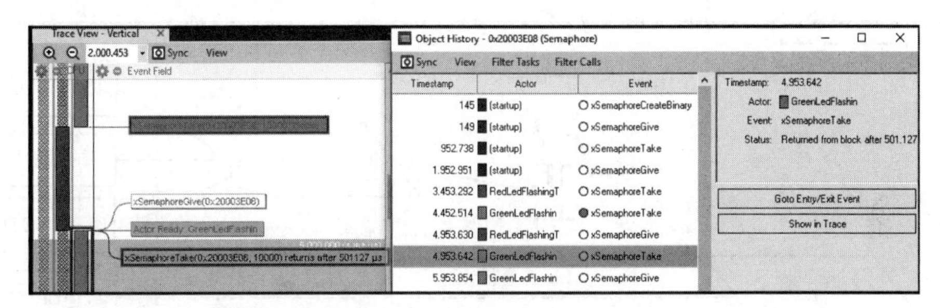

图 8.10　垂直跟踪视图——绿色 LED 灯任务 SemaphoreTake 调用

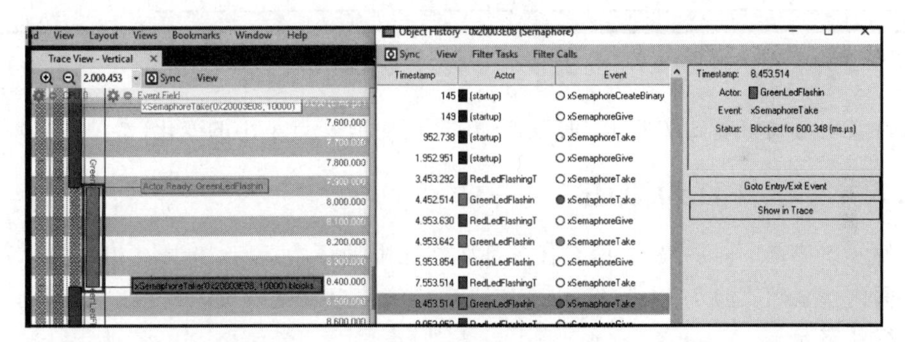

图 8.11　跟踪记录——绿色 LED 灯任务阻塞的 SemaphoreTake 调用

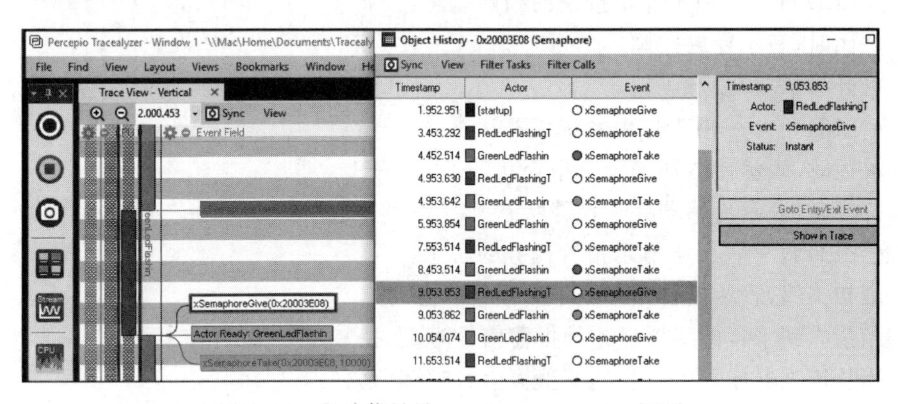

图 8.12　释放信号量——SemaphoreGive 调用

这个实验非常简单,可以让你快速了解 Tracealyzer 的功能。我们强烈建议你使用这样简单的设计来全面地评估工具的质量,这将使它更容易在实际应用中使用(完成更复杂的任务)。

8.2 Tracealyzer 实验 9 研究任务之间的非同步数据传输

该实验的目的是研究如何使用队列来支持任务之间的数据传输,而无须任何同步操作。图 8.13 显示了系统任务框图,包含两个任务和一个队列。

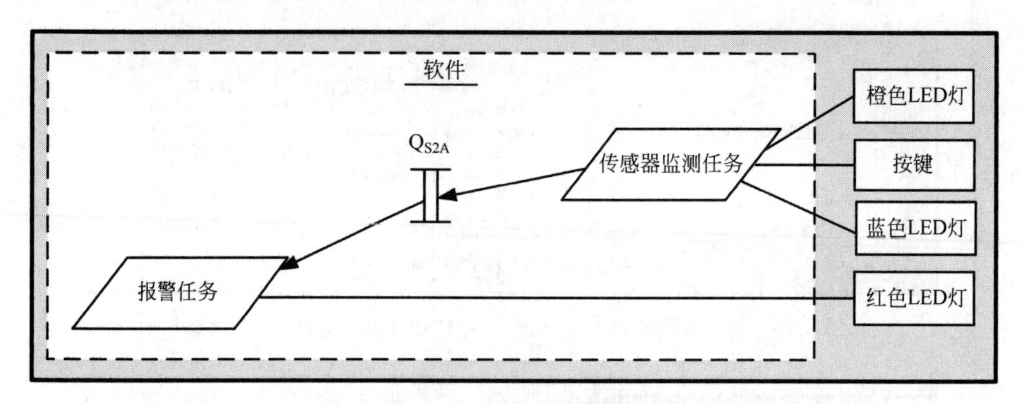

图 8.13 系统任务框图

软件实现与内核基础实验 19(4.7 节)相同,但是有一点小小的变化(参见下文)。

8.2.1 软件行为概述

软件实现符合下面的描述,两个任务都要在无限循环中运行,并具有相同的优先等级。另请参阅内核基础实验 19(4.7 节)以获取更多详细信息。此处的 LED 灯用于指示系统的当前运行状态。

蓝色 LED 灯——用于显示按键的当前状态:

- 关闭时,表示释放按键。
- 打开时,表示按下按键。

橙色 LED 灯——用于指示系统报警状态:

- 关闭时,表示传感器处于未报警状态。
- 打开时,表示传感器处于报警状态。

红色 LED 灯——用于显示报警任务的状态:

- 最初关闭,表示报警任务处于非报警状态。
- 当接收到来自传感器任务的报警信号时,点亮。
- 当从传感器任务中接收到不报警信号时,熄灭。

1. 传感器监视任务

任务的主要行为如下：

(1) 按键模拟报警开关的动作。

(2) 通过轮询检测按键当前状态。

(3) 按下按键时，蓝色 LED 灯点亮；当释放时，LED 灯关闭。

(4) 检测到按键按下并采取措施后，在重新检查按键状态之前会有 200ms 的延时。

(5) 检测到按键释放并采取措施后，在重新检查按键状态之前会有 200ms 的延时。

(6) 通过按键按动(按压之后放开)动作模拟传感器报警状态的变化。

(7) 默认的报警状态是非报警。

(8) 第一个按动操作会将报警状态设置为报警，此状态信息作为消息发送到队列，并且橙色 LED 灯被点亮。随后是 50ms 的软件延时，以模拟报警处理操作。

(9) 下一个按动操作将报警状态设置为非报警。同样，这个信息被发送到队列，橙色 LED 灯被关闭。

(10) 下一个按动操作再次将报警状态设置为报警，然后将其发送到队列中，以此类推。

2. 报警任务

(1) 以大约 4Hz 的速率轮询队列，以获取消息。

(2) 如果收到报警消息：

- 点亮红色 LED 灯。
- 在软件中模拟报警处理 50ms。

(3) 如果接收到不报警的状态消息，且红色 LED 灯已经打开，则关闭它。

8.2.2 跟踪记录：无报警场景

以下记录(见图 8.14)是系统在正常状态(非报警)时的典型行为。

时间戳 2.000.260 处突出显示的是从 SensorMonitoringTask 任务调度一开始的一系列交互行为。AlarmingTask 任务之后立即执行，在此执行期间，AlarmingTask 使用以下调用检查队列中的消息：

```
QreadState = osMessageGet(QS2AHandle, 0);
```

图 8.15 所示实例是 FreeRTOS 原生的 xQueueReceive 调用。

图 8.14 中：

(1) 间隔中某个参与者(Actor)的 CPU 使用率是该参与者在这个间隔内使用的 CPU 时间量除以该间隔的长度。

(2) 对于每个间隔，在该间隔中执行的所有参与者(Actor)都被绘制为彼此堆叠的矩形。

(3) 每个参与者(Actor)的矩形的高度表示该参与者在该时间间隔内的 CPU 使用率；组合的高度是该时间间隔的总 CPU 使用率。

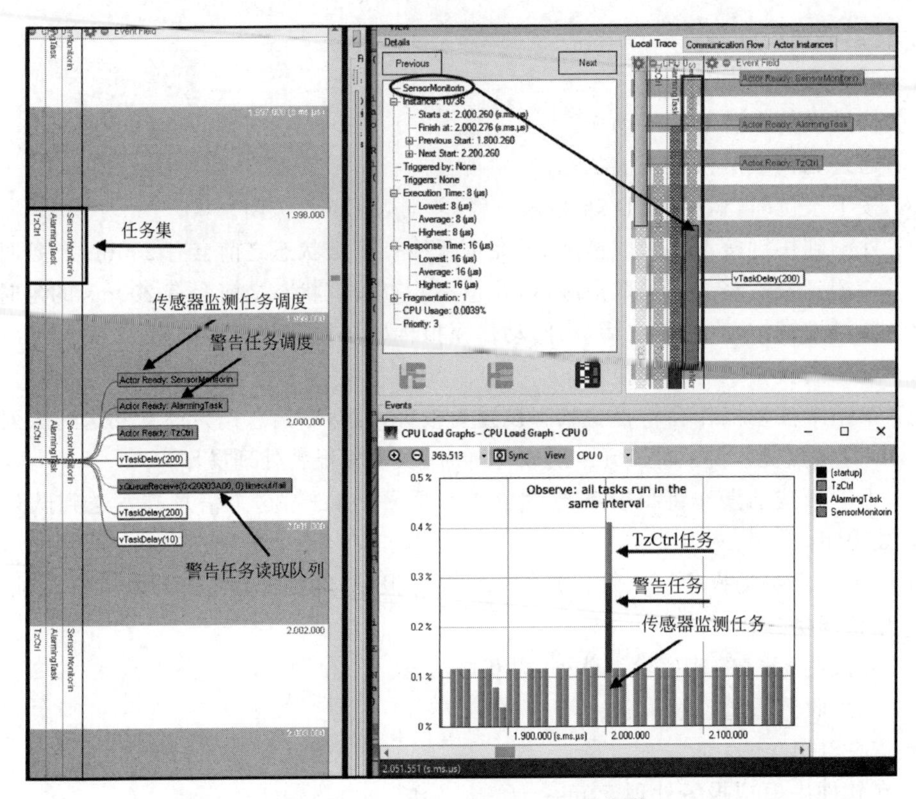

图 8.14 Tracealyzer 记录——无报警

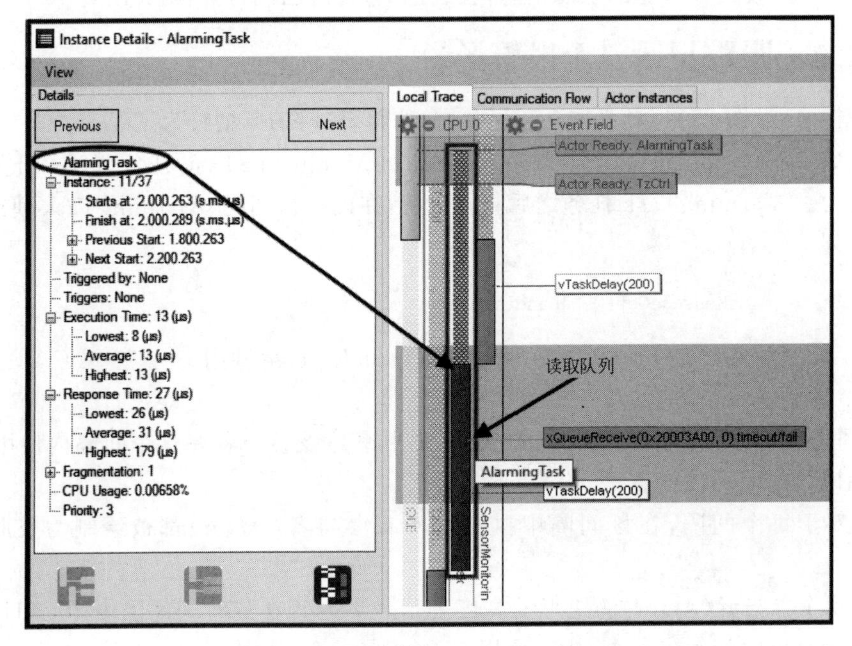

图 8.15 实例详情——AlarmingTask

在此时间间隔内发生的通信流图如图 8.16 所示。

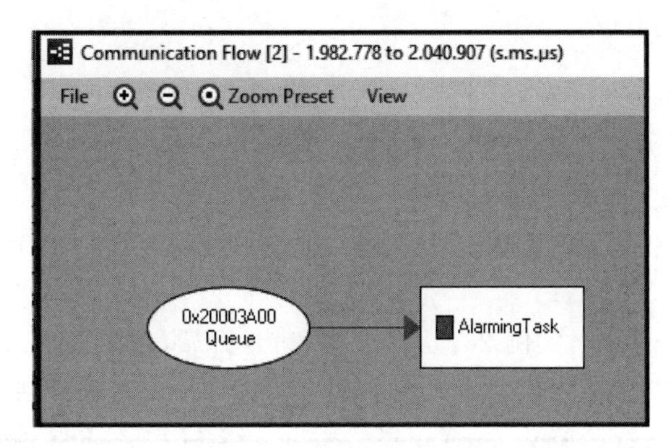

图 8.16　通信流图详情

从前面的记录中我们可以看到，在此期间执行的唯一操作是报警任务读取队列。

8.2.3　跟踪记录：报警场景

现在让我们看看监测到报警时会发生什么（见图 8.17）。

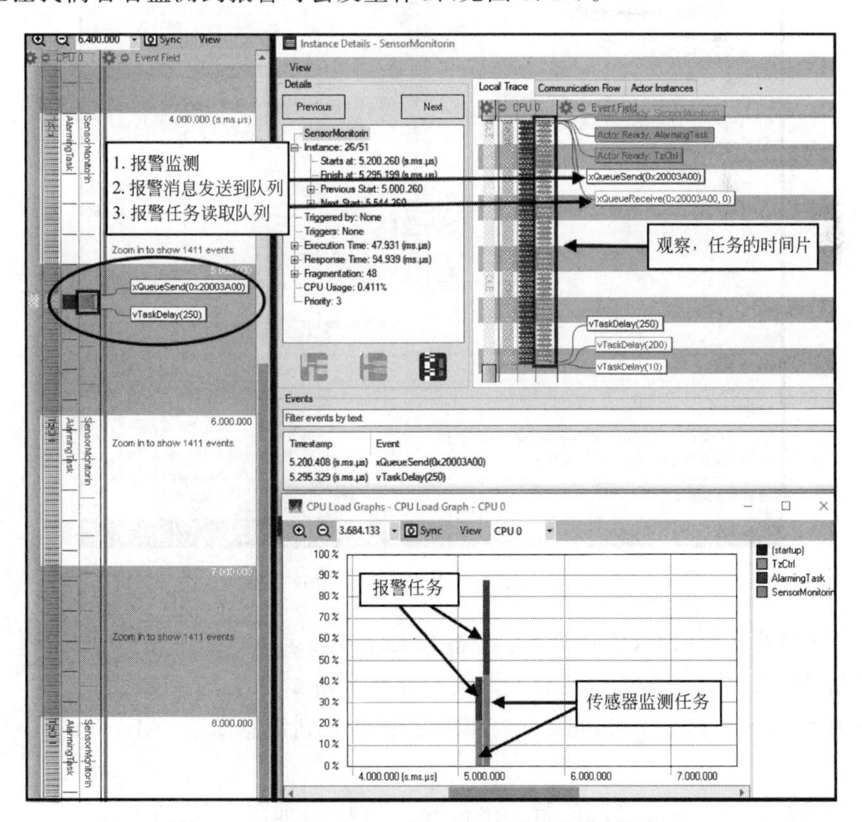

图 8.17　Tracealyzer 记录——监测到报警（见彩插）

在运行 SensorMonitoringTask 的过程中，它将监测到已经发出报警，于是，它使用以下调用将报警消息发送到队列：

```
SensorSendState = osMessagePut(QS2AHandle, SensorInAlarmMessage, 1000);
```

跟踪记录中显示为 FreeRTOS 原生的 xQueueSend 调用。随后，AlarmingTask 从队列中收集报警消息，并按指定的方式对其进行处理(执行报警处理 50ms)。

可以从实例详情(图 8.17 和图 8.18 中的 Instance Details 窗口)中看到，任务执行是重叠的：

SensorMonitoringTask，实例 26：从 5.200.260s 开始，在 5.295.199s 处结束。

AlarmingTask，实例 27：在 5.200.263s 开始，在 5.296.130s 处结束。

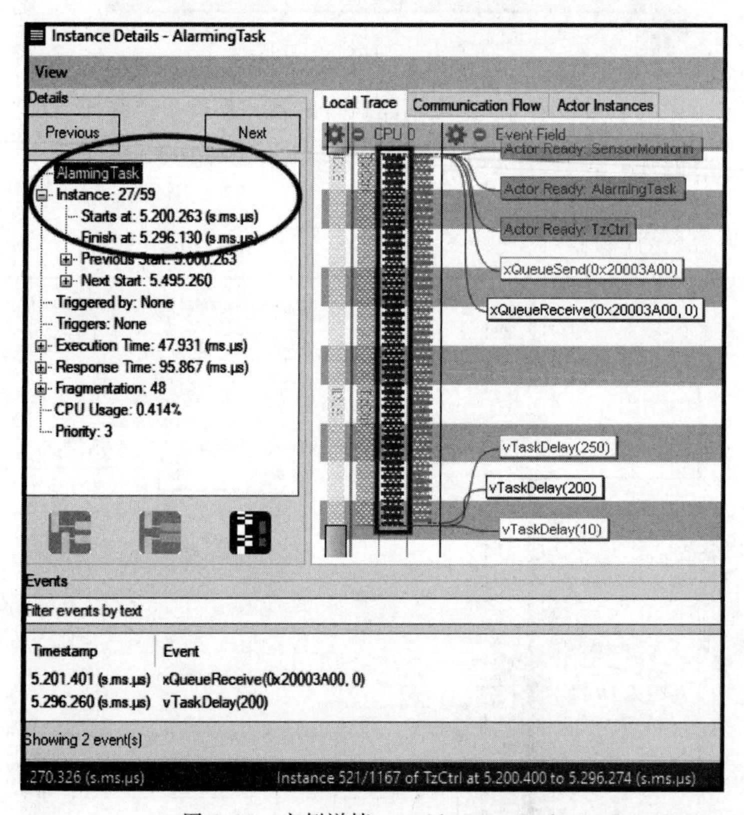

图 8.18　实例详情——AlarmingTask

注意：它们是在时间片(轮询调度)模式下执行的。这正是你所期望看到的，因为两个任务具有相同的优先级。涵盖这些执行时间的通信流图如图 8.19 所示。

通信流中，SensorMonitoringTask 将报警消息发送到消息队列，AlarmingTask 收集此消息。

现在让我们看一下任务之间的第二个报警信号实例，如图 8.20 所示。

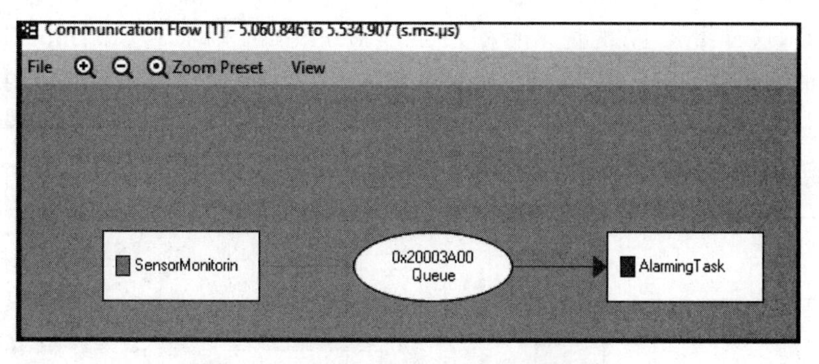

图 8.19 通信流图——任务信号量交互

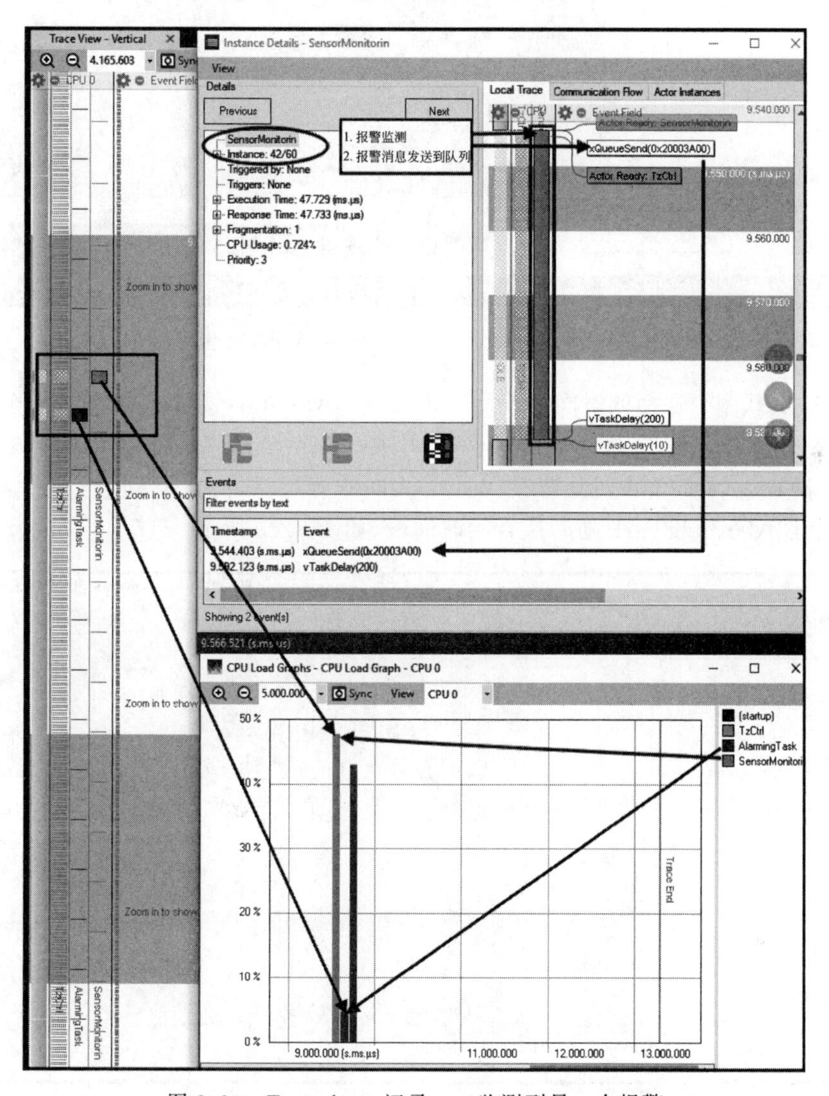

图 8.20 Tracealyzer 记录——监测到另一个报警

有趣的是，这与图 8.17 的记录不同，SensorMonitoringTask 和 AlarmingTask 实例明显以不同的时间间隔运行。因此，我们可以从图 8.21 开始研究这些不同间隔内的通信流。

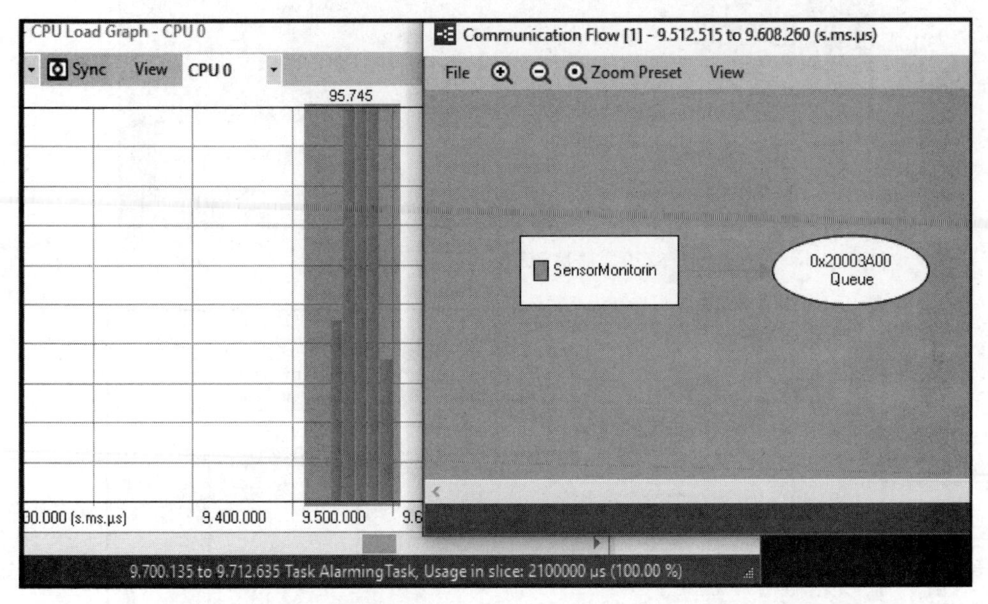

图 8.21 CPU 负载和通信流图——SensorMonitoringTask 执行

在 CPU 负载图中选择的时间范围涵盖了 SensorMonitoringTask 监测到一个报警并将其发送到队列的时间段。这是所选时间段内唯一的活动任务。因此，通信流图只显示 SensorMonitoringTask 和队列参与者(Actor)之间的交互。

现在考虑 AlarmingTask 随后执行的时间段，如图 8.22 所示。

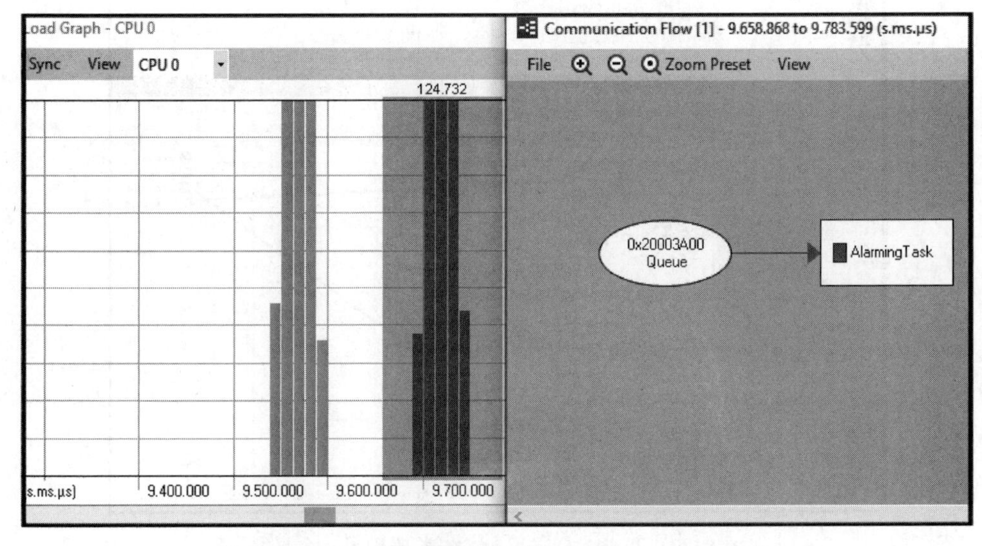

图 8.22 CPU 负载和通信流图——AlarmingTask 执行

从图 8.22 中可以看到 AlarmingTask 访问队列以查看是否有消息存在。在这种情况下，队列准备进行收集，然后由 AlarmingTask 读取。

你现在应该可以理解，为什么通信流图只显示队列和报警 AlarmingTask 参与者(Actor)之间的交互。

现在，在 CPU 负载图上选择包含整个交互周期的时间范围，如图 8.23 所示。

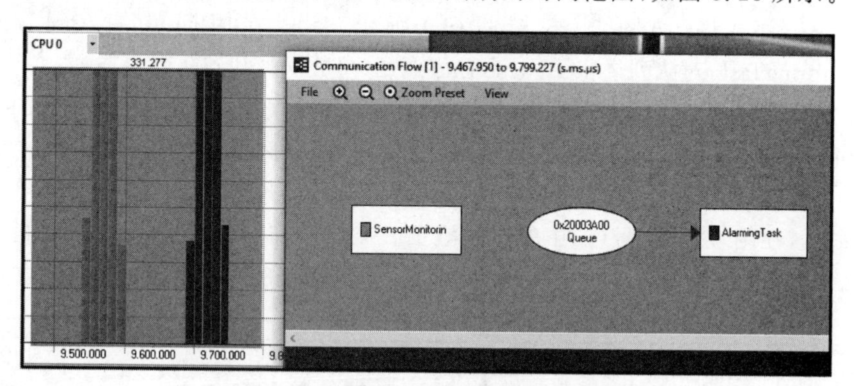

图 8.23 通过队列在任务之间传输数据

任务和队列相关的详细信息如图 8.24 所示。

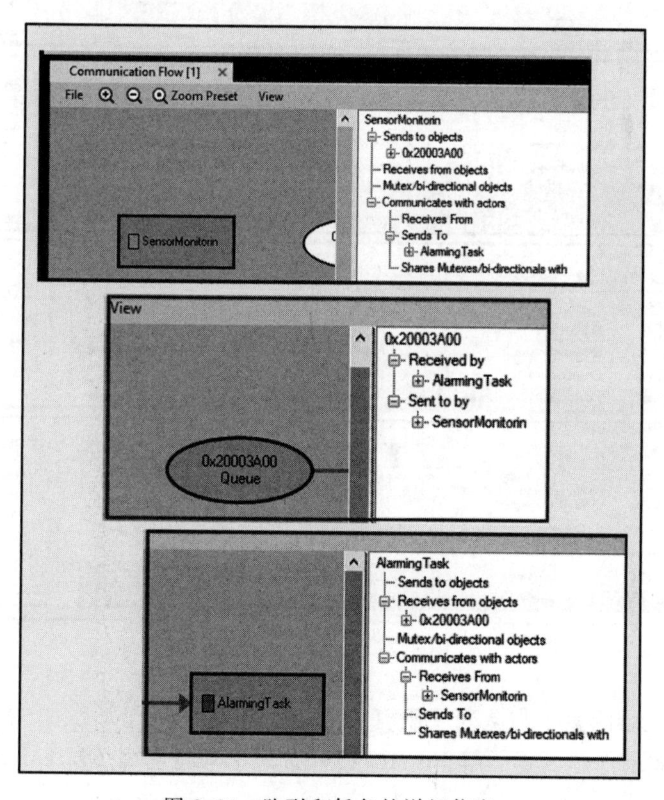

图 8.24 队列和任务的详细信息

图 8.25 给出了消息传递交互的完整顺序(这些是在之后的测试中收集的,因此时序与前面的示例不同)。

(1) 图 8.25 标号(a)中,在时间戳 10.295.406 时刻,AlarmingTask 对队列进行 xQueueReceive 调用。但是,由于队列中没有消息(请参阅图中的 Queue 列),因此它会完成处理,然后挂起 200ms。

(2) 下一个事件,如图 8.25 标号(b)所示,发生在时间戳 10.344.403 时刻,SensorMonitoringTask 对队列进行 xQueueSend 调用(将数据加载到队列中)。

(3) 之后,在时间戳 10.495.403 时刻(见图 8.25 标号(c)),AlarmingTask 向队列发起一个 xQueueReceive 调用,读取消息,从而清空队列(由时间戳 10.742.406 处的 Queue 列信息确认)。在获取消息之后,将按指定的方式对其进行处理。

(4) 最后,在图 8.25 标号(d)中的时间戳 10.742.406 时刻,AlarmingTask 再次对队列发出 xQueueReceive 调用。但由于队列为空,状态显示 Failed to receive,调用立即超时。

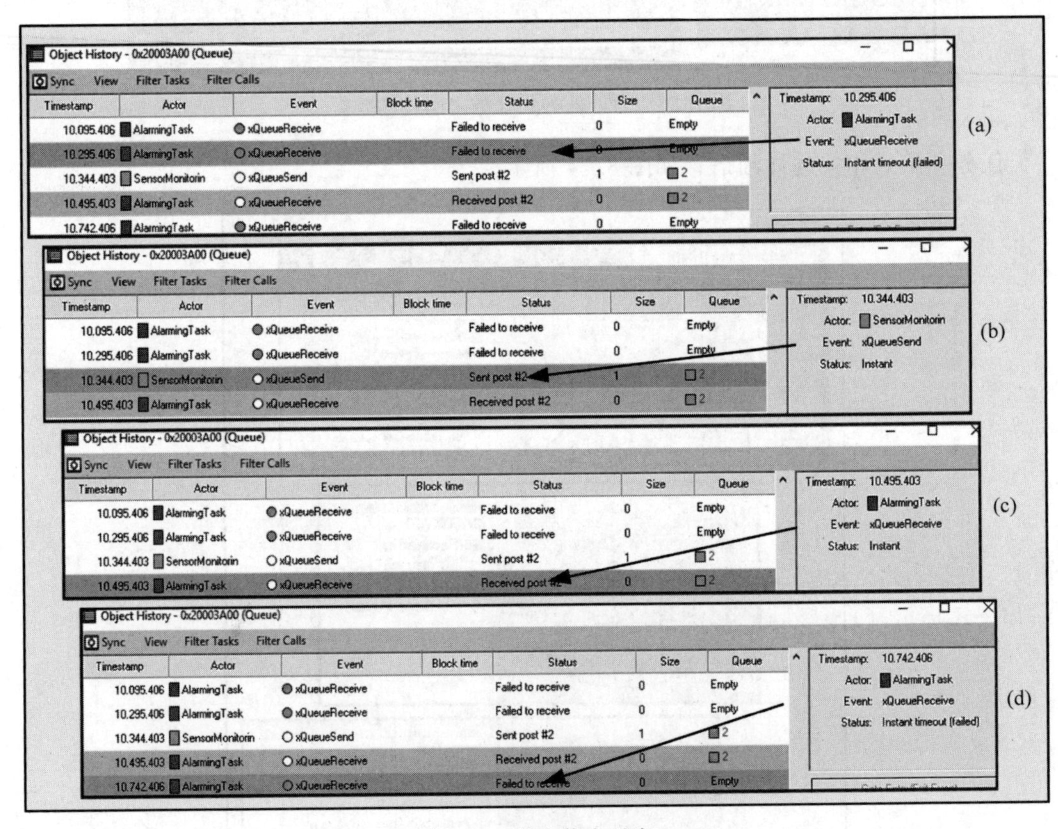

图 8.25 消息信令时序

此处提供的记录涵盖了与队列使用有关的最重要功能。

最后总结:如果你想真正了解 FreeRTOS,那么花时间使用 Tracealyzer 来详细研究它的行为是值得的。

8.3 Tracealyzer 实验 10 研究任务之间的同步数据传输

本实验的目的是演示数据传输的任务同步，系统任务框图如图 8.26 所示。应用中，同步是单向的。AlarmingTask 充当可延期服务器。邮箱用作信令/同步机制，该机制基于长度为 1 的队列。

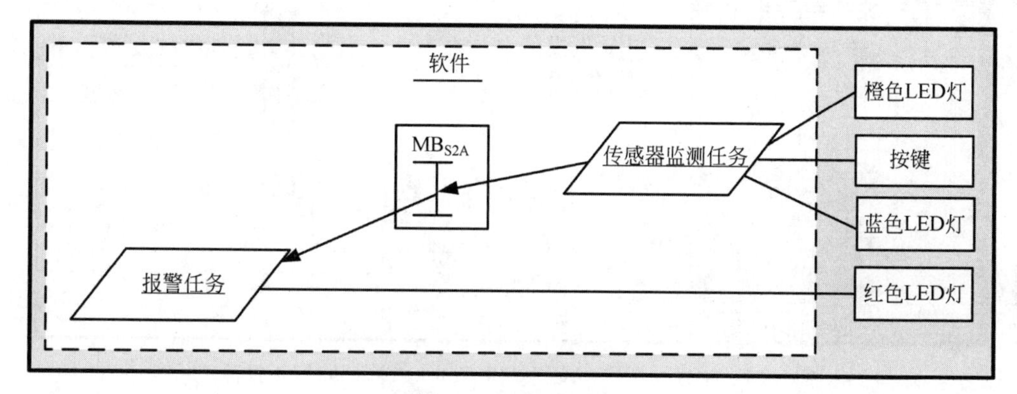

图 8.26 系统任务框图

软件实现应该与 Tracealyzer 实验 9(8.2 节)相同，但要进行以下重要更改：

(1) AlarmingTask 不会连续轮询消息是否到达，而是无限期地等待(挂起于队列)，直到收到消息。

(2) 当报警消息到达时，任务被释放，并执行 500ms 的处理(与以前一样)。之后，它再次检查队列状态，挂起(进入阻塞状态)，然后等待消息到达。

(3) 当不报警消息到达时，任务被释放，并执行 250ms 的处理。之后，它再次检查队列状态，无限期地等待(阻塞)，直到消息到达。

使用不同的处理时间是为了能更容易地在跟踪视图中识别参与者(Actor)的执行。

其他所有操作参照 Tracealyzer 实验 9(8.2 节)中的定义。请注意：这些时间并不重要，但是所有的处理必须通过软件模拟(不使用 FreeRTOS 延迟功能)。

图 8.27～图 8.32 是 Tracealyzer 对更重要任务交互的记录。图 8.27 记录了系统在正常(即不报警)状态时的行为。注意，在此记录会话期间没有执行 AlarmingTask，因此，我们可以推断出它一定处于挂起状态。

在下一次执行 SensorMonitoringTask 时(实例 24，见图 8.28 Instance Details 中的信息)已经生成报警。

因此，SensorMonitoringTask 将消息发送到 AlarmingTask，从而触发它执行操作(见图 8.29)。在实例详细信息视图中显示的任务执行时间确认这是一条报警消息。

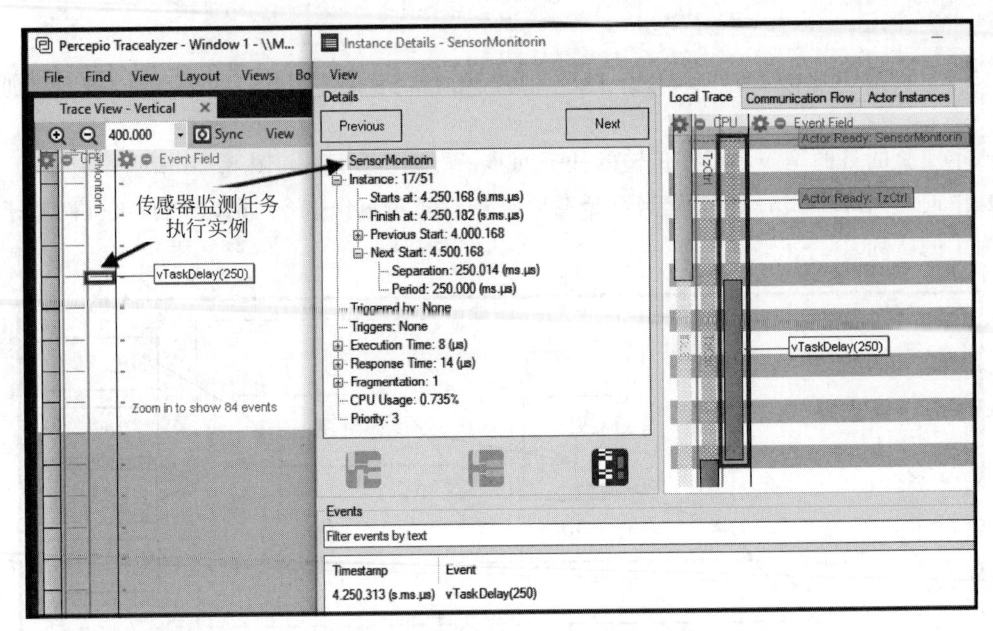

图 8.27 记录视图——SensorMonitoringTask 执行(不报警)

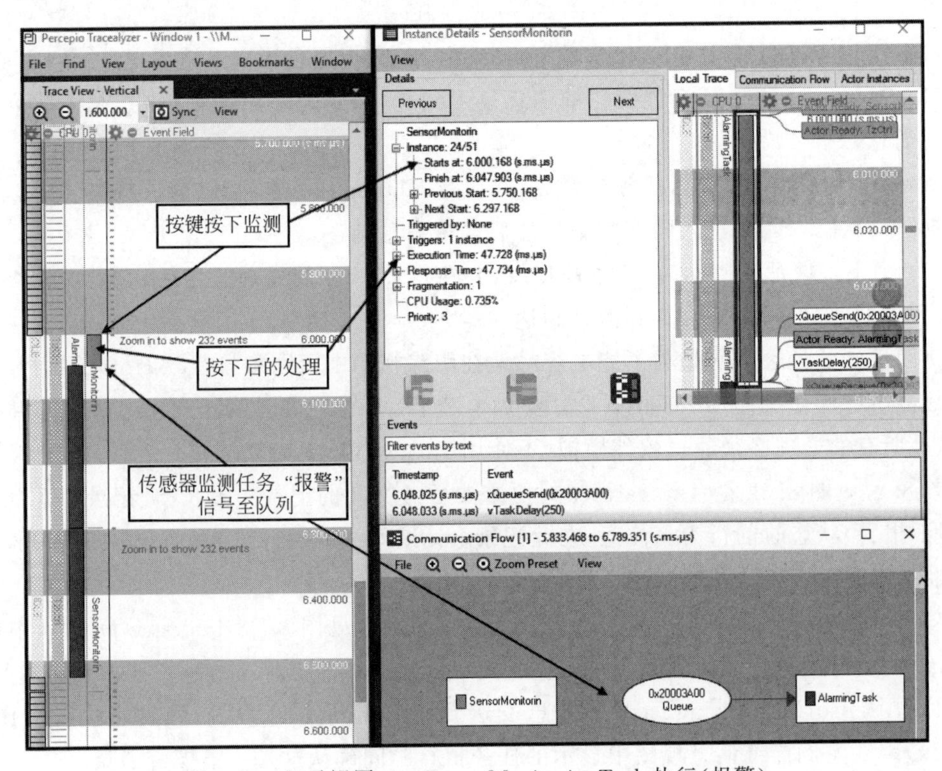

图 8.28 记录视图——SensorMonitoringTask 执行(报警)

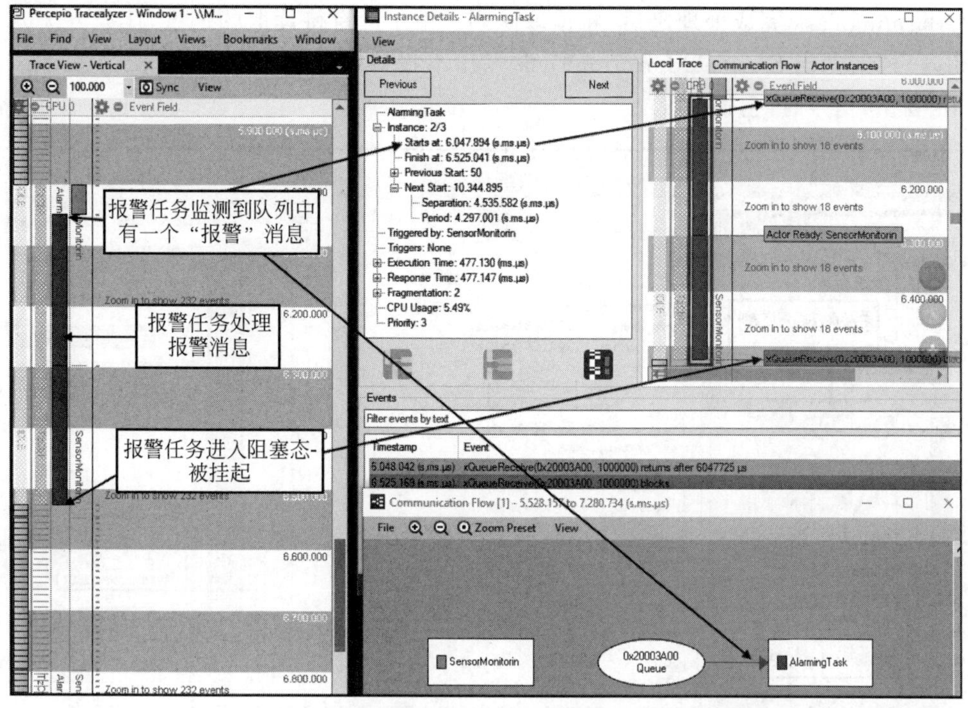

图 8.29　由 SensorMonitoringTask 触发的报警(服务器)任务

这里,为了简化操作,当监测到警报时,SensorMonitoringTask 只发送一条报警消息(下一条要发送的消息是不报警)。因此,下次运行 SensorMonitoringTask 时,不会重新触发 AlarmingTask(实例 25,见图 8.30 Instance Details 中的信息)。注意,AlarmingTask 的处理被 SensorMonitoringTask 的执行分割。

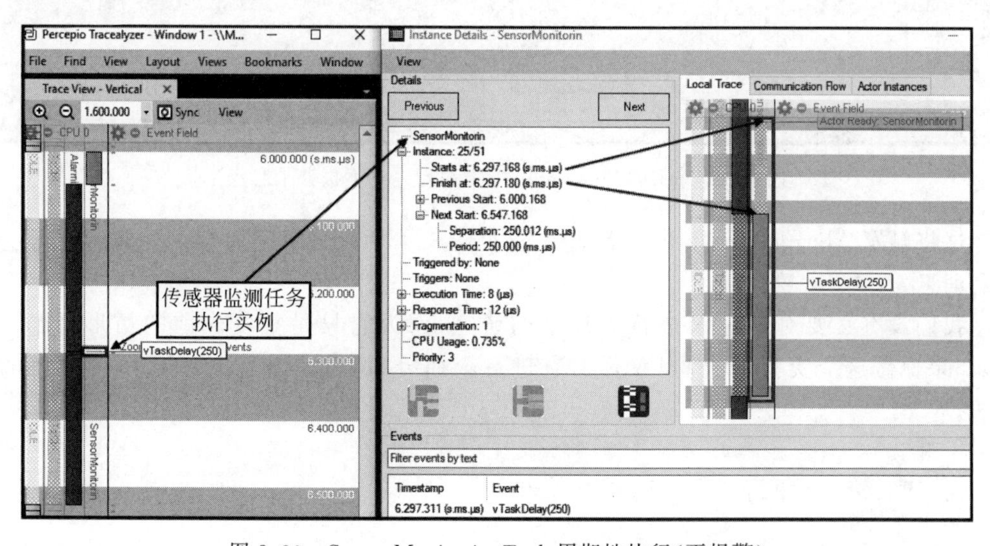

图 8.30　SensorMonitoringTask 周期性执行(不报警)

AlarmingTask 完成处理之后，将读取队列。由于没有待读取的消息，任务再次进入挂起(阻塞)模式。当 SensorMonitoringTask 发出不报警(实例 41，见图 8.31 中的 Instance Details 窗口)信号时，它将被唤醒。

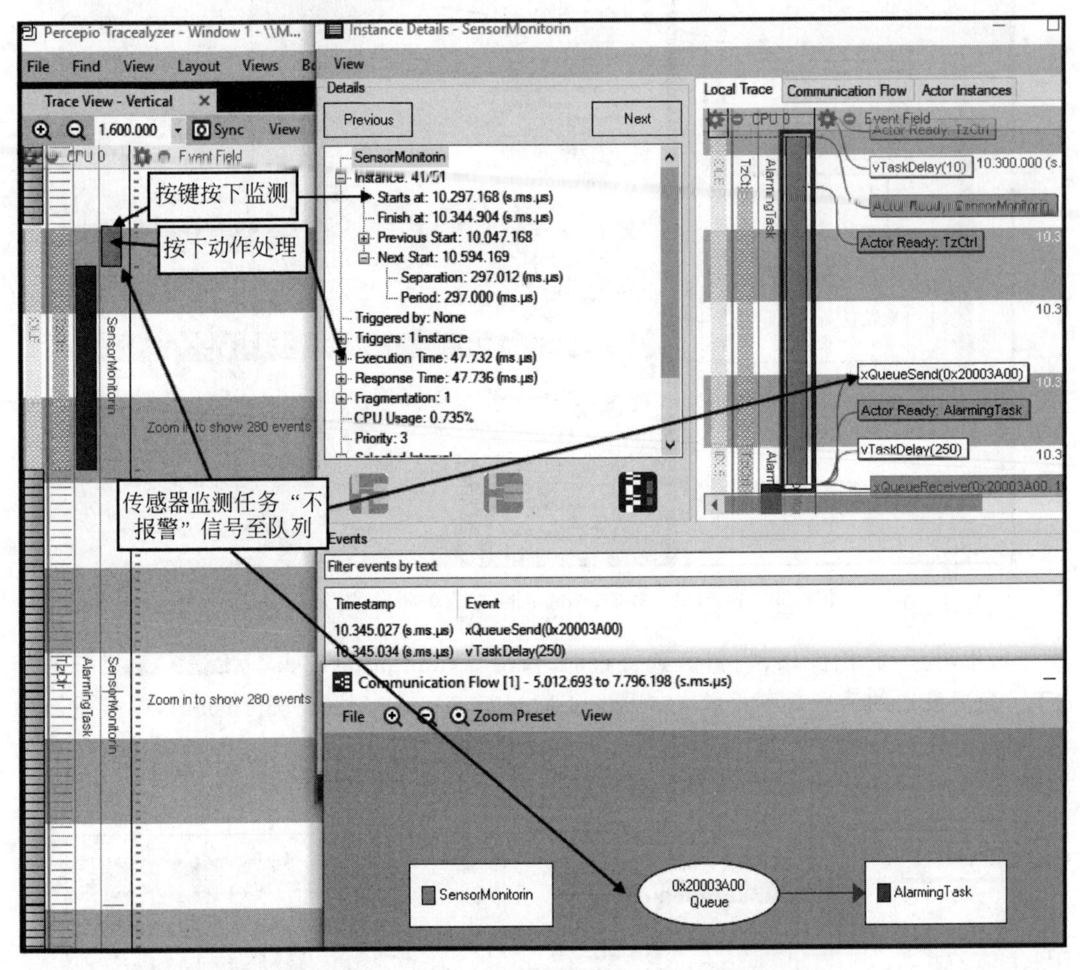

图 8.31　SensorMonitoringTask 执行——不报警消息产生

这将触发 AlarmingTask 进入活动状态(见图 8.32)，处理时间为 238ms，确认消息为不报警消息。

我们没有必要对该记录进行更详细的研究，因为它只是重复先前的情形而已。但是，如果你做这个实验，我们建议你对它进行全面分析，这是加深对 RTOS 的理解的好方法。

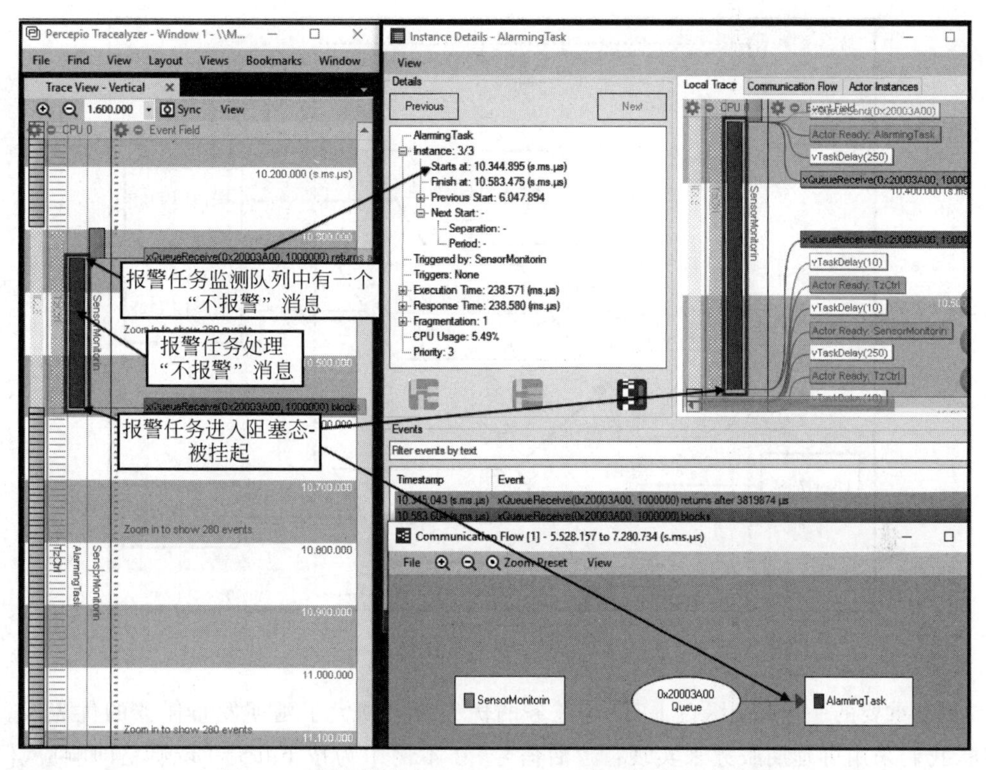

图 8.32　服务器任务 AlarmingTask 被不报警消息触发

8.4　Tracealyzer 实验 11　评估可延期服务器的使用

本实验演示了如何使用 Tracealyzer 来观察使用中断驱动操作的可延期服务器任务的激活情况。整个系统任务框图如图 8.33 所示。

8.4.1　总体描述

由图 8.33 可见，在中断发生之前，绿色 LED 灯任务是唯一活动的任务。这是一个简单的周期任务，在本节后面的部分其角色将会更加清楚。如果有必要，请参照 4.11 节的实验 23（通过延期服务最小化 ISR 的影响）的实现，学习中断处理的知识。

非周期性任务是一种典型的延期服务类型，它的大部分时间都处于挂起状态（等待信号量队列）。当任务首次被激活时，立即对信号量进行等待调用。如果信号量已正确初始化，它将立即挂起，等待唤醒信号。可以看出，信号量是由 ISR 代码设置的，这将导致可延期服务器（DS）任务被释放。当用户按键生成硬件中断信号时，ISR 将会执行。

一旦可延期服务器任务被释放，它将从挂起态转入就绪态，后续执行由 RTOS 调度器控制。任务在无限循环中运行，它最终返回到再次等待调用的位置。

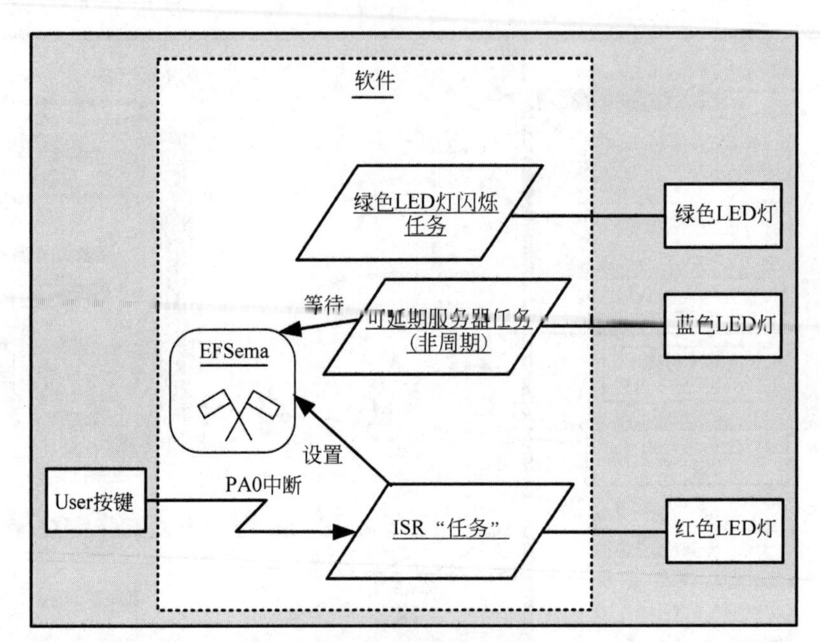

图 8.33 系统任务框图

非常重要的一点是：绿色 LED 灯任务的优先级必须大于延期发布任务的优先级。请记住，我们采用可延期服务来实现：激活信号(在本例中为按下按键)必须立即响应，但是 DS 任务对计划(定期)任务集的影响必须最小。这意味着它不是时间关键的任务，因此可以在调度器的控制下安全地运行。

8.4.2 任务时间

让我们先来处理 ISR/DS 任务方面。这将涉及两种情况，第一种如图 8.34 所示。请注意，对于这些实验，时序不重要。

可延期服务器任务是一种"一次性"类型的任务，当激活后，执行 4s。在此期间，它会闪烁蓝色 LED 灯。ISR 任务被调用时：

(1) 向信号量发送一个信号；

(2) 开启红色 LED 灯；

(3) 运行 0.5s 的时间；

(4) 关闭红色 LED 灯；

(5) 完成，从中断中返回。

第二个场景如图 8.35 所示，ISR 任务被调用时：

(1) 开启红色 LED 灯；

(2) 运行 0.5s 的时间；

(3) 关闭红色 LED 灯；

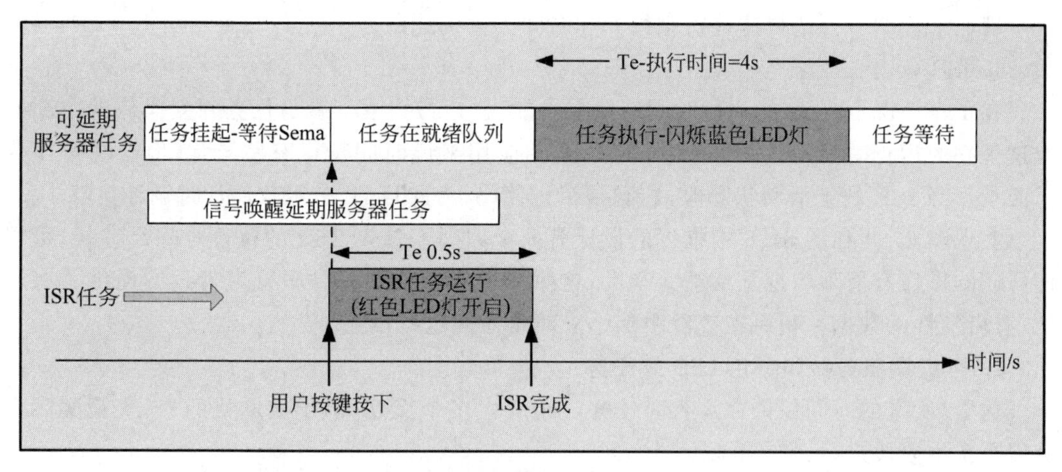

图 8.34　ISR/可延期服务器任务时间方面——场景 1

(4) 向信号量发送一个信号；

(5) 从中断中返回，完成。

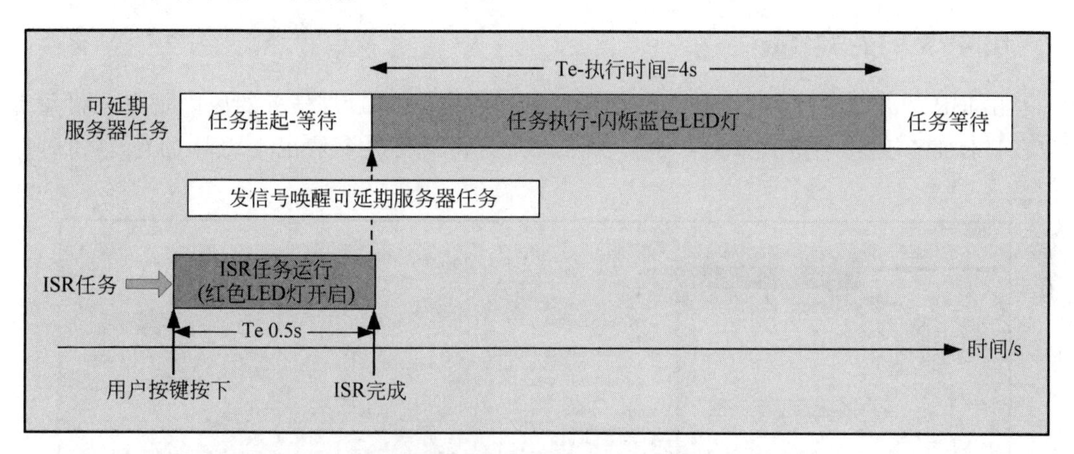

图 8.35　ISR/可延期服务器任务时间方面——场景 2

图 8.36 给出了周期性任务的详细信息，在此不多做解释。

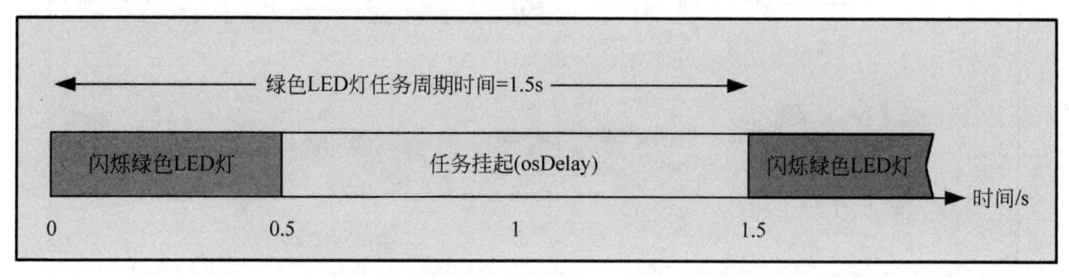

图 8.36　周期性任务(绿色 LED 灯)时序图

现在来说明一下选择这些特定行为和时间因素的原因。

1. ISR 任务

在正常情况下,ISR 的运行时间应该尽可能短(以最大程度减少任务调度操作的中断)。在这里它的运行时间是 0.5s,这对于嵌入式的应用来说时间长得有些异常,但这纯粹是为了演示。当 ISR 处于活动状态时,它必须执行代码,为此目的,采用软件延时循环足够了。

实现图 8.34 和图 8.35 中描述的设计有两个原因。首先,ISR 的执行时间足够长,可以使我们的操作有清晰的视觉反馈。其次,这两种场景的交互和时序行为为我们提供了有趣的、有启发性的数据。稍后在查看跟踪结果时将对此进行描述。

2. 可延期服务器和绿色 LED 灯任务

这里,所选的时间保证在运行时任务之间产生多个交互(出于演示目的)。实验实际上分以下三个阶段进行:

(1) 实验 11a:场景 1,禁用绿色 LED 灯任务。

(2) 实验 11b:场景 2,禁用绿色 LED 灯任务。

(3) 实验 11c:场景 3,启用绿色 LED 灯任务。

8.4.3 实验 11a

在 ISR 的开始处释放信号量,在此实验中禁用绿色 LED 灯任务的原因是完全将重点放在 ISR/DS 任务的操作和交互上。图 8.37 显示了在这个情况下 ISR 的行为和时序记录。

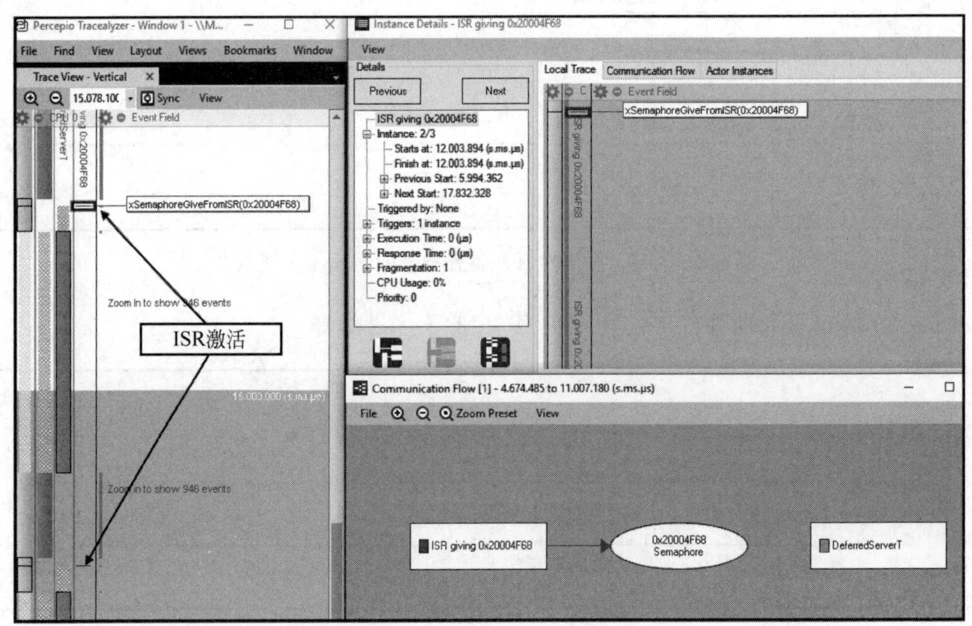

图 8.37 实验 11a 记录视图 1

它清楚地说明了可延期服务器任务是何时何地就绪的，并显示了参与该活动的参与者（Actor）。但是，Instance Details View 视图显示 ISR 执行时间为 0s，这显然不是真的，这些 Tracealyzer 的跟踪记录有问题。

我们包含此错误的结果，是为了让你明白需要以下额外的 Tracealyzer 调用来获取中断的时间数据。

（1）xTraceSetISRProperties：存储 ISR 的名称和优先级，并返回跟踪句柄，该句柄用于识别 ISR。

（2）vTraceStoreISRBegin：使用跟踪句柄，注册 ISR 的开始。

（3）vTraceStoreISREnd：注册 ISR 的结束。

必须在任务开始之前调用 xTraceSetISRProperties，通常是在 main.c 中对其进行调用。其他两个调用（本质上是一个匹配对），放在 ISR 的起始和结束位置。Tracealyzer 记录器库文档提供了这些 API 的完整详细信息。但是，为了介绍该主题，下面简要介绍它们的用法。

1. 定义跟踪句柄

```
traceHandle PBsignalHandle = 0;
```

注意：必须创建跟踪句柄（这里称为 PBsignalHandle），它对所有的代码单元可见。

2. 在 main.c 中设置 ISR 的属性

```
/* 用户代码开始 2 */
PBsignalHandle = xTraceSetISRProperties("PBsignal", PriorityofISR);
vTraceEnable(TRC_START_AWAIT_HOST);
/* 用户代码结束 2 */
```

PriorityofISR 的值可以在 CubeMX 工程中的 NVIC Configuration information 面板中找到，如图 8.38 所示。

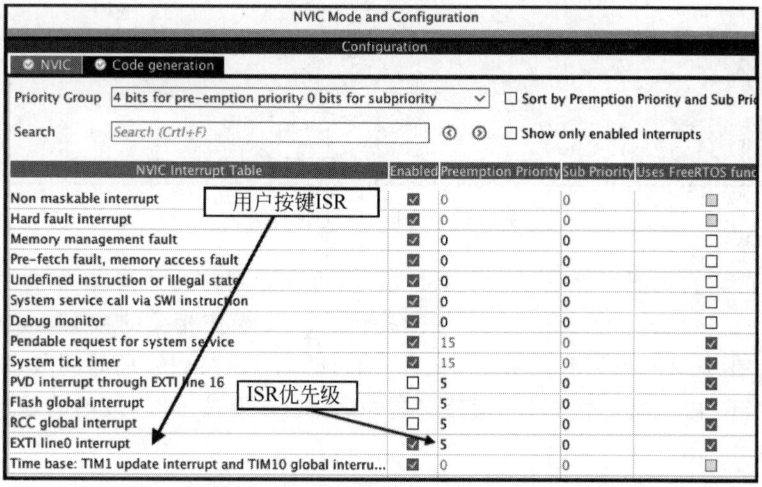

NVIC Mode and Configuration

Configuration

NVIC | Code generation

Priority Group: 4 bits for pre-emption priority 0 bits for subpriority ☐ Sort by Premption Priority and Sub Pri

Search: Search (Crtl+F) ☐ Show only enabled interrupts

NVIC Interrupt Table	Enabled	Preemption Priority	Sub Priority	Uses FreeRTOS func
Non maskable interrupt	☑	0	0	☐
Hard fault interrupt	☑	0	0	☐
Memory management fault	☑	0	0	☐
Pre-fetch fault, memory access fault	☑	0	0	☐
Undefined instruction or illegal state	☑	0	0	☐
System service call via SWI instruction	☑	0	0	☐
Debug monitor	☑	0	0	☐
Pendable request for system service	☑	15	0	☑
System tick timer	☑	15	0	☑
PVD interrupt through EXTI line 16	☐	5	0	☑
Flash global interrupt	☐	5	0	☑
RCC global interrupt	☐	5	0	☑
EXTI line0 interrupt	☑	5	0	☑
Time base: TIM1 update interrupt and TIM10 global interru...	☑	0	0	☐

用户按键ISR

ISR优先级

图 8.38 按键 ISR 的优先级（EXT1 线 0 中断）

3. 检测 ISR

```
void EXTI0_IRQHandler(void)
{
  /* 用户代码开始 EXTI0_IRQn 0 */
  vTraceStoreISRBegin(PBsignalHandle);
  ISR 代码主体
  vTraceStoreISREnd(0);
  /* 用户代码结束 EXTI0_IRQn 0 */
```

以这种方式修改实验代码后，Tracealyzer 将生成正确的时间数据，如图 8.39 所示。

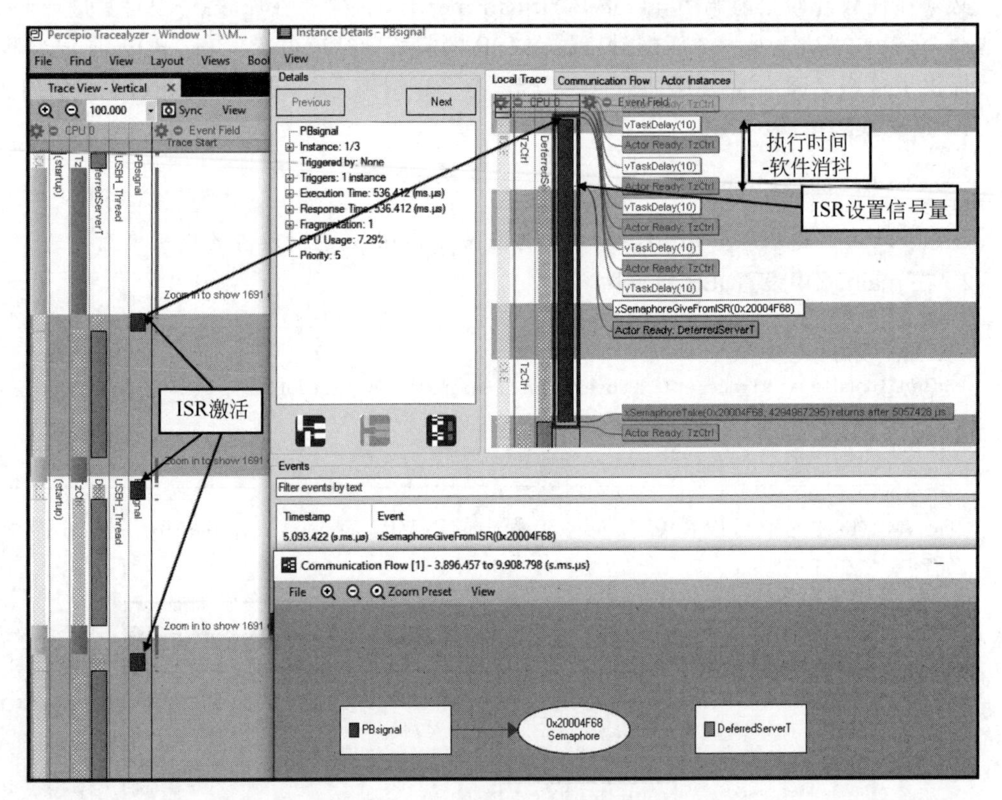

图 8.39　实验 11a 记录视图 2

图 8.39 的垂直视图中捕获了 3 个 ISR 活动，可以看到在这种情况下，这些在操作上本质上是相同的。Instance Details View 视图提供与 ISR 操作相关的数据，这些数据大部分不需要解释。但是有一项需要说明：标记有“执行时间-软件消抖”的时间段，这部分特殊的代码包含在 ISR 中，作为一个很好的实践(题外话：当按键按下时，按键的触点会有规律的跳动，产生抖动)。

DeferredServerTask 任务的实例详情如图 8.40 所示，观察到任务执行时间为 3.912s，但响应时间是 4.329s，相差 0.417s。此差异对应于 DS 任务在开始执行之前处于挂起状态的时间。实际上，DS 任务在每个实例执行后进入挂起状态。当 ISR 设置信号量（xSemaphoreGiveFrom）时，DS 任务将就绪。但是，由于 ISR 具有较高的优先级，所以它（DS 任务）将一直保留在就绪队列中，直到 ISR 完成。请仔细、深入地研究这些数字。

可以从 Service Block Call View 中获得更多信息，如图 8.41 所示。在这里，每个数据点表示 DS 任务进行的特定内核服务调用。x 的位置是时间戳，y 的位置表示的是阻塞时间。图 8.41 中突出显示了一个特定的点（时间为 13.606.969s），这表示 DeferredServerTask 任务被阻塞。阻塞发生是因为 DS 任务调用了 xSemaphoreTake，其结果是被阻塞了 1.5000.326s（见图 8.41）。

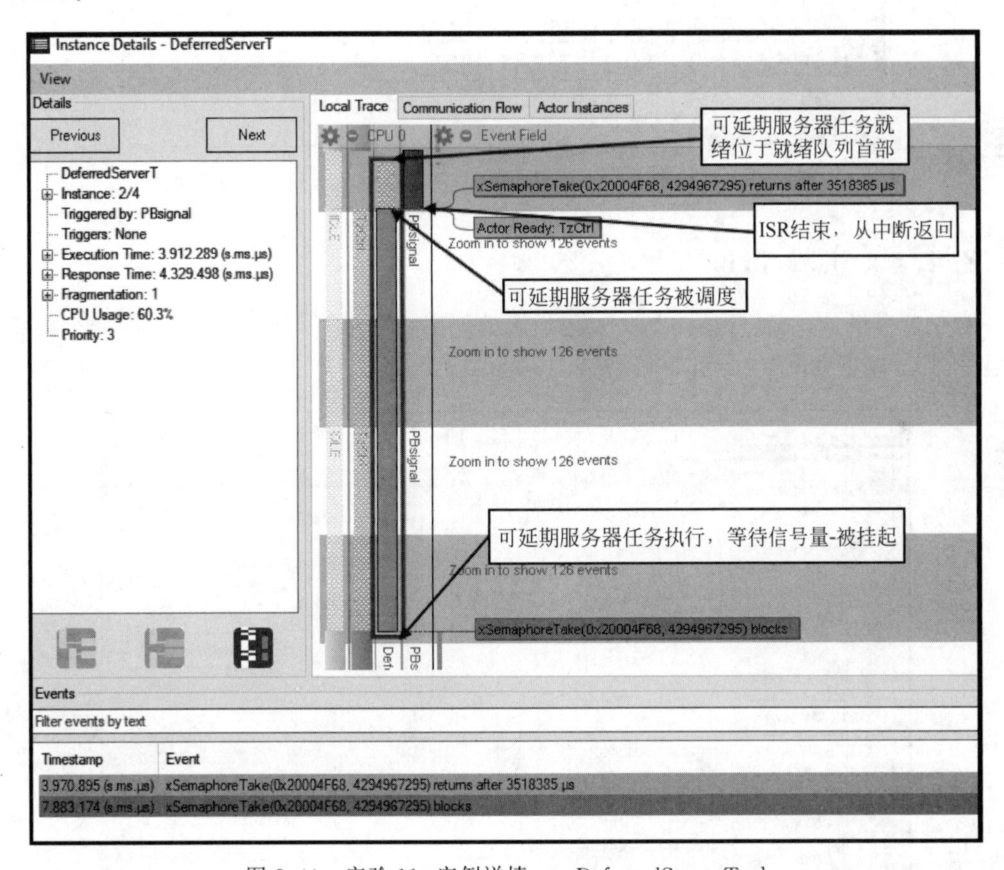

图 8.40　实验 11a 实例详情——DeferredServerTask

同样值得花时间研究这些视图，以加深你对显示信息的理解。在这种情况下，构建一个任务操作顺序的图像就相对比较容易了，这是因为我们确切地知道实际发生的情况。这种理解将有助于你处理真实的、有故障的多任务设计。

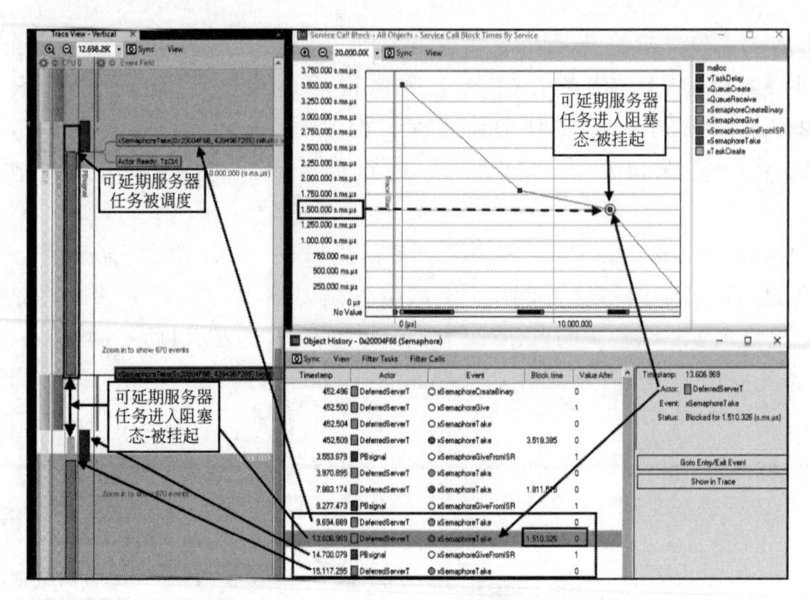

图 8.41 记录视图—服务阻塞调用,垂直跟踪视图和对象历史

8.4.4 实验 11b

对于这个场景,信号量是在 ISR 末尾设置的。下面显示了与此场景有关的两个跟踪视图:图 8.42 着重强调 ISR 的时序;图 8.43 提供有关可延期服务器任务执行的信息。

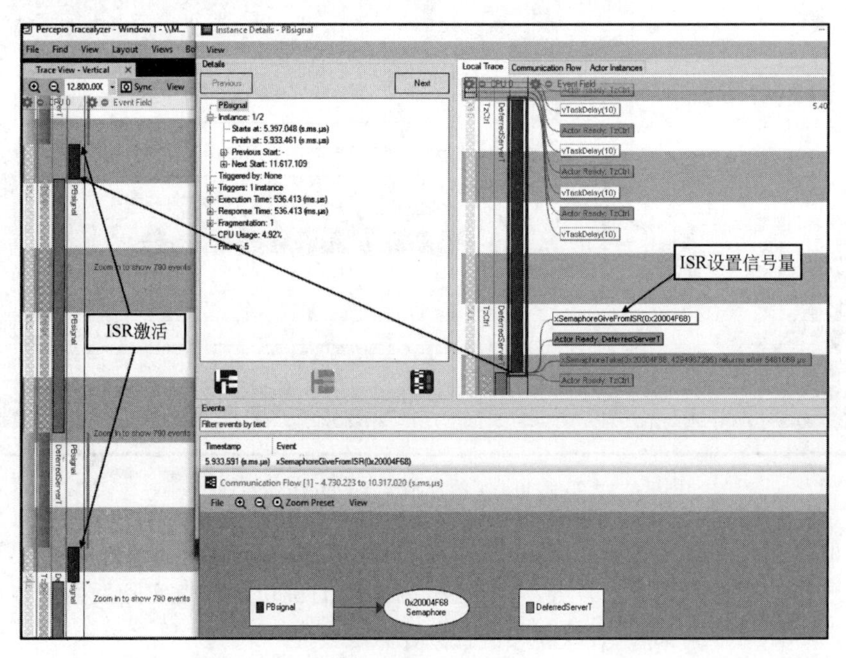

图 8.42 实验 11b 记录视图 1

从图 8.42 与图 8.43 中可以看到，一旦 ISR 执行完成，可延期服务器任务就开始执行，观察到响应时间现在等于执行时间(与图 8.40 所示不同)。但请注意：两种情况下的等待时间(中断信号到达与 DS 任务完成之间的时间)完全相同。

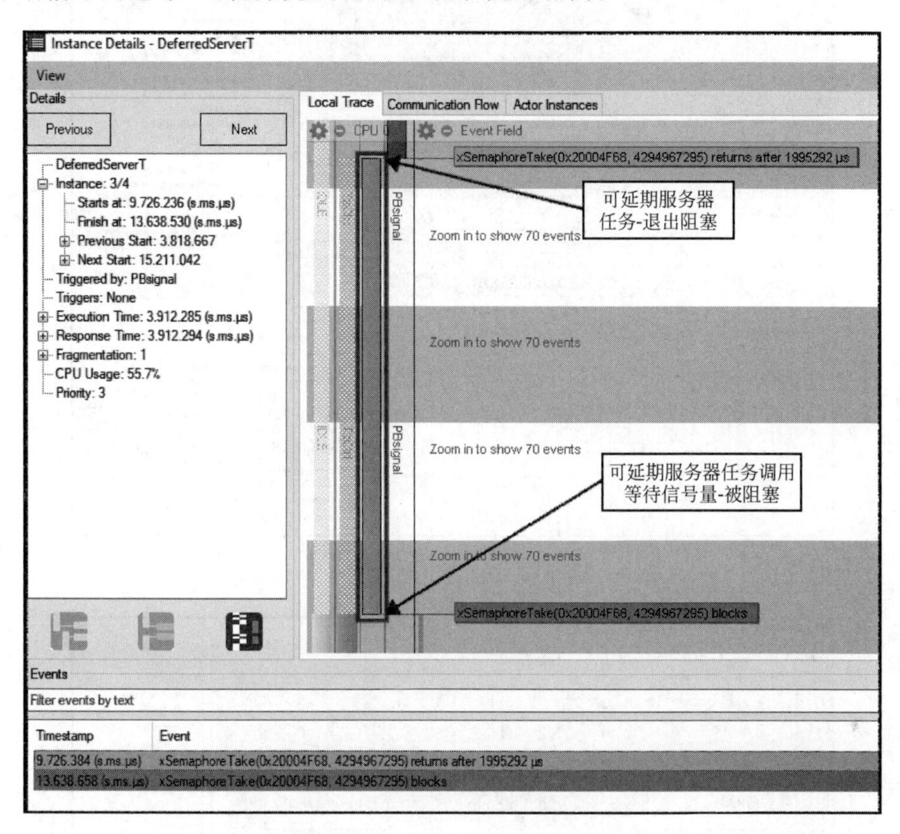

图 8.43　实验 11b 记录视图 2

此实验的通信流图如图 8.44 所示。

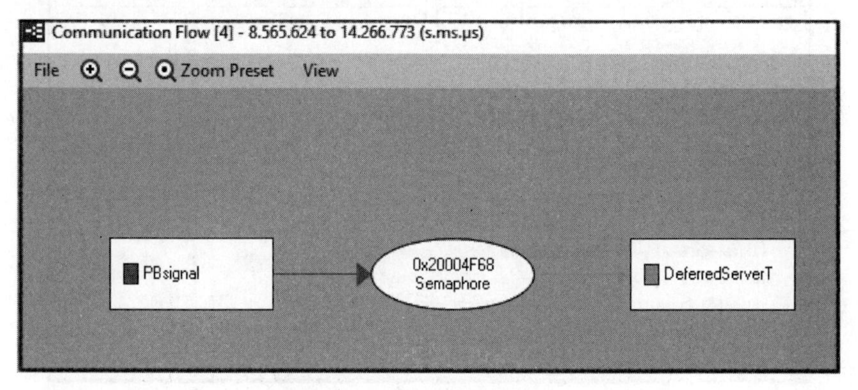

图 8.44　通信流图 1

图 8.45～图 8.47 提供了各个通信组件交互的详细信息。

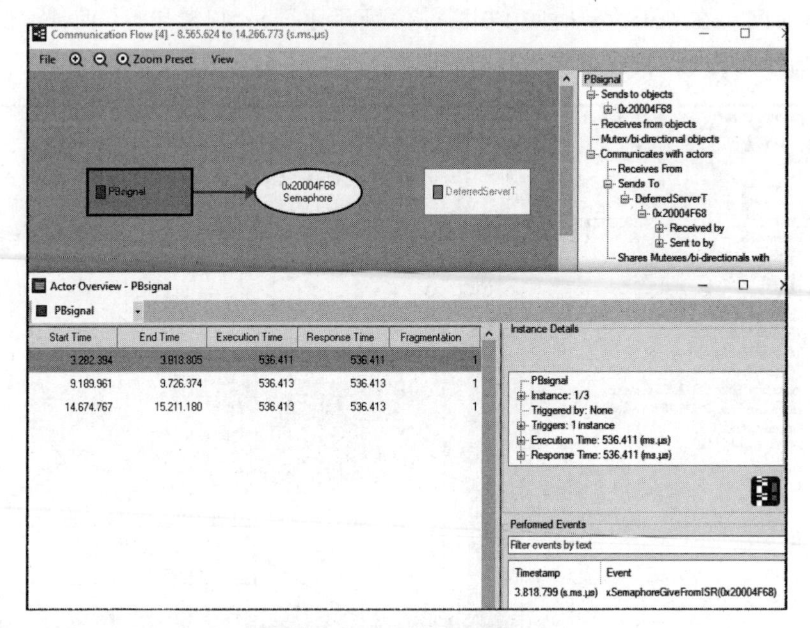

图 8.45 通信流图 2

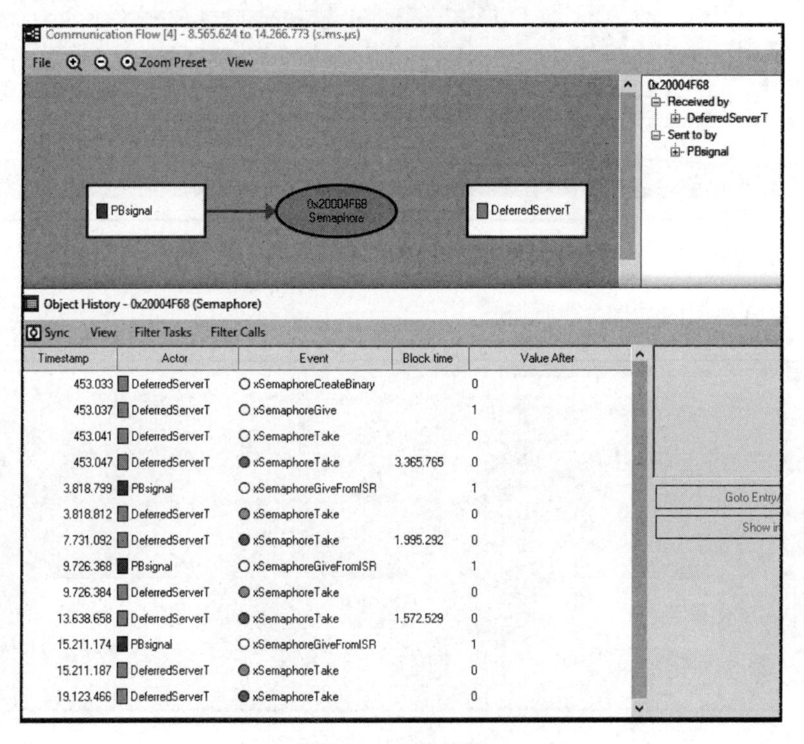

图 8.46 通信流图 3

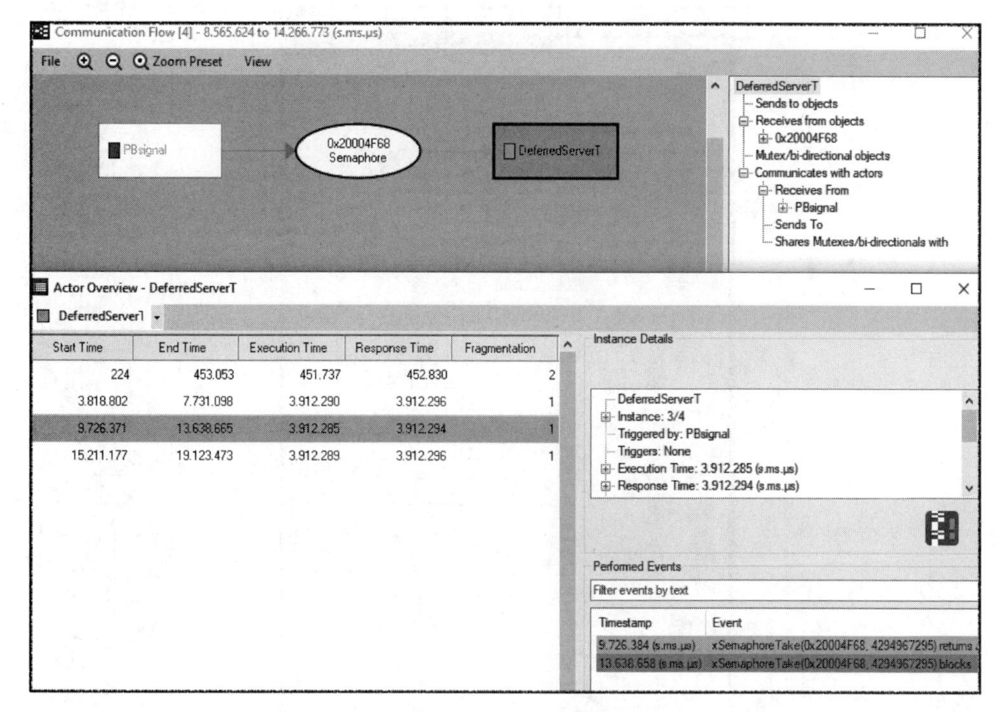

图 8.47 通信流图 4

8.4.5 实验 11c

在此实验中，周期执行的绿色 LED 灯任务处于活动状态，其优先级大于可延期服务器任务。图 8.48 的垂直跟踪视图中显示了两个连续中断的系统运行时行为。图 8.48 中有很多的细节，所以请仔细研究。

当 ISR 第一次激活时，系统没有运行任何任务(FlashGreenLedTask 处于时间挂起状态，而 DeferredServerTask 挂起，在信号量上被阻塞)。当 ISR 执行完成后会释放信号量，因此解除了可延期服务器任务的阻塞，可延期服务器任务现在开始运行。不久之后，绿色 LED 灯任务重新就绪，并立即抢占可延期服务器任务(因为它有更高的优先级)。绿色 LED 灯任务运行到完成，进入定时的挂起模式，并允许恢复可延期服务器任务。

可以看到，在可延期服务器任务最终完成之前它被抢占并恢复了许多次，进入了挂起模式(在信号量上被阻塞)。

当 ISR 第二次激活时，响应与前一次激活完全相同。但是，在这种情况下，可延期服务器任务运行略有不同。有关可延期服务器任务计时的详细时间信息如图 8.49 和图 8.50 所示，图中突出了三个重要的时间方面：

(1) 第一个执行(见图 8.48)被分成 5 个分片，而第二个执行有 4 个分片。

(2) 尽管分片不同，但这两个激活的执行时间实际上是相同的。

(3) 响应时间不同，分片的结果不同。

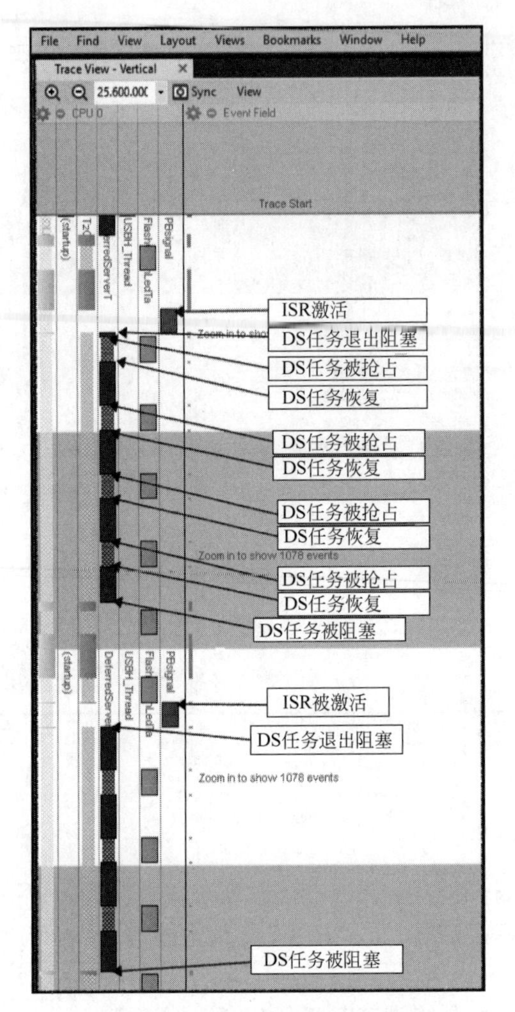

图 8.48 实验 11c 垂直跟踪视图

图 8.51 和图 8.52 提供了绿色 LED 灯任务执行的两个快照视图。在图 8.51 中，按键激活的 ISR 不会干扰绿色 LED 灯任务的执行，观察到任务执行时间和响应时间实际上是相同的。

但是，当 ISR 确实影响了绿色 LED 灯任务的执行时(见图 8.52)，时间就大不相同了。此处的执行时间与之前情况的执行时间相同(正如所期望的)。但是，由于 ISR 抢占了绿色 LED 灯任务，因此响应时间大大增加了。

给出这些结果是为了再次说明异步任务出现时，实时行为的不可预测性。此外，它们还为设计高性能多任务系统提供了以下一些有用的基本准则：

(1) 尽量不使用非周期任务，这会产生不确定性行为。

(2) 如果确实需要使用非周期任务，则使用可延期服务器技术作为默认方法。

(3) 确保这些可延期服务器任务的优先级低于周期任务，以便保留行为的某些可预

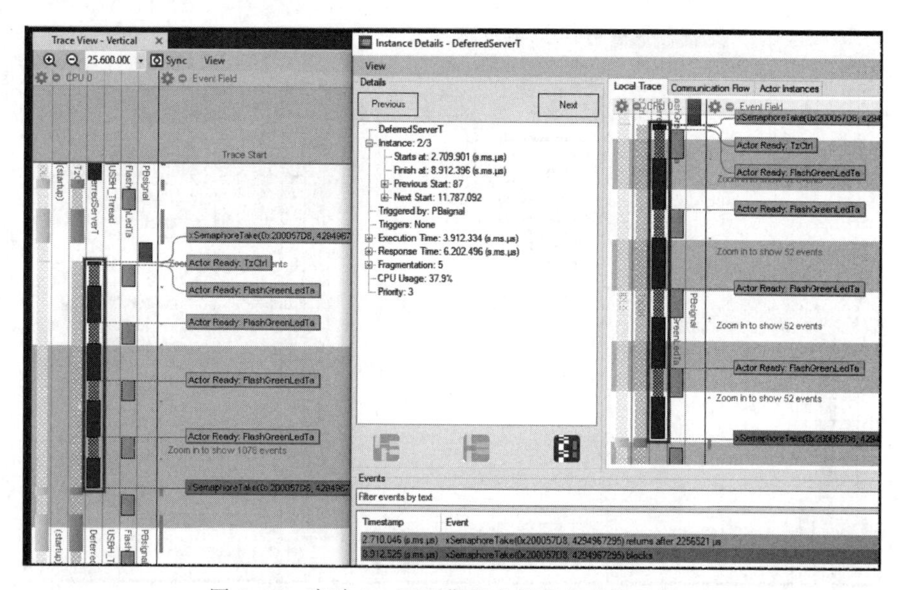

图 8.49　实验 11c 可延期服务器任务关键时间 1

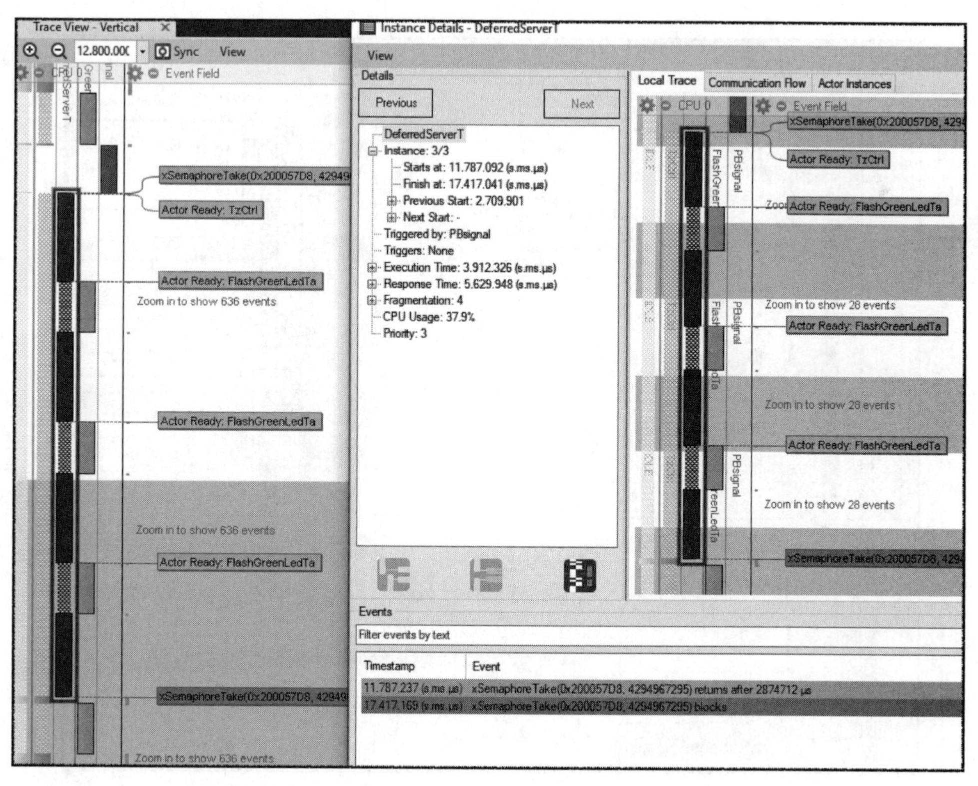

图 8.50　实验 11c 可延期服务器任务关键时间 2

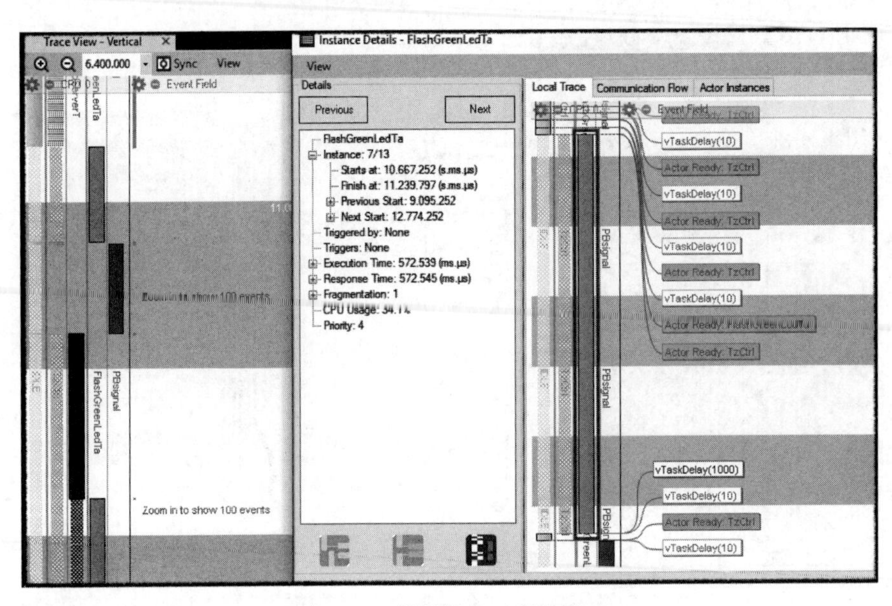

图 8.51　周期任务时序详情 1

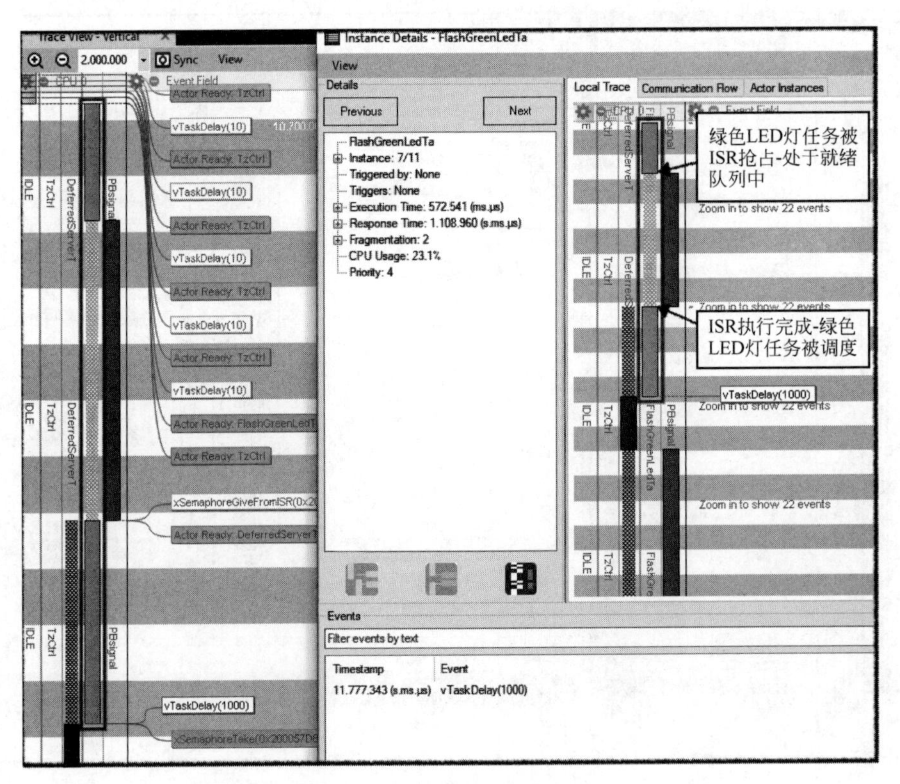

图 8.52　周期任务时序详情 2

测性。

(4) 在这种情况下,可延期服务器任务的响应时间可能比它的执行时间长得多,特别是存在很多周期任务时。

(5) 从激活到激活的响应时间可能有很大的差异(很大程度上取决于系统的当前状态)。

(6) 默认情况下,ISR 应该非常快,最大限度地降低对系统性能的影响。

(7) 只有在必须充分响应的情况下,才使用冗长的 ISR。

(8) 如果想要开发可靠、快速和确定性的系统,那么在设计阶段需要付出很多努力。这需要仔细地计划、分析和在理想情况下模拟任务集。

(9) 修改当前的多任务设计时,应该始终尝试评估和预测结果。

第四篇　扩展你的设计知识、超越RTOS范围

到目前为止，你所获得的知识已能够使你很有信心地实施基于RTOS的设计。但是在许多情况下，会出现一些无法由核心业务处理的需求，其中包括专门的定时操作、电机脉冲宽度调制控制(PWM)、内存状态疲劳检查、应用程序内存直接访问等。第四篇的内容是与这些主题相关的一组实验，但有一个条件：仅使用在开发板MCU片上的外设，不包括外部设备的处理。

第四篇包含一组实验，所有实验均使用STM32F4 Discovery开发板计时器(基于软件和硬件定时)。一些实验需要了解内部变量的值，板子可以包含图形显示设备或者RS-232串口(向PC上的终端软件传输数)，但是我们的板子上两者都没有。

值得庆幸的是，现在有更好的解决上述问题的方法，以下两种方法可以获取内部程序信息：第一种，也是我们的首选方法，是使用IDE的调试功能来检查程序行为。第二种是使用免费的STM软件STM-Studio。STM-Studio拥有图形用户界面，允许在应用程序中实时对用户变量进行采样和可视化。因此，第四篇从介绍STM Studio开始，包括一个对基础功能的简单演示。随后，它将被用于各种实验，进一步说明其功能和局限性。

第 9 章

STM Studio 软件工具

9.1 STM Studio 介绍

STM Studio 是一个用于 STM32 微控制器的对运行时变量进行监视的可视化工具。有关详细信息，包括下载免费软件的方式，可以在 https://www.st.com/zh/development-tools/stm-studio-stm32.html 中找到。

将 STM Studio 与正在运行的应用程序结合使用的测试环境设置，如图 9.1 所示。

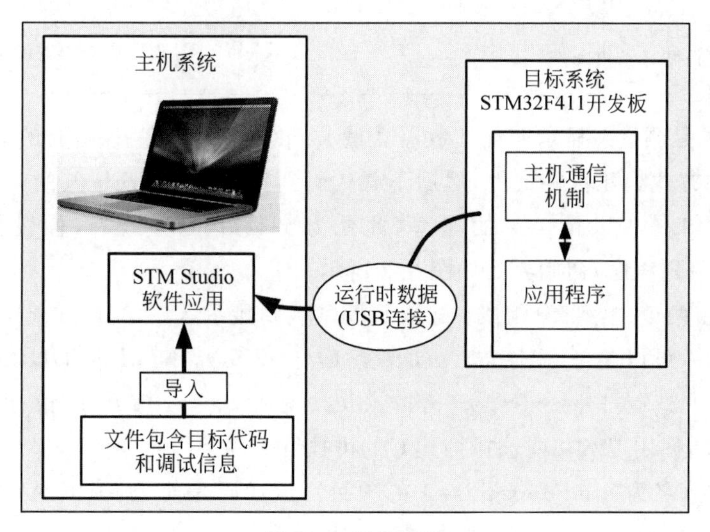

图 9.1　测试环境

这个软件的操作非常简单，首先我们需要指定要监视的数据项，为此我们从既包含目标代码又包含调试信息的文件中将所需信息导入 STM Studio，此文件是在构建可执行代码期间自动生成的。STM Studio 通过此调试信息分析实际的运行时数据（从目标系统连续上传到主机系统），并提取相关数据，然后通过工具的可视化过程将其显示出来。

包含目标代码和调试信息的文件类型（为简便起见称为“调试”文件）取决于你使用哪种

开发工具,通常,此类文件基于 DWARF(Debugging With Attributed Record Formats,使用属性记录格式进行调试),MDK-ARM 版本的扩展名为". axf",但你唯一需要知道的是如何找到调试文件,其他是无关紧要的。

9.2 STM Studio 的使用

现在让我们看一下在程序运行时如何使用 STM Studio 显示程序变量的值。我们有意让实验尽可能简单,代码量几乎是微不足道的。此外,我们仅使用了最少的 Studio 功能。这项工作所必需的就是按照常用方式创建一个新工程,然后将以下代码添加到 main. c 中:

```
/* 用户代码私有变量开始 */
int LoopCount = 0;
/* 用户代码私有变量结束 */
/* 用户代码循环开始 */
HAL_GPIO_TogglePin(GPIOD, GPIO_PIN_12);
HAL_Delay(500); //这是一个标准的 HAL 函数
LoopCount++;
}
/* 用户代码循环结束 */
```

我们要做的是测量并显示循环计数器变量 LoopCount 在程序执行时的值。更新 main. c 之后,以通常的方式构建目标文件,然后下载代码到目标开发板 Flash 中,开始执行程序并检查绿色 LED 灯是否以预定义的速率(此处为 1Hz)闪烁。现在,假设你已安装 STM Studio,请启动应用程序,初始界面如图 9.2 所示。

软件界面由两个主要部分组成:配置面板(左)和显示区域(VarViewer1),若需要熟悉配置面板的内容,可以参考 *UM1025—Getting started with STM-STUDIO* 一书。在配置面板下拉菜单中选择 File→Import Variables(见图 9. 3),打开 Import variables from executable 窗口,使用搜索功能选择构建好的可执行文件。

在此示例中(名为 Studio exercise 1 的项目),该代码是使用 MDK-ARM 工具生成的,它生成了文件 Studio exercise 1. axf,如图 9.4 所示。

选择该文件作为可执行文件,界面将显示出变量的完整列表,可以从这些变量中选出你希望观察的变量中导入 STM Studio 中,如图 9.5 所示。

图 9.5 的列表中有我们感兴趣的 LoopCount 变量,最简单的查找方法是可以在 Show symbols containing 字段中输入名称,高亮显示变量名,如图 9.6 所示。

下一步是将 LoopCount 导入 Studio,只需单击 Import 按钮就可将其导入 Studio 的 Display Variables 列表中,如图 9.7 所示。

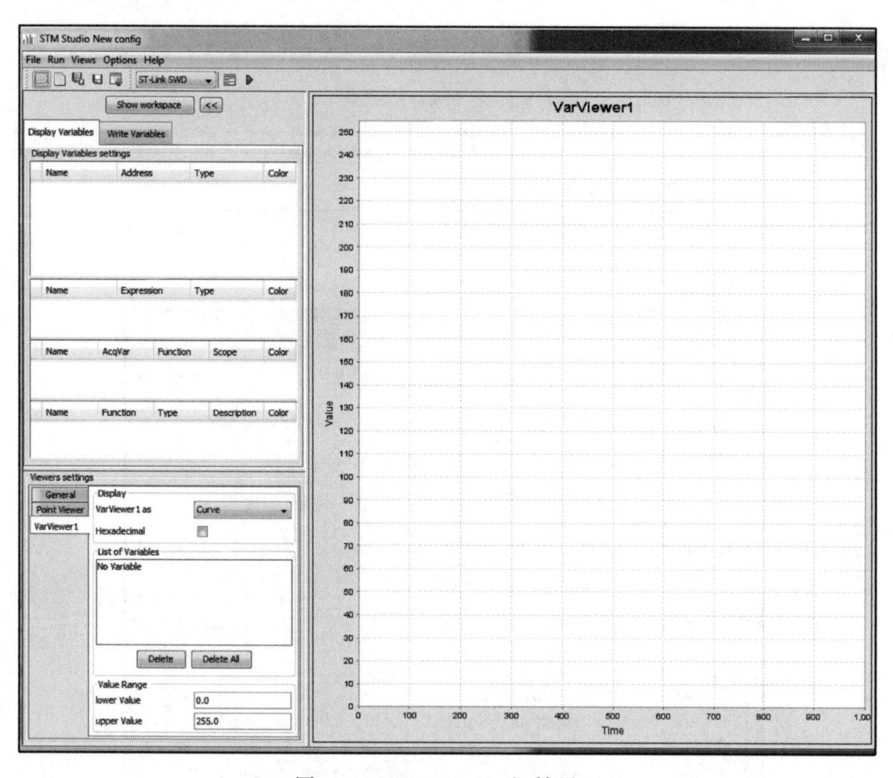

图 9.2　STM Studio 初始界面

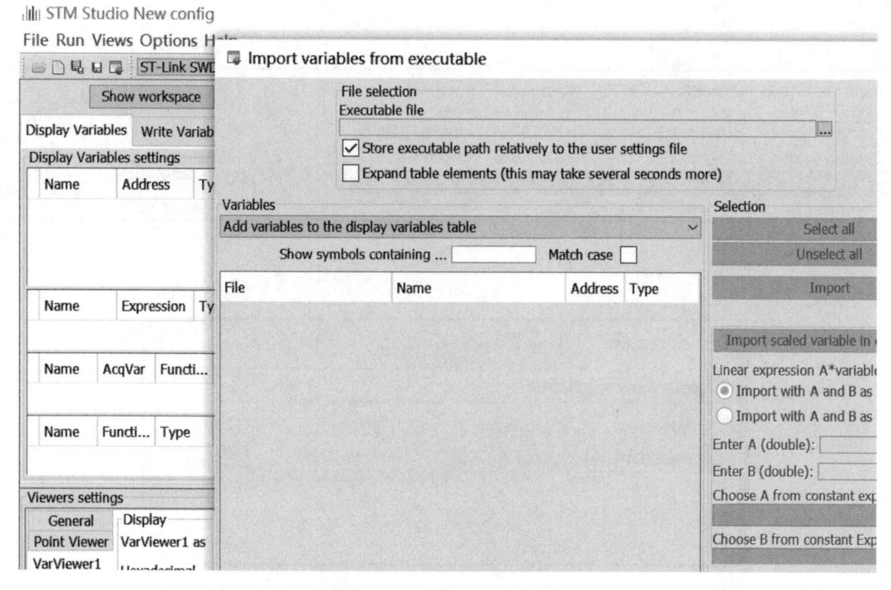

图 9.3　导入一个变量

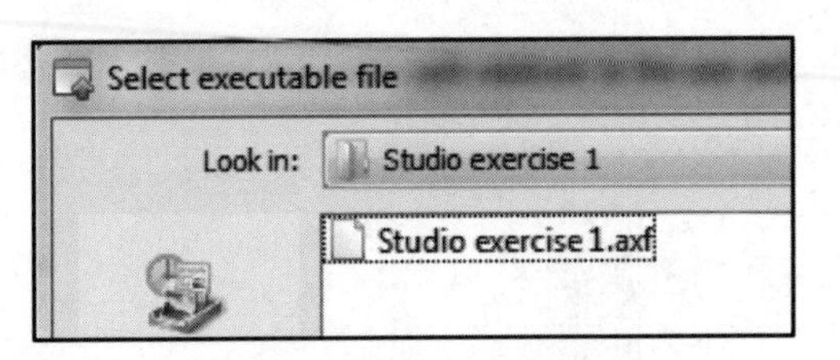

图 9.4　可执行文件的选择

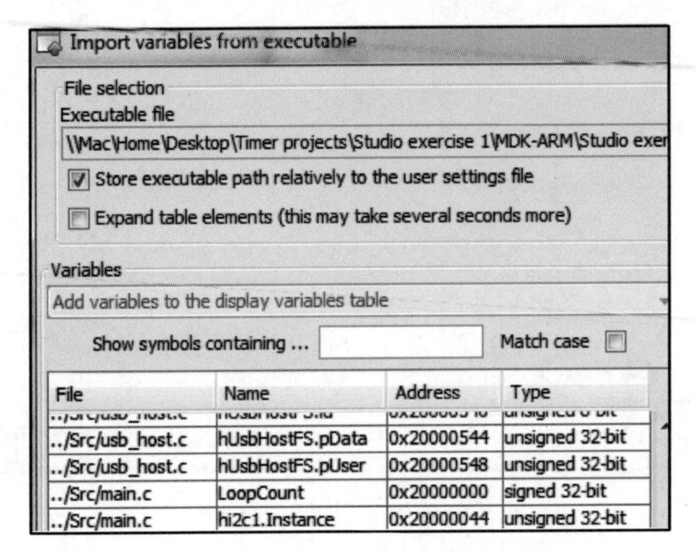

图 9.5　导入的变量清单

File	Name	Address	Type
../Src/usb_host.c	hUsbHostFS.pData	0x20000544	unsigned 32-bit
../Src/usb_host.c	hUsbHostFS.pUser	0x20000548	unsigned 32-bit
../Src/main.c	LoopCount	0x20000000	signed 32-bit
../Src/main.c	hi2c1.Instance	0x20000044	unsigned 32-bit

Import

Import scaled variable in expression

图 9.6　选择导入的变量

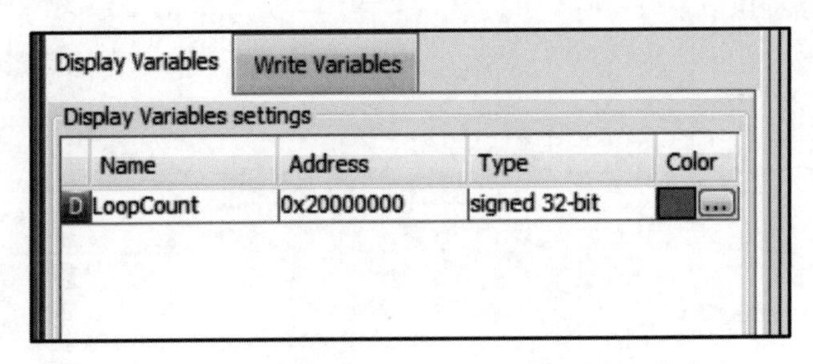

图 9.7　导入的变量在 STM Studio 显示变量清单中

我们希望看到 LoopCount 值在运行时是如何变化的，要做到这一点必须先将其加载到 VarViewer 显示区域中。因此，选择 LoopCount，然后右键单击要显示的变量 LoopCount，在下拉菜单中，左键单击 Send To，然后单击 VarViewer1 就可将其加载到 VarViewer 显示区域工作，如图 9.8 所示。

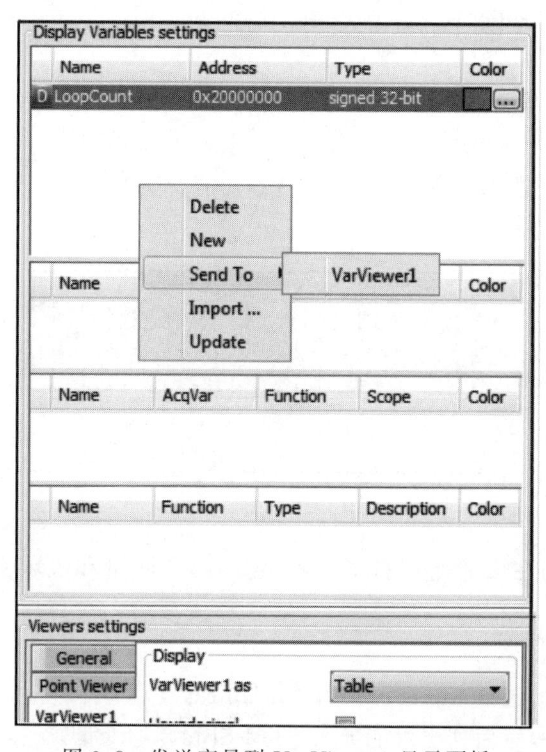

图 9.8 发送变量到 VarViewer1 显示面板

接下来，在 Viewers 设置中，检查 Display 选择 VarViewer1，设置显示模式为 Table。现在全部设置完成，准备开始监视和显示数据。确保目标板已连接至主机，单击配置面板中的 Run，然后按动绿色 Start 箭头（见图 9.9），之后这个按钮会变为红色 Stop 框，同时 LoopCount 值的记录和显示也会开始。请注意，VarViewer1 现在显示的是当前的数值随着

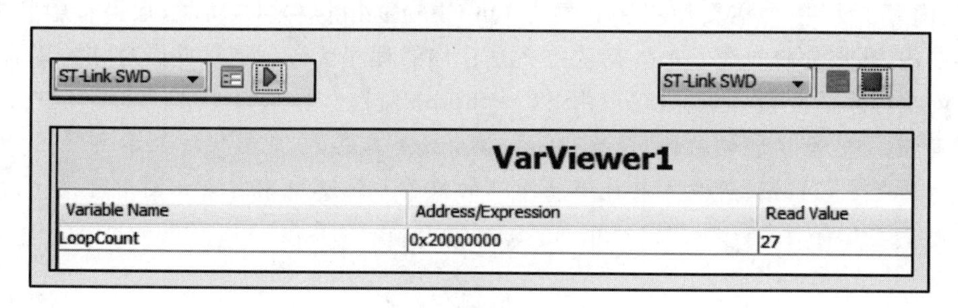

图 9.9 运行结果的例子

程序的执行而增加，按住板子上的 reset(黑色)开关，然后确认 LoopCount 显示为 0，释放开关并观察 LoopCount 恢复计数。

译者注：注意按动绿色 Start 按键之前，KEIL 或者 IAR 调试器应该退回到调试模式，如果继续在运行模式，调试器连接 ST-Link 将与 STM Studio 发生冲突，STM32F4 Discovery 固件一定是 ST-link，STM Studio 不支持其他调试固件，如 J-link。

9.3 回顾和总结

前面两节我们仅介绍了 STM Studio 的基本功能，VarViewer 显示具有三种模式，包括 bar Graph 模式，如图 9.10 所示。

图 9.10　条形图显示模式

你现在应该有能力在以后的实验中使用该工具，要测量和显示程序变量，请执行以下步骤：

(1) 打开 STM Studio。

(2) 准备导入项目，选择 File→Import Variables。

(3) 找到调试文件，然后列出可能导入 STM Studio 的变量。

(4) 找到感兴趣的变量并将其导入 Display Variables 列表中。

(5) 将变量发送到 VarViewer1 并以"table"模式显示。

(6) 在目标板已连接且处于运行状态的情况下，开始记录程序变量。

最后，一个非常重要的提示：STM Studio 从目标板产生的数据流中提取输入数据，该软件工具提取的数据中的所有项目都是软件值，该工具无法检查嵌入式处理器硬件(如寄存器)中的内容。为此，你需要使用片上调试(On-Chip Debug，OCD)功能，如果希望监视片内寄存器的内容，那你打算怎么办？解决方案是让你的程序代码读取这些硬件相关内容，然后将其分配给程序的变量，之后就可以由 STM Studio 监控和显示该变量。

译者注：ST 有了新的软件 STM32CubeMonitor 工具，它能够实时显示 STM32 应用程序运行时的变量，同时让开发人员能够在所选的操作系统环境中自定义图形可视化设置，更多详情请参考 https://www.st.com/en/development-tools/stm32cubemonitor.html。

第10章

STM32F4 通用定时器

10.1 附加实验1 使用定时器定时产生ISR调用

实验目的：实现一个被芯片内置定时器定时调用的ISR。

10.1.1 定时器：ISR运行模式简介

图10.1所示是一个最简单的定时器-ISR运行模型。

定时器产生持续的脉冲，每一个脉冲会激活一个特定的中断服务例程(ISR)。服务例程完成后会进入就绪状态等待下一次调用。

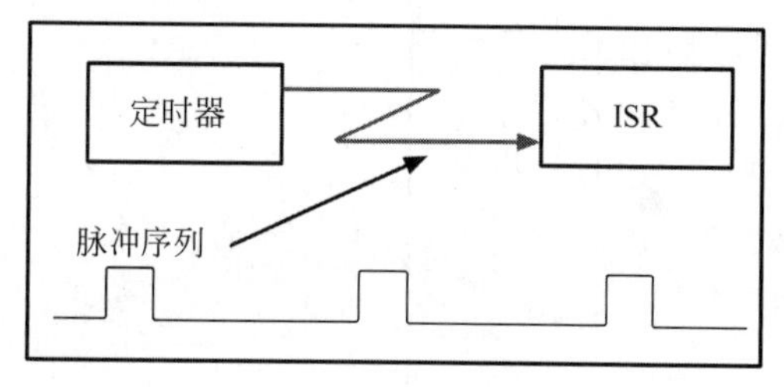

图10.1 概念模型—定时ISR激活操作

这一基本的运行模式非常容易理解，但是很多细节被隐藏了起来，具体如下：

(1) 定时器与ISR的连接方式。

(2) ISR的具体逻辑。

(3) 如何设定脉冲频率。

我们很快就会针对STM32F411平台提供这些问题的答案。不过首先需要了解产生脉冲的基本原理。图10.2展示了这一过程中的核心组成：实时时钟和可编程定时器。

作为精准时间信息来源的时钟输出持续的方形波，定时器用其作为时钟的信号输入。时钟的输出取决于两个因素：计数数值和运行模式。两者均由程序定义，通常在程序初始化时进行指定，但在程序运行时也可以进行修改。

在应用中，我们用AutoReload阈值对定时器进行编程，如图10.3所示。另外，定时器被设置在递增(up-count)模式。

如图10.3所示，计数器的重置数值为0(h)。定时器开始工作之后，每次收到时钟信号的时候就会增加计数器的数值。定时器会持续比较计数器数值和AutoReload值，当数值

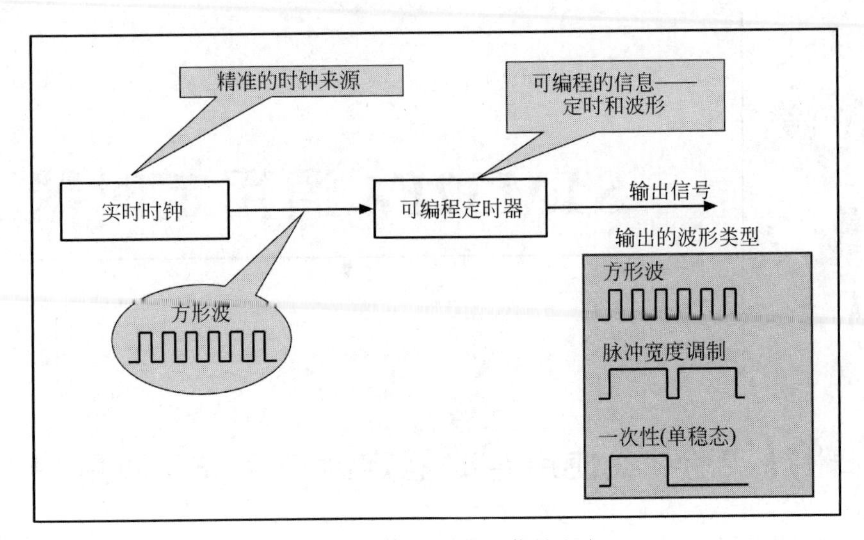

图 10.2 硬件定时器的信号生成

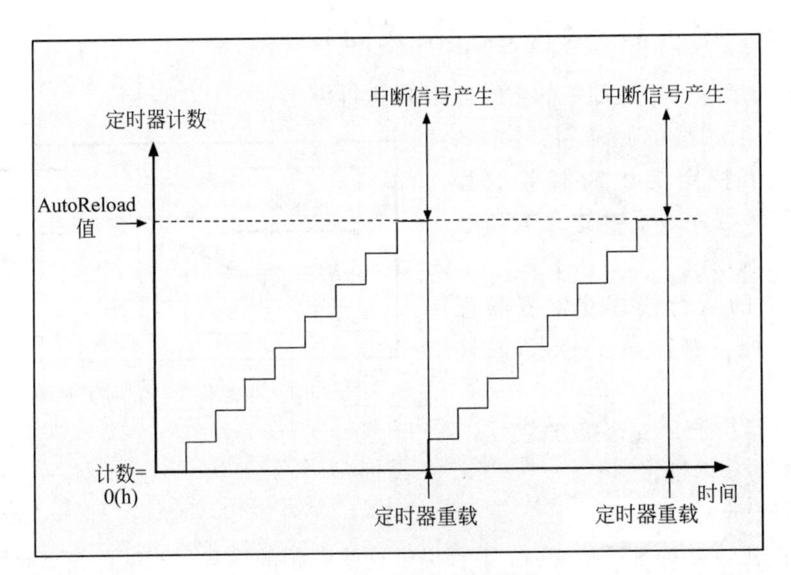

图 10.3 定时器的基础原理

相等的时候，以下两个事件会发生：

(1) 产生输出脉冲。

(2) 计数器重置为 0。

图 10.2 展示了普通(generic)的定时器运行模式。在我们的实验中，STM32F4 中使用的是具体(concrete)模式，如图 10.4 所示。

图 10.4 中，定时器是 Timer 2，实时时钟是 MCU 的内部时钟。定时器的输出与 ISR 系统相连并定期激活 Timer 2 中断例程。图 10.5 展示了定时器激活 ISR 过程中几个重要组

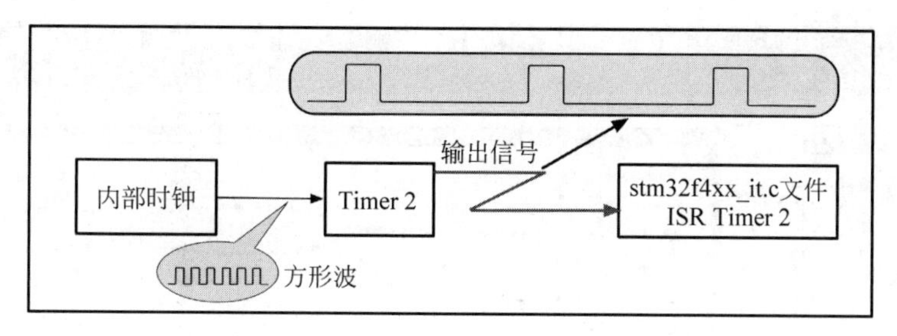

图 10.4 STM32F4 的定期 ISR 激活实现

成部分的细节。推荐下载 STM *AN4776—General-purpose Timer Cookbook* 应用笔记作为参考和扩展阅读。

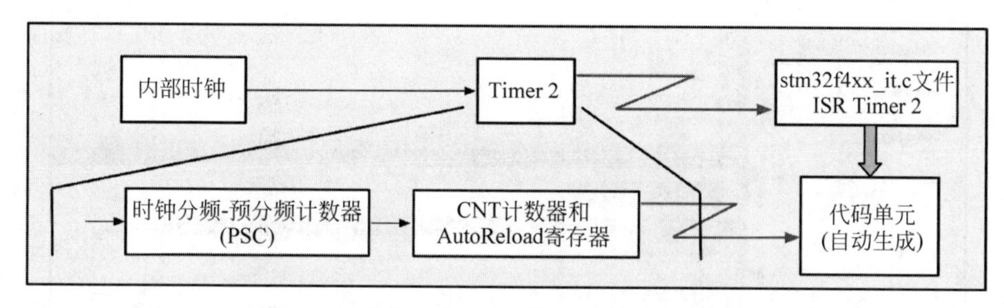

图 10.5 STM32F4 重要的 ISR 激活组成部分

定时器中包括两个联动的硬件组件，首先是时钟分频-预分频计数器(PSC)，接下来是 CNT 计数器和 AutoReload 寄存器(ARR)。这两部分共同起到一个数字分频器的作用。ISR 调用的频率取决于：

- 内部时钟频率；
- PSC 设定；
- ARR 设定。

内部时钟频率是固定的，但是定时器的 PSC 和 ARR 可以在 CubeMX 的设定中调整，见图 10.6。

图 10.6 中的数值意味着 Timer 2 的 ISR 调用频率为 1Hz。

接下来，关于 ISR 代码单元：如果 NVIC 中断向量表被正确设置的话(见图 10.7)，这一部分会自动生成。必须选中 TIM2 global interrupt 的 Enable(使能)选框。

注意确认 HSI 内部时钟是否被选作时钟来源，如图 10.8 所示。

完成以上步骤之后：

(1) 配置定时器的代码会被自动生成。Timer 2 ISR 代码的框架会被插入源代码文件 stm32f4xx_it.c 中。

(2) 代码确保当 Timer 2 的数值达到 AutoReload 值时，ISR 会被调用。

到这一步为止，核心的代码就全部到位了，下一步是让它们运转起来。

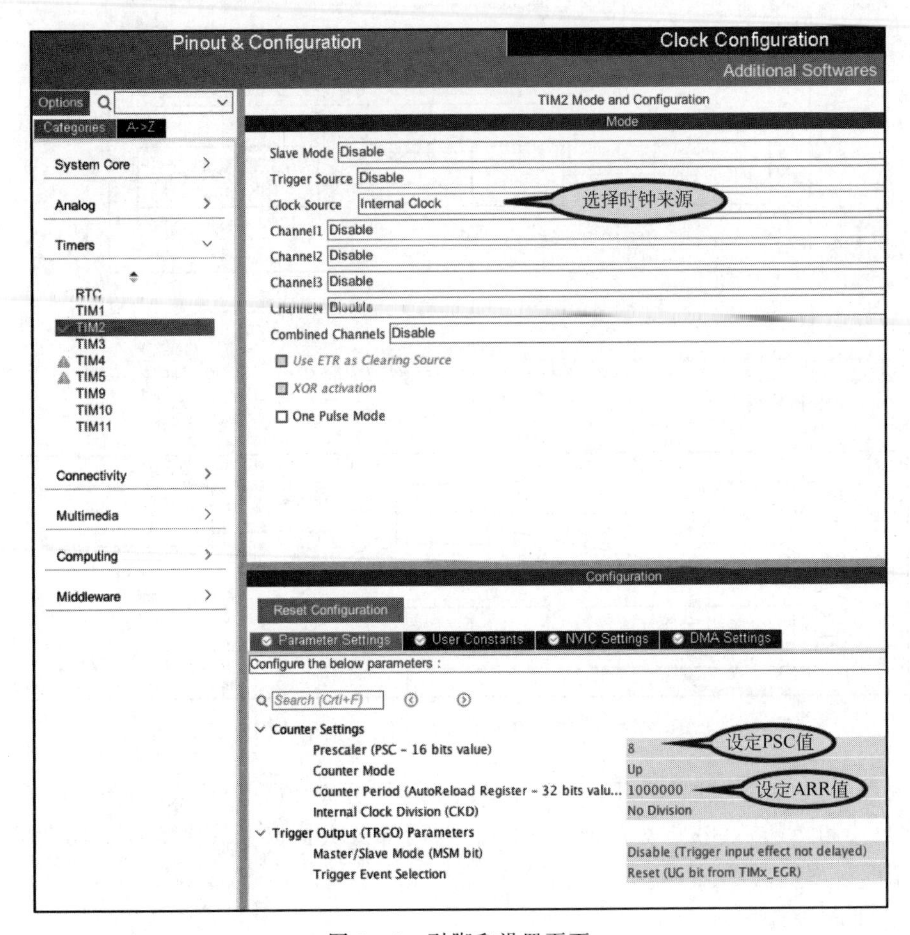

图 10.6　引脚和设置页面

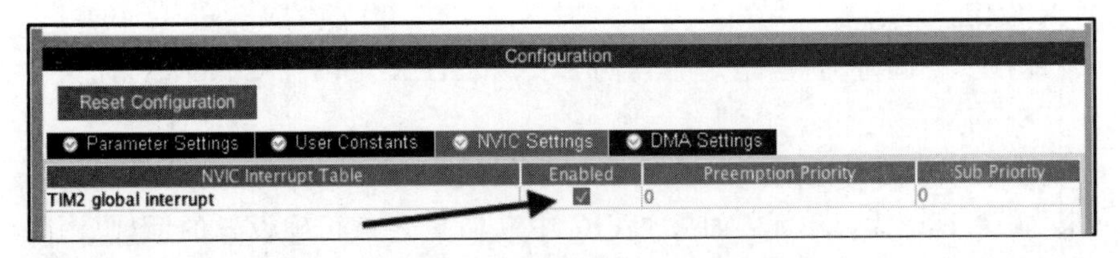

图 10.7　Timer 2 设置——NVIC 选项

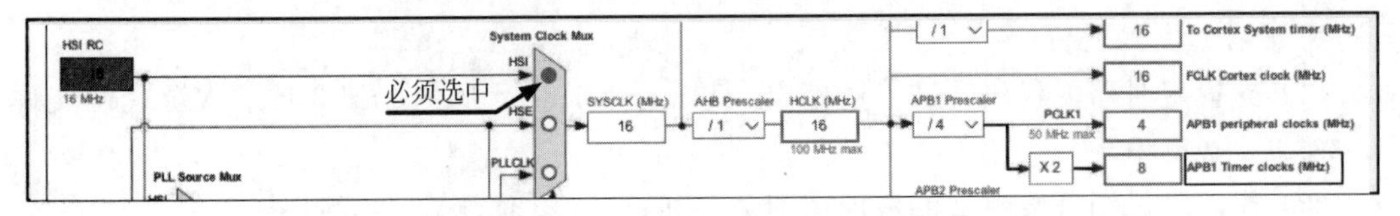

图 10.8　STM32F4 时钟设置(默认选项)

10.1.2 热身实验细节

热身实验实际上就是熟悉用时钟调用 ISR 的过程，在后面的实验中你就需要更多地靠自己了。

目前我们还不需要部署 RTOS，设计方案中只包含 ISR 和一个后台循环（见第 4 章的实验 21），如图 10.9 所示。

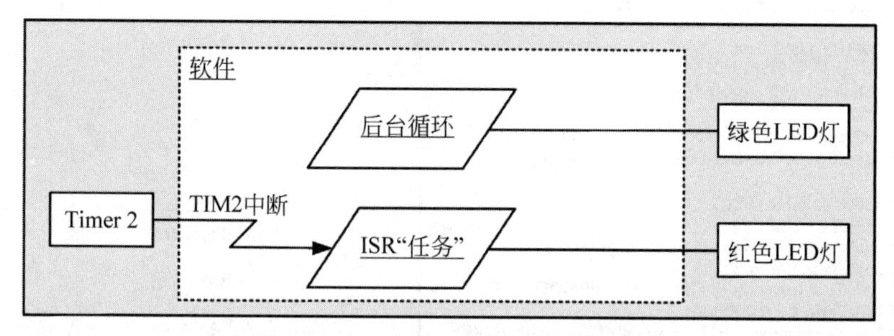

图 10.9 系统“任务”框图——附加实验 1

实验的目标如下：

(1) 每秒点亮红色 LED 灯一次。

(2) 每 100ms 点亮绿色 LED 灯一次。

在 Cube 工具中可以用通常的方式新建一个工程，按照图 10.6 所示设置 PSC 和 ARR 的数值，然后设置 Timer 2（见图 10.6 和图 10.7），最后生成代码。

在工程产生的源代码中你可以发现一些功能被自动生成了，如 stm32fxx_it. c 中包含了 Timer 2 ISR 函数的框架（见图 10.10）。

现在打开 main. c，你可以看到私有的 TIM_HandleTypeDef 类型变量 htim2（见图 10.11）。

```
 * @简介 此函数处理TIM2全局中断
 */

void TIM2_IRQHandler(void)
{
 /* 用户代码开始TIM2_IRQn 0 */

 /* 用户代码结束 TIM2_IRQn 0 */
 HAL_TIM_IRQHandler(&htim2);
 /* 用户代码开始 TIM2_IRQn 1 */

 /* 用户代码结束 TIM2_IRQn 1 */
}
```

图 10.10 Timer 2 ISR 代码框架

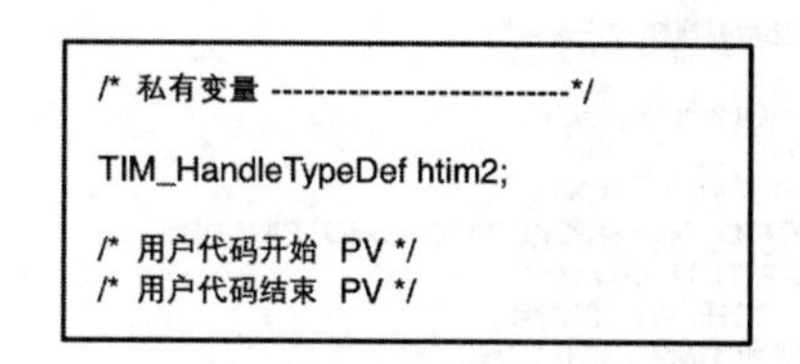

```
/* 私有变量 ---------------------------*/

TIM_HandleTypeDef htim2;

/* 用户代码开始 PV */
/* 用户代码结束 PV */
```

图 10.11 私有的 htim2 变量

新的私有 Timer 2 初始化函数原型，如图 10.12 所示。

```
/* 私有函数原型 ----------*/

static void MX_TIM2_Init(void);
```

图 10.12 Timer 2 初始化函数原型

这一函数的定义和调用初始化函数的代码同样都会被自动生成（见图 10.13 和图 10.14）。

```
  * @简介 TIM2初始化函数
  * @参数 无
  * @返回值 无
  */
static void MX_TIM2_Init(void)
{

  /* 用户代码开始 TIM2_Init 0 */

  /* 用户代码结束 TIM2_Init 0 */

  TIM_ClockConfigTypeDef sClockSourceConfig = {0};
  TIM_MasterConfigTypeDef sMasterConfig = {0};
 /* 用户代码开始 TIM2_Init 0 */

  /* 用户代码结束 TIM2_Init 0 */

  TIM_ClockConfigTypeDef sClockSourceConfig = {0};
  TIM_MasterConfigTypeDef sMasterConfig = {0};

  /* 用户代码开始 TIM2_Init 1 */
  /* 用户代码结束 TIM2_Init 1 */
  htim2.Instance = TIM2;
  htim2.Init.Prescaler = 8;
  htim2.Init.CounterMode = TIM_COUNTERMODE_UP;
  htim2.Init.Period = 1000000;
  htim2.Init.ClockDivision = TIM_CLOCKDIVISION_DIV1;
```

图 10.13 Timer 2 初始化函数定义(部分)

```
/* 初始化外设 */

 MX_TIM2_Init();

  /* 用户代码开始2 */
```

图 10.14 Timer 2 初始化函数调用

现在所有必要的代码都就位了,编译和执行之后 Timer 2 即会被初始化。在此之前需要:

(1) 检查 Timer 2 ISR 代码是否正确和完整。

(2) 启动定时器。

本次实验将修改图 10.15 中的 ISR,每次运行时 ISR 代码会闪烁红色 LED 灯。

最后,在 main.c 中插入如图 10.16 所示的代码。这段代码的功能如下:

(1) 启动 Timer 2。

(2) 以 10Hz 的频率闪烁绿色 LED 灯。

```
  * @简介 此函数处理TIM2全局中断
  */
void TIM2_IRQHandler(void)
{
 /* 用户代码开始 TIM2_IRQn 0 */
     HAL_GPIO_TogglePin(GPIOD, GPIO_PIN_14);
/* 用户代码结束 TIM2_IRQn 0 */
  HAL_TIM_IRQHandler(&htim2);
 /* 用户代码开始 TIM2_IRQn 1 */

 /* 用户代码结束 TIM2_IRQn 1 */
}
```

图 10.15 Timer 2 ISR 代码

```
/* 用户代码开始while */

      /* 以时间中断模式启动TIM2 */
      HAL_TIM_Base_Start_IT (&htim2);

 while (1)
 {
  /* 用户代码结束while */
  MX_USB_HOST_Process();

  /* 用户代码开始 3 */
     HAL_GPIO_TogglePin(GPIOD, GPIO_PIN_12);
     Insert 100 ms software delay here
 }
 /* 用户代码结束 3 */
}
```

图 10.16 main.c 中编程者插入的代码

完整的代码现在可以被编译、下载和执行,确认代码的行为符合预期。

图 10.17 是更新后的系统任务框图,主要的更改是由后台循环负责启动定时器,这是因

为 Timer 2 是硬件设备,这和之前的实验也是一致的。

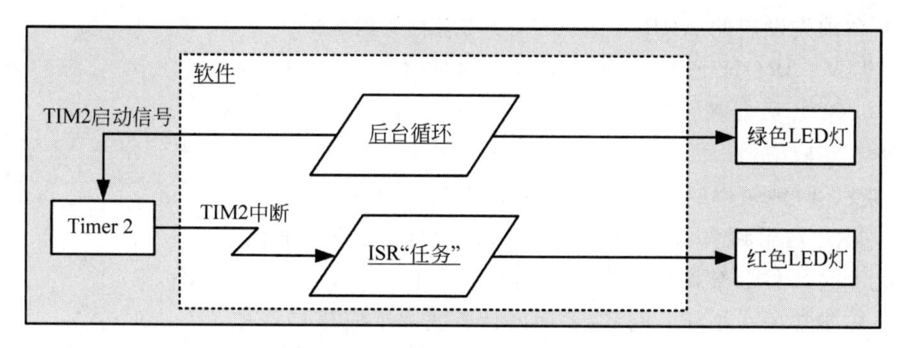

图 10.17　更新后的系统任务框图

在小实验中添加这些信息看起来多此一举。不过考虑到多任务设计中可能有数个定时器被不同任务以不同模式调用,故详细地标注出组件间的关系和触发条件是非常重要的。

10.1.3　关于定时器的细节

本节的目的是帮助读者理解定时器的运行,特别是控制参数和计数操作。

首先,关于定时选项,之前我们提及时钟是 MCU 的内部时钟(见图 10.4 和图 10.5),这并不完全正确;图 10.18 展示了定时器的实际组成,图 10.19(和图 10.8 是一样的)所示的是 MCU 内部的 HSI RC 时钟。检查 CubeMX 时钟设置中的选项,并在图 10.19 中观察时钟信号从内部时钟到 APB1 定时器时钟输出的过程。

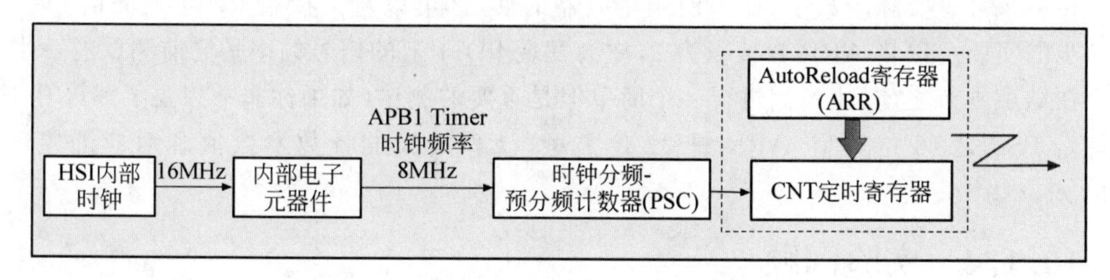

图 10.18　STM32F4 定时器组成

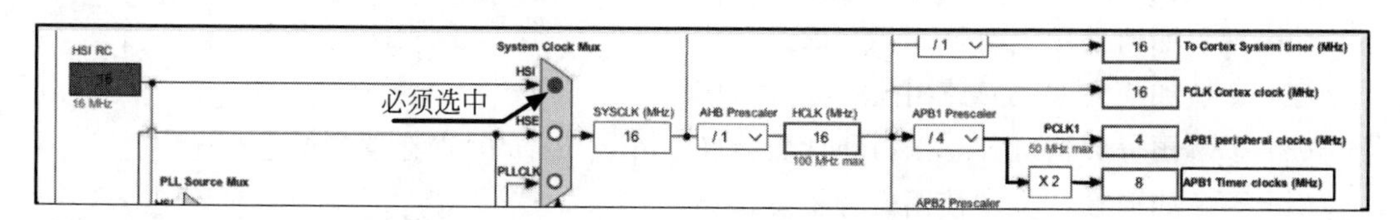

图 10.19　STM32F4 时钟设置(默认选项)

可以看到最终结果是 HSI 时钟被二分,因此 16MHz HSI 时钟产生的 APB1 时钟信号频率为 8MHz。这是 CubeMX 的默认选项,需要时可以更改。

其次，关于计数器：PSC 的输出信号会让 CNT 定时器寄存器中的数值增加，寄存器数值会不断和预先设定的 ARR 数值比较，当两者相等时：

(1) TIM2_IRQHandler 被调用，ISR 开始执行。

(2) CNT 计数器被重置。

在本次实验中：

(1) PSC 时钟频率＝8000000/8＝1000000(1MHz)。

(2) ARR 输出频率＝1000000/1000000＝1Hz(见下面的说明)。

因此 ISR 每秒会被调用一次。

如果你非常关心小细节的话，上面的计算实际上应该是这样：

ARR 输出频率＝1000000/1000001＝0.999999Hz(无限循环小数)

为什么会这样呢？当 ARR 计数达到重置数值时，我们需要一个时钟周期来重新开始计数。那么问题来了，设置 CubeMX 中的 ARR 数值时需不需要考虑这一因素呢？答案并不是一定的。

如上所示，目前的误差率大约是 0.0001%，HSI 时钟本身的误差区间是±0.1%(25℃下，考虑到完整的运行温度区间这一数值能达到±3%)，从实际操作来讲这意味着我们可以忽略上述误差。

不过，当 ARR 数值很小的时候，误差的影响会变大。例如，当 PSC 的整除值被设为 64000，ARR 被设为 1 时，忽略误差的快速计算表明：

(1) PSC 时钟频率＝8000000/64000＝125Hz。

(2) ARR 输出频率＝125/1＝125Hz。

接下来计算实际的数字(如果使用示波器的话，你可以直接检查 PD14 上的信号)。更进一步的实验可以将 ARR 数值设为 3，你会发现 PD14 上的信号频率是之前测试的一半。

在结束本节之前，让我们进行一个简单但是重要的测试(如果你非常想要了解计算细节的话)：PSC 是 16 位类型，ARR 是 32 位类型，计算最大的计数器数值和对应的定时器输出。

10.1.4 实验回顾

如果成功完成了上述所有步骤，你现在应该已经：

(1) 理解如何使用定时器调用 ISR。

(2) 知道如何在 CubeMX 中设定定时器模式。

(3) 了解预分频器(Prescaler)和计数器(Counter Period)寄存器的概念。

(4) 理解如何在计算中使用寄存器数值。

(5) 明白定时器和 ISR 的关系。

(6) 知道哪些代码是由 CubeMX 的选项产生的。

(7) 学会如何找到生成的代码。

(8) 知道哪些代码是你(编程者)需要添加的。

(9) 了解如何在任务框图中找到定时器组成。

现在你可以打开 STM 提供的定时器外设管理代码：

- stm32f4xx_hal_tim.h；
- stm32f4xx_hal_tim.c。

10.2　附加实验 2　控制定时器产生的 ISR

实验目的：运用附加实验 1 中的知识启动和停止定时器产生的 ISR。

10.2.1　实验细节

1. 要求

系统启动时，ISR 运行 10s，随即停止运行。

2. 详细步骤

(1) 通过 CubeMX 将 Timer 3(TIM3)设为中断来源，并将中断频率调至 10Hz。

(2) 在 TIM3 全局中断处理函数中插入闪烁红色 LED 灯的代码。

(3) 在 main.c 中插入以下代码：

① 以时间中断模式启动定时器 Timer 3。

② 10s 后停止 Timer 3。

③ 在无限循环中以 1Hz 的频率闪烁绿色 LED 灯。

3. 相关代码函数

(1) stm32f4xx_it.c 中，timer3(TIM3)的 ISR：

```
void TIM3_IRQHandler(void)
```

(2) STM32F4xx_HAL_Driver/stm32f4xx_hal_tim.c 中，时间中断模式启动函数：

```
HAL_TIM_Base_Start_IT(&htim3);
```

(3) STM32F4xx_HAL_Driver/stm32f4xx_hal_tim.c 中，时间中断模式停止函数：

```
HAL_TIM_Base_Stop_IT(&htim3);
```

重要提醒：编写本章时，CubeMX Timer 3 ARR 设定有一个 Bug，需要在初始化函数 static void MX_TIM3_Init(void)中手动修改 htim3.Init.Peroid 的数值等于 ARR 数值。

10.2.2　实验回顾

完成本次实验后你应该能够：

(1) 根据不同的时间要求实现持续运行的周期性 ISR。

(2) 通过程序启动和停止周期性 ISR。

(3) 清楚地理解除了 CubeMX 生成的代码以外还需要添加什么代码。

(4) 能找到编程者定义的定时器函数。

10.3 附加实验3 产生波形：脉冲宽度调制

实验目的：在 STM32F4 Discovery 开发板上产生 PWM 输出信号。

10.3.1 脉冲宽度调制是什么

本节简要介绍脉冲宽度调制(Pulse Width Modulation,PWM),顾名思义,这是一种定期产生脉冲的方式,如图 10.20 所示。

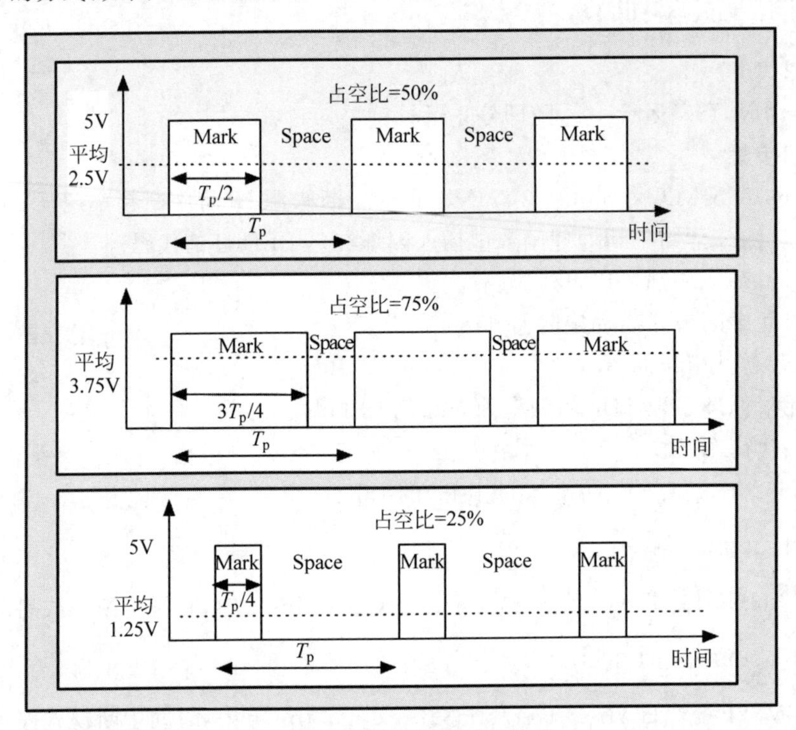

图 10.20 PWM 调制后的波形

在图 10.20 的例子中,Mark 表示有信号输出的时间区间,输出电压为 5V,没有输出的时间为 Space。Mark 与 Mark+Space 时间长度的比例称为占空比,从图 10.20 中我们可以看到三种不同的占空比。PWM 帮助控制信号的平均输出(电压值),应用广泛,如用来控制电机的速度、LED 灯的亮度或者电源的电压等。

10.3.2 在 STM32F411 上产生 PWM 波形

从之前的实验中我们知道定时器可以用于周期性操作。在 STM32F411 上,定时器对于 PWM 调制而言至关重要。和之前一样,ARR 寄存器用于定义脉冲间隔 Tp。然后我们需要第二个变量来定义脉冲的宽度(Mark),如图 10.21 所示。

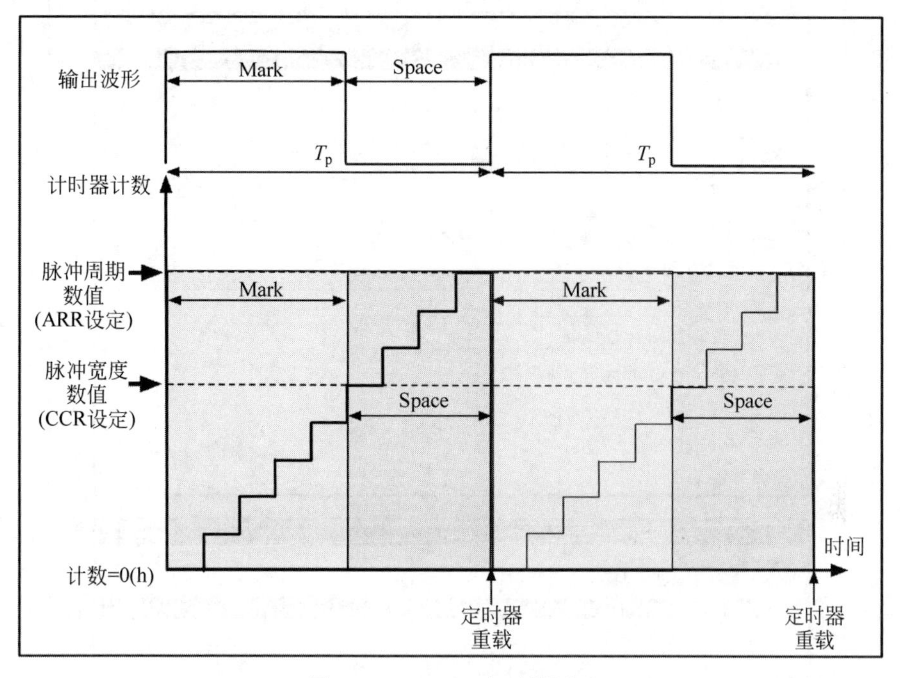

图 10.21 PWM 定时器原理

图 10.21 的运行模式可以通过图 10.22 中的 Timer 2 定时组件来完成。

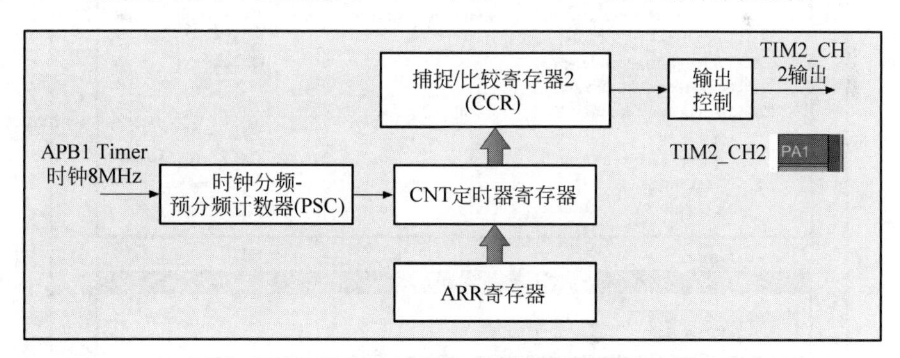

图 10.22 用于 PWM 操作的 STM32F4 定时组件

图 10.22 中出现了新的组成:捕捉/比较寄存器(Capture-Compare Register,CCR),其中的数值用于确定 Mark 的宽度,如图 10.21 所示。当 CNT 定时器寄存器重置为 0 时,PWM 输出信号会增大;当 CNT 数值达到 CCR 中存储的数值时信号输出会变为 0。注意,我们通过配置引脚 PA1 来输出 PWM 信号。

CNT 寄存器的数值和之前一样会按照 PSC 的设定不断增加,最终数值等于 ARR 设定时整个过程会重置。在 CubeMX 中配置 Timer 2(TIM2)的 PWM 运行模式时,使用如图 10.23 所示的参数。

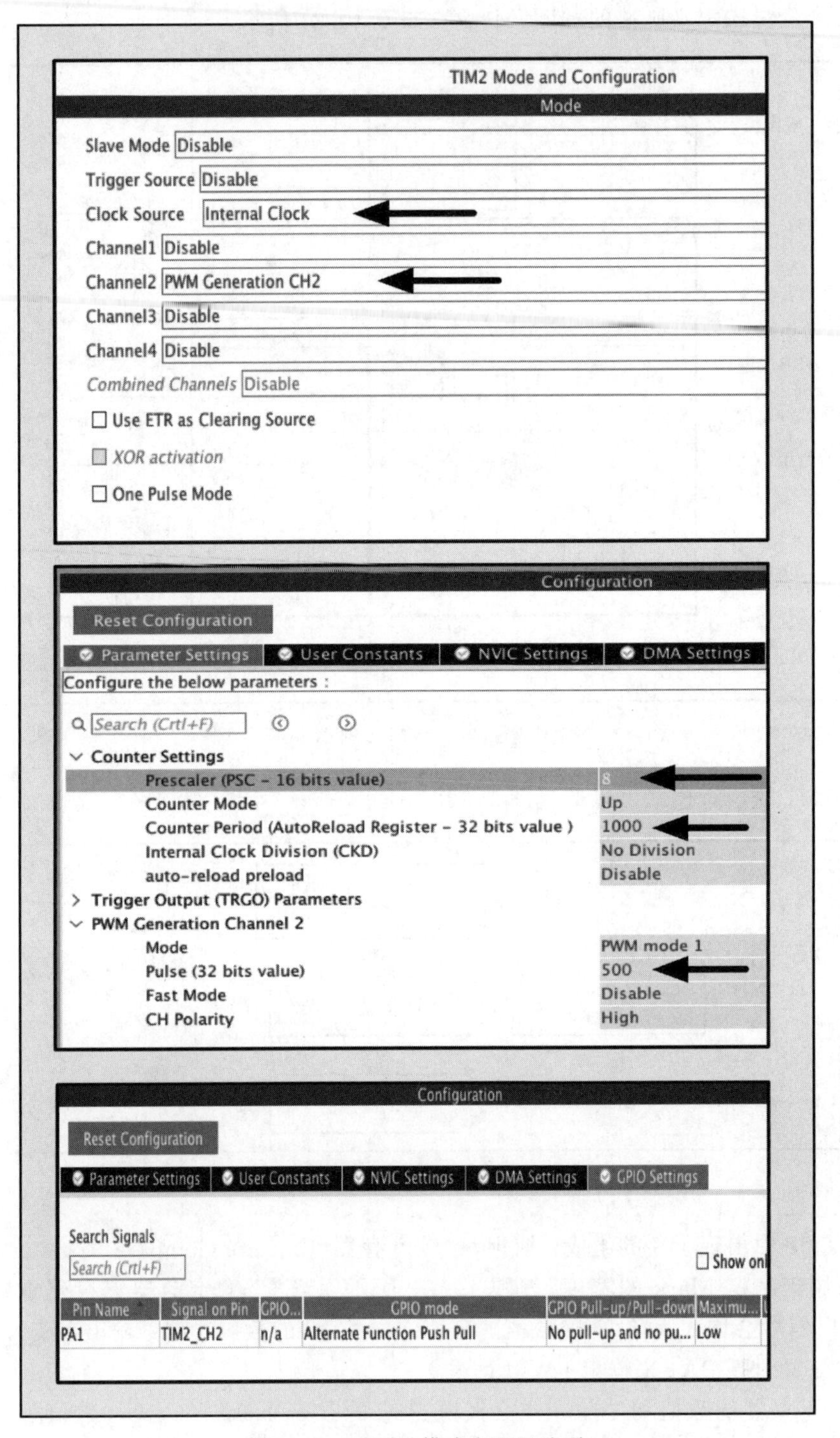

图 10.23 PWM 模式和配置选项

图 10.23 中的时钟来源和之前一样被设为内部时钟，但是 Channel 2 现在被设为 “PWM Generation CH2”。PSC 数值为 8，ARR 为 1000，“PWM Generation Channel 2→Pulse”(CubeMX 称呼 CCR 的方式)为 500。当你生成代码的时候可以看到如下 Timer 2 的初始化代码：

```
htim2.Instance = TIM2;
htim2.Init.Prescaler = 8;
htim2.Init.CounterMode = TIM_COUNTERMODE_UP;
htim2.Init.Period = 1000;
sConfigOC.OCMode = TIM_OCMODE_PWM1;
sConfigOC.Pulse = 500;
```

在如下函数中，请检查这些数值是否正确：

```
static void MX_TIM2_Init(void);
```

相关计算如下：

PSC 时钟频率=8/8=1MHz。

PSC 时钟周期=1μs。

到达 ARR 设定(htim2.Init.Period)的时间=(1000)=1ms=T_p。

周期频率=1/T_p=1kHz。

达到 CCR 设定(sConfigOC.Pulse)的时间=(500)=0.5ms=$T_p/2$。

占空比=50%(sConfigOC.Pulse/htim2.Init.Period)。

确认 main.c 中有以下的定时器启动代码：

```
/* 用户代码开始 2 */
  /* 开始生成 PWM 信号 */
  HAL_TIM_PWM_Start(&htim2, TIM_CHANNEL_2);
/* 用户代码结束 2 */
```

关于 PWM 启动函数，请参考 stm32f4xx_hal_tim.c。

在目前的工作模式下，后台循环的行为并没有很大的作用，停止它，PWM 的运行并不会受影响。但我们推荐在循环中定期闪烁 LED 灯，这样就知道处理器还在运行代码。

如果想要看到程序工作的细节，你可以用示波器查看 PA1 引脚的输出。图 10.24 展示了 PWM 程序输出的三种波形：

(1) 50%占空比(CCR 设为 500)。

(2) 75%占空比(CCR 设为 750)。

(3) 25%占空比(CCR 设为 250)。

接下来是重要的一点：脉冲频率和脉宽-空白比(Mark-to-space ratio)的关系。

更改 ARR 和 CCR 的其中之一并不会影响到另一个数值。首先，当更改 CCR 时，脉冲的宽度会改变(见图 10.24)。

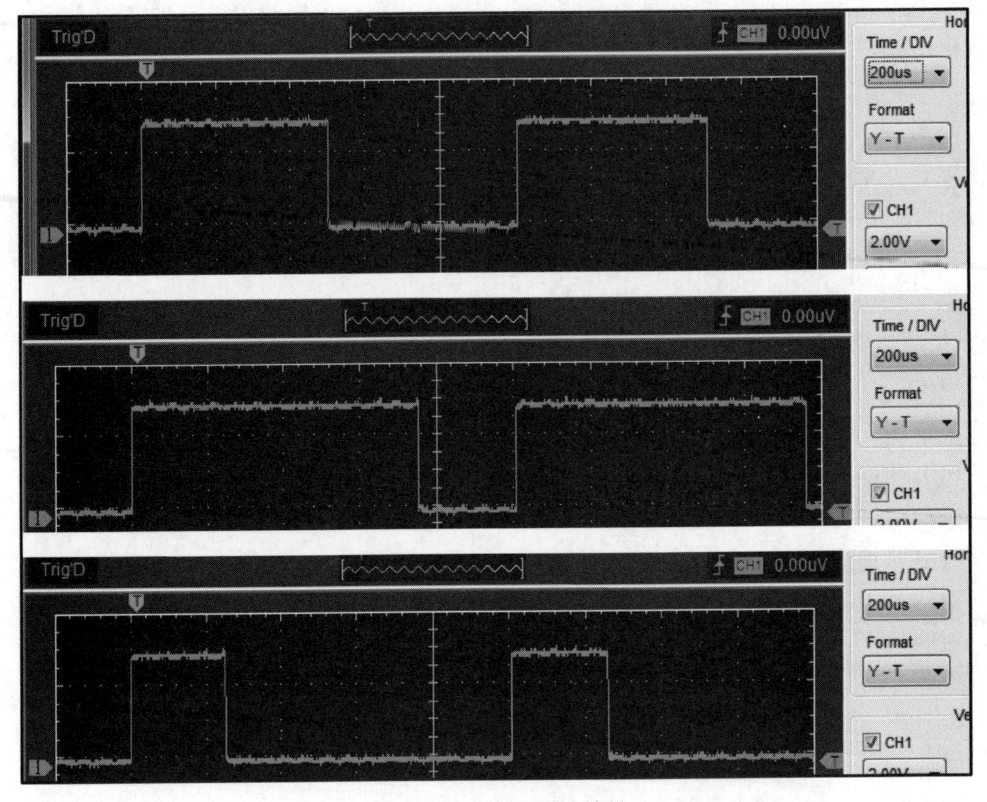

图 10.24　PWM 测试结果

其次，改变 ARR 设定时波形的频率会改变，脉宽-空白比也会随之改变。脉冲宽度是固定的(根据 CCR 设定)，下面的计算显示当 ARR 改变时占空比的变化。

- 原始 ARR 设定：1000，新 ARR 设定：750；
- 原始 CCR 设定：500，新 CCR 设定：500；
- 占空比：50%，占空比：66.7%。

许多程序保持脉冲序列频率不变，只根据需要在运行时调整脉冲宽度。这一做法简单明了，而且不容易产生问题。不过，在部分应用中(如变流器)频率的调整是必要的，这类应用中 PWM 频率会被动态调整。如上所述，请注意 CCR 设定相同时占空比也会发生变化。

10.3.3　实验回顾

完成本次实验后应该能够：

(1) 理解脉冲调制的基本原理。

(2) 明白脉宽(Mark)、空白(Space)、脉冲周期和占空比的概念。

(3) 了解 ARR 和 CCR 寄存器在脉冲调制中的作用。

(4) 知道如何在 CubeMX 中配置系统和脉冲调制模式。

(5) 清楚地理解哪些代码是自动生成的,哪些是你(编程者)需要添加的。

(6) 使用 STM32F4 Discovery 板产生不同周期和占空比的脉冲调制输出。

10.4 附加实验 4 使用 PWM 控制 LED 灯亮度

实验目的：展示 PWM 的实际运行效果。

10.4.1 实验简介

实验演示如何利用脉冲调制控制 LED 灯亮度,具体来讲是用定时器 Timer 4 的脉冲调制输出设定蓝色 LED 灯的亮度。图 10.25 所示的是这一实验的系统框图。

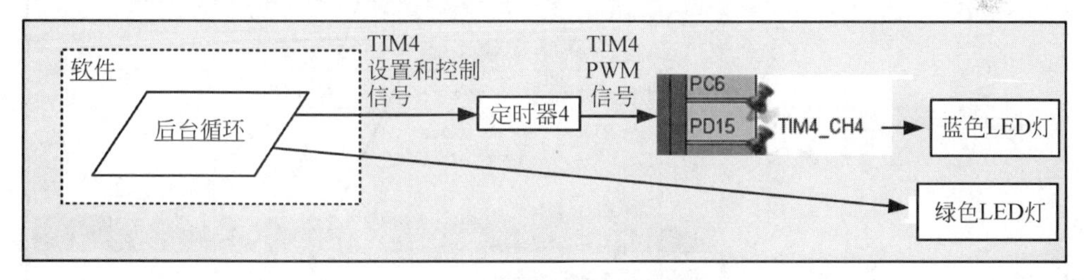

图 10.25 附加实验 4 系统框图

Timer 4 的脉冲调制结果输出到 PD15 引脚,并驱动蓝色 LED 灯。当 PWM 信号为高电平(Mark)时 LED 灯会点亮,低电平(Space)时 LED 灯会熄灭。Timer 4 和 PD15 输出必须都调整正确,其中 PD15 的设置和平常一样是“TIM4_CH4”,Timer 4 在 CubeMX 中的设置在后面会详述。绿色 LED 灯闪烁的目的是显示后台循环正在运行。

实验分为两部分：低速和快速脉冲调制。前者的目的是能用肉眼看到 PWM 运行的结果,后者则是为了演示更贴切实际的 PWM 应用。

10.4.2 低速 PWM

1. 基础测试

在基础测试中我们将脉冲频率设为 1Hz,占空比设为 50%(脉宽-空白比 1∶1)。当程序运行时我们应该能看到蓝色 LED 灯闪烁。如果定时器被正确设定的话,LED 灯每次点亮和熄灭的时间都应该是 0.5s。图 10.26 所示的是在 CubeMX 中系统的设定,除了定时器的 Channel 4 被设为“PWM Generation CH4”外,其余设定和之前一致。

生成工程代码后检查 Timer 4 的下列参数：

```
Instance = TIM4;
Prescaler = 8000
Counter Period = 1000;
Pulse = 500;
```

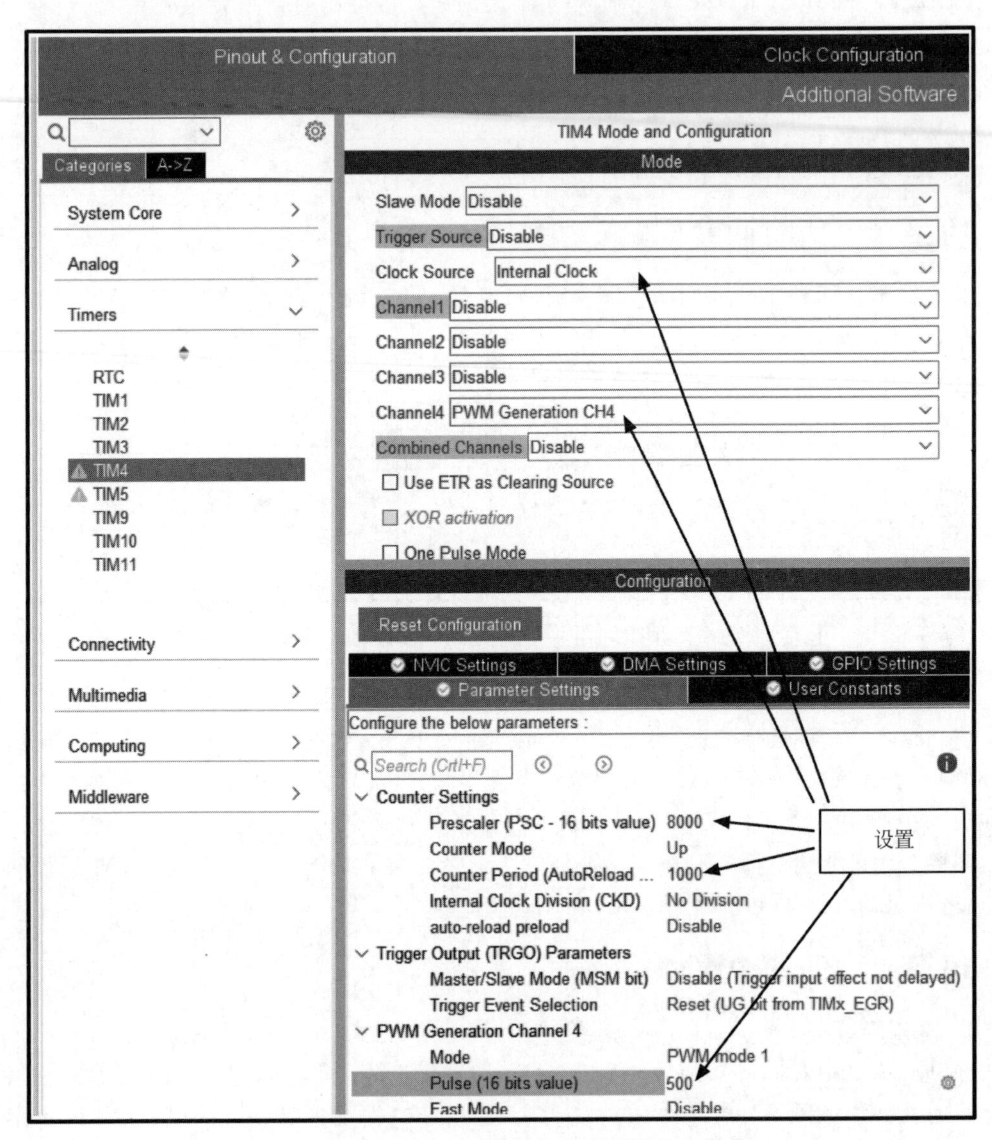

图 10.26 Timer 4 PWM 操作的引脚和配置选项

将控制绿色 LED 灯闪烁的代码插入 main.c 中,运行软件,检查 LED 灯是否以 1Hz 的频率闪烁,并且确认输出信号的占空比是正确的。

2. 使用配置选项改变占空比

在这一步中系统运行在同样的周期上，但是占空比改变为75%。你可以用CubeMX配置脉冲计数值(参数在运行时将不可改变)，更加直接的方式是在main.c中找到TIM4初始化函数：

```
static void MX_TIM4_Init(void)
```

在函数中更改脉冲计数为：

```
sConfigOC.Pulse = 750;
```

重新运行软件，观察到高电平的时间要比基础测试中长很多。

3. 通过程序改变占空比

程序运行时，在捕捉/比较寄存器中写入新的数值即能改变当前的占空比。例如，将Timer 4的CCR设为250的代码为：

```
htim4.Instance->CCR2 = 250;
```

做以下练习。

(1) 用CubeMX将初始脉冲计数值设为500。

(2) 在运行时：

① 运行10s的LED灯闪烁循环后，将CCR设为750。

② 继续运行10s，将CCR设为250。

③ 无限循环步骤①和步骤②。

并观察实验的结果。

10.4.3　快速PWM

人的视网膜即使在光源消失后也会在短时间内继续感光，所以如果LED灯闪烁的速度足够快，在肉眼看来会像是一直亮着。不过这样的结果是光波的平均能量降低(和占空比成正比)，LED灯因此看起来像是变暗了。这就是使用PWM控制亮度的原理，不过需要注意的是，占空比和感受到的亮度并不成正比。

重复10.4.2节中的实验内容，不过将脉冲频率设为100Hz，并让占空比在10%～90%间浮动。

如果有兴趣的话，你可以让程序不断循环渐进调整占空比，这样能有更好的视觉效果。

10.4.4　实验回顾

本次实验更像是对前面实验的一次汇总。不过对于没有示波器的读者而言，这次试验很明显是有很大价值的。

你现在应该已经：

(1) 知道如何用程序改变脉冲计数值，即CCR数值。

(2) 理解当 ARR 设置固定时,脉冲宽度是由 CCR 决定的。

(3) 知道 ARR 是如何决定脉冲周期的。

(4) 理解改变 ARR 意味着改变占空比。

最后是一条额外的提示,你可以通过如下代码在程序中改变 ARR:

```
htim2.Instance -> ARR = <数值>;
```

10.5 附加实验 5 产生波形:脉冲计数

实验目的:统计从外部信号源(外部触发—ETR 模式)收到的脉冲信号。

10.5.1 实验简介

嵌入式微处理器在接收和处理传感器输出时经常会和外设交互,这些传感器将特定属性(特别是物理属性)或者数值转换成电信号,如压力、张力和光强。很多传感器都以脉冲序列的形式输出信号,接收端的软件需要进行"解码"。例如,增量旋转编码器在旋转时会产生一系列的脉冲,脉冲的数目和传感器旋转的度数成正比,所以通过统计脉冲的数量就可以得知旋转角度。

本实验的目的是展示如何用 STM32 Discovery 开发板测量和统计脉冲序列,概念上讲实验非常易懂,如图 10.27(a)所示。

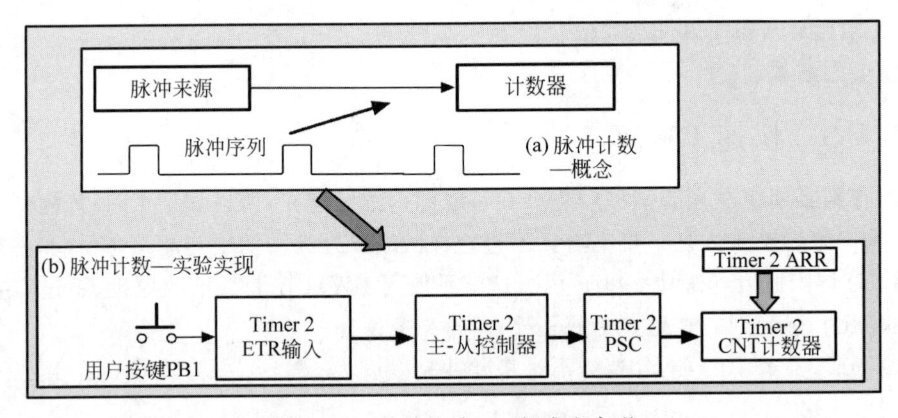

图 10.27 脉冲统计——概念和实现

图 10.27(b)部分展示了实验实现的详细细节,用户按下按键 PB1 模拟脉冲。好消息是你并不需要深入了解框图中几个方块的细节,但是如果你有一定知识储备的话,引脚和配置选项看上去会更合理。

CNT 计数器被用来储存接收到的脉冲数目,每次按键被按下时,脉冲会产生,计数器会加 1。

在本次实验中我们使用 Timer 2,开关(脉冲)信号从引脚 PA0 进入微控制器中,并根据配置输入 TIM2_ETR 内部连接点。接下来，脉冲信号通过 Timer 2 控制器和 PSC 激活 CNT 计数器。本实验中，每次按下按键 CNT 计数器都会收到一个时钟信号，所以 CNT 中会记录从开始计数以来总共的脉冲数量。

本实验还展示了通过 ARR 数值进行 CNT 计数器的自动重置，CNT 在归零后会重新开始计数。

实验中的工作模式被定义为 external source clock mode 2。

10.5.2 实验细节

实验中我们需要准确地配置系统。首先，配置 PA0 引脚（PB1 和其相连），如图 10.28 所示。在 CubeMX 的引脚视图中单击 PA0 查看所有选项，你可以看到只有 Timer 2 与指定的操作模式兼容。我们在这里使用 Timer 2 和以下设定。

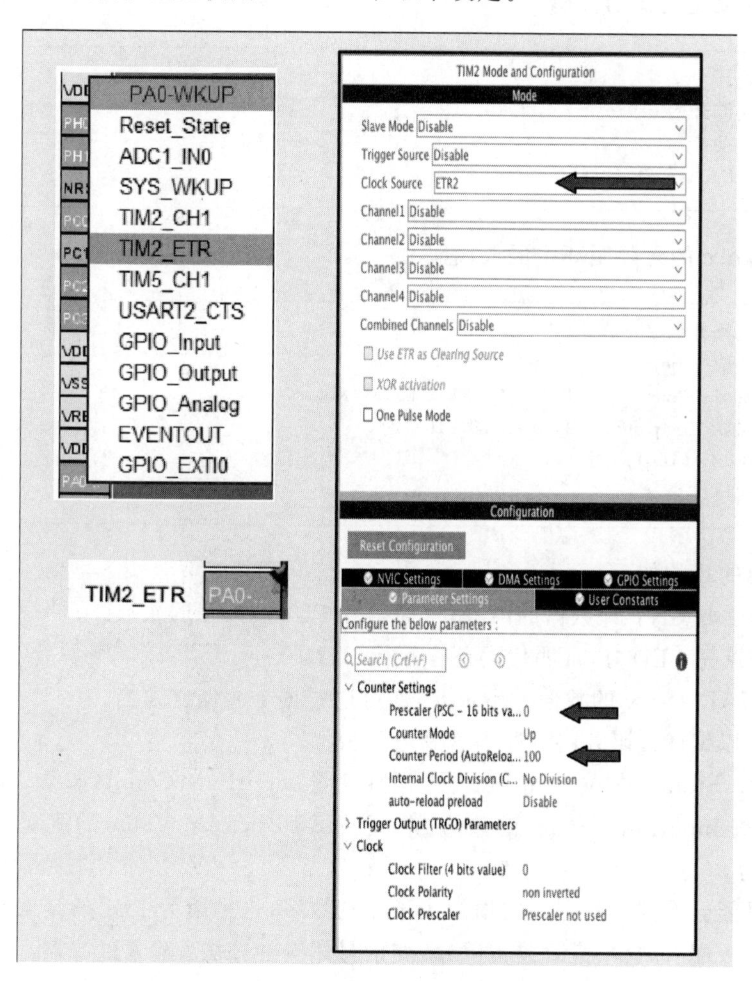

图 10.28 实验的引脚和配置选项

- 时钟来源：ETR2；
- 预分频器(PSC)：0(默认值，即除以 1)；
- 计数周期：100(一个随机的数值，在本实验中并没有重要的作用)。

其他的设定使用默认数值即可。

配置结束后用通常的方式产生代码，打开 main. c 修改如下部分。

1. 新建变量保存 CNT 计数器数值

```
/* 用户代码开始 PV */
int InputPulseCount = 0;
/* 用户代码结束 PV */
```

2. 插入启动定时器的代码

```
/* 无限循环 */
/* 用户代码开始 while */
    /* 启动 Timer 2 */
    HAL_TIM_Base_Start(&htim2);
```

3. 在 main. c 的无限循环中插入代码

```
/* 用户代码开始 3 */
    /* 读取 Timer 2 CNT 寄存器值 */
    InputPulseCount = __HAL_TIM_GET_COUNTER(&htim2);
    HAL_GPIO_TogglePin(GPIOD, GPIO_PIN_12);
    HAL_Delay (100);
/* 用户代码结束 3 */
```

这些代码的目的如下：

(1) 不断读取 CNT 计数器的内容，从而得知 PB1 被按下的次数。

(2) 定期点亮 LED 灯，证明代码还在运行。

代码中 HAL_Delay 的数值并不重要，你可以根据个人偏好设定。

现在你可以编译代码并将程序下载到电路板上。

打开 STM Studio，在 VarViewer 1 中添加变量 InputPulseCount(如第 9 章中描述的)。重置电路，检查 InputPulseCount 的数值为 0。按下 PB1，Read Value 的值变为 1，再次按下 PB1，数值变为 2(见图 10. 29)。

有时你可能会看到计数器一次增加大于 1 的数字，这是因为 PB1 的接触点有时会产生瞬变信号。输入端有减少(最好是消除)瞬变信号影响的办法：输入过滤器。过滤器可以由用户指定一个数值，短于这一长度的信号会被过滤。开关在产生瞬变信号时会产生一系列很短的脉冲，在这之后开关的状态会稳定下来，并输出稳定的信号。

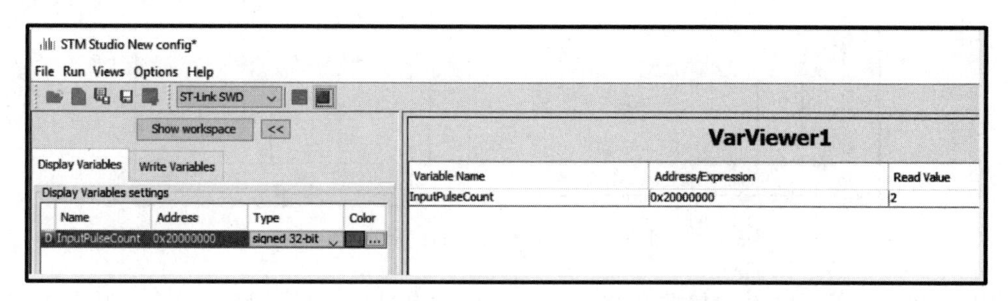

图 10.29 用 STM Studio 进行脉冲计数

可以在实验中设定 Clock Filter 为 15(仅为一个例子),设定计数器周期为 10,生成代码、编译、下载到电路板上。重复实验时观察到瞬变现象消失,另外计数器达到 10 时会重置 Timer 2 CNT 寄存器为 0。

注意:如果按键的质量不佳,瞬变现象可能无法被完全消除。

10.5.3 实验回顾

现在你应该已经可以用 STM32F4 Discovery 开发板统计脉冲信号输入,并且:

(1) 知道系统在统计外部脉冲信号时需要被设为外部时钟模式。

(2) 理解时钟来源(Clock Source)中各项设定的作用。

(3) 学会如何使用时钟的"Mode and Configuration"设置界面。

(4) 了解时钟过滤器(Clock Filter)的概念和作用。

最后一点,__HAL_TIM_GET_COUNTER(&htim2);是一个针对 HAL 设备驱动的宏定义,你可以在 STM 手册 *UM1725—Description of STM32F4 HAL and low-layer drivers* 中阅读更多关于此宏和其他宏的细节。

10.6 附加实验 6 测量脉冲间隔

实验目的:测量脉冲的时间间隔。

10.6.1 实验简介

在不少工程实践中,我们希望测量系统的某些属性(距离、速度等),但是实际情况不允许我们直接测量。很多情况下我们可以测量其他指标,从而通过"代理"的方法得到我们想要的数据。在这一过程中有关脉冲的技巧时常会出现,如测量水的深度、旋转的角度、轴速、病人血管硬化程度等,在这些例子中"代理"参数是时间(具体来讲是脉冲的时间间隔,见图 10.30)。

在这里,一个重要的因素是定时器的间隔并不是固定的,有时间隔的变化会很大。考虑测量海洋深度的例子,从电影和纪录片中我们知道测量的方法是用回声:从声呐发生器中

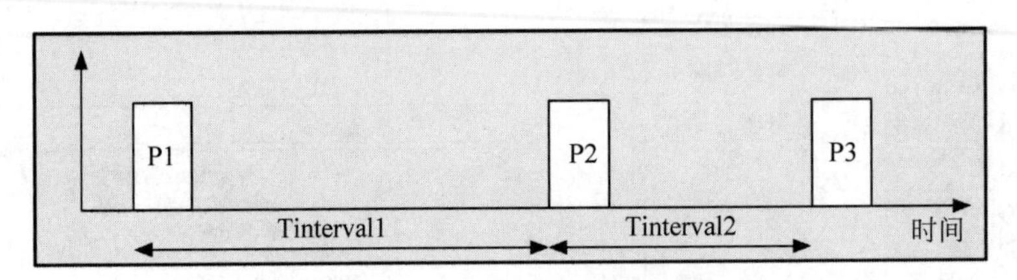

图 10.30 脉冲间隔测量(概念)

发出的声波在反射后被声呐接收器接收。知道两次脉冲间的间隔和声波在水中传播的速度,我们就可以计算往返的距离,船正下方的水深即为往返距离的一半。水深 100 英尺(1 英尺=30.48 厘米)时间隔时间大概是 40ms,在马里亚纳海沟上方则为 7.2s。

本实验的目的是用 STM32F4 测量脉冲间隔,将会用两种方式进行实验:主动采样和使用中断,通过两次实验可以比较两种实现方式的优缺点。在实验中脉冲是由按下板上的用户按键发出的。

10.6.2 实验 1 使用主动采样方式

图 10.31 所示的是本实验的系统任务框图,脉冲监控任务的代码在 main.c 的无限循环(后台任务)中,Timer 2 提供时间信息;Timer 2 由软件的开始(Start)、读取(Read)和 Reset(重置)控制。由 PB1 产生输入,脉冲从 PA0 引脚进入系统。LED 灯是为了显示代码正在执行,后面会有更多细节。

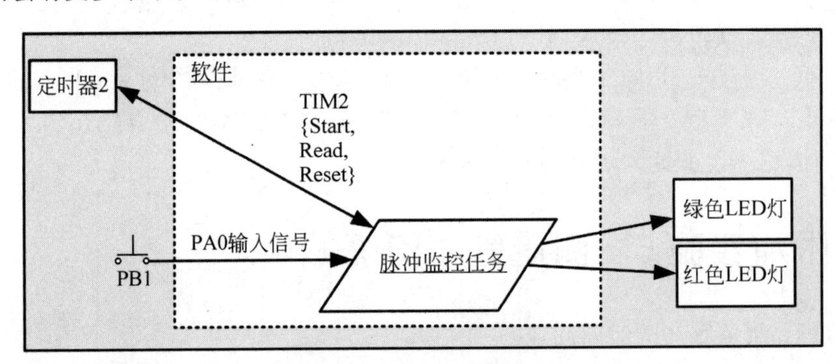

图 10.31 系统任务框图

Timer 2 对于本次实验非常重要,它存储脉冲间隔的数目,其配置如图 10.32 所示。为了测量两次脉冲间的间隔,如下操作会被顺序执行:

(1) 等待脉冲到达;

(2) 重置并开始计数;

(3) 等待下一次脉冲到达;

(4) 读取计数器数值。

Timer 2 配置和附加实验 1 中是相同的,除了 TIM2 全局中断没有被选中(Global

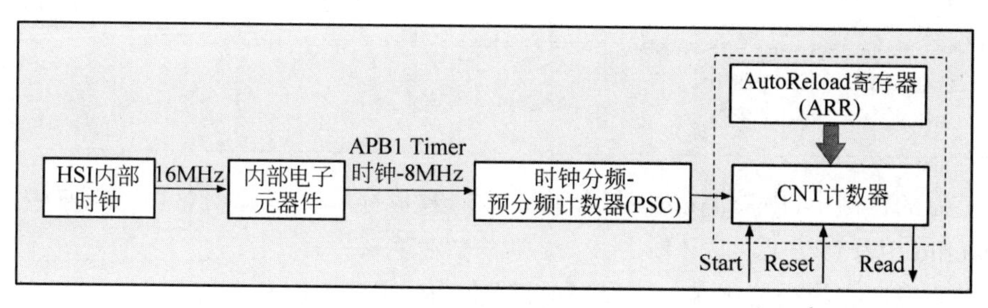

图 10.32 Timer 2 配置

Interrupt 的 Enabled 没有被勾选)。

值得注意的是,Timer 2 的 ARR 设定在本次实验中并没有作用,你只要确保 ARR 的数值足够大不会导致计数器重置即可。换言之,CNT 在本次实验中不应该达到 ARR 数值。

在之前的实验中我们已经知道对 PB1 进行主动采样的方法。另外我们应该监控按键的按动动作(按压之后放开),这样可以提高软件的健壮性。

作为练习,我们将模拟类似声呐探测的操作。发送者发出一个短的声波脉冲(ping),然后监听目标的声呐回波。我们用按动 PB1 来模拟这两个事件,第一下代表声波发出,计数器清零并开始计数;第二下代表接收到回波,程序读取并记录计数器数值。计数器的数值用来计算两次脉冲间的时间间隔(声波的传播时间)。

我们的演示程序中有以下三个变量:

(1) 初始 CNT 数值:Timer2CountValue1。

(2) 最终 CNT 数值:Timer2CountValue2。

(3) 两次按下按键之间的时间间隔:TimerOfFlightSeconds。

代码并不是固定的,下面是一个简单的有注释的实现,你可以编写自己的解决方案。

```
/* —————————————————————————————————————————— */
StartOfInfiniteLoop;
/* ================================================= */
    WaitUntilButtonPressed();
      TurnRedLedOn;        // 显示收到 ping
      ResetTimer2;         // 将 CNT 设为 0
    Timer2CountValue1 = Timer2Count; // 检查 CNT 值确实为 0
    StartTimer2;
    WaitUntilButtonReleased();
    TurnRedLedOff;         // 显示检测到脉冲的完成
/* ================================================= */
    WaitUntilButtonPressed();
      TurnBlueLedOn;       // 显示检测到回波
      Timer2CountValue2 = Timer2Count;
      WaitUntilButtonReleased();
      TurnBlueLedOff;      // 显示检测到脉冲的完成
```

```
/* ============================================================ */
    ComputePulseFlightTime;
/* 无限循环结束 */
```

在上面的样例中，ReadTimer2 操作将计数器数值存储在本地变量中，这是为了能够在 STM Studio 中看到结果。

我们假设所有的初始化在上述代码前已经完成，实验中的参数如下。

(1) 时钟来源：内部时钟，HIS RC(频率 16MHz)。

(2) PSC：40000，这让 CNT 计数器的频率变为 200Hz。

(3) 计数器周期(ARR)：1000000，CNT 计数器需要 50s 达到这一数值。

时间间隔的计算方式为：[(Timer 2 最终数值)/200] 秒，为了简要起见，我们用整数进行计算。

完成编程和下载代码后，检查电路板，确保其工作正常，打开 STM Studio，在 VarViewer 中加载相关的变量，然后开始以下测试：

(1) 按下然后松开 PB1；

(2) 记下 STM Studio 中变量的初始值；

(3) 等待大约 30s，再次按下 PB1；

(4) 再次在 STM Studio 中记下变量的最终数值；

(5) 检查数字和所期望的是否相同。

图 10.33 展示了一组典型的测试数值。

(a) 初始数值：第一次按下按键

VarViewer1

Variable Name	Address/Expression	Read Value
Timer2CountValue1	0x20000000	0
Timer2CountValue2	0x20000004	0
TimeOfFlightSeconds	0x20000008	0

(b) 第二次按下按键后的数值

VarViewer1

Variable Name	Address/Expression	Read Value
Timer2CountValue1	0x20000000	0
Timer2CountValue2	0x20000004	5716
TimeOfFlightSeconds	0x20000008	28

图 10.33 脉冲测试典型结果

10.6.3 实验 1 回顾

实验很直观地帮助我们了解了测量脉冲间隔的基本原理。实验本身相对简单，但是用作演示是足够的。实验代码可以成为一个实际应用的组成部分，如测量脉冲间平均间隔。通过上述实验我们不妨提出以下问题。

问题1：我们应该多久读取一次数据？答案并不是固定的。如果微处理器只有这一个任务的话，我们可以把频率设置得很高，即使应用本身不需要很高的采样率。实际应用中微处理器一般会处理很多任务（如绘制用户界面、模拟数据处理、驱动显示器），所有的任务（包括脉冲间隔测量）分享同样的处理时间；在我们的设计中处理器是完全被占用的（100%利用率）。分享意味着在采样之间其他任务会运行，这让采样本身的频率降低。

问题2：在保证系统工作正常的前提下，我们最多可以将采样频率减少多少？我们需要脉冲的高电平时间（Mark）来回答这一问题。脉冲信号实际上就是异步事件，我们不知道下次会在何时发生。采样频率过慢意味着我们可能会丢掉信号。如果信号的时长为10ms，只要我们接近（但是小于）10ms运行一次，我们就保证可以接收到每个信号，以此类推，我们就可以知道最低的采样频率。

问题3：以我们计算的最低频率进行采样就可以了吗？这一问题的答案一样不是固定的。采样中总会有测量数值和实际数值有所偏差的问题，这被称为"量化误差"，图10.34所示的是脉冲测量系统中的误差。

图10.34标号(a)所示的是我们的采样方式。图10.34标号(b)所示如下：

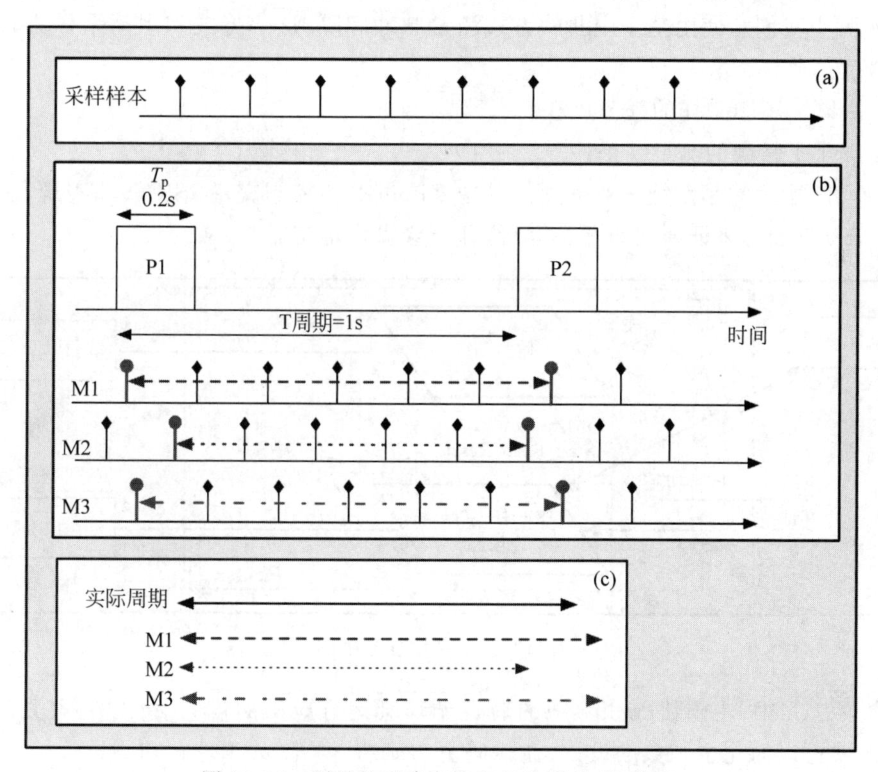

图10.34　测量的不确定性和量化误差（见彩插）

(1) 一个固定脉冲序列，两个脉冲间距为1s，每个脉冲时长为0.2s（这些具体数字并不是很重要）。

(2) 三组可能的测量结果：M1、M2、M3，它们的采样点和脉冲到达点在时间轴上的关系将决定测量结果。

(3) 实际检测到脉冲的采样点(红色竖线表示)。

(4) 测量到的周期时间。

图 10.34 标号(c)比较了实际和测量到的周期长度，我们可以看到 M3 的测量值和实际数值很接近，M1 和 M2 间则有很大差距。在本例中，M1 和 M2 的结果相差大约为 0.18s，对于 1s 的间隔而言相对误差为 18%。

我们现在可以回答问题 3 了，答案和系统相关，而不是软件。简单来讲，在脉冲间距测量中我们可以接受多大的误差？如果 18%太高的话，我们需要增加采样频率，直到误差降低到可接受的范围内。而对于一些应用而言有一定误差问题不大，处理器负载过高则会造成问题。更好的解决这一问题的方法马上就会在实验 2 中出现。

这一简单的应用再次说明理解系统对时间要求的重要性。

10.6.4 实验 2 使用基于中断的方式

本实验中我们会使用基于中断的方式测量脉冲间隔，这一方式和主动采样方式相比有以下两个优点：

(1) 去除了不断采样的任务负载。

(2) 提供了精确的测量结果。

图 10.35 所示的是系统任务框图。其中 Timer 2 的控制交由 ISR 软件实现，后台循环用绿色 LED 灯闪烁来证明代码还在运行，并不会操作定时器。

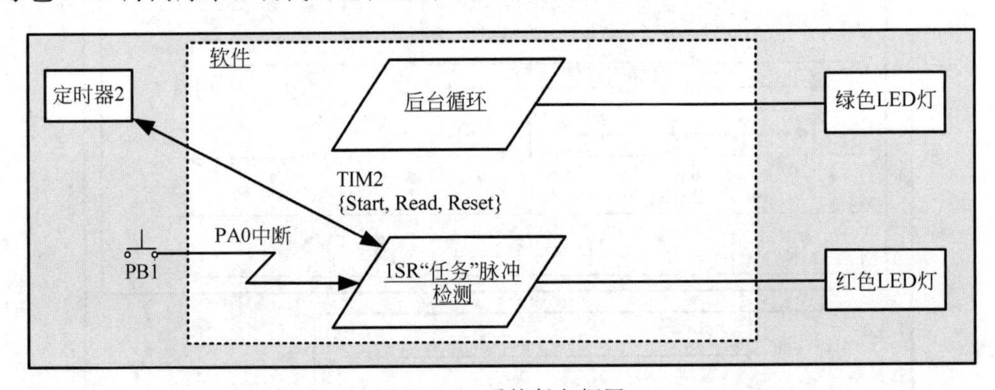

图 10.35 系统任务框图

在实际工程中，主函数(main)中的后台循环会运行应用的代码，将对时间敏感的操作移到 ISR 中可以简化主函数的设计，让代码更为简洁、健壮、易于理解和测试。

用内核基础实验 21(4.9 节)中的方案作为基础，根据需要修改 ISR 的代码。

下面是 ISR 代码的一个样例，我们增加了注释，并使用了易于理解的宏。

```
#define StartTimer2HAL_TIM_Base_Start(&htim2)
=============================================================
 * @文件名 stm32f4xx_it.c
 * @简介 中断服务例程
/* 用户代码开始 PV */
    int ButtonPress = 1;
    int Timer2CountValue1 = 0;
    int Timer2CountValue2 = 0;
    int TimeOfFlightSeconds = 0;
    extern TIM_HandleTypeDef htim2;
void EXTI0_IRQHandler(void)
{
/* 用户代码开始 EXTI0_IRQn 0 */
if (ButtonPress == 1)
{
    TurnRedLedOn; // 显示检测到 ping
    TimeOfFlightSeconds = 0; // 重设
    Timer2CountValue2 = 0; // 重设
    ResetTimer2;
    Timer2CountValue1 = Timer2Count; // 载入初始的 CNT 值 - 应为 0
    StartTimer2;
    ButtonPress = 2;
} // if (ButtonPress == 1) 结束
else //(ButtonPress == 2)
{
    TurnRedLedOff; // 显示回声被检测到
    StopTimer2;
    Timer2CountValue2 = Timer2Count;
    TimeOfFlightSeconds = (Timer2CountValue2)/200;
    ButtonPress = 1;
} // if else 结束
/* 用户代码结束 EXTI0_IRQn 0 */
=============================================================
```

下面是关于代码中几个变量的解释。

(1) ButtonPress 用于记录脉冲：模拟的 ping 或者回声(echo)。

(2) 我们特意将 CNT 的初始值放在变量 Timer2CountValue1，这是为了确定数值被正确初始化。

(3) Timer2CountValue2 用于记录脉冲到达时 CNT 的数值。

(4) stm32f4xx_it.c 包含 Timer 2 的时间相关结构(Time Base Structure)的声明(TIM_HandleTypeDef htim2)。注意声明包含 extern 关键字，这是因为 CubeMX 自动在 main.c 中生成 Timer 结构的声明，但对于其他文件而言这些声明并不一定是“可见”的，这会导致编译失败。

图 10.36 所示的是一组实际的实验结果。

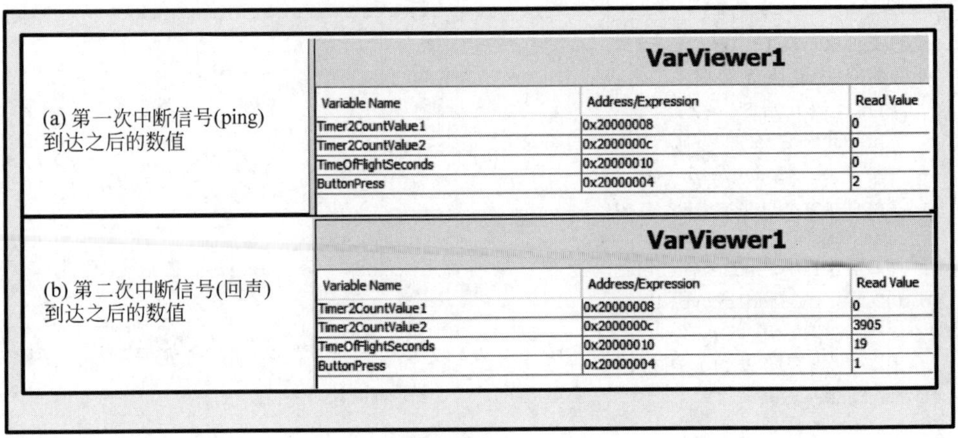

(a) 第一次中断信号(ping)到达之后的数值

VarViewer1

Variable Name	Address/Expression	Read Value
Timer2CountValue1	0x20000008	0
Timer2CountValue2	0x2000000c	0
TimeOfFlightSeconds	0x20000010	0
ButtonPress	0x20000004	2

(b) 第二次中断信号(回声)到达之后的数值

VarViewer1

Variable Name	Address/Expression	Read Value
Timer2CountValue1	0x20000008	0
Timer2CountValue2	0x2000000c	3905
TimeOfFlightSeconds	0x20000010	19
ButtonPress	0x20000004	1

图 10.36　脉冲测试结果(基于中断的方式)

10.6.5　实验 2 回顾

无论是使用主动采样还是中断,对脉冲计数的代码本质上只有一个不同：使用中断时我们不需要分析脉冲的时间特性。使用中断时我们降低了处理器的利用率(对实时系统而言总是件好事),这是因为代码只在脉冲被检测到时才会运行。

硬件激活的 ISR 比软件生成的 ISR 要有更高的优先级,所以我们能保证系统的灵敏性和行为的可靠性。不过,这一保证是因为我们只有一个外部中断信号。有多个外部中断信号时系统的行为会更加复杂,中断的同时到达和不同的中断优先级都会造成影响。系统性问题不在本实验的讨论范围之内。

10.7　附加实验 7　测量脉冲频率

实验目的：测量在指定时间区间内到达的脉冲。与附加实验 5 不同的是,本实验计算脉冲频率,而不是统计脉冲数目。

10.7.1　实验简介

在前面的实验中我们介绍了提高效率的技巧,但是在那些实验中脉冲的频率都很低。脉冲频率增加时处理器的负载自然也会上升。考虑汽车中的转速传感器,其输出的脉冲序列的频率和轴转速成正比。实际的脉冲频率取决于具体设计,一般在每秒 10000～150000 脉冲之间。全速运行时,大概每 7μs 就会有一个脉冲,此时处理器基本是在全力处理脉冲测量任务了(这肯定不是一个可以接受的解决方案)。

一种解决方案是在专用硬件中处理这一任务。我们同样有软件解决方案：统计一段时间内到达的脉冲数量而不是脉冲间的间隔，这就是本实验的目的。脉冲频率测量—概念如图 10.37 所示。

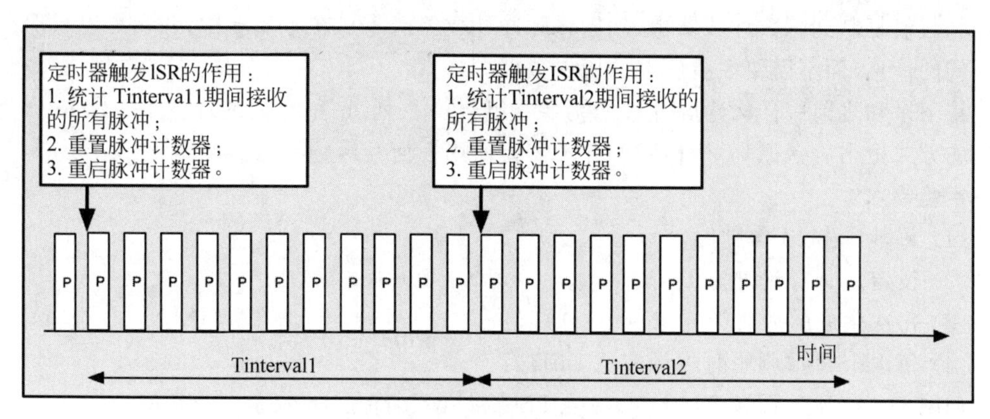

图 10.37　脉冲频率测量—概念

10.7.2　实验细节

本实验使用的测量方式其实很简单：统计在一个固定时间段内的脉冲数量。在这里我们使用 GP 通用定时器提供统计的“鼓声”，在两次“鼓声”间在某个变量中记录脉冲到达的数目。

我们需要首先配置定时器的连续运行（自动重置）模式，这样当定时器到达预定数值时会调用 ISR（“击鼓”），然后重置（计数重置为 0）。最终结果是定时器以一定的间隔产生一连串中断。ISR 完成以下两个动作：

（1）统计时间区间内到达的脉冲。

（2）重置脉冲计数器。

我们的目的是演示脉冲计数的应用，并说明其背后的基础概念。图 10.38 所示为系统任务框图。

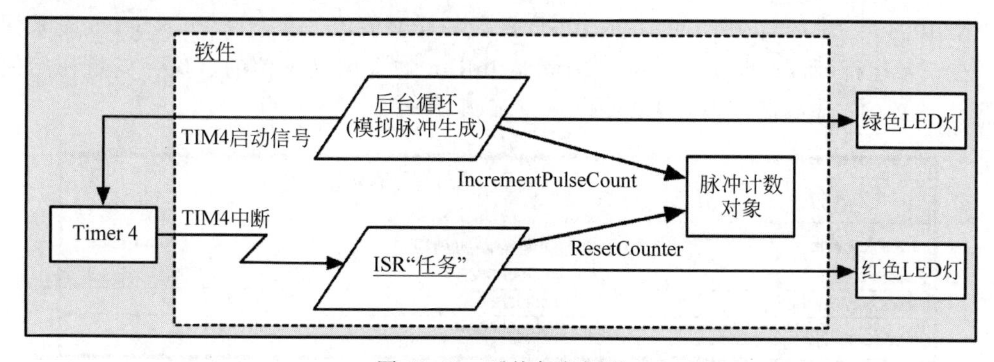

图 10.38　系统任务框图

脉冲由后台循环产生,每一个脉冲会增加脉冲计数对象中的计数器。循环同时会在初始化时启动定时器 4。当启动 ISR 任务时,ResetCounter 命令会被调用,这一命令将脉冲计数器的数值复制到总数计数器中,然后将脉冲计数器清零。在本实验中,我们可以只保存每个区间的信息,而不需要保留所有的历史数据。

接下来和之前一样构建脉冲计数对象:组合一系列.h 和相关的.c 文件。ISR 总会以互斥的方式抢占后台循环,所以我们并不需要使用任何互斥锁。

实验要求:

(1) 每秒产生 10 次脉冲。

(2) 设定定时器超时为 10s。

(3) 每次生成脉冲时闪烁绿色 LED 灯。

(4) 每次 ISR 被调用时闪烁红色 LED 灯。

如图 10.39 所示设置 Timer 4,注意 PSC 和 ARR 都是 16 位整型数类型。

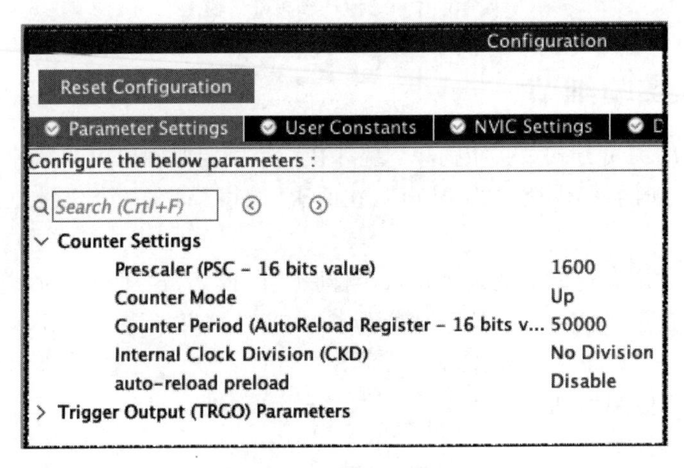

图 10.39 Timer 4 配置

根据上面的要求,编译、下载到目标板上并启动系统。打开 STM Studio 跟踪相关的变量。图 10.40~图 10.42 所示的是实验不同阶段的样例数值。我们用 PulseSet 变量来证明代码在正常运行(所以 TotalNumberOfPulsesInRun 的数值是可信的),这一变量初始值为 0,然后会由 ISR 代码循环设置为 1 和 2。

VarViewer1

Variable Name	Address/Expression	Read Value
PulseSet	0x20000008	0
PulseCountNumber	0x20000000	0
TotalNumberOfPulsesInRun	0x20000004	0

图 10.40 附加实验 7 结果 1——变量初始值

VarViewer1		
Variable Name	Address/Expression	Read Value
PulseSet	0x20000008	1
PulseCountNumber	0x20000000	54
TotalNumberOfPulsesInRun	0x20000004	100

图 10.41　附加实验 7 结果 2

VarViewer1		
Variable Name	Address/Expression	Read Value
PulseSet	0x20000008	2
PulseCountNumber	0x20000000	69
TotalNumberOfPulsesInRun	0x20000004	99

图 10.42　附加实验 7 结果 3

10.7.3　实验回顾

本实验说到底只是为了演示脉冲计量的方法，在实际应用中，这一方法只是一个更大过程中的一环，而且测量所得的数据一定还需要一些后期处理。需要进行的处理可能只是计算统计数字的平均值，也可能是对信号进行更加复杂的数字滤波，我们在此不再进行过多的讨论。

第 11 章 使用 STM32F4 看门狗定时器

11.1 附加实验 8 看门狗定时器基础

实验目的：利用 STM32F4 上的独立看门狗定时器（WDT）演示基础运行和操作，本实验中看门狗允许超时。STM 参考手册 RM0090 中有关于看门狗的更多细节。

11.1.1 序言

首先让我们回顾 *Real-Time Operating System Book 1—The Theory* 中关于 WDT 的概念：

（1）有一个会在每次被激发后重置的计数器（重置值由程序控制）。

（2）由精确的时钟源驱动。

（3）当数值达到 0 时触发“警报”。

图 11.1 展示了 WDT 的基础运行原理。

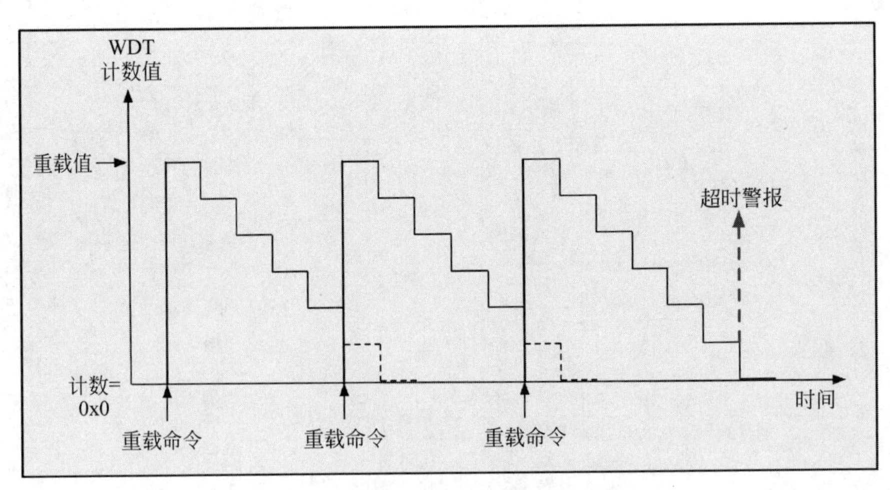

图 11.1 看门狗定时器基础运行原理

STM32F4 MCU 包含两个看门狗定时器：独立看门狗(IWDG)和窗口看门狗(WWDG)。在本次实验中我们使用独立看门狗。注意 STM 手册使用术语"看门狗"(watchdog)而不是"看门狗定时器"(watchdog timer),"窗口"(window)而不是"窗口化的"(windowed),我们在这里将这两对用语视为同义词。

11.1.2　STM32F4 独立看门狗简介

为了提供 WDT 的核心功能,IWDG 包括了如图 11.2 所示的单元。

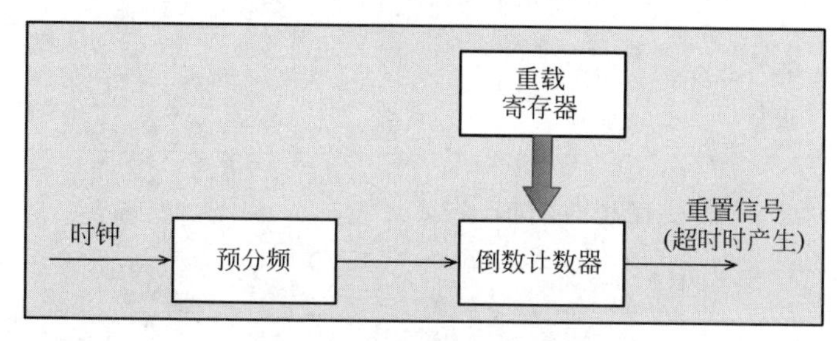

图 11.2　IWDG 的核心单元

WDT 倒数计数器的时钟来源是一个低速的专属时钟,其初始值由重载(Reload)寄存器设定。当 WDT 超时的时候会产生一个重置信号并重启程序,超时发生前程序可以产生一个重载命令("踢看门狗"),从而避免被重置。"踢看门狗"的效果实际上是将倒数计数器重置到重载数值。

预分频器包括一个可编程的数字分频器,可以被设为 4～256 内的数值。WDT 超时的时间是由预分频器设置和重载数值决定的。

图 11.3 所示的是 IDWG 的系统框图。

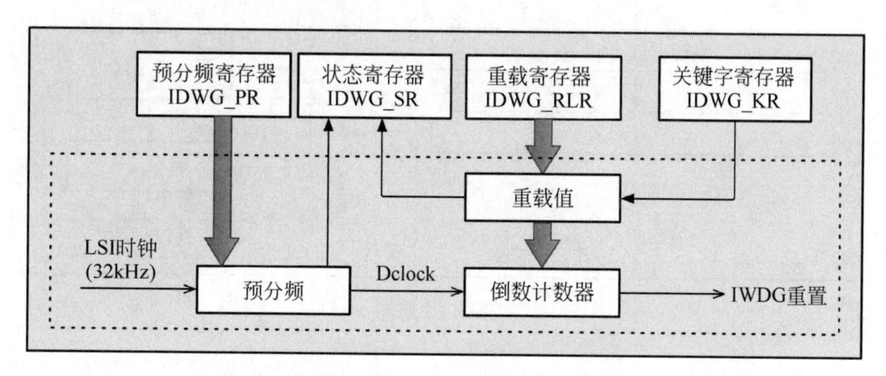

图 11.3　IDWG 系统框图

状态寄存器(Status Register,SR)是只读的,其状态是由内部硬件信号设定的。实验中我们并不需要变更 SR,因此我们暂时不会继续讨论它。

在使用 WDT 之前,我们需要初始化预分频寄存器(PR)和重载寄存器(RLR)。关键字寄存器(Key Register,KR)控制这两个寄存器的访问,也控制 WDT 启动和重载(踢)WDT。设定和使用 IWDG 时需要在关键字寄存器中设置几个数值,代码如下:

```
// 允许 PR 和 RLR 寄存器写入
   IWDG->KR = 0x5555;
// 设置预分频寄存器值
   IWDG->PR = DividerNumber; // DividerNumber 可以是 0 到 6 之间的一个数字(见后面的内容)
// 设置重载寄存器值
   IWDG->RLR = ReloadValue; // 后面会提及如何计算这一数字
// 启动看门狗
   IWDG->KR = 0xCCCC;
// 重载(踢)看门狗
```

程序执行中,看门狗需要在超时前被踢:

```
// 重载(踢)看门狗
IWDG->KR = 0xAAAA;
```

综上所述,IWDG 的设置过程如图 11.4 所示。

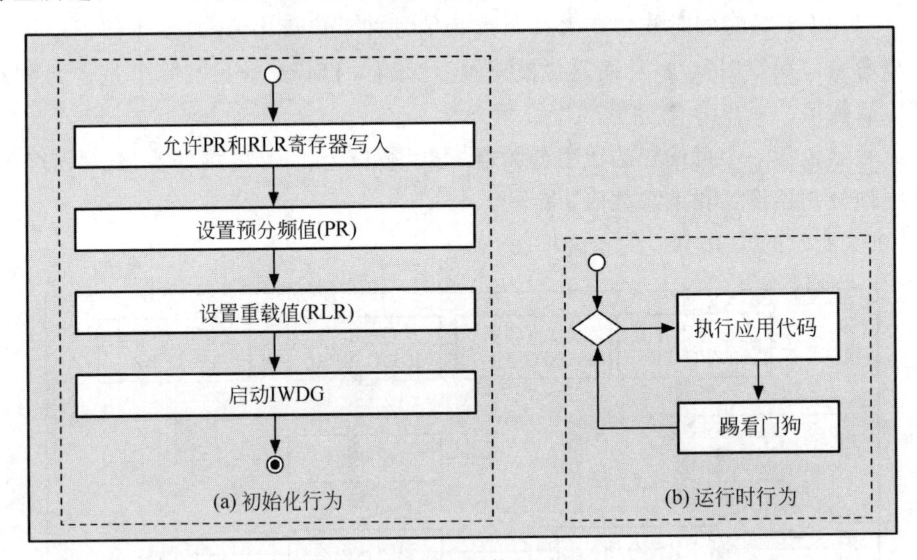

图 11.4 设定和使用 IWDG

倒数计数器可以载入 1～4095(0x1～0xFFF)内的数字,这也代表着图 11.3 中将倒数计数器数值减少到 0 所需的 Dclock 脉冲的数目。IWDG 计时设定如图 11.5 所示,其计算方式为:

超时数值 =(倒数计数器重载数值)×(Dclock 周期)

PR 寄存器设定	预分频值	Dclock 频率	Dclock 周期/ms	倒数计数器最小超时时间/ms	倒数计数器最大超时时间/ms
0	4	8kHz	0.125	0.125	512
1	8	4kHz	0.25	0.25	1024
2	16	2kHz	0.5	0.5	2048
3	32	1kHz	1.0	1.0	4096
4	64	500Hz	2.0	2.0	8192
5	128	250Hz	4.0	4.0	16384
6	256	125Hz	8.0	8.0	32768

图 11.5　IWDG 计时设定

11.1.3　实验细节：使用 STM 库函数的简单样例

首个实验的目的是有意让 WDT 超时以观察结果。在 CubeMX 中创建工程，实现图 11.6 中的行为。

图 11.6　附加实验 8 程序结构框图

可以以 stm32F4xx_ll_iwdg.h(位于 Drivers→STM32F4xx_HAL_Driver→Inc)中的函数为蓝本编写更加可读和优雅的代码。文件可导出数个 IWDG 专属的函数，其中对实验重要的有如下几种。

(1) 允许寄存器的写入：

__STATIC_INLINE void LL_IWDG_EnableWriteAccess(IWDG_TypeDef *IWDGx)

(2) 设定预分频数值：

__STATIC_INLINE void LL_IWDG_SetPrescaler(IWDG_TypeDef *IWDGx, uint32_t Prescaler)

(3) 设定重载数值：

__STATIC_INLINE void LL_IWDG_SetReloadCounter(IWDG_TypeDef *IWDGx, uint32_t Counter)

(4) 启动 IWDG：

__STATIC_INLINE void LL_IWDG_Enable(IWDG_TypeDef *IWDGx)

(5) 踢 IWDG：

__STATIC_INLINE void LL_IWDG_ReloadCounter(IWDG_TypeDef *IWDGx)

设定看门狗的超时为 16s(16000ms)：

倒数计数器重载数值 =(超时数值)/(Dclock 周期)

从图 11.5 中可以看出最可能符合我们需要的 PR 设定为 5(Dclock 数值为 4ms)：

倒数计时器重载数值 = 16000ms/4 = 4000ms

在程序的初始化代码中插入下面的代码：

```
/* 用户代码开始 1 */
/* 设置 IWDG */
        LL_IWDG_EnableWriteAccess(IWDG); // 允许寄存器写入
        LL_IWDG_SetPrescaler(IWDG, LL_IWDG_PRESCALER_128); // 设置预分频值
        LL_IWDG_SetReloadCounter(IWDG, 4000); // 设置重载入值
/* 启动 IWDG */
        LL_IWDG_Enable(IWDG); // 启动看门狗
/* 用户代码结束 1 */
```

成功编译和下载代码之后，在目标系统上运行。你应该可以看到 LED 灯的行为如图 11.7 所示。

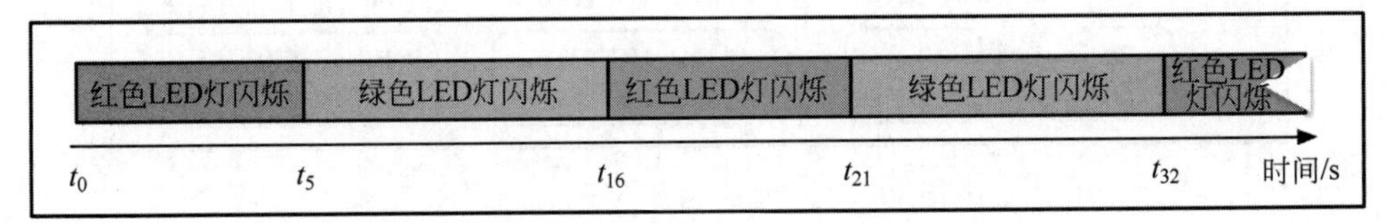

图 11.7　附加实验 8 LED 灯行为

如果理解了 WDT 的基础原理，那么上面的结果应该是非常合理的。

11.1.4　实验回顾

你现在应该可以做到：

(1) 理解 IWDG 的基础运行原理。

(2) 熟悉各个组成部分和功能。

(3) 明白 IWDG 计时参数。

(4) 能够使用 STM32F4 库函数配置 IWDG。

(5) 知道 IWDG 超时的结果。

11.2　附加实验 9　正确使用看门狗定时器

实验目的：演示正确地避免 WDT 超时(踢看门狗)的方法。

实现图 11.8 所示的程序结构框图。如果你的程序是正确的，其行为应该如同图 11.9 所示。

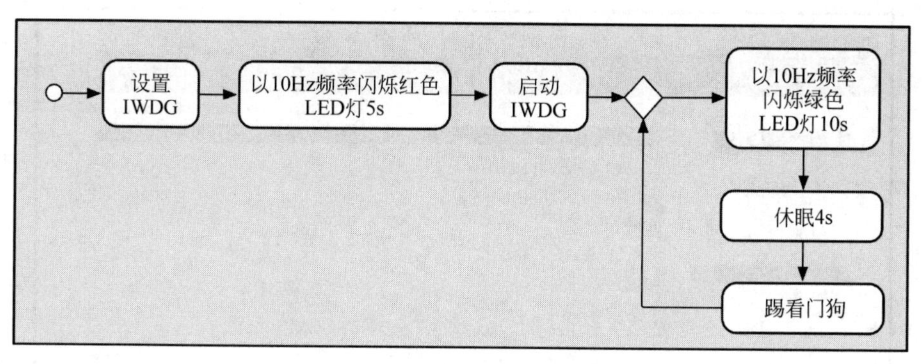

图 11.8 附加实验 9 程序结构框图

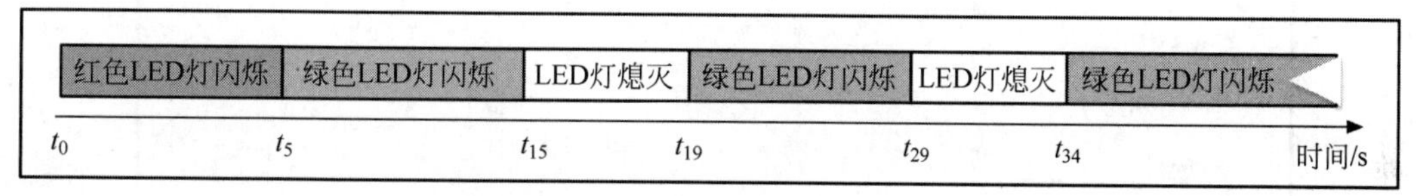

图 11.9 附加实验 9 LED 灯行为

完成这一程序对于理解 WDT 的用法非常重要：正确地使用 WDT 需要全面理解定时功能。

下一步是模拟出现问题的程序，修改程序，在四次循环（闪烁绿色 LED 灯的循环）之后将休眠时间设为 7s。预测程序在运行时的行为，检查实际结果是否符合预期。

回顾附加实验 8，我们知道看门狗超时后程序会重启，这和处理器刚启动时是一样的。不过，请留意这样的行为是不是你真正需要的，在机电一体化应用中实际的系统状态时常和刚通电时有很大不同。

11.3 附加实验 10 使用 CubeMX 激活 IWDG

实验目的：学习如何在允许看门狗超时的前提下用 CubeMX 配置、初始化和使用 IWDG。

本实验中将用 CubeMX 实现附加实验 8（11.1 节）中的功能，经过之前的实验之后你应该已经理解了 CubeMX 的功能。

创建新工程并照常进行配置。在 Pinout & Configuration 标签中选择 System，展开 System Core 并选择 IWDG（见图 11.10），选中 Activated 选框。选项中可以配置的参数如下：

（1）IWDG 计数器时钟预分频值。

（2）IWDG 倒数计数器重载值。

图 11.10 中所示的参数值都为默认设置，可以根据应用的需要进行调整。在本实验中，分别输入 128（见图 11.11）和 4000。

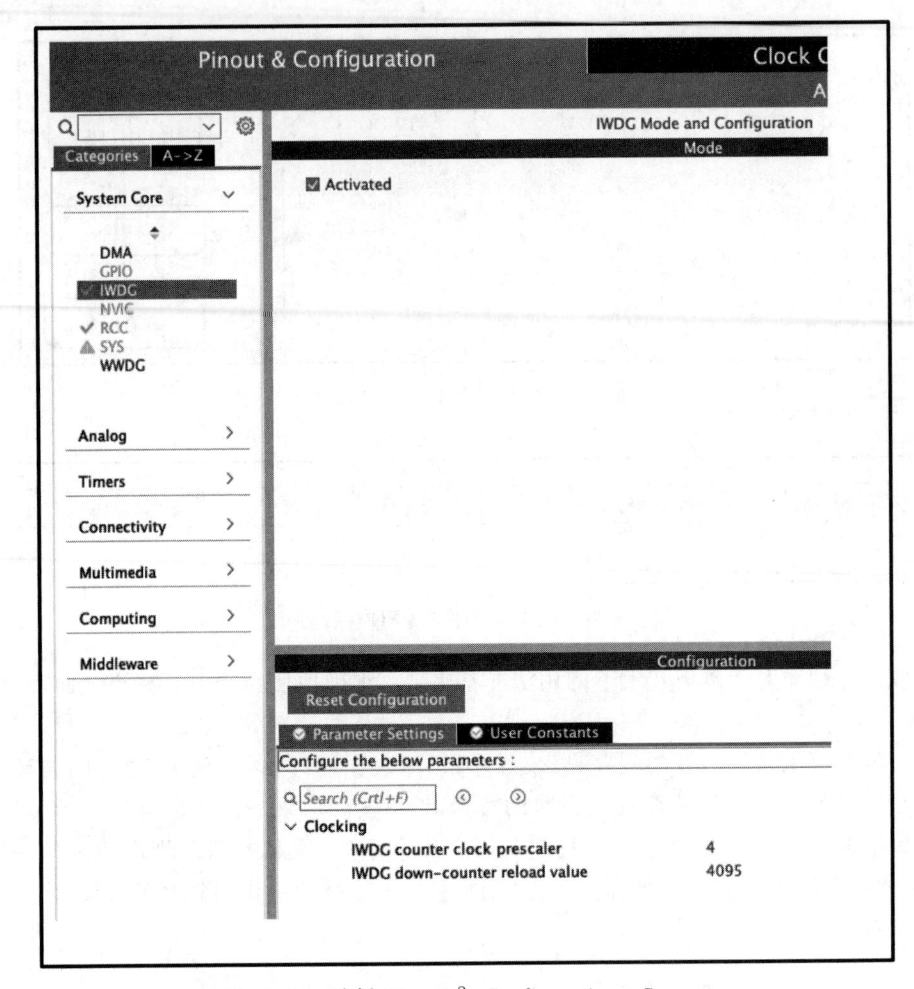

图 11.10　选择 Pinout & Configuration→System

图 11.11　IWDG 计数器时钟预分频设置

图 11.12 所示的是本次实验的参数值(和附加实验 8 相同),现在生成工程代码。

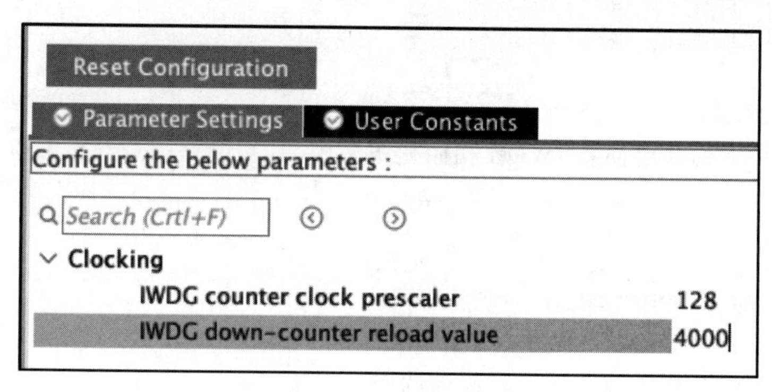

图 11.12　IWDG 参数设置

在 main.c 中可以找到下述代码:

```
/* 私有变量(IWDG 选中后出现)———————————————————— */
    IWDG_HandleTypeDef hiwdg;
/* 私有函数原型(IWDG 选中后出现)—————————————————— */
    static void MX_IWDG_Init(void);
/* 初始化配置了的外设(IWDG 选中后出现) */
    MX_IWDG_Init();
```

在这里,hiwdg 变量是看门狗的"名字"。函数"MX_IWDG_Init(void);"的定义如下:

```
/*
    * @简介 IWDG 初始化函数
    * @参数 无
    * @返回值 无 */
static void MX_IWDG_Init(void)
{
    /* 用户代码开始 IWDG_Init 0 */
    /* 用户代码结束 IWDG_Init 0 */
    /* 用户代码开始 IWDG_Init 1 */
    /* 用户代码结束 IWDG_Init 1 */
    hiwdg.Instance = IWDG;
    hiwdg.Init.Prescaler = IWDG_PRESCALER_128;
    hiwdg.Init.Reload = 4000;
    if (HAL_IWDG_Init(&hiwdg) != HAL_OK)
    {
        Error_Handler();
    }
```

```
    /* 用户代码开始 IWDG_Init 2 */
    /* 用户代码结束 IWDG_Init 2 */
}
```

在实验中将下列代码插入 IWDG 初始化逻辑中，其目的是闪烁红色 LED 灯：

```
/* 用户代码开始 IWDG_Init 2 */
    FlashRedLedForFiveSeconds(); // 伪代码
/* 用户代码结束 IWDG_Init 2 */
```

这样你就能知道初始化函数在什么时候被调用。

在主函数中插入闪烁绿色 LED 灯的代码(和 11.1 节附加实验 8 相同)，现在编译、下载和执行代码，验证 LED 灯行为是否和图 11.7 相同。

代码"hiwdg.Init.Reload = 4000;"的执行会重载和启动看门狗，用户不需要介入。为了进一步演示，将代码从 Init 2 部分移动到 Init 0 部分，重新运行，观察结果，并解释和之前行为为何不同。

最后一点：你现在应该已经学会用 CubeMX 配置 IWDG 了，只要情况允许我们建议一直使用 CubeMX。

11.4 附加实验 11 使用 CubeMX 针对应用设置 WDT

实验目的：使用 CubeMX 配置、初始化和以正常模式使用 IWDG。

重复附加实验 9(11.2 节)，这一次用 CubeMX 配置、初始化和启动 IWDG。修改初始化函数如下：

```
/* 用户代码开始 IWDG_Init 0 */
    FlashRedLedForFiveSeconds(); // 伪代码
/* 用户代码结束 IWDG_Init 0 */
```

注意在本实验中依然需要手工添加踢看门狗的代码，和之前一样使用函数调用：

```
LL_IWDG_ReloadCounter(IWDG);
```

或者也可以使用

```
HAL_IWDG_Refresh(&hiwdg);
```

如果想让代码的可读性更高，可以使用宏定义：

```
#define KickTheWatchdog(LL_IWDG_ReloadCounter(hiwdg.Instance));
```

或者

```
#define KickTheWatchdog(HAL_IWDG_Refresh(&hiwdg));
```

你的代码运行效果应该和附加实验9(11.2节)一致。

11.5 附加实验12 看门狗的窗口化运行

实验目的：使用STM32F4的窗口看门狗(WWDG)进行窗口化的WDT操作，本实验中我们将有意让WWDG超时。

11.5.1 序言

IWDG中看门狗可以在重载和超时之间的任意时刻被踢，这一时间段也被称为"开窗期"。WWDG的窗口时间更短，如图11.13所示，T_0和T_1之间有一段时间的闭窗期，开窗期从T_1到WDT超时为止(计数器达到预先定义的数值)。

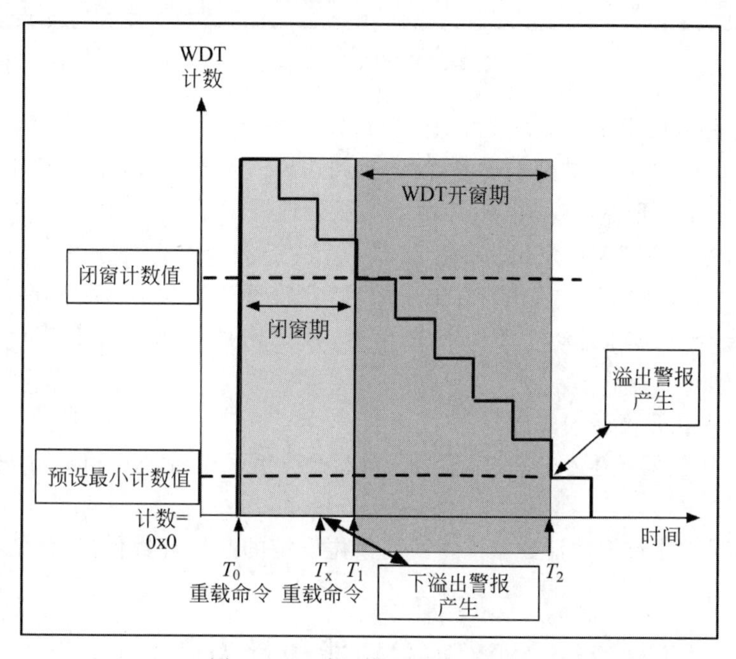

图11.13　窗口化的看门狗运行

在开窗期WWDG和一个标准的WDT没有不同，在闭窗期，重载命令(如T_x处)会导致下溢出警报产生，警报一般会被作为软件或硬件错误处理。

11.5.2 STM32F4窗口看门狗(WWDG)的概念结构

WWDG的基础概念结构如图11.14所示，其中的核心部分是用于确定超时时间(T_2-T_0)的倒数计数器，闭窗时间(T_1-T_0)则由特定的寄存器设置。在WDT运行期间寄存器的预设值和倒数计数器的实际值会不断被比较，产生大于或者小于的信号，此信号在倒数计数器重载之前会被抑制。下面让我们考虑以下三个运行情景：

(1) 重载命令未能发出。

(2) 重载命令在闭窗期内发出(T_1-T_0)。

(3) 正常运行，重载命令在开窗期内发出(T_2-T_1)。

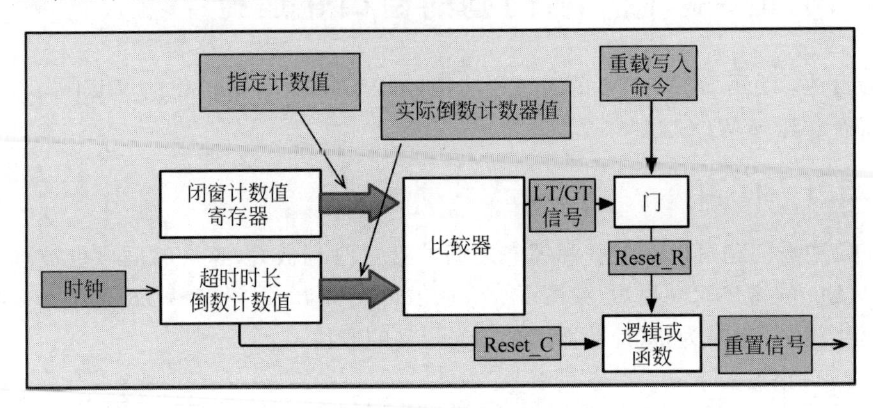

图 11.14　WWDG 基础概念结构

1. 重载命令未能发出

此情况下，倒数计数器数值会不断降低，直到达到预先设定的数值并产生一个重置信号(Reset_C)，接下来处理器产生 Reset 信号重启微处理器。

2. 重载命令在闭窗期内发出

此情况下，倒数计数器的值比寄存器中的大，比较器产生大于(GT)结果。当重载的信号产生时，信号经过逻辑门产生 Reset_R 信号，接下来处理器产生 Reset 信号重启微处理器。

3. 重载命令在开窗期内发出

此情况下，比较器产生小于(LT)信号。重载命令被发出后，NOTReset_R 信号产生，处理器不会重启。

重载命令同样导致倒数计数器重新回到预先设定的起始计数值，正常的倒数运行循环重新开始。

11.5.3 STM32F4 WWDG：功能和行为细节

使用 STM32F4 WWDG 前你需要理解其功能和行为，这里并没有捷径可言。坏消息是，RM0090 手册中关于 WWDG 的细节并不是非常清晰。

图 11.15 所示的是 WWDG 的系统框图，图中包含很多使用和编程的细节。其中看门狗控制寄存器(WWDG_CR)和图 11.4 中倒数计数器是差不多相同的，看门狗配置寄存器(WWDG_SFR)的作用和闭窗计数值寄存器大致一致。注意倒数计数器时钟是从 APB1 时钟导出的。此处提及的寄存器还负责其他的 WDT 功能，我们在后面会进行讨论。

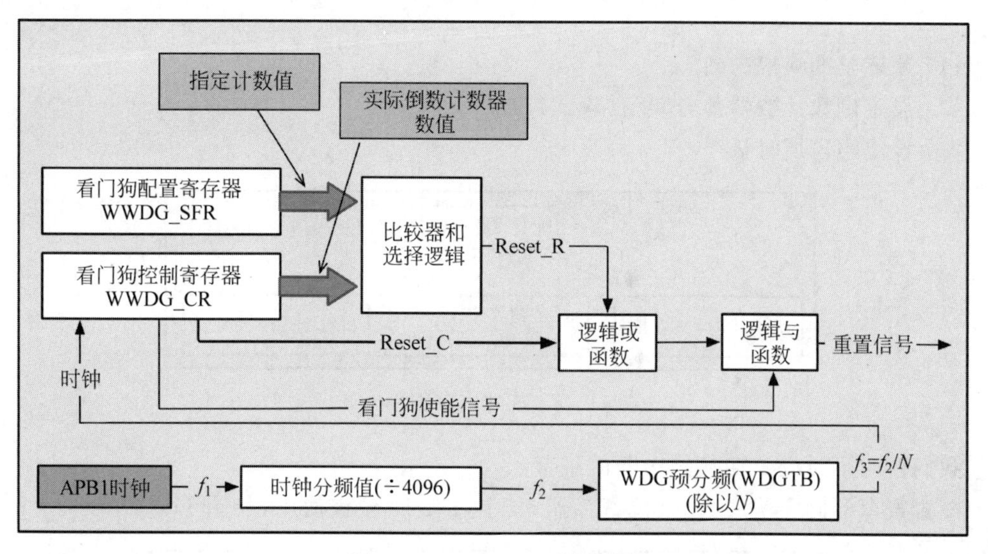

图 11.15　WWDG 系统框图

现在先熟悉框图的元素，我们将依次解释它们。首先是控制寄存器，其功能有两个，如图 11.16 所示。

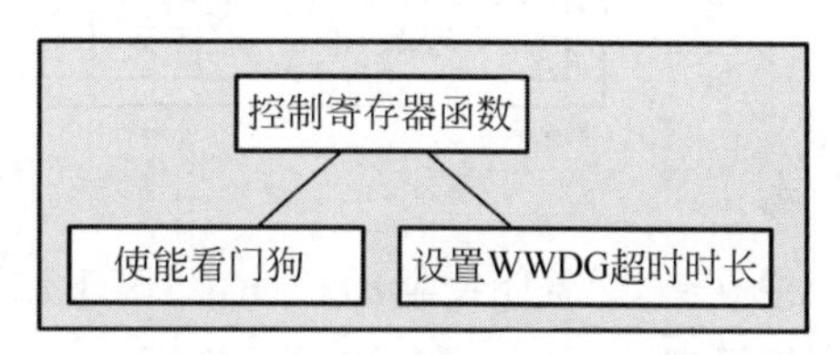

图 11.16　控制寄存器的功能

首先，控制寄存器可以启动看门狗；其次，它能设定倒数计数器初始值（等同于设置 WWDG 的超时时长）。此寄存器为 32 位，但只使用其中 8 位，如图 11.17 所示。

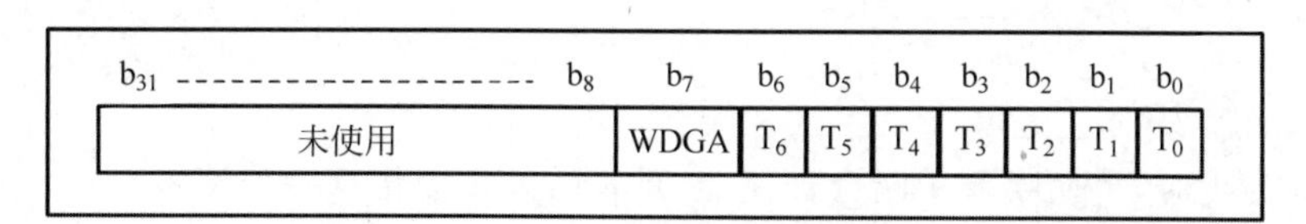

图 11.17　控制寄存器中的位

位 0～6 包含倒数计数器的值，我们用定时器设定位 T_0～T_6 代指它们，这 7 位能表达的（最大倒数计数器）数值为 0x7f（二进制 1111111）。随着计数器数值降低，你大概认为当其达到 0 时会产生重置信号，但实际上并非如此。在我们的设计中，当 T_6 位清零时 WWDG 会输出 Reset 信号，这之前的数值为 0x40（二进制 1000000），一个时钟脉冲后其值会变成 0x3f（二进制 0111111），因此 WWDG 的超时时长是由计数值 0x7f 减去 0x3f 决定的，即十进制 127－63＝64。

第 7 位（T_7）设为 1 时会使能 WDT，但是 WDT 不能通过软件命令停用。在重置操作的过程中硬件会停用 WDT。

接下来让我们把注意力转移到配置寄存器上，如图 11.18 所示，寄存器有以下三个功能：

(1) 使能早期唤醒中断。

(2) 设定倒数计数器预分频值(WDGTB)。

(3) 设定闭窗期时长。

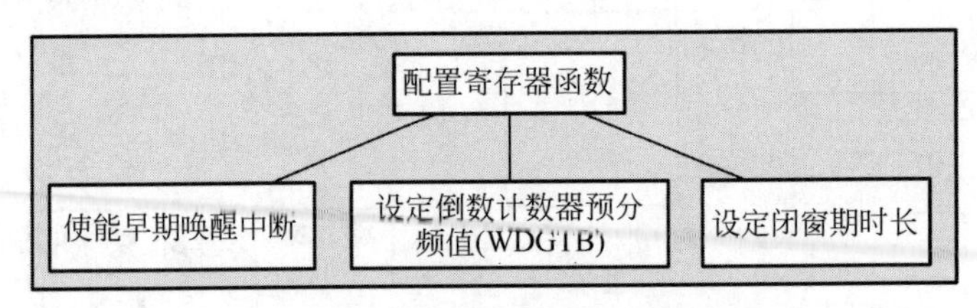

图 11.18　配置寄存器的功能

我们暂时不讨论早期唤醒中断的细节。

配置寄存器同样是一个 32 位寄存器，其中只有 10 位被使用，如图 11.19 所示。

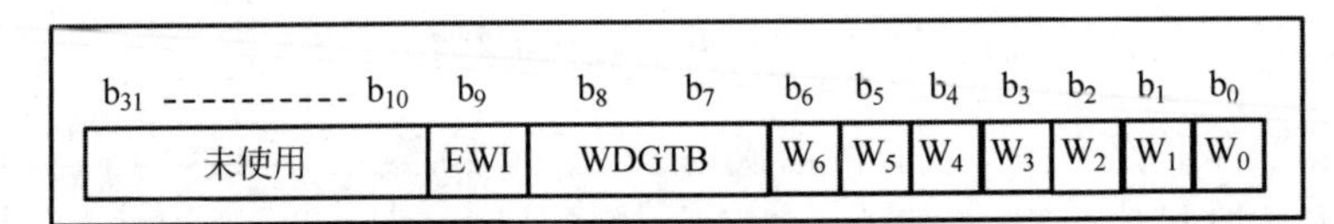

图 11.19　配置寄存器中的位

位 0～6 设置闭窗期的长度，即用于和倒数计数器比较的数值。我们用 W_0～W_6 代指闭窗期设置位。位 7 和位 8 设定以下预分频值。

- 00：除以 1，即禁用预分频；
- 01：除以 2；
- 10：除以 4；
- 11：除以 8。

当位 9 为 1 时，早期唤醒中断会被使能，重置时硬件会将这一位清零。

11.5.4　设置和使用窗口看门狗

1. 计算窗口看门狗的参数

在用 WWDG 编程前我们需要先回答如下问题。

问题 1：引起看门狗超时的最大计数数字是多少？

问题 2：引起看门狗超时的最小计数数字是多少？

问题 3：倒数计数器时钟最慢的速率是多少？

问题 4：倒数计数器时钟最快的速率是多少？

接下来你需要计算：

问题 5：从重载 WWDG 到超时的最大时间间隔。

问题 6：从重载 WWDG 到超时的最小时间间隔。

最后这两个数字很有意义，它们可以告诉你一个窗口看门狗对于你的系统是否合适（综合系统的性能要求考虑）。

问题1和2已经有了答案，最大的倒数计数为64，最小则为1。回答问题3和4之前，你需要理解为什么倒数计数器（CNT）时钟需要在外部时钟的基础上减缓，以及如何计算CNT时钟频率。

图11.20是图11.15的节选，我们只需要专注于时钟方面的细节。

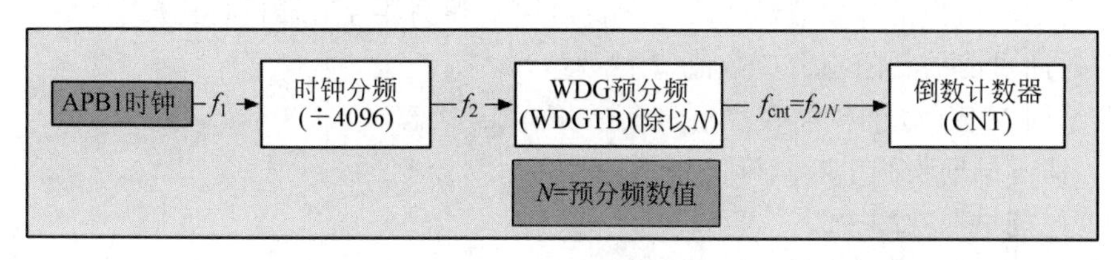

图11.20　WWDG时钟细节

我们从图11.20中可以看到，外部时钟（APB1）首先除以4096，接下来除以预分频数值（用户可编程）：1、2、4或8。如果你想要倒数计数器以最慢速度运行，设置预分频为8，相反则设为1。

下面是一个实际的例子。

==

假设APB1时钟频率为42MHz，分频器的输出频率则为42000000/4096，即10253Hz（10.253kHz）。

（1）最慢时钟频率：如果整除值为8，倒数计数器的频率为10253/8 = 1281Hz，每周期为0.78ms。

（2）最快时钟频率：如果整除值为1，一个时钟周期为97.53μs。

我们现在可以计算重载和超时最大和最小时间间隔。

（3）最大时间间隔：64时钟周期，即64×0.78=49.92ms。

（4）最小时间间隔：1时钟周期，即97.53μs。

==

作为练习，查看APB1时钟频率，重复以上计算。

如上所示，CNT时钟频率和两个独立因素相关：预分频数值和控制寄存器数值（T_0～T_6）。当WWDG处于启用状态，T_6被清零时重置信号会立即产生，这意味着实际上只有T_0～T_5会影响计算。所以定时器选项值可能是1～64，预分频值是四个选项之一，总共有64×4=256种配置组合。这让选择正确的选项看起来变得很困难，不过你可以在工作表中用一个64×4的表格表示它们。

2. 编程和使用窗口看门狗

我们现在可以设置和使用WWDG了，最简单的方式是使用stm32f4xx_ll_wwdg.h中的标准函数，这些函数的功能如下：

(1) 使能窗口看门狗。

(2) 检查窗口看门狗是否使能。

(3) 设定看门狗计数值(T[6:0] 7 位)。

(4) 返回目前的看门狗计数值(7 位数值)。

(5) 设定预分频时基(WDGTB)。

(6) 返回目前的看门狗预分频数值。

(7) 设定看门狗窗口数值(W[6:0] 7 位),用于和倒数计数器进行比较。

(8) 返回目前的看门狗窗口数值(7 位数值)。

(9) 返回 WWDG 的早期唤醒中断旗标(EWIF)状态。

(10) 清零早期唤醒中断旗标。

(11) 使能早期唤醒中断。

(12) 检查早期唤醒中断是否使能。

在继续实验之前,阅读文档理解如上的功能。

下面让我们在几个运行场景中使用这些功能。

11.5.5 实验细节:演示 WWDG 的超时

注意:本实验的目的是故意让 WWDT 超时,并观察结果。绿色和红色 LED 灯在实验中的作用如下。

(1) 绿色 LED 灯:当看门狗没有运行时,用于显示正常的程序执行。

(2) 红色 LED 灯:用于指示看门狗已被使能。

本实验实现图 11.21 所示的程序结构框图中的行为。

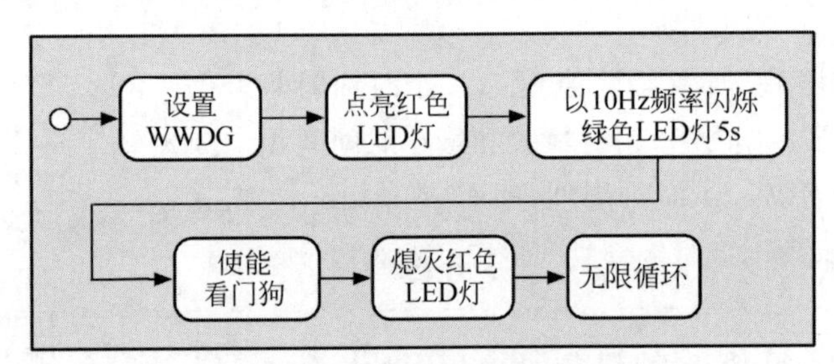

图 11.21 附加实验 12 程序结构框图

由于看门狗超时时长为 49.92ms,这让观察程序行为变得很困难。我们在这里使用简化的方式,当看门狗超时后程序关闭红色 LED 灯并重启。

在实验中我们使用 stm32f4xx_ll_wwdg.h 提供的以下四个函数。

(1) 设定看门狗的超时时长(此函数同样被用于踢看门狗):

```
__STATIC_INLINE void LL_WWDG_SetCounter(WWDG_TypeDef * WWDGx, uint32_t Counter)
```

(2) 设定看门狗预分频数值:

__STATIC_INLINE void LL_WWDG_SetPrescaler(WWDG_TypeDef * WWDGx, uint32_t Prescaler)

(3) 设定闭窗期时长：

__STATIC_INLINE void LL_WWDG_SetWindow(WWDG_TypeDef * WWDGx, uint32_t Window)

(4) 使能看门狗：

__STATIC_INLINE void LL_WWDG_Enable(WWDG_TypeDef * WWDGx)

1. 第1步：设定看门狗超时时长为最大值

(1) 通过控制寄存器中的T[6:0]位，设定看门狗重载数值为最大值0x7f(127)：

```
LL_WWDG_SetCounter(WWDG, 127);
```

(2) 通过配置寄存器的第7/8位，设定倒数计数器预分频寄存器为最大值8(见下面关于预分频的内容)：

```
LL_WWDG_SetPrescaler(WWDG, LL_WWDG_PRESCALER_8);
```

2. 第2步：设定有效的闭窗期

通过配置寄存器的W[6:0]位，设定看门狗窗口值为0x70(112)：

```
LL_WWDG_SetWindow(WWDG, 112);
```

这样闭窗期为11.7ms(见图11.22)，开窗期为49.92ms－11.7ms＝38.27ms。

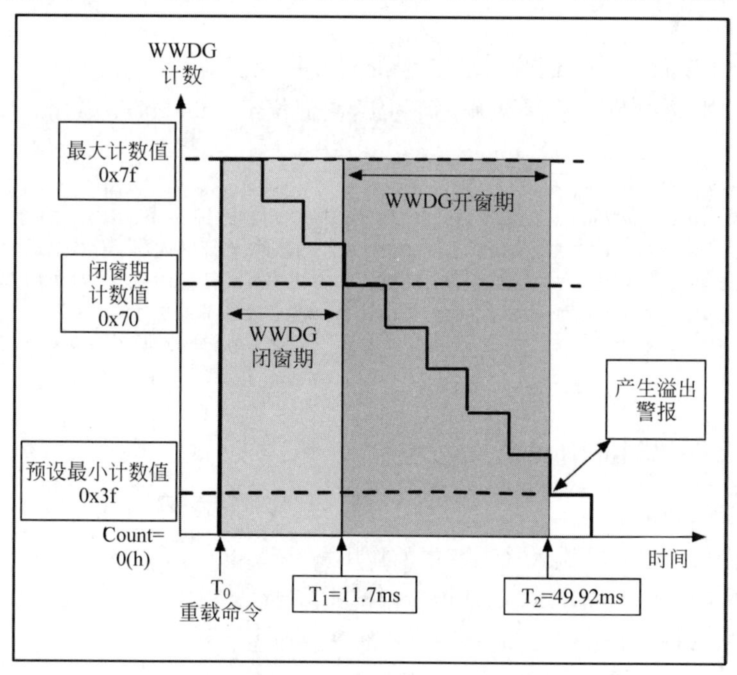

图11.22　附加实验12 WWDG选项

3. 第3步：激活看门狗

使能窗口看门狗：

```
LL_WWDG_Enable(WWDG);
```

注意 WWDG 的时钟来源是 APB1，它到 WWDG 的输入必须被使能，函数调用为：

```
__WWDG_CLK_ENABLE();
```

函数的定义可以在文件 stm32f4xx_ll_rcc.h. 中找到。

检查下面的代码是否出现在 main.c 的私有变量部分：

```
#include "stm32f4xx_ll_wwdg.h"
#include "stm32f4xx_ll_rcc.h"
```

如果代码正确，运行时行为应该和图 11.23 相同。

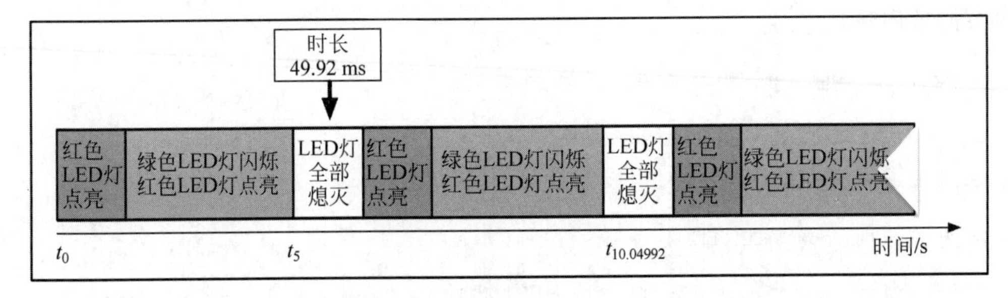

图 11.23　附加实验 12 LED 灯行为

虽然“所有 LED 灯熄灭”的时间很短，但是可以被观察到。

当设定预分频值时我们推荐使用下面的宏，它们位于 stm32f4xx_ll_wwdg.h 文件中：

```
/** @定义组 WWDG_LL_EC_PRESCALER 预分频器
#define LL_WWDG_PRESCALER_1 0x00000000 /*!< WWDG 计数时钟 = (PCLK1/4096)/1 */
#define LL_WWDG_PRESCALER_2 WWDG_CFR_WDGTB_0 /*!< WWDG 计数时钟 = (PCLK1/4096)/2 */
#define LL_WWDG_PRESCALER_4 WWDG_CFR_WDGTB_1 /*!< WWDG 计数时钟 = (PCLK1/4096)/4 */
#define LL_WWDG_PRESCALER_8(WWDG_CFR_WDGTB_0 | WWDG_CFR_WDGTB_1)
                                    /*!< WWDG 计数时钟 = (PCLK1/4096)/8 */
```

11.5.6　实验回顾

你现在应该可以做到：

(1) 理解窗口看门狗在嵌入式系统中的作用。

(2) 知道 STM32F4 WWDG 的基础运行模式。

(3) 知道 WWDG 的结构、组成部分和各部分的功能。

(4) 了解如何设置 WWDG 的定时参数。

(5) 能够用 STM32F4 库函数配置 WWDG。

(6) 明白 WWDG 超时时的行为。

11.6 附加实验 13　正确使用 WWDG

实验目的：演示正确地避免 WWDG 超时(踢看门狗)的方法。

在本实验中，实现图 11.24 所示的程序结构框图中的行为。和附加实验 12 一样设定计数寄存器，因此超时时间为 49.92ms。设定配置寄存器的值为 0x70。

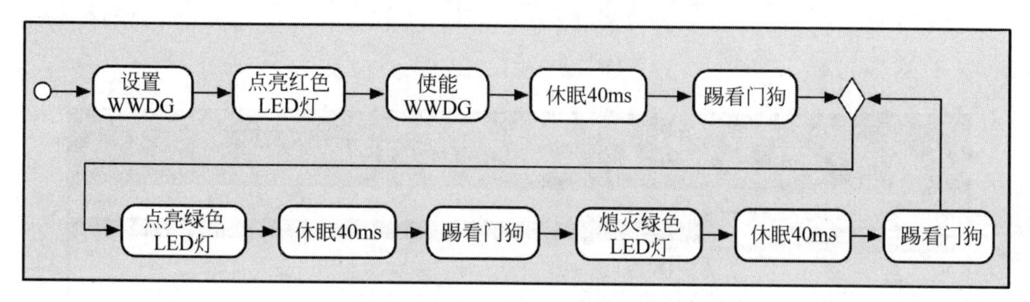

图 11.24　附加实验 13 程序结构框图

当看门狗使能时，检查你的代码是否每 40ms 会重载计数寄存器。如果代码是正确的，你应该会在目标板上看到如图 11.25 所示的行为(由于控制 LED 灯的时间被忽略，图 11.25 中的时间点并不完全精确)。

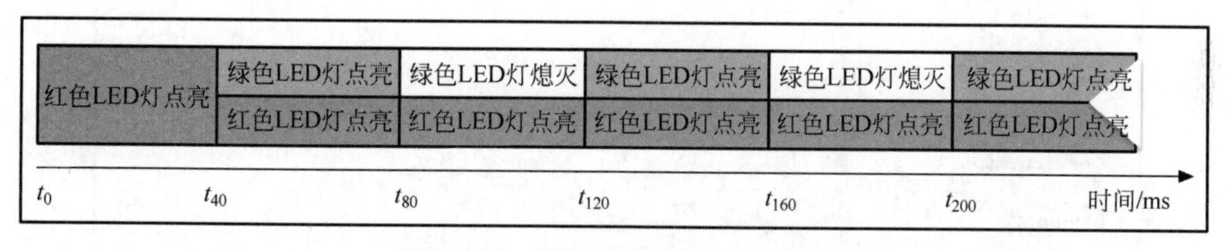

图 11.25　附加实验 13 LED 灯行为

绿色 LED 灯闪烁的频率大约为 12.5Hz，闪烁应该很容易观察到。

进一步修改实验代码，将图 11.24 所示的其中一个程序休眠时间更改为 60ms，观察当看门狗在开窗期外被踢时的系统行为。

11.7 附加实验 14　过早地踢 WWDG

实验目的：演示过早地踢 WWDG(在闭窗期内)会引发系统重置。

用和附加实验 13(11.6 节)相同的方式设置系统，但是将代码的其中一个休眠从 60ms 改为 5ms。测试单独更改每个休眠都会导致系统重置。

11.8 附加实验 15 使用 CubeMX 正确激活 WWDG

实验目的：正确地用 CubeMX 配置、初始化和使用 WWDG。

本实验中我们重新实现附加实验 13 中(11.6 节)定义的功能，之前的实验应该已经帮助你了解 CubeMX 的功能了。之前使用的 WWDG HAL 文件(stm32f4xx_hal_wwdg.h 和 stm32f4xx_hal_wwdg.c)与 CubeMX 产生的有很大不同。这些不同对于本实验没有什么影响，但对于接下来的附加实验 16(11.9 节)会有影响。

创建新工程，按之前的方式进行配置，在 Pinout & Configuration 标签中选择 System 视图，展开 System Core 并选择 WWDG(见图 11.26)。

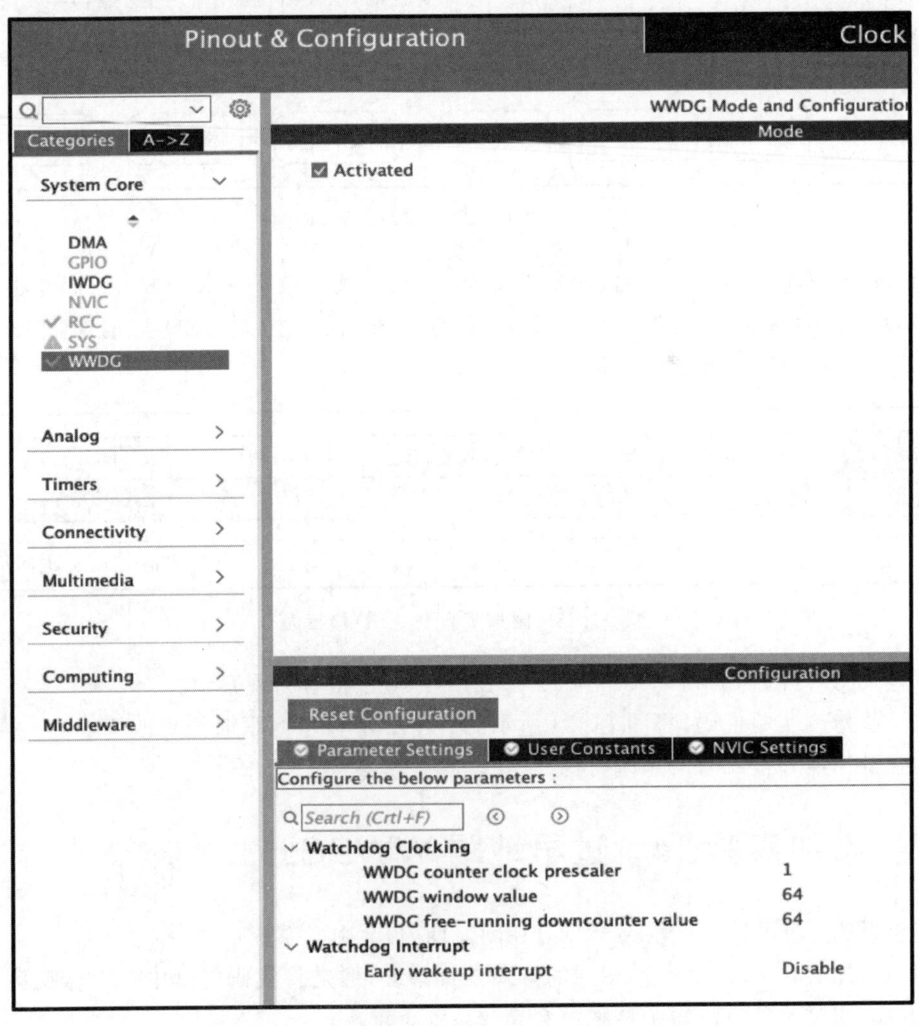

图 11.26 选择 Pinout & Configuration→System

选中 Activated 选框，现在可以看到如下参数：

(1) WWDG 计数器时钟预分频值。

(2) WWDG 窗口值(设置闭窗期结束的时间)。

(3) WWDG 倒数计数器值(设置 WWDG 的超时时长)。

注意，早期唤醒中断(Early wakeup interrupt)默认是禁用的。

此处所见的数值为默认数值，可以根据实际需求进行修改。在本实验中，单击 WWDG counter clock prescaler 并选择 8。设置窗口值为 112，倒数计数器值为 127。图 11.27 所示的是本实验的 WWDG 定时器参数(和附加实验 12 相同)。

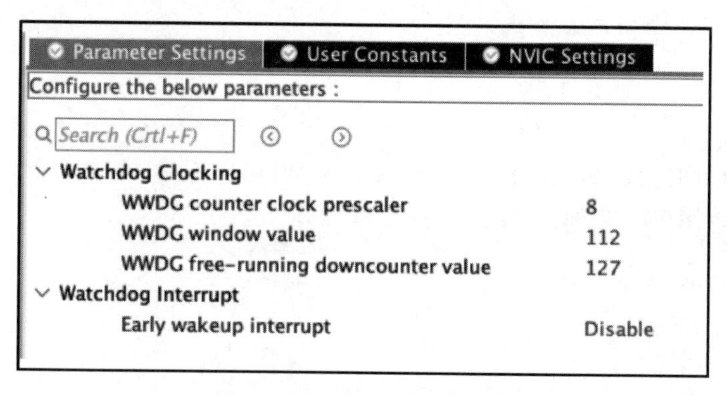

图 11.27 WWDG 参数选项

现在生成项目代码。检查 main.c 可以找到下述代码：

```
/* 私有变量(WWDG 选中后出现)——————————————————— */
   WWDG_HandleTypeDef hwwdg;
/* 私有函数原型(WWDG 选中后出现)————————————————— */
   static void MX_WWDG_Init(void);
/* 初始化配置了的外设(WWDG 选中后出现) */
   MX_WWDG_Init();
```

这里变量 hwwdg 是看门狗的“名字”(句柄)，函数 MX_WWDG_Init(void)的定义如下：

```
    /**
     * @简介 WWDG 初始化函数
     * @参数 无
     * @返回值 无 */
static void MX_WWDG_Init(void)
{
    /* 用户代码开始 WWDG_Init 0 */
    /* 用户代码结束 WWDG_Init 0 */
    /* 用户代码开始 WWDG_Init 1 */
```

```
    /* 用户代码结束 WWDG_Init 1 */
    hwwdg.Instance = WWDG;
    hwwdg.Init.Prescaler = WWDG_PRESCALER_8;
    hwwdg.Init.Window = 112;
    hwwdg.Init.Counter = 127;
    hwwdg.Init.EWIMode = WWDG_EWI_DISABLE;
    if (HAL_WWDG_Init(&hwwdg) != HAL_OK)
    {
        Error_Handler();
    }
    /* 用户代码开始 WWDG_Init 2 */
    /* 用户代码结束 WWDG_Init 2 */
    }
```

当此函数执行时,代码初始化、配置和启动 WWDG。不过,在必要的时候踢看门狗是你的职责,你可以用以下两种方式之一踢看门狗:

```
HAL_WWDG_Refresh(&hwwdg);
```

或者

```
hwwdg.Init.Counter = 127;
```

为了演示,在 WWDG 初始化函数中插入闪烁蓝色 LED 灯的代码:

```
/* 用户代码开始 IWDG_Init 1 */
    FlashBlueLedForFiveSeconds(); // 伪代码
/* 用户代码结束 IWDG_Init 1 */
```

当外设初始化被执行后,WWDG 会处于运行状态,所以注意在第一次踢看门狗前不要让看门狗超时。

现在你应该可以预测目标系统运行时的行为了,验证你的预测。

最后一点,只要条件允许,我们推荐用 CubeMX 设置和使用 WWDG。

11.9 附加实验 16 早期唤醒中断(EWI)

实验目的:展示如何用受控恢复行为避免看门狗产生的硬重置。

11.9.1 看门狗恢复机制(WRM)简介

之前我们提到过,总是让 WDG 产生硬重置并不是一件好事。硬重置指让系统和刚通电时一样重新初始化,这对于很多应用并不是个很大的问题,但是一些应用需要和刚通电时不同的行为。举例来说,我们也许需要在重置后分析超时为什么发生,因此需要在非易失性内存中记录系统的当前状态。这样的操作被称为优雅的系统功能降级或者恢复机制(在这里我们用看门狗恢复措施 WRM 来称呼它们)。到目前为止我们介绍的看门狗运行都会在超时时进行硬重置,除此之外,另一种做法是激活 WRM,这也是早期唤醒中断会起作用的地方。

看门狗恢复机制包括三个步骤,如图 11.28 所示。

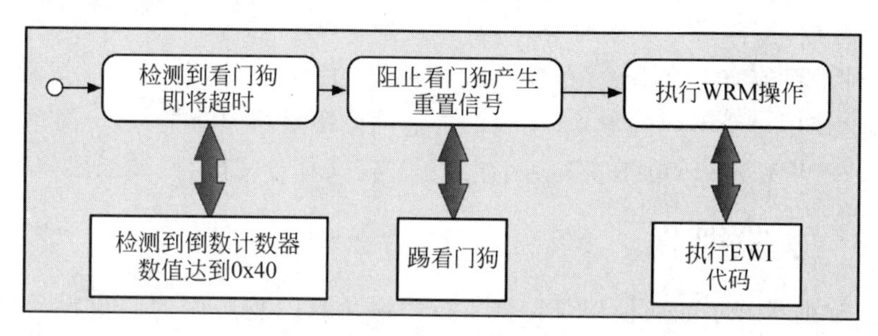

图 11.28　看门狗恢复过程

首先,检测到超时即将发生,然后我们避免看门狗产生硬重置,最后进行必要的恢复操作。

从之前的实验可知,看门狗的倒数计数器达到 0x3F 时硬重置信号会产生,如果 EWI 使能的话,当倒数计数器达到 0x40 时会有信号激活中断。ISR 首先重载倒数计数器,避免看门狗超时,然后执行恢复代码并等待代码完成(实际系统会有行为限制)。

图 11.19 中标注了配置寄存器中位的功能,其中位 9 使能/禁用早期看门狗中断:清零时 EWI 禁用,否则 EWI 使能。注意这一位只能在重置时由硬件清零。

理解了 EWI 功能的基础原理后,我们将在实验中演示 EWI 的运行。

11.9.2　EWI 代码结构和内容

文件 stm32f4xx_hal_wwdg.h 可以导出一系列使用 WWDG 所需的宏和函数,其中一些重要的如下:

(1) 使能 WWDG。

(2) 初始化 WWDG。

(3) 刷新 WWDG。

(4) 使能 WWDG 早期唤醒中断。

(5) 检查选中的 WWDG 中断是否发生。

(6) 清零 WWDG 中断待处理位。

(7) 检查某个 WWDG 旗标是否被设定。

(8) 清零 WWDG 的待处理位。

(9) 检查 WWDG 的中断来源是否使能。

请阅读 stm32f4xx_hal_wwdg.h 的文档,理解这些宏/函数的作用和代码原理。

STM32F4 软件处理 EWI 信号的方法如下：

(1) 当倒数计数器达到 0x40 时，EWI 中断产生。

(2) 中断激活 stm32f4xx_it.c 中的 WWDG_IRQHandler 函数。

(3) 调用 stm32f4xx_hal_wwdg.c 中的 HAL_WWDG_IRQHandler 函数。

(4) 调用 stm32f4xx_hal_wwdg.c 中的 WWDG 早期唤醒回调函数。

(5) 回调函数(包含用户定义的 ISR 操作)处理 EWI 中断。

STM 软件中目前有一个 bug(至少在我们测试的版本中)，上面这一过程无法顺利发生，因此我们会使用一个不同的方式(和我们之前用按钮激活中断类似)。简单来讲，必需的 ISR 逻辑可以在 WWDG_IRQHandler 函数的用户定义部分完成，回调函数并不会被调用。

11.9.3 实验细节

本实验的目的是展示如何使用受控恢复行为避免看门狗产生的硬重置，为此我们需要实现如图 11.29 所示的程序结构框图。WWDG 的设定如下。

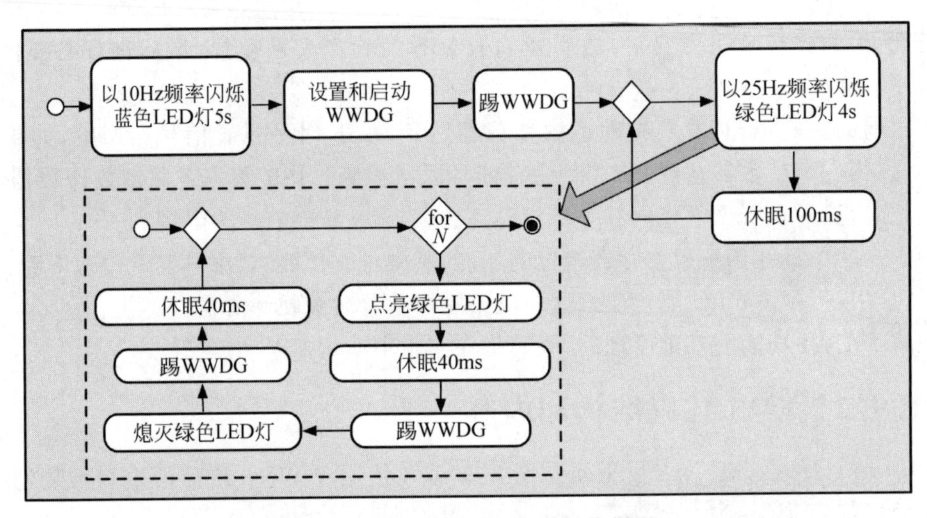

图 11.29 附加实验 16 程序结构框图

(1) 超时时间：设为最大值 64 时钟周期(预差分=8，计数=127)。

(2) 闭窗时间：设为最低值，1 时钟周期(窗口值=126)。

闪烁蓝色 LED 灯的目的是演示 WWDG 初始化函数被正确调用，接下来绿色 LED 灯是演示 WWDG 正确重载(被踢)。最后，100ms 休眠是为了故意让 WWDG 超时产生 EWI 中断。

下一步是演示 EWI 中断被正确处理，在 WWDG 的 ISR 中实现图 11.30 所示的程序结构框图的行为。

红色 LED 灯的闪烁是为了模拟实际 ISR 的行为，只要踢看门狗的方法正确，那么 ISR 的时长是不受限的(实际上当看门狗超时时，系统需要在一定时间内做出需要的反应)。当

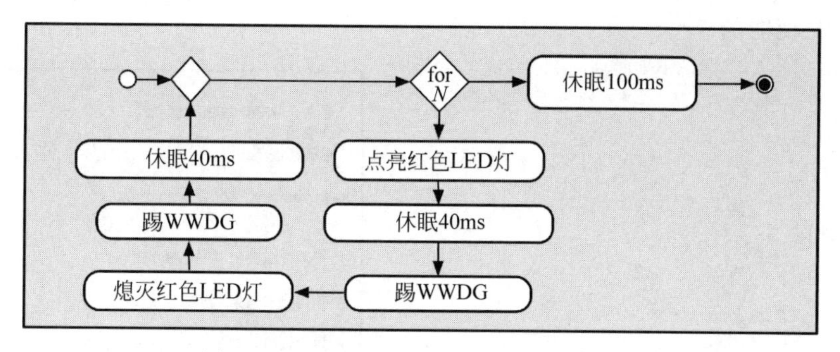

图 11.30 附加实验 16 ISR 程序结构框图

中断处理完成时，我们让系统进行重置，即让 WWDG 超时。在实验中，当 ISR 进入 100ms 休眠时 WWDG 会超时，如图 11.30 所示。

以下两点需要注意：

（1）100ms 这一数字太大了，本例中我们应该可以将其降低到 10ms（只需要让 WWDG 超时即可）。

（2）软件中的休眠是为了避免可能的中断优先级冲突，毕竟我们是在 ISR 中运行代码。

现在让我们在 CubeMX 中产生工程的代码，如图 11.31 所示。

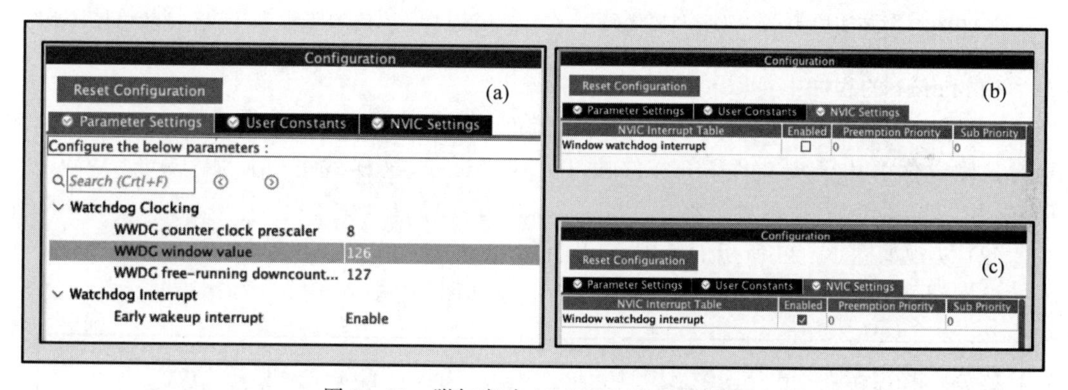

图 11.31 附加实验 16 CubeMX 工程设定

WWDG 的参数如图 11.31(a)部分所示，注意我们将早期唤醒中断设为"使能"（见图 11.31(c)），如果检查 NVIC 设定（图 11.31(b)），你会发现窗口看门狗中断并没有使能。现在生成工程代码，查看生成的文件。

（1）main.c 和附加实验 8 相同。

（2）stm32f4xx_it.c 文件的中断代码中包括新的外部中断处理函数。

新的窗口看门狗中断处理函数如图 11.32 所示。

我们并不想要使用这一预定义的 WWDG_IRQHandler，将你的代码插入用户部分 IRQn 0 中（实现图 11.30 中行为的代码）。

现在让我们转向 main.c 中的 WWDG 初始化函数（见图 11.33），代码证实了早期警告中断(EWI)是使能的。

```
/**
此函数处理窗口看门狗中断
  */
void WWDG_IRQHandler(void)
{
  /* 用户代码开始 WWDG_IRQn 0 */

  /* 用户代码结束 WWDG_IRQn 0 */
  HAL_WWDG_IRQHandler(&hwwdg);
  /* 用户代码开始 WWDG_IRQn 1 */

  /* 用户代码结束 WWDG_IRQn 1 */
}
```

图 11.32　附加实验 16 WWDG ISR 代码

```
/**
  * @简介 WWDG初始化函数
  * @参数 无
  * @返回值 无
  */
static void MX_WWDG_Init(void)
{

  /* 用户代码开始 WWDG_Init 0 */

  /* 用户代码结束 WWDG_Init 0 */

  /* 用户代码开始 WWDG_Init 1 */

  /* 用户代码结束 WWDG_Init 1 */
  hwwdg.Instance = WWDG;
  hwwdg.Init.Prescaler = WWDG_PRESCALER_8;
  hwwdg.Init.Window = 126;
  hwwdg.Init.Counter = 127;
  hwwdg.Init.EWIMode = WWDG_EWI_ENABLE;
  if (HAL_WWDG_Init(&hwwdg) != HAL_OK)
  {
    Error_Handler();
  }
  /* 用户代码开始 WWDG_Init 2 */

  /* 用户代码结束 WWDG_Init 2 */

}
```

图 11.33　附加实验 16 WWDG 初始化代码

在 main.c 的程序中：

(1) 在 Init 0 用户代码部分插入代码让蓝色 LED 灯闪烁，这确保代码在看门狗使能前运行。确定你引用了头文件 stm32f4xx_hal_wwdg.h，这样就可以使用 HAL_WWDG_Refresh(&hwwdg)；来踢看门狗。

(2) 实现如图 11.29 所示的无限 while 循环。

现在编译、下载和执行程序，运行时行为应该和图 11.34 一致。

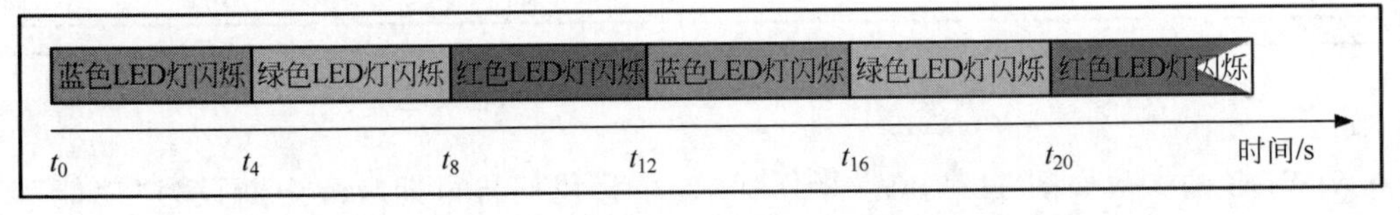

图 11.34　附加实验 16 LED 灯行为

11.9.4　实验回顾

你现在应该可以做到：

(1) 理解早期唤醒中断的作用。

(2) 明白如何使用早期唤醒中断恢复看门狗。

(3) 知道避免看门狗产生硬重置的具体方法。

(4) 了解如何使用 STM32F4 库函数在工程中配置 EWI。

(5) 掌握如何使用 CubeMX 在工程中配置 EWI。

11.10 附加实验 17 WWDG ISR 的简化实现

实验目的：通过移除不断踢看门狗的代码来简化 WWDG 的 ISR。

如果 EWI 中断的处理过程是简短快速的，前面提到的方式就是可行的。但如果我们需要较长的处理时间，ISR 的代码将会变得很难写。这是因为我们需要不断踢看门狗，在 ISR 的核心代码中定期执行踢看门狗的代码并不简单。如果我们不用重载看门狗的话，代码的任务会变得很简单，但是前提是我们不会破坏 WWDG 保护机制。

我们推荐的实现方式简单、高效、健壮。首先，ISR 程序开始时禁用 WWDG 时钟，计数器因此停在 0x40，系统重置信号便不会产生。ISR 的第二部分执行必要的中断处理，最后使用预定义的系统重置函数重置系统。

这一方式满足了下面三个关于系统响应的要求：

(1) ISR 的反应直接、明确。

(2) 能够给出选择性的响应。

(3) 将系统置于防故障的锁定状态下，此时若需要重启程序就需要外部干涉（如按下重启按钮或者给系统断电）。

让我们依次处理这些需求。

1. 直接的 ISR 响应

重复附加实验 16（11.9 节），根据图 11.35 的程序结构框图更改代码。这里禁用 WWDG 时钟的调用是 _HAL_RCC_WWDG_CLK_DISABLE()，重置系统的调用是 NVIC_SystemReset()。另外，在 stm32f4xx_it.c 文件中需要引用头文件 stm32f4xx_hal_rcc.h。

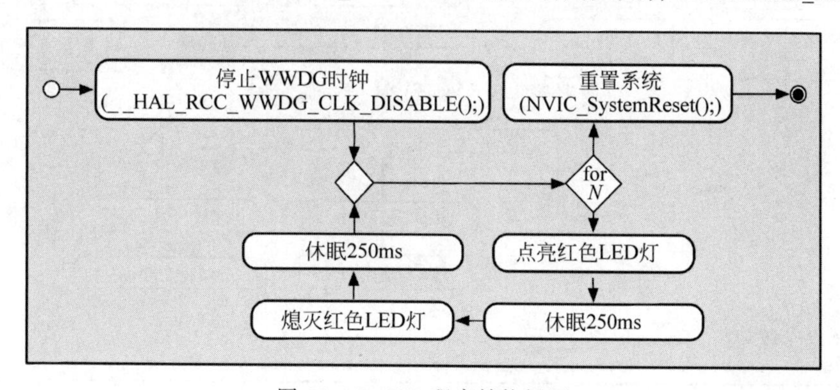

图 11.35 ISR 程序结构框图

2. 选择性的响应

有的时候我们想让程序对 EWI 中断做出选择性的反应。比如，一个系统可能有不同的运行模式，每种模式都需要不同的 EWI 处理方式。为了模拟这一需求，实现如图 11.36 所示的任务结构。图 11.36 中的模式旗标是影响 WWDG ISR 行为的关键因素：模式 1(Mode 1)时动作为 X,模式 2(Mode 2)时动作为 Y。旗标的初始值为 1,当用户按下按钮时旗标变为 2。图 11.37 的程序结构框图定义了如下执行细节：

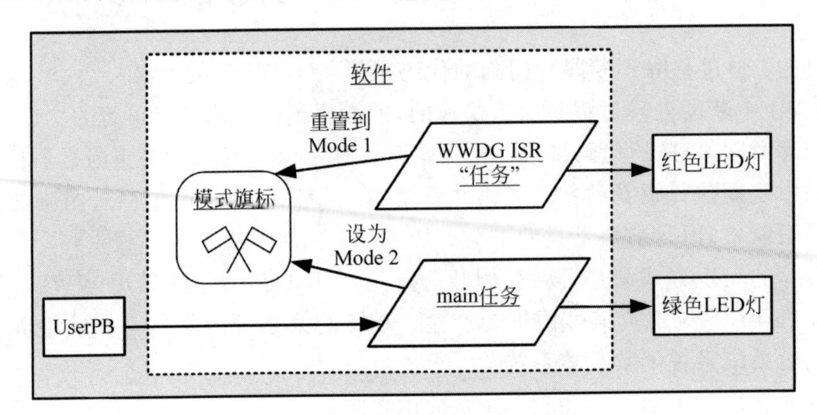

图 11.36　附加实验 17 任务框图

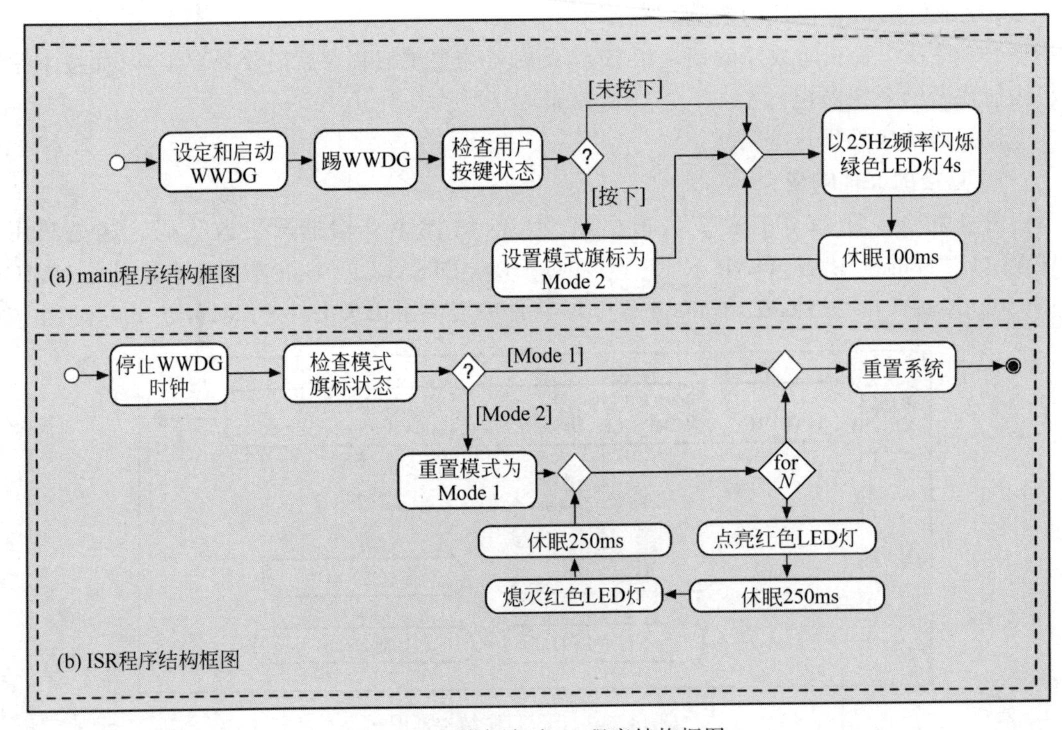

图 11.37　附加实验 17 程序结构框图

(1) main 函数——用户按键未被按下。

当 WWDG 被激活时会检查用户按键是否被按下,如果没有的话程序进入闪烁绿色 LED 灯的循环。4s 后程序进入等待状态,WWDG 产生 EWI 中断,激活 WWDG ISR。

(2) main 函数——用户按键被按下。

模式旗标被设为模式 2,接下来程序进入等待状态,WWDG 产生 EWI 中断,激活 WWDG ISR。

(3) WWDG ISR 代码——模式旗标为模式 1。

停止 WWDG 时钟,检查模式旗标。模式 1 下程序会重置系统。

(4) WWDG ISR 代码——模式旗标为模式 2。

检查模式旗标后程序将旗标重置为模式 1,接下来红色 LED 灯闪烁 4s,然后进行系统重置。

预测系统的行为,运行你的代码并检查结果。

3. 防故障的锁定状态

假设我们在模式 2 运行的最后需要让处理器进入锁定状态,最简单的方式是在模式 2 程序的最后进行无限循环。让我们用这一方式实现需求。

本实验的重点是为了展示 EWI 是一个非常重要的机制,在 WWDG 保护机制中应用 EWI 的作用如下:

(1) 允许我们针对系统需求编写看门狗超时的响应。

(2) 免去不断踢看门狗的麻烦,从而简化 EWI 代码和相关程序。

(3) 让我们可以控制处理器重启的时机,避免非受控的硬重置。

(4) 允许我们在看门狗超时时将关键子系统安全地置于锁定模式中。

11.11 附加实验 18 检测失败的单定期任务

实验目的:演示监督任务可以检查定期任务是否健康和任务是否失败。

11.11.1 背景

在进行实验前,有以下几点注意事项:

(1) 阅读和理解 *Real-Time Operating Systems Book 1—The Theory* 中关于多任务系统看门狗定时器的理论(13.6.4 在多任务设计中使用 WDT)。

(2) 在设置看门狗保护前,必须对你的系统进行一次时间特性分析。

(3) 监督任务的主要作用是检测失败的应用任务(并根据需要采取措施)。

(4) 看门狗的作用是检测监督任务本身的错误(注意不是应用任务)。

现在我们简要回顾一下检测任务失败所需的旗标,每一个任务有启动和完成两个旗标,当任务运行时(见图 11.38):

(1) 首先设置启动旗标。

(2) 然后执行代码。

(3) 最后设置完成旗标。

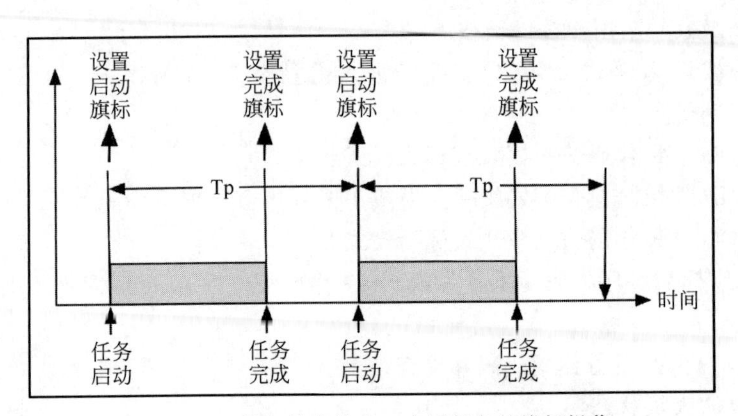

图 11.38 任务健康检查—应用任务的旗标操作

在一次成功的运行之后，两个旗标都会处于设定状态。监督任务通过监控旗标检测任务是否失败，当任务失败时至少一个旗标会处于未设定状态，此时监督任务可以调用特定的错误处理过程来保护系统。

从图 11.38 可见，任务第一次运行是成功的，两个旗标都被设定。如果保持这一状态的话我们就无法区分后面的任务了，所以监督任务会周期性地检查两个旗标，如果两个旗标都被设定，则清除它们，否则调用错误处理逻辑。

监督任务的周期由以下两个因素决定：

(1) 应用任务本身的时间特性。

(2) 可以接受的任务失败到检测到失败间的时间间隔。

在监督任务检查旗标之前应用任务必须设定它们，所以监督任务的周期必须要比应用任务的周期长(因工程不同而不同)。

11.11.2 实验细节

实验的系统任务框图如图 11.39 所示。

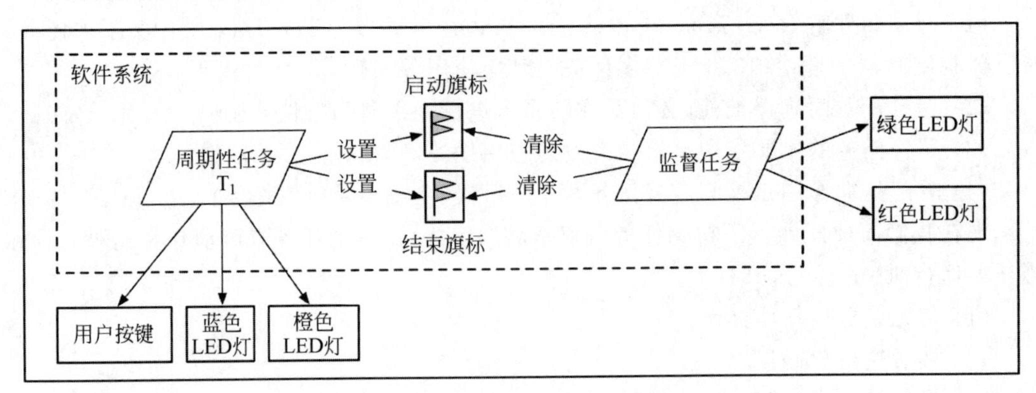

图 11.39 附加实验 18 系统任务框图

这里蓝色和绿色 LED 灯被用于显示系统处于无错误状态(默认状态)。为了将任务 T_1 置于失败状态,我们使用用户按键来产生信号,按下按钮会引发任务失败,同时触发橙色 LED 灯。接下来,监督任务检测到失败,点亮红色 LED 灯,并结束应用任务。我们下面将讨论具体的运行细节。

首先考虑应用任务 T_1,其程序结构框图如图 11.40 所示。

设置启动旗标
以10Hz频率闪烁蓝色LED灯1s
检查用户按键状态
是否被按下?
否(正常模式)
是(错误模式)
以10Hz频率闪烁橙色LED灯
设置完成旗标
休眠1s

图 11.40　附加实验 18 任务 T_1 程序结构框图

你可以看到:

(1) 任务如图 11.38 所示设定了旗标。

(2) 任务执行时间 T_e 为 1s(蓝色 LED 灯闪烁)。

(3) 任务周期 T_p 大约为 2s。

(4) 任务通过重复执行让蓝色 LED 灯闪烁的代码来模拟正常运行。

(5) 当用户按键被按下时任务进入错误模式。

(6) 在错误模式中,程序持续闪烁橙色 LED 灯。

接下来让我们转向监督任务,其程序结构框图如图 11.41 所示。

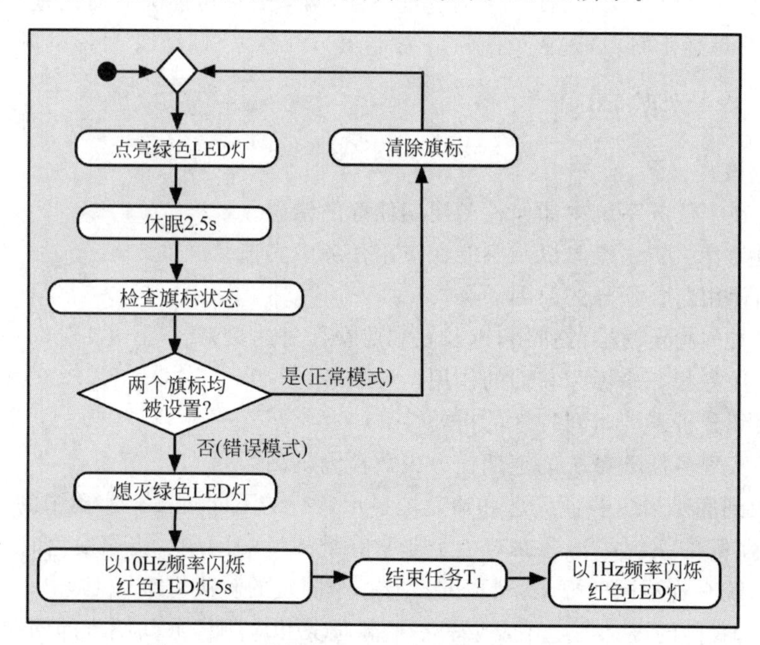

图 11.41　附加实验 18 监督任务程序结构框图

你可以看到：

(1) 任务有正常和错误两种模式。

(2) 在正常模式下大约每 2.5s 任务会清除旗标。

(3) 绿色 LED 灯闪烁表明任务运行在正常模式下。

(4) 当有旗标未设定时，任务进入错误模式。

(5) 进入错误模式时，任务首先熄灭绿色 LED 灯，然后闪烁红色 LED 灯 5s，接下来任务会结束应用任务 T_1，并无限循环闪烁红色 LED 灯。

结束任务的函数为 vTaskDelete，其用法为

```
vTaskDelete(PeriodicTaskT1Handle);
```

从 LED 灯行为可以看出：

(1) 监督任务的运行模式。

(2) 错误模式的前 5s，红色 LED 灯会快速闪烁(在应用任务被结束前)。

(3) 错误模式的最终运行状态，红色 LED 灯会持续慢速闪烁。

如果你的设计实现是正确的话，系统的行为应该如下：

(1) 在正常模式下，任务 T_1 定期执行，周期大约为 2s。程序每点亮蓝色 LED 灯 1s(执行时间 T_e)，就会熄灭 LED 灯 1s。本模式下绿色 LED 灯会周期性闪烁，每 2.5s 状态变换一次。

(2) 当你按下用户按键时，软件识别到这一动作，并开始以 10Hz 频率闪烁橙色 LED 灯。

(3) 一小段时间后，当监督任务检测到旗标的问题时，红色 LED 灯开始以 10Hz 频率闪烁。同时绿色 LED 灯熄灭(根据任务的进度不同，两个事件可能会有时间差)。

(4) 5 秒后橙色 LED 灯熄灭(任务 T_1 被结束)，红色 LED 灯以 1Hz 的频率闪烁。

11.11.3 实验回顾

现在你应该：

(1) 理解在多任务系统中如何检测定期任务的错误。

(2) 知道为什么错误检测机制不能在应用任务中实现。

(3) 明白使用监督任务的原因。

(4) 知晓看门狗定时器的作用，以及它和监督任务的关系。

(5) 了解任务状态旗标和它们的作用。

(6) 体会到分析系统时间特性的重要性。

(7) 能够实现多任务系统的定期任务失败检测机制。

本实验说到底是为了验证概念和清楚地显示运行的不同阶段。实验中的错误处理机制很简单，但在实际的系统中你会面对一个非常有挑战性的问题：错误发生时你具体需要做什么？每个系统有着不同的要求，所以并没有一个固定的解决方案。

最后一点，我们的设计假定不需要考虑监督任务和应用任务间同步的问题。

第12章 多任务设计中的通用任务故障检测技术

12.1 附加实验19 单定期任务的看门狗保护机制

本实验基于附加实验18(11.11节)，其主要目的是演示如何检测监督任务或者应用任务(单一定期任务)的错误。

12.1.1 简介

我们需要注意一点，如果监督任务本身发生错误，系统将不再受到保护。因此，一个实用的多任务设计必须同时能够检测应用任务和监督任务的故障，这也是本实验的主要目的。

为了达成这一目标，监督任务应该采用类似附加实验8(11.1节)～附加实验10(11.3节)中描述的方式使用IWDG。本实验的系统任务框图如图12.1所示，注意到除了包括IWDG以外，此图和图11.39类似。

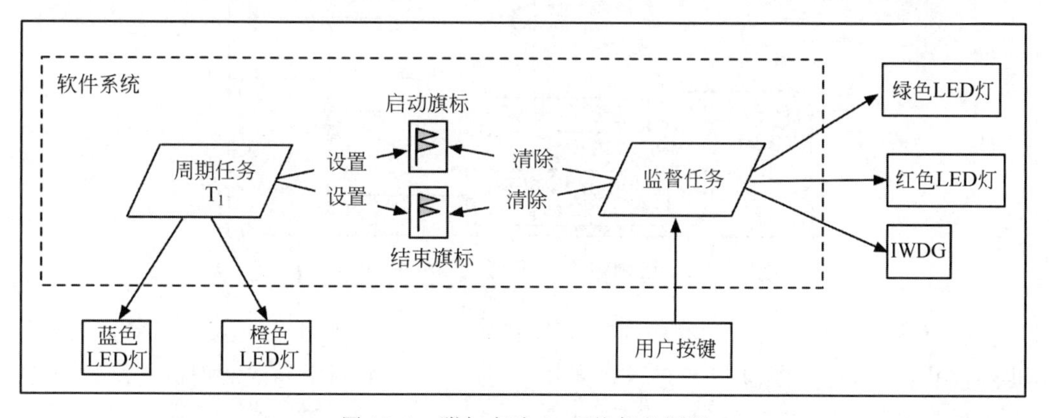

图12.1 附加实验19系统任务框图

应用任务 T_1 的功能要求和附加实验18(11.11节)中基本一致(后面会进行更多说明)。不过，监督任务的功能要求和前面的实验有很多不同，具体来说：

(1) 任务的正常运行行为是监督应用任务 T_1 的状态。

(2) 期间 IWDG 必须持续被踢以避免超时。

(3) 当检测到应用任务失败时,调用错误(异常)处理例程,后面会进行更多说明。

(4) IWDG 超时时系统将会重置。

为了简化处理,我们将 IWDG 超时时长设为(大致)8s。

因为只有一个用户按键,我们用按键向监督任务(不是应用任务)注入错误条件。

12.1.2 应用任务 T_1 设计

由于用户按键现在被用于监督任务,之前图 11.40 中的设计需要被进一步修改。图 12.2 所示的是修改后的设计,和之前的版本相比这一设计有以下两个重要的不同之处:

(1) 任务在启动后立即调用 vTaskSuspend 进行挂起,监督任务之后会恢复任务的运行。这是为了确保任务以受控的方式运行在预定义的环境中。

(2) 代码本身导致任务进入错误模式。

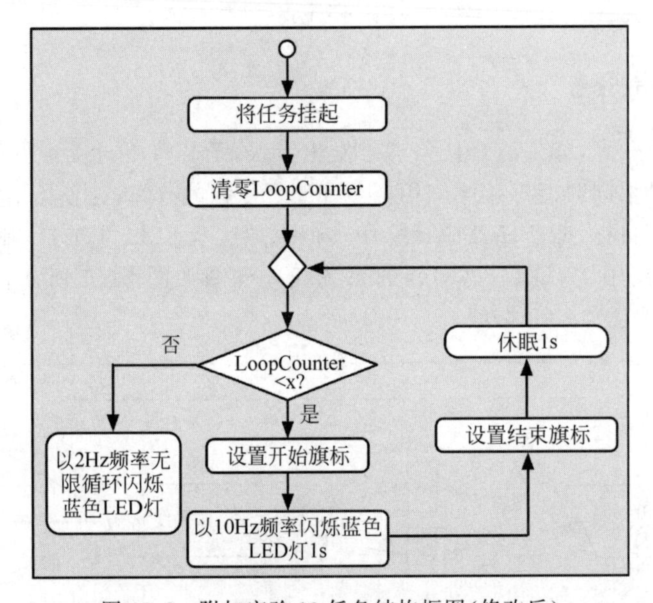

图 12.2 附加实验 19 任务结构框图(修改后)

前 x 个循环中任务的行为和之前的实验完全一样,接下来任务进入持续循环,旗标操作也会停止。这时我们强迫任务进入错误模式,监督任务会调用异常处理机制。x 的值取决于测试本身的设置(之后我们会提及)。

12.1.3 基于状态的监督任务设计

到目前为止我们都在使用程序结构框图(活动框图)来说明软件必需的功能,但是随着需求逐渐变得复杂,活动框图也越来越复杂,代码解决方案也会变得难以实现、测试及维护。

此时，基于状态的设计能够简化很多事情。本实验能够很好地演示这一技巧，尽管这一技巧用在这里稍微有一点小题大做。监督任务状态框图如图 12.3 所示。

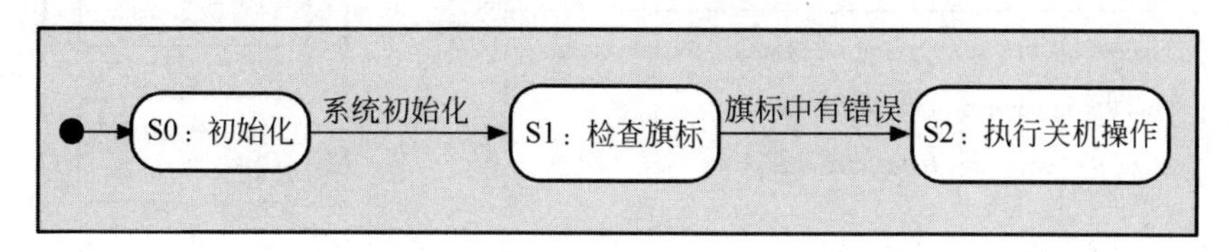

图 12.3　附加实验 19 监督任务状态框图

这一状态模型在执行时如图 12.4 所示。

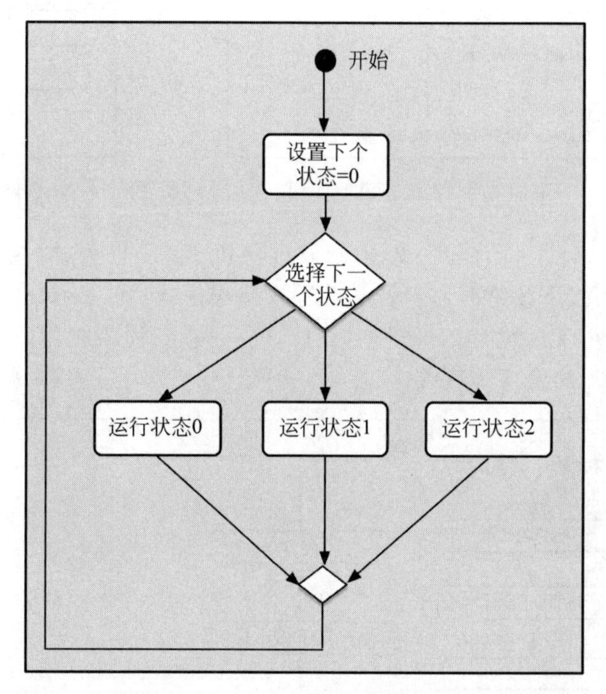

图 12.4　附加实验 19 监督任务状态模型的程序结构框图

代码的实现如图 12.5 所示，其内容应该非常易懂。

函数 RunState0、RunState1 和 RunState2 的细节如图 12.6、图 12.7 和图 12.8 所示。现在让我们关注活动框图中的细节。首先是 RunState0（见图 12.6），其核心目的是确保系统以受控的方式启动（并以闪烁绿色 LED 灯 2s 的方式表明任务状态）。函数的开始有一个 50ms 的休眠，这是为了留出时间允许应用任务启动。注意到最后的行动是通过调用函数 vTaskResume(PeriodicTaskT1Handle) 重启应用任务（这一任务启动后就会立即挂起）。

```
typedef enum {State0, State1, State2,} SystemStates;

void RunSupervisorStateController (void)
{
static SystemStates NextState = State0;
  while(1)
  {
    switch (NextState)
    {
      case State0: RunState0(&NextState);
         break;
      case State1: RunState0(&NextState);
         break;
      case State2: RunState0(&NextState);
         break;
      default: RunErrorWarning();
    } /* 结束 switch */

  } /* 结束 while */
} /* 结束 RunSupervisorStateController */
```

图 12.5　附加实验 19 状态模型实现

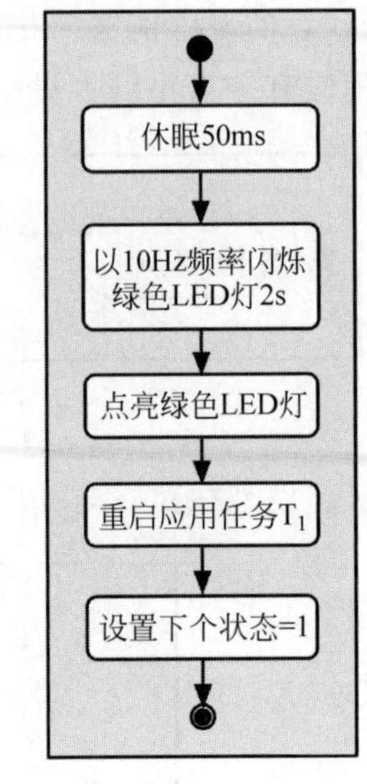

图 12.6　RunState0 程序结构框图

接下来是 RunState1 活动框图(见图 12.7),它和图 11.41 基本一致,但是增加了针对用户按键的响应。当按下按键时监督任务会进入错误模式(见 ActOnUserPBsignal 的活动框图),结束任务 T_1 并无限循环闪烁橙色 LED 灯。注意到程序在这期间不会踢 IWDG,因此看门狗最终会超时,导致系统重置。

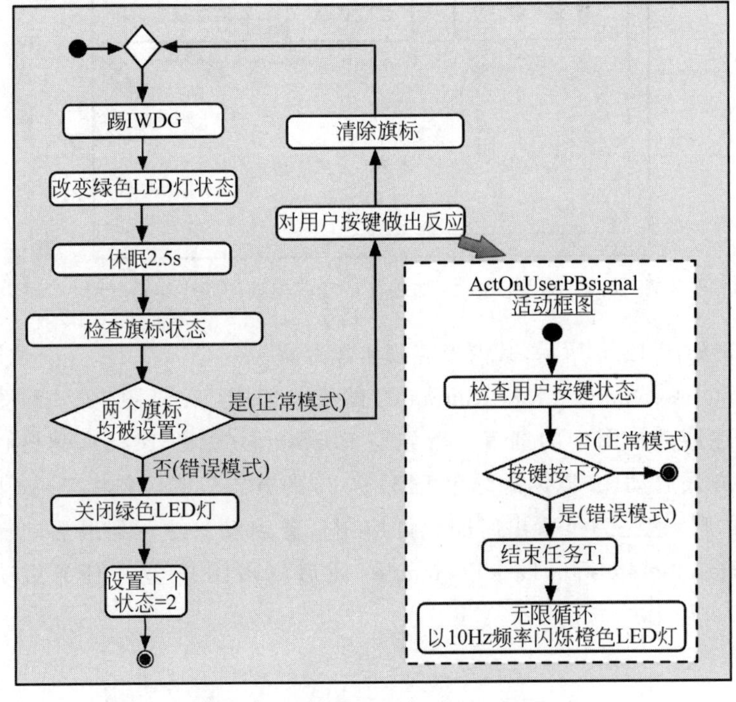

图 12.7　RunState1 程序结构框图

当应用任务失败时我们会最终到达 RunState2 模式，如图 12.8 所示。此处程序的目标是确保应用任务以受控的方式安全结束，程序中应该包括三个连续执行的函数：3.1、3.2 和 3.3，其中函数 3.1(闪烁红色 LED 灯 5s)的目的是表明检测到应用任务的失败。这一状态下，避免 IWDG 的超时(踢看门狗)非常重要。同时注意程序监控用户按键的动作(按键用于注入错误)，图 12.7 描述了按键按下后的动作。

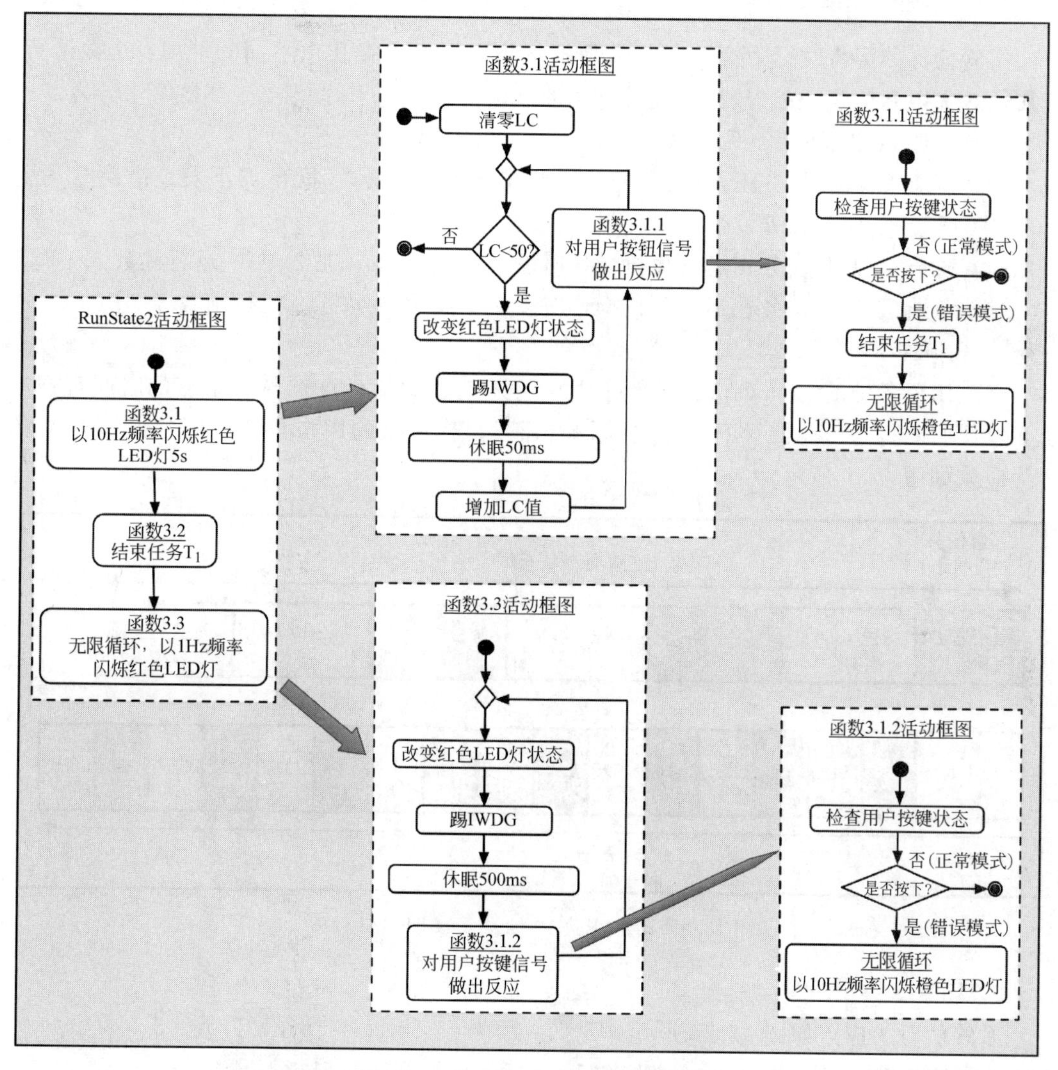

图 12.8　RunState2 程序结构框图

函数 3.2 的功能如下：

(1) 调用 FreeRTOS 函数 vTaskDelete(PeriodicTaskT1Handle)；结束任务 T_1。

(2) 熄灭绿色 LED 灯。

函数 3.3 进行系统关机前的最后操作，其逻辑和附加实验 18(图 11.41)类似，不过增加了踢 IWDG 和监控用户按键信号。

注意到函数 RunState0 的设计(见图 12.6),假定你使用 CubeMX 进行开发,这样 IWDG 会被初始化函数自动启动。如果你自定义 IWDG 的操作逻辑,IWDG 的激活步骤需要在 RunState0 中进行,和附加实验 11(11.4 节)相同。

12.1.4 测试系统

实验任务的运行时行为应该很容易理解。我们需要检查几个不同的情境:正常运行、应用任务失败和监督任务失败,故进行下面的测试。

(1) 场景 1:正常运行(无错误)。

(2) 场景 2:应用任务正常运行,监督任务在正常监督模式(状态 2)下发生错误。

(3) 场景 3:应用任务发生错误。

(4) 场景 4:监督任务在运行关机操作时发生错误-1,在状态 2 前 5s 运行函数 3.1 时。

(5) 场景 5:监督任务在运行关机操作时发生错误-2,在状态 2 运行函数 3.2 时。

1. 场景1

将应用任务中的 LoopCounter 变量设为一个较大的数字,这样就有足够的时间观察系统无错误时的行为。此情景下,当重置系统(通过目标板上的用户重置按钮)时,LED 灯的行为应该如图 12.9 所示。

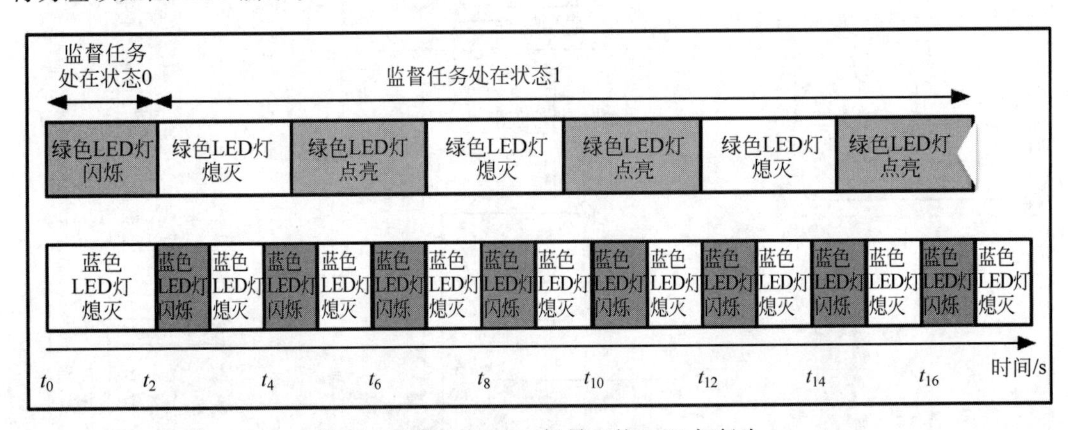

图 12.9 附加实验 19 场景 1 的 LED 灯行为

2. 场景 2

系统的行为应该如图 12.10 所示。

在用户按键被按下之前,系统会如图 12.9 所示的那样运行(执行函数 3.1)。函数 3.1.1 会进行用户按键的状态检查,按键按下后,函数 3.1.1 在执行前会有不定长的一小段时间延迟(0~2.5s)。此时监督任务应该会结束应用任务,接下来橙色 LED 灯会无限循环闪烁。

下一个影响系统的事件是 IWDG 超时,这导致图 12.10 中所示的事件按时间顺序发生,程序被重启。

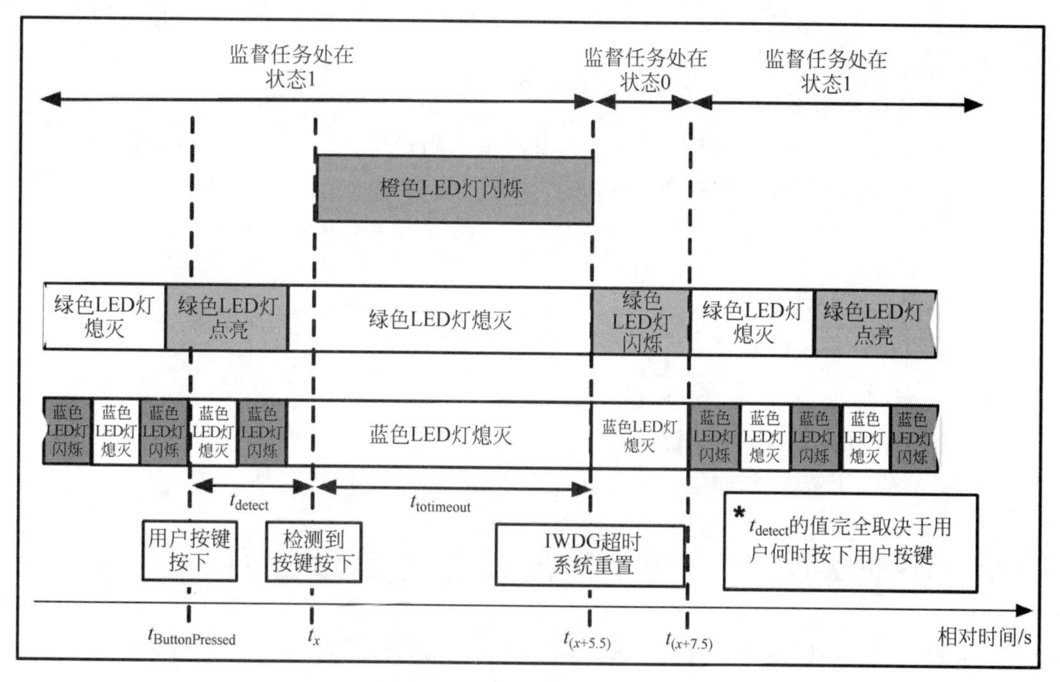

图 12.10 附加实验 19 场景 2 的 LED 灯行为

注意：$t_{totimeout}$ 恒定为 5.5s(见图 12.10)。

3. 场景 3

将应用任务的 LoopCounter 变量设为 5，函数 RunState1 的休眠时间从 2.5s 修改为 3s(这是为了更好地观察 LED 灯的显示顺序)。系统的行为应该如图 12.11 所示。

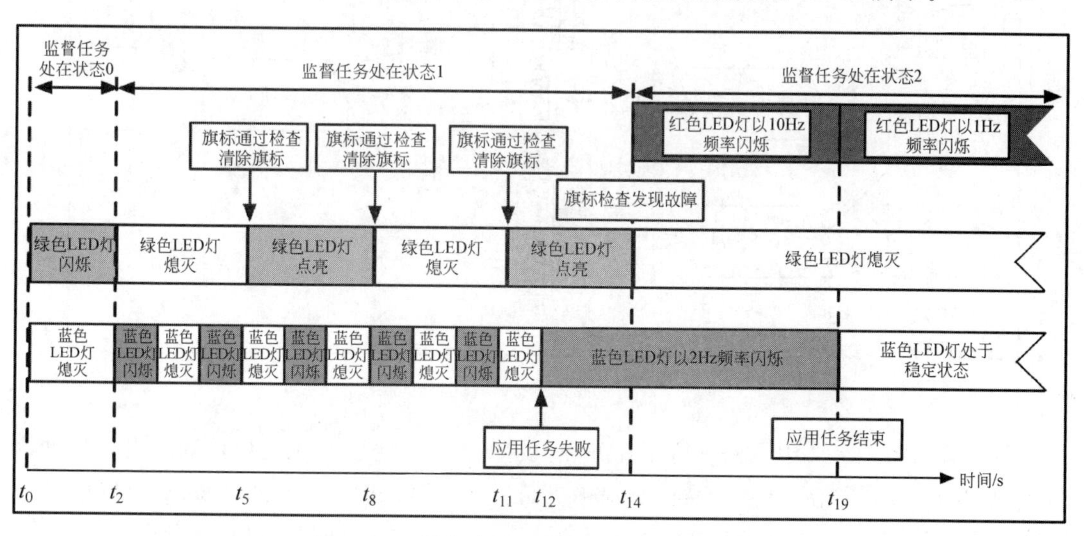

图 12.11 附加实验 19 场景 3 的 LED 灯行为

通过定义好的时间数据,我们可以很清楚地观察到应用任务失败和监督任务检测到失败间的时间间隔。

4. 场景4和场景5

为了进入场景4,在红色LED灯开始闪烁时按下用户按键。进入场景5则需要在红色LED灯进入最后闪烁阶段(1Hz频率)时按下用户按键。两个场景的结果应该和场景2一致。

12.1.5 小结

本实验有以下三个目的:

(1) 整合附加实验18中所学到的知识。

(2) 介绍并实践基于状态的设计技巧。

(3) 展示基于状态的方法是一种强有力的分治程序设计技巧。

12.2 附加实验20 两个定期任务的故障检测

本实验的核心目的是演示在多任务设计(只针对定期任务)中如何检测应用任务故障。

12.2.1 简介

本实验的系统任务框图如图12.12所示。

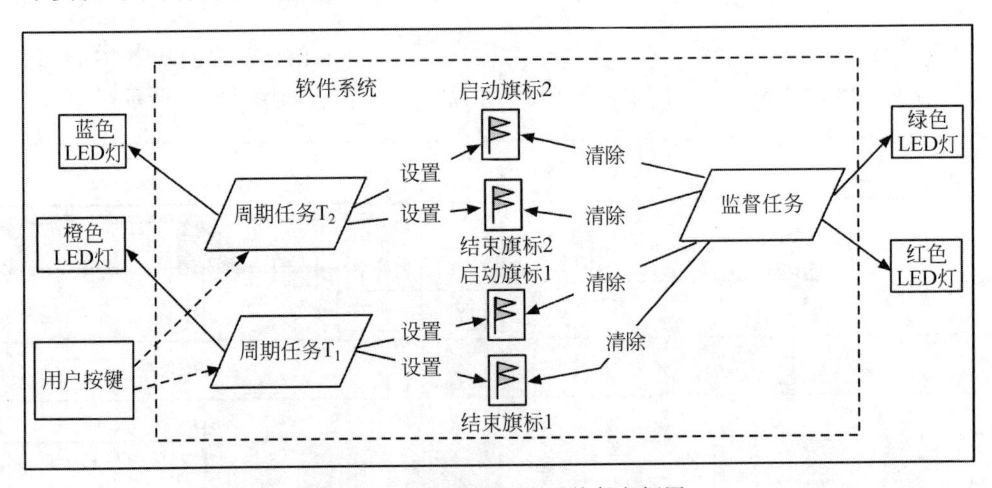

图12.12 附加实验20系统任务框图

可以看到图12.12中有两个应用任务和关键的监督任务。为了突出检测应用任务故障的目的,我们省略了监督任务的看门狗保护机制。如果错误检测对时间不敏感,可以使用附加实验18描述的简单方法。检查旗标的时间点和两个任务的自身时间属性有很大的关系,例如下面的双任务情境。

- 任务 1：执行时间 2s，周期 4s，优先级高；
- 任务 2：执行时间 2.5s，周期 8s，优先级低。

如果两个任务从同一时间开始，那么任务执行的模式应该如图 12.13 所示。我们可以很容易地想象更加复杂的情形，但是先让我们通过简单的例子演示错误检测机制。

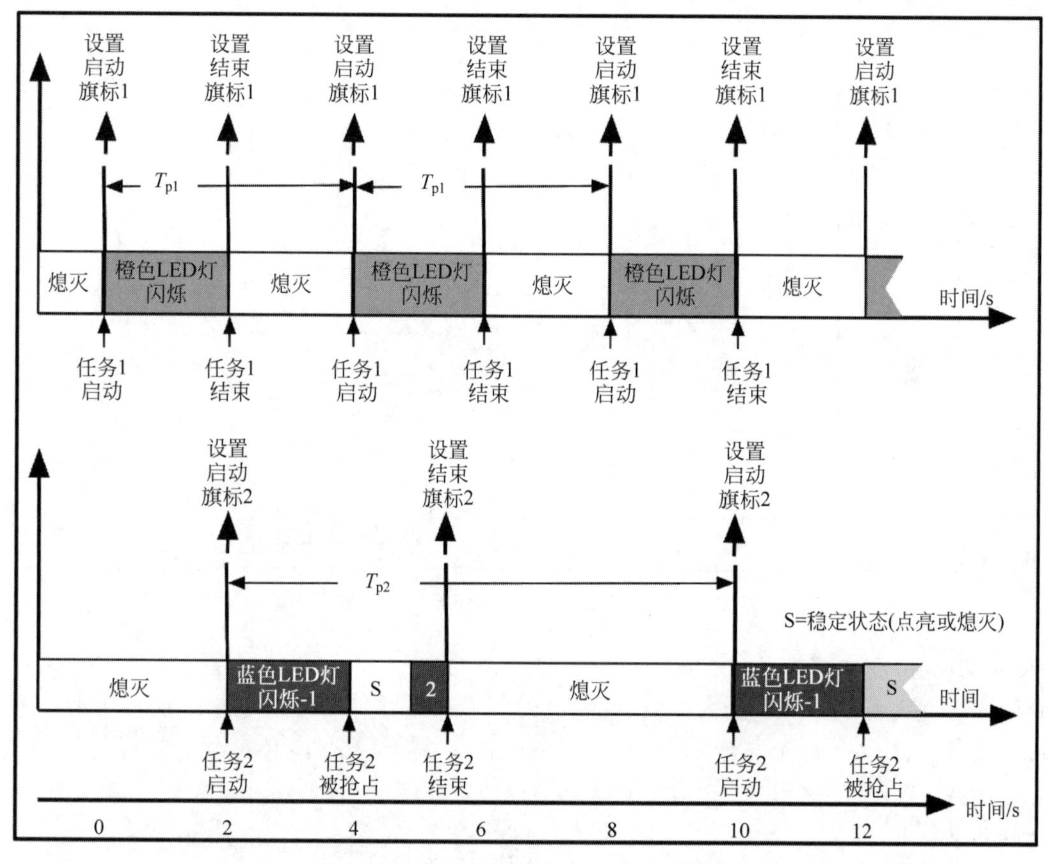

图 12.13　状态旗标操作——双任务设计 1

假设错误检测对时间并不敏感，所以我们可以很简单地用一个定期任务检测错误。测试运行时同时检查全部的旗标，发现任务失败时调用相应的异常处理机制。在这一方式下，旗标检查必须在结果有效时进行。如果监督任务和应用任务间没有同步的问题，每 15s 检查一次会是一个安全的选择。

这一方式简单、易于实现，但是缺点是任务 1 的错误可能在发生很久之后才会被检测到(相对周期而言)。这样的延时是可以接受的吗？如果想要改善，就需要找到一个加快任务 1 错误检测频率、同时保证任务 2 错误检测正确性的新策略。一个解决方案如图 12.14 所示。

图 12.14 描述了一组重复的操作(一个“主要循环”)，每个主要循环中有三个次要循环。其行为与 *Real-Time Operating Systems Book 1—The Theory* 一书第 9 章中的频率组

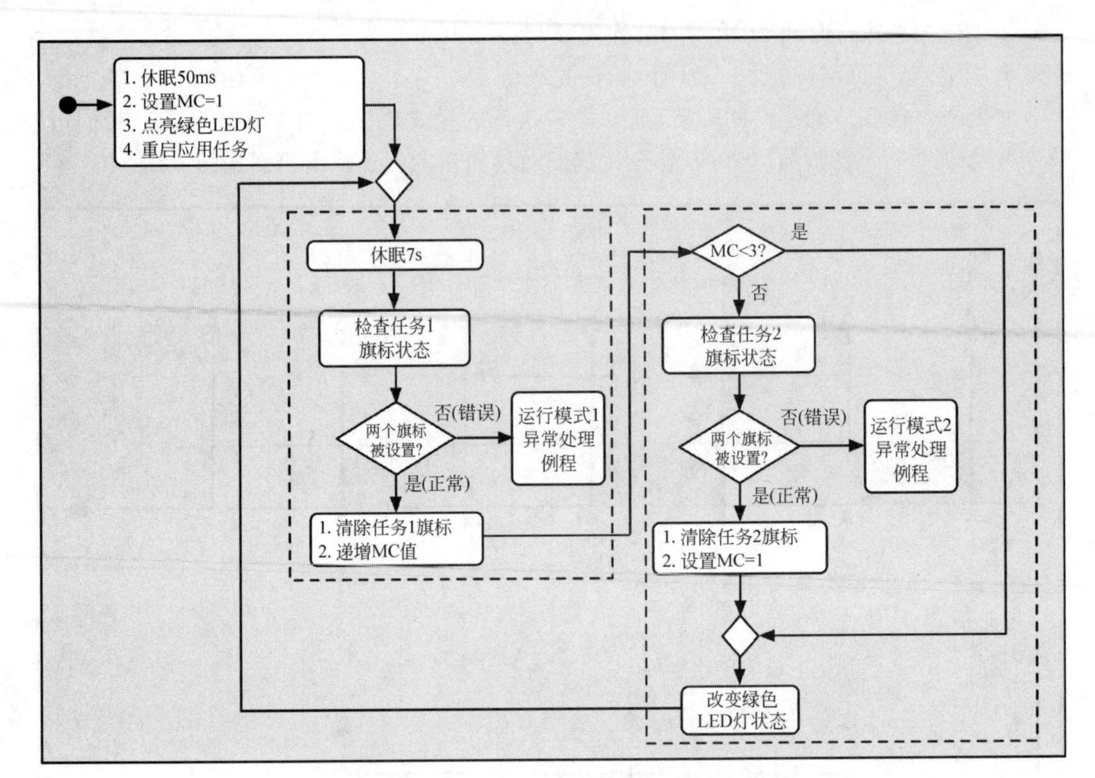

图 12.14 附加实验 20 监督任务程序结构框图

(Rate Group)调度类似。次要循环计数器(Minor Cycle counter,MC)是关键的控制因素,它的计数方式为 1,2,3,1,2,3,以此类推。MC 的值决定了监督任务在次要循环中的任务,最终结果是,任务 1 的旗标每 7s 会被检查一次,任务 2 则是每 21s 检查一次。

注意:当应用任务失败时,监督任务必须相应做出改变,这是针对异常处理例程的一个隐性要求。

12.2.2 更多讨论

为了简化,我们在这里会限制实现实验的工作量,特别是监督模式下的异常处理例程,在实践中它们可能会十分复杂。考虑模式 1 下的异常处理例程,它至少需要结束任务 1,继续检查任务 2,针对特定的应用还应该会进行其他的操作;对于模式 2 下的异常处理例程也是类似情况。在这里我们的主要目的是理论证明,所以我们按照下面的要求实现异常处理。

(1) 模式 1 异常处理例程:结束任务 1,然后以 10Hz 的频率无限闪烁绿色 LED 灯。

(2) 模式 2 异常处理例程:结束任务 2,然后以 10Hz 的频率无限闪烁红色 LED 灯。

任务 1、2 的程序结构分别如图 12.15 和图 12.16 所示。因为只有一个用户按键,按键需要分别向任务 1 或 2 发出进入错误模式的信号(图 12.15 和图 12.16 中虚线所示的部分)。因此,为了测试设计,需要编辑两个不同的任务程序。

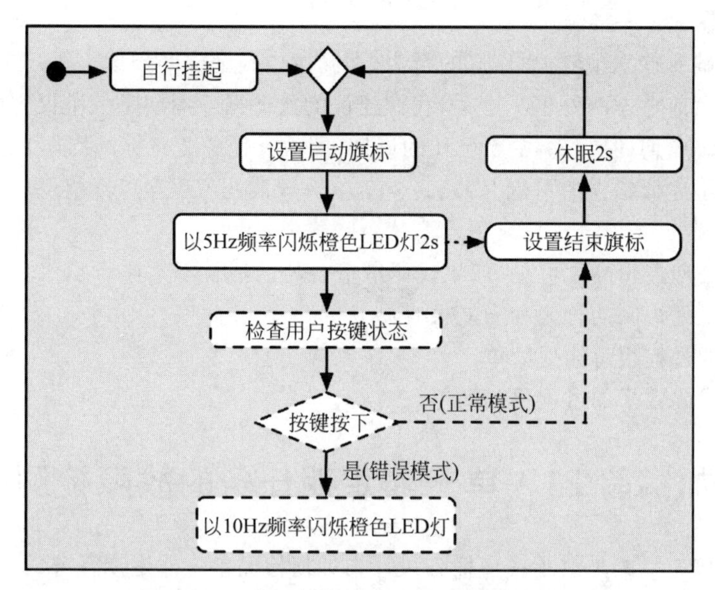

图 12.15　附加实验 20 任务 1 程序结构框图

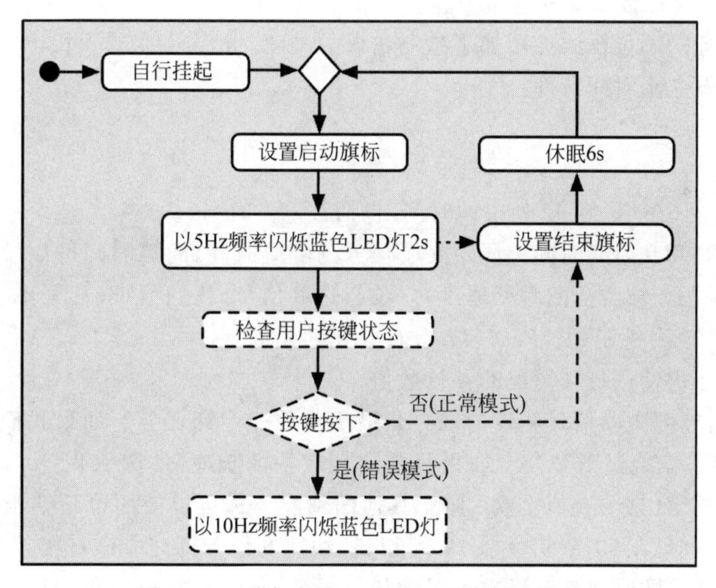

图 12.16　附加实验 20 任务 2 程序结构框图

12.2.3　测试和小结

在以下三种场景中测试设计：

(1) 无错误。

(2) 向任务 1 注入错误。

(3) 向任务 2 注入错误。

在每次测试前首先预测 LED 灯的行为，在测试中验证你的预期。

在实验结束前考虑两件事。第一，我们建议的次要循环周期是一个保守的数字，它比两个完整的任务 1 周期还要长；主要循环的周期(即检查任务 2 旗标的周期)也同样如此。这样的设计排除了虚假错误的可能。第二，一个单一异常处理程序可以将逻辑都放在一起，这样做带来以下好处：

(1) 异常处理逻辑高度可见(如果代码散落各处的话就不是这样了)。

(2) 异常处理机制的行为和功能很容易分析。

(3) 调试的过程很可能更简单。

(4) 分析代码效果的过程更加简单。

12.3 附加实验 21 单一非定期任务的故障检测

本实验的核心目的是演示在多任务设计中如何检测单一非定期任务的故障。

12.3.1 检测非定期任务的故障的可选方式

非定期任务的不可预测性增加了检测错误的难度。指定一个错误检测方法前你需要先确定任务的以下三个时间特性：

- 间隔时间；
- 执行时间；
- 阻塞时间(在“就绪”队列中的时间，包括被抢占时间)。

注意执行时间和阻塞时间一同定义了任务的响应时间，间隔时间可以被认为是不定期任务的“周期”(任务被激活的频繁程度)。没有这些信息，我们很难(甚至不能)找到一个健壮、可靠的错误检测机制(见 *Real-Time Operating Systems Book 1—The Theory* 的第 9 章)。另外，请一定使用最坏情况的预计数值。

一般来讲，外部中断信号触发的任务是最重要的非定期任务。如果我们需要非常快的响应，ISR 应该完全绕过 RTOS。如果只需要比较快的响应，使用 RTOS 内建的 ISR 处理机制应该就足够了(见 4.9 节实验 21)。其他的情况下你可以使用可延期服务器(Deferred Server，DS)技巧(见 4.11 节实验 23)。可以说，快速的任务也许应该直接放弃错误检测，因为当你发现任务失败时也许已经来不及做任何补救了。一般而言，我们只需要检测重要的可延期服务器非定期任务(做决定前请小心分析特定的应用)。

检测非定期任务的方法基本落入两个分组之中：任务可以由某种监督任务进行监督，或者每个任务可以提供某种机制来示意任务的失败。两种方式都各有优缺点。

首先考虑使用监督任务，一个方式是使用类似附加实验 19(12.1 节)的实现方法，即使用 IWDG。监督任务的时间特性由应用任务决定，在实践中实现这样的设计应该是非常简单的。这一方法有一个致命的弱点：它使用间隔和阻塞时间来进行时间计算。在很多状况

下这些数字都只是猜测，如果不放心的话，你可以在计算中使用最坏情况的估计值。这一方式非常保守，但至少是一个可选方案。

为了降低错误检测的复杂度，我们可以让任务自身帮助我们：

(1) 当任务启动时，同时启动监督/检测进程。

(2) 任务的最终动作是关闭(重置)这一进程。

(3) 如果任务在最大预计时间内结束，则没有问题。

(4) 如果任务没有按时完成，则发出异常。

软件计时器对于这一操作非常重要(见图 12.17)。DS 任务向定时器发出启动和停止命令(定时器有一个预设的超时时间)。如果定时器在停止命令发出前超时，异常处理回调函数会被调用(我们在图 12.17 中使用正方形代表非并发软件单元)。DS 任务程序中第一行代码应该是启动定时器，最后结束的代码应该是停止定时器。如果发出停止命令时定时器尚未超时，那么任务会顺利结束，回调函数不会被激活。

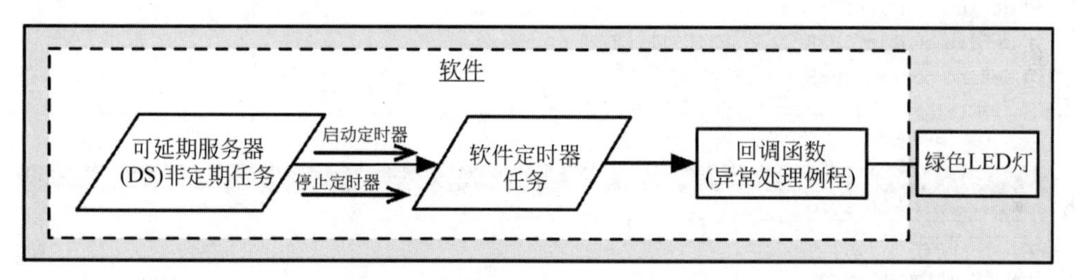

图 12.17　附加实验 21 系统概念图

你可以用 FreeRTOS 提供的功能创建一个软件定时器，系统结构如图 12.18 所示。

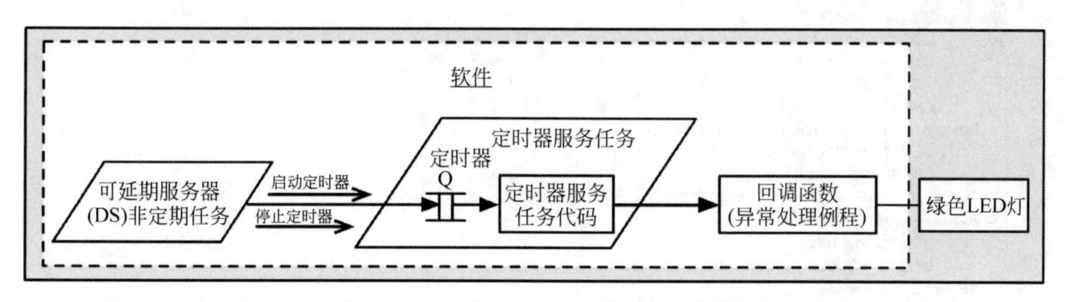

图 12.18　附加实验 21 软件定时器系统结构

上述的简单模型表明，定时器服务任务有两个组成部分：一个队列和一个定时器代码单元。这两个部分对于任务而言只是内部细节，在任务创建时就会创建好。下面是关键的一点：在本实验中我们用 one-shot 模式使用定时器，即只运行一次(到计数结束或者收到停止命令)。这一模式在处理多个非定期任务时有很好的弹性，每个任务可以有自己的定时器。

下一部分我们将更加深入地探讨定时器函数，你可以在下面的链接找到全部信息：https://www.freertos.org/FreeRTOS-Software-Timer-API-Functions.html。

12.3.2 创建和使用 FreeRTOS 软件定时器

软件定时器可以通过 FreeRTOS 原生函数或者 CubeMX 的功能创建。在 CubeMX 中这一过程非常直接：首先，在创建工程时打开 Config parameters 标签，向下移动到 Software timer definitions 部分(见图 12.19)，接下来将 USE_TIMERS 设为 Enabled。可以根据需要改变定时器任务的属性：优先级、队列长度和堆栈深度，本实验中使用默认值即可。当产生工程代码时，在 main.c 中找不到任何关于定时器的代码，但是如果打开 FreeRTOSConfig.h(Inc 文件夹中)，你会看到下面的代码：

```
/* 软件定时器定义 */
#define configUSE_TIMERS 1
#define configTIMER_TASK_PRIORITY(2)
#define configTIMER_QUEUE_LENGTH 10
```

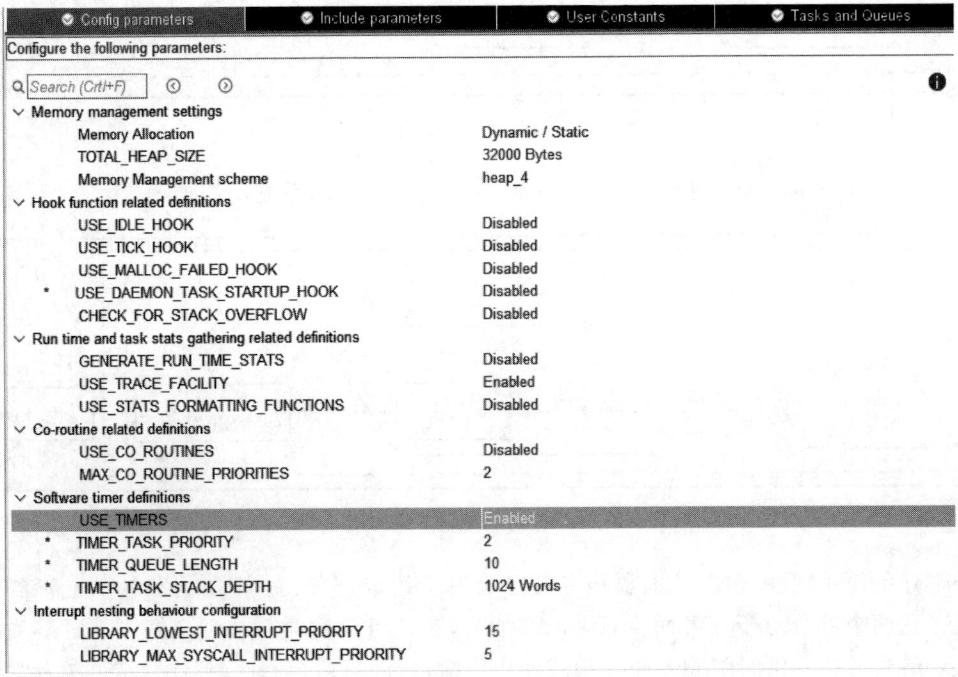

Config parameters | Include parameters | User Constants | Tasks and Queues

Configure the following parameters:

Search (Crtl+F)

Memory management settings	
Memory Allocation	Dynamic / Static
TOTAL_HEAP_SIZE	32000 Bytes
Memory Management scheme	heap_4
Hook function related definitions	
USE_IDLE_HOOK	Disabled
USE_TICK_HOOK	Disabled
USE_MALLOC_FAILED_HOOK	Disabled
USE_DAEMON_TASK_STARTUP_HOOK	Disabled
CHECK_FOR_STACK_OVERFLOW	Disabled
Run time and task stats gathering related definitions	
GENERATE_RUN_TIME_STATS	Disabled
USE_TRACE_FACILITY	Enabled
USE_STATS_FORMATTING_FUNCTIONS	Disabled
Co-routine related definitions	
USE_CO_ROUTINES	Disabled
MAX_CO_ROUTINE_PRIORITIES	2
Software timer definitions	
USE_TIMERS	Enabled
TIMER_TASK_PRIORITY	2
TIMER_QUEUE_LENGTH	10
TIMER_TASK_STACK_DEPTH	1024 Words
Interrupt nesting behaviour configuration	
LIBRARY_LOWEST_INTERRUPT_PRIORITY	15
LIBRARY_MAX_SYSCALL_INTERRUPT_PRIORITY	5

图 12.19　FreeRTOS 配置参数-软件定时器定义

使用标准 FreeRTOS API 创建和使用定时器，首先声明一个软件定时器：

```
TimerHandle_t NameOfTimerTaskHandle;
```

现在考虑创建定时器的 API，其定义（原型）如下：

```
TimerHandle_t xTimerCreate
    ( const char * const pcTimerName,
      const TickType_t xTimerPeriod,
      const UBaseType_t uxAutoReload,
      void * const pvTimerID,
      TimerCallbackFunction_t pxCallbackFunction );
```

函数参数说明如下。

(1) pcTimerName：定时器名称（文本）。

(2) xTimerPeriod：定时器时长，以时钟数描述。

(3) uxAutoReload：TRUE/FALSE 布尔值，用于设置定时器的周期性（TRUE）或者一次性（FALSE）模式。

(4) pvTimerID：定时器辨识符，允许程序的其他部分和定时器互动。

(5) pxCallbackFunction：定时器超时回调函数。

创建回调函数需要在创建定时器之前进行。回调函数的原型如下：

```
void vCallbackFunction(TimerHandle_t xTimer);
```

定时器启动 API：

```
BaseType_t xTimerStart(TimerHandle_t xTimer, TickType_t xBlockTime);
```

定时器停止 API：

```
BaseType_t xTimerStop(TimerHandle_t xTimer, TickType_t xBlockTime);
```

12.3.3　实验细节

本实验的系统任务框图如图 12.20 所示，ISR、可延期服务器（DS）和定时器任务是其中的中心。橙色 LED 灯闪烁任务只是为了显示目标系统在正常运行。

在实验中使用以下定时属性。

(1) 橙色 LED 灯闪烁任务：定期任务，以 10Hz 频率闪烁 LED 灯 0.5s，然后熄灭 0.5s。任务设为系统中最低的优先级。

(2) 可延期服务器任务：执行时间 4s，执行中以 10Hz 频率闪烁蓝色 LED 灯。

(3) 软件定时器设定：6s，超时时点亮绿色 LED 灯。

ISR 和 DS 任务的设置和 4.11 节实验 23 一致，和之前一样，ISR 任务会点亮红色 LED 灯（表明 ISR 被激活）；DS 任务完成时熄灭红色 LED 灯。接下来，在使用定时器任务前依次进行下面的动作：

- 创建定时器句柄；
- 创建回调函数；

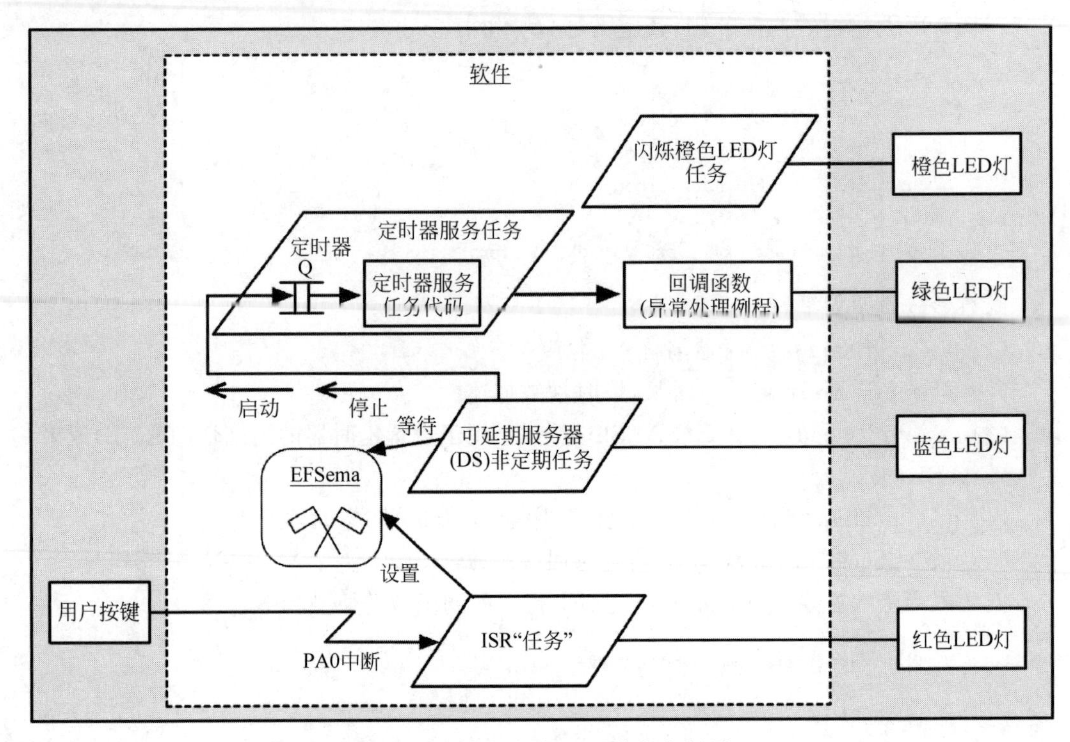

图 12.20　附加实验 21 系统任务框图

• 创建定时器。

1. 第 1 步——创建定时器句柄

```
TimerHandle_t DStaskTimerMonitor;
```

2. 第 2 步——创建回调函数

用户定义的回调函数十分简单，其声明为：

```
void CallDStaskExceptionHandler(TimerHandle_t DStaskTimerMonitor)
{
    TurnGreenLedOn;
} /* 结束 CallDStaskExceptionHandler */
```

这里我们选择不使用定时器句柄。

3. 第 3 步——创建定时器

声明了回调函数之后，就可以创建定时器了：

```
/* 创建定时器并返回句柄 */
DStaskTimerMonitor = xTimerCreate
(
```

```
        "DStaskTimerMonitor", //定时器的名字(文本,内核不会使用它)
        (6000), //定时器周期(时钟数)
        pdFALSE, //将定时器设为一次性模式
        (void * ) DStaskTimerMonitor, //定时器的专有 ID
        CallDStaskExceptionHandler //定时器超时回调函数
); /* 结束 xTimerCreate */
```

DS 任务负责控制定时器：

```
WaitEFSema();
xTimerStart(DStaskTimerMonitor, 0); //DS 任务的第一个代码语句
//以 10Hz 频率闪烁蓝色 LED 灯 4s
TurnBlueLedOff;
TurnRedLedOff;
xTimerStop(DStaskTimerMonitor, 0); //DS 任务最后的代码语句
```

进行如下两个测试：

- DS 任务的正常执行；
- 模拟 DS 任务故障。

1. 正常执行

编译、执行程序，预测程序行为并验证你的预测。

2. 错误模拟

将 DS 任务的运行时间更改为 8s，这样定时器应该会超时。预测你会看到的行为并验证你的预测，你应该能观察到：

(1) 用户按键按下后，绿色 LED 灯大约每 6s 点亮一次。

(2) 蓝色 LED 灯总共闪烁 8s。

12.3.4　实验回顾

你现在应该：

(1) 明白当非定期任务需要非常快的响应时，应该直接跳过调度器。这些任务一般都非常重要而且时长非常短，所以检测它们的错误并没有太大意义，当你发现错误时往往已经太晚了。

(2) 理解对于一个需要快速反应的任务可以用 FreeRTOS 的 ISR 处理机制。对于这样的任务故障检测是可有可无的。

(3) 发现当任务对时间不敏感时，标准的错误检测技巧非常合适。这里有一个先决条件：任务必须使用可延期服务器结构。

(4) 知道检测任务故障有两种方式：监督任务或者让各个任务负责自身的检测

操作。

（5）懂得软件定时器对于检测任务的故障非常重要。

（6）知晓如何创建和使用软件定时器。

（7）领会定时器回调函数的作用。

（8）清楚如何将回调函数作为异常处理例程使用。

（9）熟悉实现单一非定期任务故障检测机制的方法。

12.4 附加实验 22 混合定期与非定期任务的故障检测

本实验的根本目的是演示如何使用软件定时器同时检测定期与非定期任务的故障。

12.4.1 实验简介

本实验是附加实验 21 的扩展，设计中用到了第二个软件定时器，如图 12.21 所示。

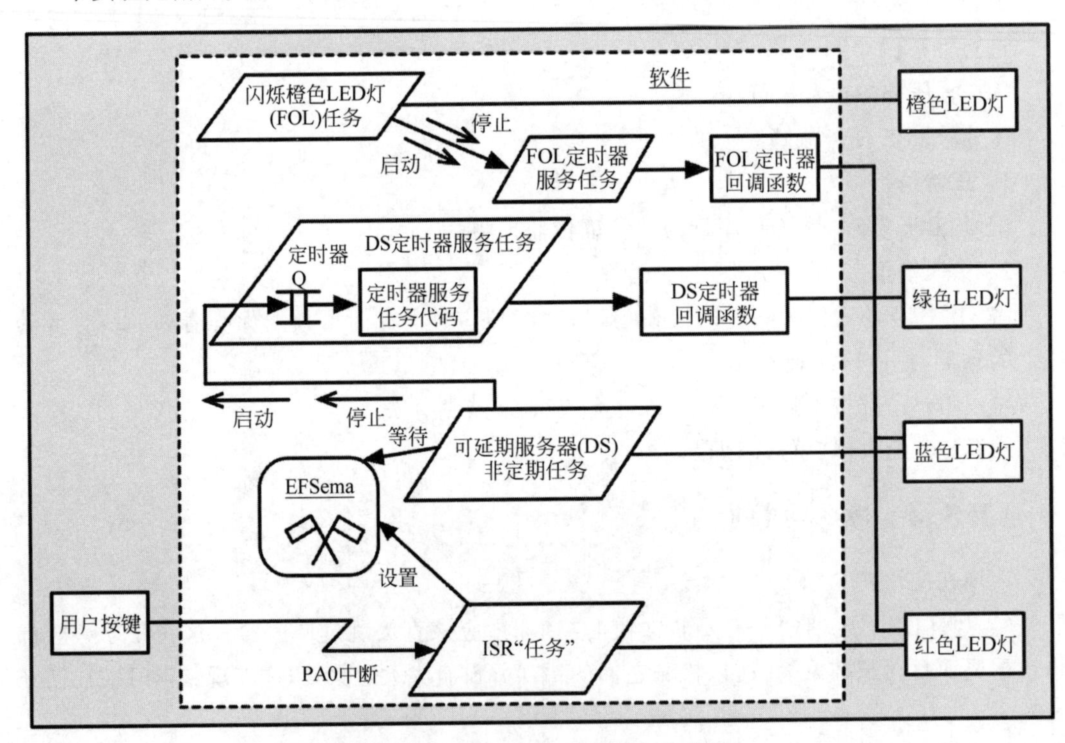

图 12.21 附加实验 22 系统任务框图

1. 第 1 步——创建定时器句柄

```
TimerHandle_t FOLtaskTimerMonitor;
```

2. 第2步——创建回调函数

```
void CallFOLtaskExceptionHandler(TimerHandle_t FOLtaskTimerMonitor)
{
    // 以 5Hz 频率闪烁红色和蓝色 LED 灯,模拟任务代码的运行
    for (;;) // 无限循环
        {
            // 闪烁 LED 灯的代码
        } /* 结束无限循环 */
    } /* 结束 CallFOLtaskExceptionHandler */
```

3. 第3步——创建定时器

```
/* 创建 FOL 任务的定时器 */
FOLtaskTimerMonitor = xTimerCreate
(
        "FOLtaskTimerMonitor",
        (5000),
        pdFALSE,
        (void *) FOLtaskTimerMonitor,
        CallFOLtaskExceptionHandler
); /* 结束 xTimerCreate */
```

12.4.2　实验的测试步骤

下面建议的参数会给你充足的时间观察 LED 灯行为,请按照下面的建议修改你的程序。

(1) 首先,创建一个如前面第 2 步所示的回调函数。

(2) 然后,如前面第 3 步所示创建定时器任务,注意超时时间为 5s。

(3) 第三,修改闪烁橙色 LED 灯的任务如下:

- 插入 xTimerStart(FOLtaskTimerMonitor, 0);作为第一条反复执行的代码。
- 和之前的实验一样闪烁 LED 灯,但是只闪烁一段时间(10s)。
- 10s 后以 20Hz 的频率无限闪烁橙色 LED 灯(无限循环)。在此期间不要重启定时器,这样定时器在无限循环运行 5s 后会超时。

注意:定时器运行时调用 xTimerStart 会导致定时器重启。

1. 测试 1

重置你的程序,允许它正常执行。检查橙色 LED 灯的动作和你的预测是否相同。你还会发现,当定时器超时时,橙色 LED 灯会进入稳定的状态(点亮或者熄灭,取决于回调函数执行的时间),这是因为闪烁橙色 LED 灯的任务被定时器任务(在无限循环中调用回调函数)抢占了。

2. 测试 2

本测试的目的是演示两种任务都在运行时的错误检测。运行实验前对程序进行以下修改：

(1) 将 FOLtaskTimerMonitor 任务的运行时间(即定时器超时时间)调整为 10s。

(2) 将闪烁橙色 LED 灯任务的“正常”运行时间延长到 20s,此时代码应该会进入无限循环,和之前一样以 20Hz 频率闪烁 LED 灯。

确保 DS 任务的定时器设置为 6s,这样定时器在停止前会超时。

这些延长的时间给了你更多时间观察 LED 灯闪烁,更重要的是它们保证两个定时器任务不会互相干扰。

重置目标板开始测试,在开始的几秒钟内按下用户按键启动 DS 任务。从附加实验 21 测试 2(12.3.3 节)应该可以推测出程序的行为。如果代码正常工作,可以看到如图 12.22 所示的 LED 灯行为。

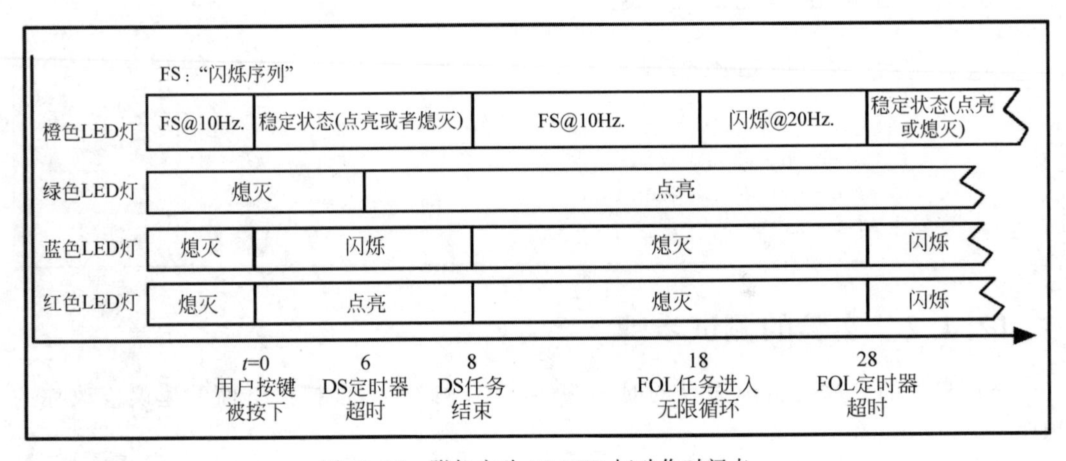

图 12.22　附加实验 22 LED 灯动作时间点

12.4.3　后记

在非定期任务中实现错误检测前首先要考虑这是不是必需的。这类任务在时间上的不确定性意味着更大的复杂性,特别是任务阻塞可能发生时。其次,仔细考虑和分析错误的处理方式,这一点对于任何任务都适用。最后,认真思考是否可以将所有的异常处理都放在一个高度整合的任务中,这让你能够很清楚地理解整个系统的错误处理过程。在这种情况下,错误发生时回调函数应该通知异常处理任务,将实际的处理交由此任务进行。

第五篇　结束语：展望未来

到目前为止，你已经对 RTOS 的功能、行为和用法有了很好的了解。那么接下来如何继续自我完善，以实用的方法编写程序呢？下面的内容应该可以帮助你完成这一任务。

第13章 自我改进指南

13.1 实践工作的影响

阅读本书获得的知识对你的工作习惯会产生很大的影响，一种情况是，你可能打算将此方法应用于公司项目，如使用定义好的处理器、工具和RTOS。另外一种情况是，你可能是为了提升信心并增强你的专业知识（两者当然并不冲突）。未来的工作很有可能遵循图13.1中的一条或多条线路发展。

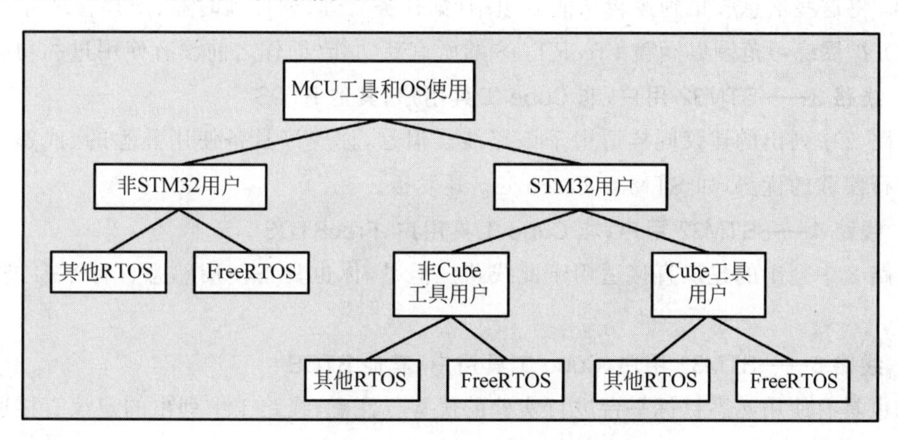

图13.1 未来工作的线路

现在需要做什么来增加知识呢？这很大程度上取决于你选择的路径。它还取决于许多因素：一些因素普遍适用，一些因素非常具体。在以下各节中，我们将研究三个重要方面：操作系统问题、应用程序可移植性和良好的代码单元结构。

13.2 OS相关的问题

借鉴你已经掌握的知识是非常重要的，无论是理论方面还是实践方面。但是如上所述，这完全取决于你选择的线路。下面我们将尝试给予一些明智和有用的建议。

从图 13.1 中可以看到有 6 种可能的线路。最大的鸿沟在打算继续使用 STM32 微控制器的人和不继续使用它们的人之间，Cube 工具只能与 STM32 芯片一起使用。

1. 路线 1——非 STM32 用户，其他 RTOS

如果你将来不打算使用 FreeRTOS 的专门知识，那就没有进一步深入 FreeRTOS 的理由。但是，你可以通过做一些简单的事情来巩固你的 RTOS 知识：

(1) 列出所有 FreeRTOS API，并确切了解它们的用途。

(2) 将这些信息收集到逻辑功能分组中(如任务管理、软件计时器、内存管理等)。

(3) 列出你选择的 RTOS 的所有 API，并将这些与 FreeRTOS API 进行交叉比较。

(4) 制定一套与本书给出的类似的实验，并加以改编，以便 RTOS 可以在自己的硬件上执行。

(5) 扩展练习范围以涵盖 RTOS 的所有新功能(即你之前没有使用过的功能)。

这样做了之后你应该受益良多，在实际设计中可以很好地使用你选择的 RTOS。

2. 线路 2——非 STM32 用户，FreeRTOS

显然，需要深入了解所有 FreeRTOS API、它们的功能以及使用方法。

(1) 列出所有原生 FreeRTOS API，并准确了解它们的用途。

(2) 将这些信息收集到逻辑功能分组中(如任务管理、软件计时器、内存管理等)。

(3) 扩展练习范围以涵盖 FreeRTOS 的所有新功能(即你之前没有使用过的功能)。

3. 线路 3——STM32 用户，非 Cube 工具用户，其他 RTOS

线路 1 中列出的建议同样适用于该路线。但是，你应该具备使用熟悉的、成熟 STM32 平台进行实验的优势，如 STM32 Discovery 开发板。

4. 线路 4——STM32 用户，非 Cube 工具用户，FreeRTOS

线路 2 中列出的建议直接适用于此线路。但是，你也具备使用熟悉目标平台进行实验的优势。

5. 线路 5——STM32 用户，Cube 工具用户，其他 RTOS

你也具有使用熟悉目标平台进行实验的优势。注意，线路 1 中列出的建议直接适用，另外注意以下几点：

(1) 研究如何将自己的 RTOS 代码与 Cube 工具生成的代码集成在一起。

(2) 熟悉 Cube 工具提供的驱动程序架构。

译者注： STM32Cube 已经可以支持第三方 RTOS 或者 IoT OS，如 RT-Thread，参见“STM32F0 移植 RT_Thread_Nano，使用 STM32Cube”：https://blog.csdn.net/xt_v2012/article/details/93787061。

6. 线路 6——STM32 用户，Cube 工具用户，FreeRTOS

到目前为止，这是最简单的方法，因为你已经熟悉了工具、平台和 RTOS。应该执行线路 2 中列出的项目，并全面阅读 STM32 驱动程序功能。

13.3　应用程序的可移植性

在嵌入式系统投入运行之前，必须对所有代码进行全面测试(按照发布要求的级别，可能是原型版本，而不是最终产品)。我们最不想做的事情，尤其是在已部署的系统中，就是更改代码。原因很简单：我们要避免进一步测试。不幸的是，现实中软件在其生命周期里总是在不断变化，一旦应用程序修改了，系统就需要重新进行完整的测试。对于你们中的一些人而言，乍一看觉得这似乎没什么大不了的，但是如果将软件嵌入远程控制的潜水艇、飞机飞行控制系统或生产线控制器中，该怎么办？现在你应该理解了这绝对不是一件容易的事，但这与RTOS有什么关系呢？

实际上，这与RTOS功能本身并没有关系，如果我们改变RTOS(在使用寿命很长的系统中这并不是一件很寻常的事情)，问题就会出现了，我们可以用拼图的方式来说明，如图13.2所示。

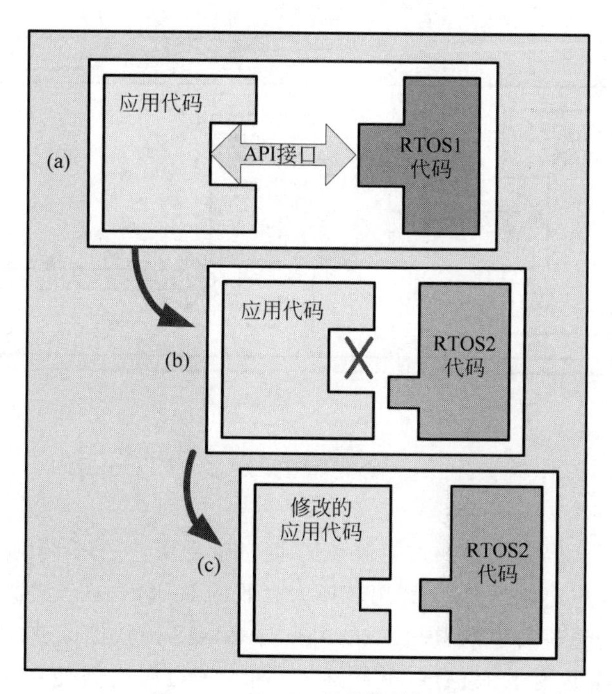

图13.2　RTOS可移植性问题

RTOS API是应用程序与操作系统之间的钩子，应用程序对操作系统API的调用必须与该RTOS软件中的实现相匹配，如图13.2标号(a)所示。但是如果更改了RTOS(见图13.2标号(b))，应用程序和RTOS就不再兼容了。唯一的解决方案是更改应用程序中的所有API调用，另外各种程序定义和声明也必须要改变，毫无疑问，这意味着完整的系统测试(包括回归测试，见译者注)必须进行。

译者注：回归测试是指修改了旧代码后，重新进行测试以确认修改没有引入新的错误或导致其他代码产生错误。自动回归测试将大幅降低系统测试、维护升级等阶段的成本。

有办法可以避免这种情况吗？答案是有的。解决方案并不简单，需要仔细考虑、计划和编码。这可以再次通过使用拼图概念进行说明，如图 13.3 所示。解决问题的关键是要使用附加的软件层，这是一个适配器代码单元(wrapper)，它是 RTOS API 的一个转换机制，如图 13.3 标号(a)所示，其核心部分如下。

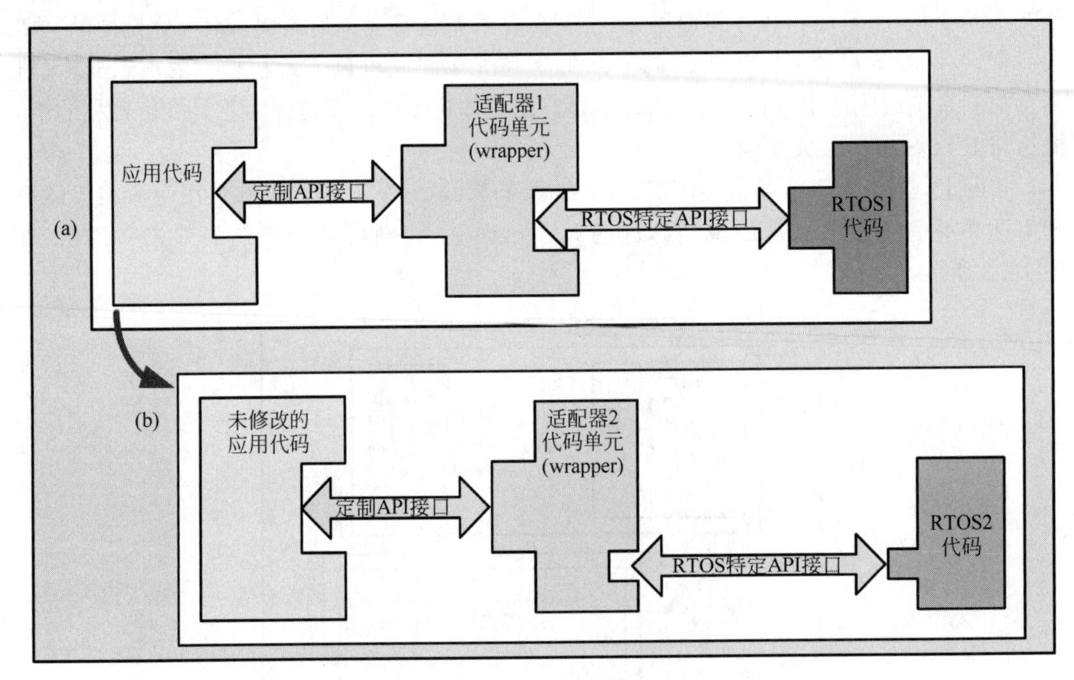

图 13.3　适配层

(1) 作为设计师的你需要定义一套完整的“定制”RTOS API，可在所有应用程序中使用。

(2) 构建适配器代码单元以通过定制 API 接口接受用户 API 调用。

(3) 适配器单元将定制的 API 调用转换为有效的 RTOS API 函数调用。

(4) 适配器代码通过特定的 RTOS 的 API 对 RTOS 函数接口进行实际调用。

(5) 某个时候若更改了 RTOS(见图 13.3 标号(b))，则需使用不同的、与这种新的 RTOS 兼容的适配器单元。

(6) 新的适配器单元与应用程序之间的定制 API 则保持完全兼容性。

这样即使更改了 RTOS，也不需要修改应用程序代码。当然，这也会影响软件和系统重新测试的程度，可以通过下面两种方式完成。

(1) 首先，可以在软件中对所有与 RTOS 相关的代码模块进行广泛的测试，而非整个系统环境。请使用经过验证的测试工具。所有测试用例都是通过自定义 API 接口注入，产生的响应在同一时间点收集。通过这种类型的测试,我们可以确信自己的软件是正确和可靠的,符合其性能目标要求。

(2) 其次,尽管仍然需要完整的系统测试,但是其范围可能大大少于前一种情况,毕竟,应用程序代码并没有修改。

需要指出的是,一些开发人员建议你定制的 API 应基于 POSIX 标准。

13.4 应用级代码结构

接下来的建议,很大程度是我个人的观点。不要将此视为规范性内容,即你必须这样做;而是描述性的,就是说你可以像这样做,因为实践证明它对我有用。在这些使用的方法中,至关重要的是:

(1) 你使用设计模型来驱动代码模型,即代码按照设计规范书写。

(2) 设计模型是使用图表(如任务图)定义的。

(3) 在任务图及其实现(代码)模型之间,你明确地指定它们之间的关系。

任务图元素的基本集合如图 13.4 所示。

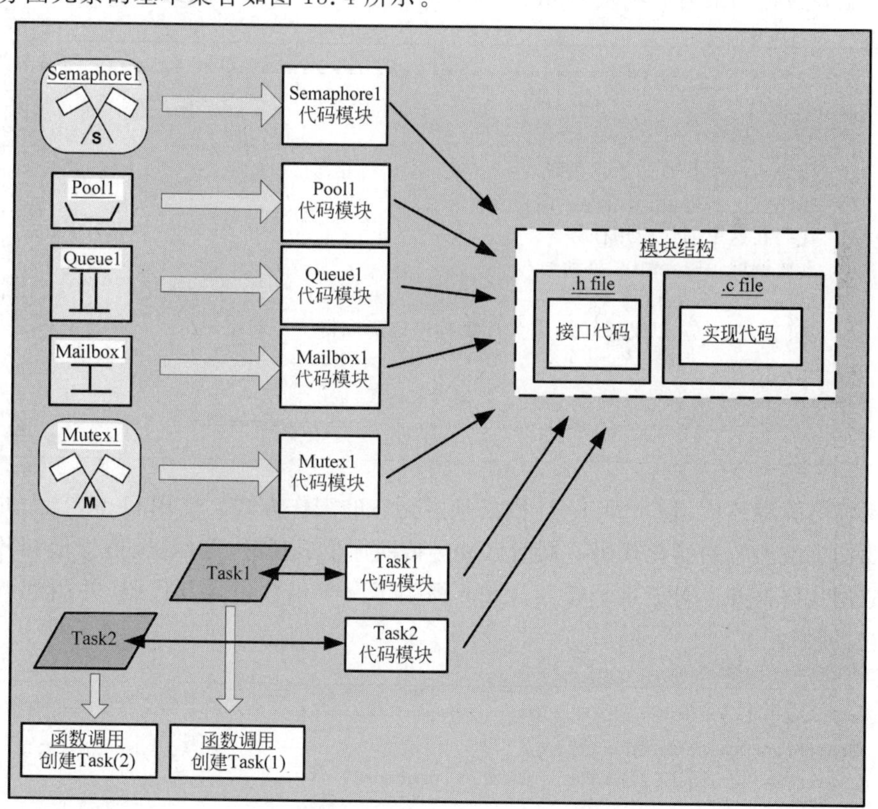

图 13.4 任务组件和相应的代码结构部分

请注意：图 13.4 上显示的每个项目都是设计的组成部分，代表一个独特的项目，确保你给它们取的名字来自系统域(如 PressureControlTask、TuningCoefficientsPool 等)。当然你生成代码时，请在程序中使用完全相同的名称，这样做的原因之一是更容易确认代码模型的正确性。另外一个原因是，这样做代码清晰，易于理解且具有自我说明性(类似我们的代码注释一样)。

我强烈建议所有通信组件均采用模块化结构构建，如图 13.4 所示。同时，所有这些组件都应包含访问控制(互斥)机制。

CreateTask(1)与 CreateTask(2)中的任务符号表示由 CreateTask 功能构建的可执行部分。确切地说，RTOS 不同，此类功能会稍有不同，但至少它们要具备下面功能：

(1) 指定任务要执行的代码。

(2) 为任务分配堆栈空间。

(3) 定义任务的优先级(适用于使用了基于优先级的调度)。

任务运行时使用指针(寻址)机制访问可执行代码，如果仅仅是应用编程，不涉及内核代码，这对你而言是看不见的，但是编写任务代码是你的责任(像所有实验中一样)。

在这里要讨论的最后一项是 main.c 函数的作用，其中应该只做最少的工作，例如：

```
/* ============================================================== */
void main(void)
{
    /* 代码从这里开始初始化系统 */
    /* 代码建立信号量,互斥量, 内存池 */
    /* 代码在这里创建应用任务 */
    /* 开始调度—FreeRTOS 启动 */
    vTaskStartScheduler();
    /* 我们永远不应该到达这里,因为调度程序已经取得了控制权 */
    return;
} /* end main */
/* ============================================================== */
```

如果你打算继续使用 Cube 工具，则必须遵循它的工作方式。使用 Cube 最大的好处是它帮助我们生成所有初始化代码。同时，Cube 帮助你生成任务、互斥量、信号量和计时器以及创建应用代码框架。对于每个任务，Cube 提供了一个函数包含其代码，并用框架程序单元填充它，例如：

```
/* ============================================================== */
/* StartFlashOrangeLedTask 函数 */
void StartFlashOrangeLedTask(void const * argument)
{
    /* 用户代码开始 */
```

```
    /* 无限循环 */
    for(;;)
    {
    osDelay(1);
    }
    /* 用户代码结束 StartFlashOrangeLedTask */
}
/* ============================================================ */
```

要使 main.c 文件尽可能短小，只需用你自己设计的任务代码模块的函数调用替换预定义的用户代码，例如：

```
/* ============================================================ */
/* StartFlashOrangeLedTask 函数 */
void StartFlashOrangeLedTask(void const * argument)
{
    /* 用户代码开始 */
    RunFlashOrangeLedTask();
    /* 用户代码结束 StartFlashOrangeLedTask */
}
/* ============================================================ */
```

13.5　结束语

重申一点，本章中的材料是描述性的，而非强制的。它的目的是让你开始思考自己的方向，以及从现在开始的工作。此外，根据工程原理建立自己的设计理念非常重要。我建议重新阅读 *Real-Time Operating Systems Book 1—The Theory*，该书的以下部分能够帮助你完成任务：

- 第 1.2 节　开发高质量的软件。
- 第 1.3 节　软件建模。
- 第 1.4 节　时间和时序的重要性。
- 第 1.5 节　处理多个作业。
- 第 1.6 节　处理复杂的多个作业。

请记住：问题不止一个正确解决方案！警惕那些夸夸其谈的做法。没有灵丹妙药，反复实践才是唯一真正解决问题的方法（见译者注），最后，在你的脑海中刻上这句话："做之前先思考"。

译者注：原文是 be wary of software fashionistas！直接翻译过来就是"时尚的忠实追随者"。与作者沟通后，他的解释是："我使用软件已有 45 年以上的经验（事实上，我 50 年前使用打孔卡输入首次在 FORTRAN 2 大型机上编程）。在过去的几十年时间里，我看到了许多软件流行方式，因此我对此话题非常不屑一顾。"

第六篇　帮助你自学的在线资料

本部分是免费提供的在线材料的简要概述，可以帮助你更好地理解本书中使用的工具。网络上有很多资料，这只是一个起点。我相信你在互联网上搜索一下会发现更多相关的内容。

第14章 在线资料的参考指南

14.1 STM32Cube 嵌入式软件

这里包含了 STM32CubeMX 图形配置工具和 STM32Cube 嵌入式软件库及固件包，软件可以从下面的链接下载获得，注意选择自己需要的版本，本书实验作者和译者使用的是 5.3 版本。

https://www.st.com/en/development-tools/stm32cubemx.html?ecmp=tt5747_em_social_sep2017。

建议观看上述链接中的 Featured Videos 视频。

点击下面链接观看另一个 STM32CubeMX 视频：

https://www.youtube.com/watch?v=exyhh9rw1VE。

ST 的 GitHub 主页如下：

https://github.com/STMicroelectronics。

14.2 STM32CubeMX 的特点

相关手册：

UM1718—STM32CubeMX for STM32 configuration and initialization C code Generation。

14.3 STM32Cube 嵌入式软件库和文档

重要的用户手册是下面两本：

(1) *UM1730—Firmware package getting started for STM32F4 series*；

(2) *UM1725—Description of STM32F4xx HAL drivers*。

14.4 硬件开发板：STM32F4 Discovery kit

重要的文档有下面两本：

(1) *UM1467—Getting started with software and firmware environments for the STM32F4DISCOVERY Kit*；

(2) *UM1472—Discovery kit with STM32F407VG MCU*。

访问这些资料可以到下面网址，然后搜索 UM1472 和 UM1467：

http://www.st.com/content/。

14.5 内容丰富的视频

1. CubeMx 教程 1——STM32F4 Discovery 开发板 GPIO 输出

https://www.youtube.com/watch?v=TcCNdkxXnJY。

STM32CubeMX 使用 HAL 驱动程序代替旧标准库，这个软件工具是基于 STM32 微控制器构建一个新的可移植项目的快速方法。该视频显示了一个使用 HAL 并混合寄存器编程实现一个简单的 GPIO 输出功能的过程。关于 HAL 驱动程序不好用的意见一直都有，如果缺少所需的 HAL 功能或者该功能难以理解，你可以很容易地直接使用寄存器方式在此环境中进行编程。HAL 驱动已经很成熟，将来会得到进一步的改进。

2. CubeMX 教程 2——STM32F4 Discovery 开发板 HAL 新功能移植

https://www.youtube.com/watch?v=Pj-rHjxdq0Y。

HAL 作为一个标准仍然缺少许多功能，该视频演示了如何编写新的功能，并将其嵌入 HAL 库中。社区应该要求 ST 在将来的固件版本中包含此类功能。

3. CubeMX 教程 3——STM32F4 Discovery 开发板 GPIO 输入输出

https://www.youtube.com/watch?v=p_WyLNI40uU。

使用带有 HAL 驱动程序的 STM32Cube MX 进行 GPIO 输入和输出操作，这样的用法对引脚操作似乎非常简单。

4. CubeMX 教程 4——外部中断(EXTI)

https://www.youtube.com/watch?v=ZA7SUlTO35k。

视频演示了在 STM32Cube 生成的一个项目中使用外部中断的情况，显示了从 stm32f4xx_it.c 模块向 main.c 模块传递变量的过程。Cube 软件再次让程序员能够更多地专注于 C 部分，而不是初始化。但是，强烈建议你一定要了解中断的硬件原理。

5. Cube MX 教程 5——STM32F4 Discovery 开发板 USART 查询工作方式

https://www.youtube.com/watch?v=A86xjXfyiFk#t=3.866122。

视频展示了 STM32Cube 在 STM32F4 Discovery 开发板上生成的一个查询模式工作的 USART 项目。发送可以正常工作，但是如果程序循环中有其他的指令，查询的接收方式从原理上无法正常工作,这是因为当我们处理其他指令时外部源可能已经结束发送了。这就是在下个视频教程中我们推荐使用中断接收方式的原因。

6. CubeMX 教程 6——STM32F4 Discovery 开发板发送查询接收中断方式

https://www.youtube.com/watch?v=Mbd2ASl78Tc。

针对 STM32F4 Discovery 开发板,对于接收中断而言,使用 HAL API 和 Cube Mx 生成的代码在 main.c 和 ISR 中分别只需要 5 行和 2 行代码。主要的问题是理解如何激活和停用 HAL 指令/宏发出的中断。这里我使用的是阻塞模式,下个视频我们推荐的是使用 HALxxxIT 指令的非阻塞模式。

7. CubeMX 教程 7——STM32F4 Discovery 开发板 USAR 发送接收中断方式

https://www.youtube.com/watch?v=vv4KB-TSJFU。

针对 STM32F4 Discovery 开发板,使用 HAL API 和 Cube Mx 生成的代码只有 5 行和 2 行,声明分别在 main.c 和 ISR 中,发送和接收中断采用非阻塞模式,HAL 功能很强,但是我们需要注意何时激活和停用相应的中断标志。

8. CubeMX 教程 8——STM32F4 Discovery 开发板 ADC DMA 方法和 USART DMA 方式

https://www.youtube.com/watch?v=oidnujpelvI。

使用 HAL API 和 Cube Mx,我们对一个 DMA 电路模式的 ADC 进行编程,结果是这样的,传输可以使用带 DMA 的 USART,传输速度非常快。这里需要一个合适的 USB TTL 适配器(FTDI 和 CH340 的效果很好)。

9. Cube MX 教程 9——STM32F4 Discovery 开发板 DAC ADC USART

https://www.youtube.com/watch?v=TFBLGt7M8Sg。

STM32F4 Discovery 板上使用 DAC 的波形发生器是芯片内置的,连接发生器的输出到一个 ADC 输入,通过一个 PC 的 USART 连接到开发板,使用 LabView 虚拟仪器软件就可以观察到波形。视频演示了直接转换和 DMA 转换。USB 到 TTL 的适配器使用的是 CH340,它可以在 921600 波特率下很好地工作。

10. Cube MX 教程 10——FreeRTOS 和 STM32F4 CubeMX

https://www.youtube.com/watch?v=qyFHsrlLfA4。

11. STM32CubeMX 全面介绍视频 1

视频包括如何开始使用这个软件、软件的特点和设置等。

https://www.youtube.com/watch?v=imXauCiwEfs。

STM23CubeMX 软件下载地址:

http://www.st.com/content/st_com/en/products/development-tools/software-development-tools/stm32-software-development-tools/stm32-configurators-and-code-generators/stm32cubemx.html?sc=microxplorer。

或者以下地址:

http://www.st.com/content/st_com/en/products/development-tools/software-development-tools/stm32-software-development-tools/stm32-configurators-and-code-generators/

stm32cubemx. html? sc=microxplorer。

请使用你的邮箱订阅通知,如果有新的 STM32 培训视频上传,系统会发邮件给你。

12. STM32CubeMX 全面介绍视频 2——如何生成代码

https://www. youtube. com/watch? v=SZub9bFGXak。

视频将演示:

(1) 使用 STM32CubeMX 如何开始一个新的工程。

(2) CubeMX 如何生成针对一种 IDE 的代码结构。

(3) 如何工确地使用项目。

13. STM32CubeMX 全面介绍视频 3——应用示范

https://www. youtube. com/watch? v=p3q3kaftvDQ。

视频将演示:

(1) 如何找到 STM32CubeMX 的例子。

(2) 如何使用这些例子。

14. STM32CubeMX 全面介绍视频 4——电源功耗计算

https://www. youtube. com/watch? v=GZEX3HmzCfI。

14.6 STM Studio

视频: https://www. vimore. org/watch/UzvIXeRCZw0/stmstudio-tutorial//。

手册: *UM1025—Getting started with STM-STUDIO*。

14.7 STM32F4 定时器资料

应用笔记: *AN4776—General-purpose timer cookbook*。

14.8 STM32CubeIDE 相关信息

https://www. st. com/en/development-tools/stm32cubeide. html。

https://www. youtube. com/watch? v=eumKLXNIM0U。

http://www. eclipse. org/。

14.9 FreeRTOS 文档

http://www. freertos. org/Documentation/RTOS_book. html。

14.10 Percepio Tracealyzer RTOS 跟踪分析工具

支持 FreeRTOS 的 Tracealyzer 信息：

https://percepio.com/tz/freertostrace/。

https://percepio.com/gettingstarted-freertos/。

https://percepio.com/st/。

视频：

Tracealyzer for FreeRTOS Tutorial 1-CubeMX Projet creation。

https://www.youtube.com/watch?v=0CpJocMjvMA;charstyle:URL。

14.11 实验代码

为了方便读者学习本书实验，部分实验相关的代码和 Tracealyzer 截图文件将发布在 www.hexiaoqing.net 图书栏目，读者可以参考。